蒂图·安德雷斯库系列丛书(第一辑)

数学反思

(2012—2013)

Mathematical Reflections Two Great Years(2012–2013)

[美] 蒂图·安德雷斯库(Titu Andreescu)
[罗] 科斯敏·波浩塔(Cosmin Pohoata) 著
郑元禄 译

哈爾濱工業大學出版社
HARBIN INSTITUTE OF TECHNOLOGY PRESS

黑版贸审字 08 - 2017 - 067 号

图书在版编目(CIP)数据

数学反思. 2012—2013/(美)蒂图·安德雷斯库
(Titu Andreescu),(罗)科斯敏·波浩塔
(Cosmin Pohoata)著;郑元禄译. —哈尔滨:哈尔滨
工业大学出版社,2019.1(2024.1 重印)
书名原文:Mathematical Reflections Two Great
Years(2012 - 2013)
ISBN 978 - 7 - 5603 - 7759 - 9

Ⅰ.①数… Ⅱ.①蒂… ②科… ③郑… Ⅲ.①数学 - 竞赛题
- 题解 Ⅳ.①O1 - 44

中国版本图书馆 CIP 数据核字(2018)第 254879 号

策划编辑 刘培杰 张永芹
责任编辑 李广鑫
封面设计 孙茵艾
出版发行 哈尔滨工业大学出版社
社 址 哈尔滨市南岗区复华四道街 10 号 邮编 150006
传 真 0451 - 86414749
网 址 http://hitpress.hit.edu.cn
印 刷 哈尔滨圣铂印刷有限公司
开 本 787mm×1092mm 1/16 印张 21.75 字数 481 千字
版 次 2019 年 1 月第 1 版 2024 年 1 月第 2 次印刷
书 号 ISBN 978 - 7 - 5603 - 7759 - 9
定 价 58.00 元

(如因印装质量问题影响阅读,我社负责调换)

纯粹数学按其方法来说是逻辑思维的诗篇.

——A. 爱因斯坦

◎ 序言

得到了忠实读者的赏识和他们具有建设性反馈意见的鼓舞，在此我们呈现《数学反思》一书：本书编撰了同名网上杂志 2010 和 2011 卷的修订本. 该杂志每年出版六期，从 2006 年 1 月开始，它吸引了世界各国的读者和投稿人. 为了实现使数学变得更优雅、更激动人心这一个共同的目标，该杂志成功地鼓舞了具有不同文化背景的人们对数学的热情.

本书的读者对象是高中学生、数学竞赛的参与者、大学生，以及任何对数学拥有热情的人. 许多问题的提出和解答，以及文章都来自于热情洋溢的读者，他们渴望创造性、经验，以及提高对数学思想的领悟. 在出版本书时，我们特别注意对许多问题的解答和文章的校正与改进，以使读者能够享受到更多的学习乐趣.

这里的文章主要集中于主流课堂以外的令人感兴趣的问题. 学生们通过学习正规的数学课堂教育范围之外的材料才能开阔视野. 对于指导老师来讲，这些文章为其提供了一个超越传统课程内容范畴的机会，激起其对问题讨论的动力，通过极为珍贵的发现时刻指导学生. 所有这些富有特色的问题都是原创的. 为了让读者更容易接受这些材料，本书由具有解题能力的专家精心编撰. 初级部分呈现的是入门问题（尽管未必容易）. 高级部分和奥林匹克部分是为国际数学竞赛准备的. 例如美国数学竞赛（USAMO）或者国际数学奥林匹克（IMO）竞赛. 大学部分为高等学校学生提供了解线性代数、微积分或图论等范围内非传统问题的独有的方法.

没有忠实的读者和网上杂志的合作,本书的出版是看不到希望的.我们衷心感谢所有的读者,并对他们继续给予有力的支持表示感激之情.我们真诚希望各位读者能沿着他们的足迹,接过他们的接力棒,使该杂志给热忱的数学爱好者提供更多的机会,以及在未来出版既有创新精神,又有趣的作品的这一使命得到实现.

我们也要对 Maxim Ignatiue 先生为收集稿件提供的帮助表示感谢.对 Gabriel Dospinescu,Cosmin Pohoata 和 Iven Borseneo 先生审阅本书表示十分感谢.特别要感谢的是 Richard Stong 先生对手稿多处做了改进.如果你有兴趣阅读该杂志,请登录:http://awesomemath. org/mathematical-reflections/.读者也可以将撰写的文章、提出的问题或给出的解答发送到邮箱:reflections@ awesomemath. org.

出售本书的收入,我们将用于维持未来几年杂志的运营.让我们共同分享本书中的问题和文章吧!

Titu Andreescu 博士

◎ 目录

1 问　　题

1.1 初级问题

J217　如果 a,b,c 是整数,使 $a^2+2bc=1$, $b^2+2ca=2\ 012$,求 c^2+2ab 的所有可能值.

美国 Dallas 市 Texas 大学 Titu Andreescu 提供

J218　证明:在边长为 a,b,c,外接圆半径为 R,内切圆半径为 r 的三角形中,以下不等式成立

$$\frac{\sqrt{ab}}{a+b-c}+\frac{\sqrt{bc}}{b+c-a}+\frac{\sqrt{ca}}{c+a-b}\leqslant 1+\frac{R}{r}$$

美国 Pittsburgh 大学 Cezar Lupu 与罗马尼亚 Bucharest 市 Virgil Nicula 提供

J219　试图解答问题:Jimmy 利用以下"公式"

$$\log_{ab}x=\log_a\log_b x$$

其中 a,b,x 是不同于 1 的正实数. 证明:上式仅当 x 是方程 $\log_a x+\log_b x=1$ 的解时才成立.

美国 Dallas 市 Texas 大学 Titu Andreescu 提供

J220　求这样的最小素数 p,使得对于 $\mathbf{Z}\times\mathbf{Z}$ 中一些 (a_k,b_k), $p=a_k^2+kb_k^2$, $k=1,\cdots,5$.

美国 Princeton 大学 Cosmin Pohoata 提供

J221　求以下方程组的整数解

$$xy-\frac{z}{3}=xyz+1,yz-\frac{x}{3}=xyz-1,zx-\frac{y}{3}=xyz-9$$

美国 Dallas 市 Texas 大学 Titu Andreescu 提供

J222　已知$\triangle ABC$ 的垂心,它的一角的内、外角平分线与相应对边的交点,要求给出$\triangle ABC$ 的尺规作图法.

美国 Princeton 大学 Cosmin Pohoata 提供

J223　令 a 与 b 是实数,使 $\sin^3 a-\frac{4}{3}\cos^3 a\leqslant b-\frac{1}{4}$,证明:$\frac{3}{4}\sin a-\cos a\leqslant b+\frac{1}{6}$.

美国 Dallas 市 Texas 大学 Titu Andreescu 提供

J224 考虑单位圆中 25 个点,证明:其中有两点至多相距$\frac{1}{2}$.

美国 Massachusetts 理工学院 Ivan Borsenco 提供

J225 令 a,b,c 是非负实数,使 $a+b+c=1$. 证明:$ab(a^2+b^2)+bc(b^2+c^2)+ca(c^2+a^2)+abc\leqslant\frac{1}{8}$.

美国 Dallas 市 Texas 大学 Titu Andreescu 提供

J226 在平面上给出 $n\geqslant 4$ 个点,没有三点共线,以 T_p 表示以这些点为顶点的三角形集合,使它的内部至少包含其他各点中的一点. 证明:如果 $|T_p|\leqslant n-4$,那么 $|T_p|=0$.

美国 Massachusetts 理工学院 Ivan Borsenco 提供

J227 对正整数 N,令 $r(N)$ 是把 N 的数字反向得出的数. 求所有的三位数 N,使 $r^2(N)-N^2$ 是一个正整数的立方.

美国 Dallas 市 Texas 大学 Titu Andreescu 提供

J228 证明:一个边长为 1 的正方形与一个边长为 2 的正方形不能没有重叠地放入一个边长小于 3 的正方形内部.

美国 Florida 州 Roberto Bosch Cabrera 提供

J229 Adrian 有一张他爸爸的信用卡. 他不知道个人身份证号码(PIN),就不能取得现金. Adrian 有一个紧急事件,请求爸爸向他提供 PIN(整个数从 0 000 到 9 999). 爸爸告诉 Adrian, PIN 是一个能整除 $3^{22}+3$ 的最大素数,并且不允许用计算器. Adrian 能利用七年级数学知识求出 PIN,得到他需要的现金,PIN 是什么?

美国 Dallas 市 Texas 大学 Titu Andreescu 提供

J230 在$\triangle ABC$ 中,令 M 是边 BC 的中点. 设有某个 $0°<x<30°$,使$\angle ACB$, $\angle ABC$, $\angle MAC$ 的度数分别为 x, $60°-x$, $2x$. 求 x.

罗马尼亚 Zalau 市 Marius Stanean 与 Mircea Lascu 提供

J231 Gigel 与 Costel 有一堆形状都相同的空瓶子 J,并且有很多相同硬币任由他们处理,他们决定玩以下游戏:已知每个空瓶能装 100 个硬币,他们依次从一堆硬币中取出 k 个硬币,其中 $1\leqslant k\leqslant 10$,然后(在同一次中)选出一个空瓶,把选出的硬币放进这个瓶中,装满最后一个空瓶的人是获胜者,设 Gigel 首先放硬币进空瓶,二人都很灵巧,谁获胜?

美国 Princeton 大学 Cosmin Pohoata 提供

J232 对某个实数 a,求出并证明可以写成 $a\{a\}\lfloor a\rfloor$的所有整数,这里$\lfloor a\rfloor$与$\{a\}$分别表示小于或等于 a 的最大整数与 a 的小数部分.

美国 Dallas 市 Texas 大学 Titu Andreescu 提供

J233　令 $A_1A_2A_3A_4A_5$ 是正五边形，$B_1B_2B_3B_4B_5$ 是由它的对角线构成的五边形. 证明

$$\frac{K_{B_1B_2B_3B_4B_5}}{K_{A_1A_2A_3A_4A_5}}=\frac{7-3\sqrt{5}}{2}$$

美国 Massachusetts 理工学院 Ivan Borsenco 提供

J234　$\triangle ABC$ 的边长为 a,b,c，满足 $a^{\frac{3}{2}}+b^{\frac{3}{2}}=c^{\frac{3}{2}}$. 证明：$\frac{\pi}{2}<\angle C<\frac{3\pi}{5}$.

美国 Massachusetts 理工学院 Ivan Borsenco 提供

J235　在等式 $\sqrt{ABCDEF}=DEF$ 中，不同的字母表示不同的数字. 求六位数 $ABCDEF$.

美国 Dallas 市 Texas 大学 Titu Andreescu 提供

J236　在 $\triangle ABC$ 中，令 $ABRS$ 与 $ACXY$ 是在边 AB 与 AC 上向三角形外部作出的正方形，如果 U 是 $\triangle SAY$ 的外心，证明：直线 AU 是 $\triangle ABC$ 的 A - 类似中线.

美国 Princeton 大学 Cosmin Pohoata 提供

J237　证明：当且仅当 $\angle BAC=60°$ 时，$\triangle ABC$ 的内切圆直径等于

$$\frac{AB-BC+CA}{\sqrt{3}}$$

美国 Dallas 市 Texas 大学 Titu Andreescu 提供

J238　已知实数 $\alpha\in(0,1)$，证明：有正整数 N 使得对于平面上任意 N 个点，其中没有三点共线，存在一个三角形，使它的一角大于 $\pi\alpha$.

美国 Massachusetts 理工学院 Ivan Borsenco 提供

J239　令 a 与 b 是实数，使 $2a^2+3ab+2b^2\leqslant 7$. 证明

$$\max\{2a+b,2b+a\}\leqslant 4$$

美国 Dallas 市 Texas 大学 Titu Andreescu 提供

J240　令 $\triangle ABC$ 是垂心为 H 的锐角三角形，点 H_a,H_b 与 H_c 在它的内部，满足

$$\angle BH_aC=180°-\angle A,\angle CH_aA=180°-\angle C,\angle AH_aB=180°-\angle B$$

$$\angle CH_bA=180°-\angle B,\angle AH_bB=180°-\angle A,\angle BH_bC=180°-\angle C$$

$$\angle AH_cB=180°-\angle C,\angle BH_cC=180°-\angle B,\angle CH_cA=180°-\angle A$$

证明：点 H,H_a,H_b,H_c 共圆.

捷克共和国 Charles 大学 Michael Rolinek 提供

J241　对一些正整数 a,b,c，求可以表示为

$$\frac{ab+bc+ca}{a+b+c+\min(a,b,c)}$$

的所有正整数.

美国 Dallas 市 Texas 大学 Titu Andreescu 提供

J242 在$\triangle ABC$中,令D,E,F分别为从点A,B,C向边BC,CA,AB作出的高线足. 令X,Y,Z分别是线段EF,FD,DE的中点,x,y,z分别为从点X,Y,Z向BC,CA,AB作出的垂线. 证明:直线x,y,z共点.

美国 Princeton 大学 Cosmin Pohoata 提供

J243 令a,b,c是实数,使

$$\left(-\frac{a}{2}+\frac{b}{3}+\frac{c}{6}\right)^3+\left(\frac{a}{3}+\frac{b}{6}-\frac{c}{2}\right)^3+\left(\frac{a}{6}-\frac{b}{2}+\frac{c}{3}\right)^3=\frac{1}{8}$$

证明:$(a-3b+2c)(2a+b-3c)(-3a+2b+c)=9$.

美国 Dallas 市 Texas 大学 Titu Andreescu 提供

J244 令a与b是正实数. 证明

$$1\leqslant\frac{\sqrt[n]{a^n+b^n}}{\sqrt[n+1]{a^{n+1}+b^{n+1}}}\leqslant\sqrt[n(n+1)]{\sqrt{2}}$$

美国 Massachusetts 理工学院 Ivan Borsenco 提供

J245 求所有正实数三元组(x,y,z),使它们同时满足不等式$x+y+z-2xyz\leqslant 1$与$xy+yz+zx+\frac{1}{xyz}\leqslant 4$.

美国 Dallas 市 Texas 大学 Titu Andreescu 提供

J246 令$\triangle ABC$有外接圆Γ,P是边BC上的点,令Ω是圆,与BC相切于P,且与$\odot\Gamma$外切,令τ是从A到$\odot\Omega$的切线长,U与V是$\odot\Gamma$与圆心为A,半径为τ的圆的交点,证明UV与$\odot\Gamma$相切.

美国 Princeton 大学 Cosmin Pohoata 提供

J247 令a与b是多项式x^3-2x+c的不同零点,证明:当且仅当$b^2(3a^2+4ab+2b^2)=5$时,$a^2(2a^2+4ab+3b^2)=3$.

美国 Dallas 市 Texas 大学 Titu Andreescu 提供

J248 令$f:[1,\infty)\to\mathbf{R}$定义为$f(x)=\frac{\{x\}^2}{\lfloor x\rfloor}$,证明:对任何实数$x$与$y$,$f(x+y)\leqslant f(x)+f(y)$.

罗马尼亚 Bucharest 市 Sorin Radulescu 提供

J249 对所有素数$q>3$,求可整除3^q-4^q+1的最小素数$q>3$.

美国 Dallas 市 Texas 大学 Titu Andreescu 提供

J250 令$\triangle ABC$具有$\angle A\geqslant 120°$,s是$\triangle ABC$的半周长,证明

$$\sqrt{(s-b)(s-c)}\geqslant(3+\sqrt{6})(s-a)$$

美国 Massachusetts 理工学院 Ivan Borsenco 提供

J251　令 a,b,c 是正实数,使 $a\geqslant b\geqslant c,b^2>ac$. 证明

$$\frac{1}{a^2-bc}+\frac{1}{b^2-ca}+\frac{1}{c^2-ab}>0$$

美国 Dallas 市 Texas 大学 Titu Andreescu 提供

J252　令 $\triangle ABC$ 是锐角三角形,O_a 是 $\triangle ABC$ 平面上的点,使

$$|\angle BO_aC|=2\angle A,|\angle CO_aA|=180^\circ-\angle A,|\angle AO_aB|=180^\circ-\angle A$$

类似地定义点 O_b 与 O_c. 证明:$\triangle O_aO_bO_c$ 的外接圆通过 $\triangle ABC$ 的外心 O.

捷克共和国 Charles 大学 Michael Rolinek 提供

J253　证明:如果 $a,b,c>0$ 满足 $abc=1$,那么

$$\frac{1}{ab+a+2}+\frac{1}{bc+b+2}+\frac{1}{ca+c+2}\leqslant\frac{3}{4}$$

罗马尼亚 Bucharest 市 Marcel Chirita 提供

J254　解方程

$$F_{a_1}+F_{a_2}+\cdots+F_{a_k}=F_{a_1+a_2+\cdots+a_k}$$

其中 F_i 是第 i 个 Fibonacci 数,a_i 是正整数.

美国 Florida 州 Roberto Bosch 提供

J255　考虑平面上彼此距离至少为 1 的 5 个点. 证明:存在彼此距离至少为$\frac{\sqrt{5}+1}{2}$的 2 个点.

美国 Massachusetts 理工学院 Ivan Borsenco 提供

J256　求下式的值

$$1^2 2!+2^2 3!+\cdots+n^2(n+1)!$$

美国 Dallas 市 Texas 大学 Titu Andreescu 提供

J257　令 BC 是 $\odot\omega$ 的固定弦,A 在 $\odot\omega$ 的优弧 $\overset{\frown}{BC}$ 上变动.

(a)证明:$\triangle ABC$ 的垂心 H 在 A 角平分线上的镜像也沿着一圆(可能有零半径)移动.

(b)证明:H 在 A 角平分线上的投影也沿着一圆移动.

捷克共和国 Charles 大学 Michael Rolinek 提供

J258　令 x,y,z 是正实数,使 $x\leqslant 1,y\leqslant 2,x+y+z=6$. 证明

$$(x+1)(y+1)(z+1)\geqslant 4xyz$$

法国 Ecole 综合工科大学 Gabriel Dospinescu 提供

J259　在单位球面 $x^2+y^2+z^2=1$ 上的所有三元实数组 (x,y,z) 中,求使 $\min(|x-y|,|y-z|,|z-x|)$ 最大的三元组 (x,y,z).

美国 San Jose 市 Arkady Alt 提供

J260 求以下方程的整数解

$$x^4 - y^3 = 111$$

墨西哥 Oaxaca 市 José Hernández Santiago 提供

J261 令 $A_1 \cdots A_n$ 是内接于圆心为 O,半径为 R 的圆内接多边形,求外接圆上点 M 的轨迹,使

$$A_1M^2 + \cdots + A_nM^2 = 2nR^2$$

美国 Massachusetts 理工学院 Ivan Borsenco 提供

J262 求这样的所有正整数 m,n,使 $\binom{m+1}{n} = \binom{n}{m+1}$.

美国 Florida 州 Roberto Bosch Cabrera 提供

J263 第 n 个五角形数由以下公式给出

$$P_n = \frac{n(3n-1)}{2}$$

证明:有无限多个五角形数可以写成两个正整数完全平方和.

墨西哥 Oaxaca 市 José Hernández Santiago 提供

J264 在$\triangle ABC$ 中,$2\angle A = 3\angle B$,证明

$$(a^2 - b^2)(a^2 + ac - b^2) = b^2c^2$$

美国 Dallas 市 Texas 大学 Titu Andreescu 提供

J265 令 a,b,c 是实数,使

$$5(a+b+c) - 2(ab+bc+ca) = 9$$

证明:等式

$$|3a-4b| = |5c-6|, |3b-4c| = |5a-6|, |3c-4a| = |5b-6|$$

中任意 2 个等式蕴含第 3 个等式.

美国 Dallas 市 Texas 大学 Titu Andreescu 提供

J266 令 $ABCD$ 是圆外切四边形,使 $AB > AD$,$BC = CD$. 圆心为 C,半径为 CD 的圆交直线 AD 于 E,直线 BE 交这个四边形的外接圆于 K. 证明:$AK \perp CE$.

罗马尼亚 Bucharest 大学 Mircea Becheanu 提供

J267 解方程组

$$\begin{cases} x^5 + x - 1 = (y^3 + y^2 - 1)z \\ y^5 + y - 1 = (z^3 + z^2 - 1)x \\ z^5 + z - 1 = (x^3 + x^2 - 1)y \end{cases}$$

其中 x,y,z 是实数,使 $x^3 + y^3 + z^3 \geqslant 3$.

美国 Dallas 市 Texas 大学 Titu Andreescu 提供

J268　考虑位于凸 n 边形 $A_1\cdots A_n$ 中的凸 m 边形 $B_1\cdots B_m$. 它们的顶点在平面上确定了 $m+n$ 个点. 证明:如果 $m+n\geqslant k^2-k+1$,那么可以在这些顶点中求出一个凸 $k+1$ 边形,在它内部不包含其他点.

美国 Massachusetts 理工学院 Ivan Borsenco 提供

J269　求方程 $(x^2-y^2)^2-6\min(x,y)=2\ 013$ 的正整数解.

美国 Dallas 市 Texas 大学 Titu Andreescu 提供

J270　令 a,b,c 是正实数,证明

$$\frac{1}{a+2b+5c}+\frac{1}{b+2c+5a}+\frac{1}{c+2a+5b}\leqslant\frac{9}{8}\ \frac{a+b+c}{(\sqrt{ab}+\sqrt{bc}+\sqrt{ac})^2}$$

罗马尼亚 Bucharest 市 Tran Bach Hai 提供

J271　求具有以下性质的所有正整数 n:

如果 a,b,c 是整数,使 n 整除 $ab+bc+ca+1$,那么 n 整除 $abc(a+b+c+abc)$.

美国 Dallas 市 Texas 大学 Titu Andreescu 与法国 Ecole 综合工科大学 Gabriel Dospinescu 提供

J272　令 $\triangle ABC$ 的重心为 G,外心为 O. 证明:如果 BC 是它的最大边,那么 G 在直径为 AO 的圆内部.

美国 Massachusetts 理工学院 Ivan Borsenco 提供

J273　令 a,b,c 是大于或等于 1 的实数. 证明

$$\frac{a^3+2}{b^2-b+1}+\frac{b^3+2}{c^2-c+1}+\frac{c^3+2}{a^2-a+1}\geqslant 9$$

美国 Dallas 市 Texas 大学 Titu Andreescu 提供

J274　令 p 是素数,k 是非负整数,求以下方程的所有正整数解 (x,y,z)

$$x^k(y-z)+y^k(z-x)+z^k(x-y)=p$$

意大利 Milan 市 Alessandro Ventullo 提供

J275　令 $ABCD$ 是矩形,点 E 在边 AB 上,通过 A,B 与 E 在 CD 上正投影的圆交 AD, BC 于 X,Y. 证明:XY 通过 $\triangle CDE$ 的垂心.

美国 Dallas 市 Texas 大学 Titu Andreescu 提供

J276　求所有正整数 m 与 n,使

$$10^n-6^m=4n^2$$

亚美尼亚 Vanadzor 市 Tigra Akopyan 提供

J277　是否存在这样的整数 n,使 $4^{5^n}+5^{4^n}$ 是素数?

美国 Dallas 市 Texas 大学 Titu Andreescu 提供

J278 求所有的正整数 n,使

$$\{\sqrt[3]{n}\}\leqslant\frac{1}{n}$$

其中$\{x\}$表示 x 的小数部分.

美国 Massachusetts 理工学院 Ivan Borsenco 提供

J279 求所有的素数三元组(p,q,r),使 $pqr=p+q+r+2\ 000$.

美国 Dallas 市 Texas 大学 Titu Andreescu 提供

J280 令 a,b,c,d 是正实数,证明

$$2(ab+cd)(ac+bd)(ad+bc)\geqslant(abc+bcd+cda+dab)^2$$

美国 Massachusetts 理工学院 Ivan Borsenco 提供

J281 解方程

$$x+\sqrt{(x+1)(x+2)}+\sqrt{(x+2)(x+3)}+\sqrt{(x+3)(x+1)}=4$$

美国 Dallas 市 Texas 大学 Titu Andreescu 提供

J282 给定一块 $m\times n$ 木板,k 个方格这样涂色,如果 4 个方格的中心是一个矩形的顶点,此矩形的边与木板边缘平行,那么最多有 2 个方格一定被涂色,求 k 的最大值.

美国 Florida 州 Roberto Bosch Cabrera 提供

J283 令 a,b,c 是正实数,证明

$$\frac{2a+1}{b+c}+\frac{2b+1}{c+a}+\frac{2c+1}{a+b}\geqslant 3+\frac{9}{2(a+b+c)}$$

乌兹别克斯坦 Samarkand 市 Zarif Ibragimov, Samsu 提供

J284 求 1 个最大整数,使它不能写成不同素数之和.

美国 Massachusetts 理工学院 Ivan Borsenco 提供

J285 令 a,b,c 是三角形的边长,证明

$$8<\frac{(a+b+c)(2ab+2bc+2ca-a^2-b^2-c^2)}{abc}\leqslant 9$$

美国 Plano 市 Adithya Ganesh 提供

J286 令 $ABCD$ 是圆内接正方形. 如果 P 是$\overset{\frown}{AB}$上的点,求表达式$\dfrac{PC\cdot PD}{PA\cdot PB}$的最小值.

意大利 Noci 市 Panagiote Ligouras 提供

J287 令 n 是正整数,$a_1,a_2,\cdots,a_n$ 是区间$(0,\dfrac{1}{n})$中的实数,证明

$$\log_{1-a_1}(1-na_2)+\log_{1-a_2}(1-na_3)+\cdots+\log_{1-a_n}(1-na_1)\geqslant n^2$$

美国 Dallas 市 Texas 大学 Titu Andreescu 提供

J288 在平面上给定 4 个点,使其中没有 3 点共线,这 4 个点组成 6 条线段,证明:如果它们的各中点中有 5 个中点在 1 个圆上,那么第 6 个中点也在这个圆上.

维也纳市理工学院 Michael Rolinek 与捷克共和国 Charles 大学 Josef Tkadlec 提供

1.2　高级问题

S217　求方程 $2x^2-y^{14}=1$ 的所有整数解.

亚美尼亚 Yerevan 市 Nairi Sedrakyan 提供

S218　令 $\triangle ABC$ 的内切圆为圆 n,内心为 I,令 D,E,F 分别为圆 n 与边 BC,CA,AB 的切点,此外,令 S 是 BC 与 EF 的交点,令 P,Q 是 SI 与圆 n 的交点,使 P,Q 分别在劣弧 $\overset{\frown}{DE}$, $\overset{\frown}{FD}$ 上,证明直线 AD,BP,CQ 共点.

罗马尼亚 Zalau 市 Marius Stanean 提供

S219　在四边形 $ABCD$ 中,令 $\{P\}=AC\cap BD$, $\{E\}=AD\cap BC$, $\{F\}=AB\cap CD$. 以 $\mathrm{isog}_{XYZ}(P)$ 表示 P 关于 $\triangle XYZ$ 的等角共轭点,证明:当且仅当 $AC\perp BD$ 时 $\mathrm{isog}_{ABE}(P)=\mathrm{isog}_{CDE}(P)=\mathrm{isog}_{ADF}(P)=\mathrm{isog}_{BCF}(P)$.

美国 Princeton 大学 Cosmin Pohoata 提供

S220　令 a,b,c 是非负实数. 证明

$$\sqrt[3]{a^3+b^3+c^3-\frac{1}{2}(ab(a+b)+bc(b+c)+ca(c+a))}$$
$$\geqslant\sqrt{a^2+b^2+c^2-ab-bc-ca}$$

罗马尼亚 Zalau 市 Mircea Lascu 与 Marius Stanean 提供

S221　令 $\triangle ABC$ 的重心为 G,令 F 是点,且在 $\triangle ABC$ 平面上的所有点 P 上方,量 $PA+PB+PC$ 取最小值,证明 $FG\leqslant\min(AG,BG,CG)$.

美国 Massachusetts 理工学院 Ivan Borsenco 提供

S222　解方程 $3\varphi(n)=4\tau(n)$,其中 $\varphi(n)$ 是 Euler φ 函数,$\tau(n)$ 是 n 的因子数.

美国 Florida 州 Roberto Bosch Cabrera 提供

S223　定义幻数如下:

(ⅰ)从 0 到 9 中的所有数都是幻数;

(ⅱ)如果大于 9 的数可被它的数字个数整除,且删去它最后一个数字后得出的数也是幻数,那么这样大于 9 的数是幻数.

求最大的幻数.

美国 Florida 州 Roberto Bosch Cabrera 提供

S224　令 a,b,c 是大于 2 的实数,使

$$\frac{7-2a}{3a-6}+\frac{7-2b}{3b-6}+\frac{7-2c}{3c-6}=\frac{1}{a}+\frac{1}{b}+\frac{1}{c}$$

证明 $\frac{1}{a}+\frac{1}{b}+\frac{1}{c}\leqslant 1$.

美国 Dallas 市 Texas 大学 Titu Andreescu 提供

S225 在$\triangle ABC$中,在顶点A作出的中线上求出点X,使比$\frac{BX}{CX}$最小或最大.

美国 Roberto Bosch Cabrera 与西班牙 Francisco Javier Garcia Capitan 提供

S226 令x,y,z是两两不同的正实数,证明

$$\frac{x+y}{(x-y)^2}+\frac{y+z}{(y-z)^2}+\frac{z+x}{(z-x)^2}\geqslant\frac{9}{x+y+x}$$

罗马尼亚 Zalau 市 Mircea Lascu 与 Marius Stanean 提供

S227 令$\mathbf{N}^*$是正整数集合. 求所有的函数$f:\mathbf{N}^*\to\mathbf{N}^*$,使得对所有的$n$,有

$$f(n+1)>\frac{f(n)+f(f(n))}{2}$$

法国 Ecole 综合工科大学 Gabriel Dospinescu 提供

S228 已知$\triangle ABC$,令M,N,P分别是BC,CA,AB的中点,令D,E,F分别为内切圆$\omega(I,r)$与边BC,CA,AB的切点,令X是在直线AI上的点,使$\frac{AI}{IX}=2$,其中I在线段AX上,类似地定义Y与Z,证明:

(a)直线$MX/\!/NY/\!/PZ$.

(b)直线DX,EY,FZ在$\odot\omega$上共点.

委内瑞拉 Maracaibo 市 Luis Gonzalez 与美国 Princeton 大学 Cosmin Pohoata 提供

S229 令a,b,c是三角形的边长,R是它的外接圆半径,证明$a^3+b^3+c^3\leqslant 16R^3$.

美国 San Jose 市 Arkady Alt 与美国 Massachusetts 理工学院 Ivan Borsenco 提供

S230 令x,y,z是正实数,使

$$xy+yz+zx\geqslant\frac{1}{\sqrt{x^2+y^2+z^2}}$$

证明:$x+y+z\geqslant\sqrt{3}$.

美国 Dallas 市 Texas 大学 Titu Andreescu 提供

S231 令$\triangle ABC$的外心为O,令X,Y,Z分别为$\triangle BCO,\triangle CAO,\triangle ABO$的外心,此外,令$K$是$\triangle XYZ$的外心,证明$K$在$\triangle ABC$的 Euler 线上.

英国 Mearns Castle 大学预科 Andrew Kirk 提供

S232 令x,y,z是实数,使$x+y+z=0,xy+yz+zx=-3$,求$x^4y+y^4z+z^4x$的极值.

罗马尼亚 Zalau 市 Marius Stanean 提供

S233 在$\triangle ABC$中$\angle C=60°$,令AA'与BB'是$\angle A$与$\angle B$的角平分线. 证明

$$\frac{a+b}{A'B'}\leqslant\left(1+\frac{c}{a}\right)\left(1+\frac{c}{b}\right)$$

美国 Dallas 市 Texas 大学 Titu Andreescu 提供

S234　在$\triangle ABC$中，以D,E,F表示内角平分线足，使$D\in(BC)$，$E\in(CA)$，$F\in(AB)$，以(I_a,r_a)，(I_b,r_b)，(I_c,r_c)表示它的3个旁切圆. 如果τ表示$\triangle ABC$的Feuerbach点，证明：有符号+与-的一种选择，使以下等式成立

$$\pm D\tau\cdot\frac{I_aI}{I_aD}\cdot\sqrt{R+2r_a}\pm E\tau\cdot\frac{I_bI}{I_bE}\cdot\sqrt{R+2r_b}\pm F\tau\cdot\frac{I_cI}{I_cF}\cdot\sqrt{R+2r_c}=0$$

美国Princeton大学Cosmin Pohoata提供

S235　解方程

$$\frac{8}{\{x\}}=\frac{9}{x}+\frac{10}{[x]}$$

其中$[x]$与$\{x\}$分别表示小于或等于x的最大整数与x的小数部分.

美国Dallas市Texas大学Titu Andreescu提供

S236　考虑内接于已知$\odot\omega$的所有循环四边形$ABCD$，使AB总是通过已知点K，它的各对角线相交于已知点P，证明CD也通过某个定点.

捷克共和国Charles大学Josef Tkadlec提供

S237　Harry Potter在一次旅行时偶然遇见一串神奇的玻璃珠，它包含7种不同颜色，标号为1，2，…，7. 为达到他的目的，他必须从这串玻璃珠中拿走所有玻璃珠，但这串珠有神奇魅力. Harry一次只能拿走一颗玻璃珠，当他从左端拿走一颗珠时，在颜色$1\leqslant i\leqslant 6$的每颗珠留在这串珠后，颜色$i+1,\cdots,7$的新珠按此顺序突然出现. 例如，如果在这串球中有颜色1，4，3，7的珠，那么在Harry拿走第一颗珠后，他将有颜色4，5，6，7，3，4，5，6，7，7的一串珠，不管开始的这串珠如何，Harry能否在有限次步骤后完成这个任务？

英国Warwick大学Catalin Turcas提供

S238　令$\triangle ABC$的内心为I，D,E,F分别是内切圆与边BC,CA,AB的切点. 令M是外接圆的$\overset{\frown}{BC}$的中点，此圆包含顶点A. 此外，令P与Q是线段DE与DF的中点，证明MI平分线段PQ.

美国Princeton大学Cosmin Pohoata提供

S239　求以下方程的非负整数解

$$2(x^3+y^3+z^3)=3(x+y+z)^2$$

美国Dallas市Texas大学Titu Andreescu提供

S240　令$\triangle ABC$有外接圆Γ，又令M,N,P分别为边BC,CA,AB上的点. 令A',B',C'是AM,BN,CP与$\odot\Gamma$的交点，不同于三角形顶点. 证明

$$\frac{MA}{MA'}+\frac{NB}{NB'}+\frac{PC}{PC'}\geqslant 4\left(2-\frac{r}{R}\right)^2$$

其中R与r是$\triangle ABC$的外接圆与内切圆的半径.

罗马尼亚Zalau市Marius Stanean提供

S241 令 p 与 q 是奇素数,使$\frac{p^3-q^3}{3}\geqslant 2pq+3$,证明

$$\frac{p^3-q^3}{4}\geqslant 3pq+16$$

美国 Dallas 市 Texas 大学 Titu Andreescu 提供

S242 在$\triangle ABC$ 中,以 K,L,M 分别表示$\overparen{BC},\overparen{CA},\overparen{AB}$的中点(它们不包含三角形的顶点),证明:六边形 $AMBKCL$ 的周长大于或等于$4(R+r)$.

捷克共和国 Charles 大学 Michael Rolinek 提供

S243 一群男孩与女孩去参加舞会,已知,对于每对男孩,恰好有 2 个女孩与这 2 个男孩跳舞;对于每对女孩,恰好有 2 个男孩与这 2 个女孩跳舞,证明:女孩数与男孩数相等.

美国 Stanford 大学 Iurie Boreico 提供

S244 令$\triangle ABC$ 是锐角三角形,τ 是它的正常三角形的内径,证明 $r\geqslant\sqrt{Rr}$,其中 r 与 R 是$\triangle ABC$ 的内径与外接圆半径.

委内瑞拉 Maracaibo 市 Luis Gonzalez 提供

S245 令 a,b,c 是正实数,使$\frac{1}{a}+\frac{1}{b}+\frac{1}{c}=1$. 证明

$$\frac{1}{(a-1)(b-1)(c-1)}+\frac{8}{(a+1)(b+1)(c+1)}\leqslant\frac{1}{4}$$

美国 Dallas 市 Texas 大学 Titu Andreescu 提供

S246 令$\triangle ABC$ 的外接圆为 Ω,X,Y,Z 分别是边 BC,CA,AB 上的点,令 α,β,γ 为内切于$\odot\Omega$ 中的圆,也分别与 BC,CA,AB 相切于点 X,Y,Z. 令 X',Y',Z'是$\odot\Omega$ 与 α,β,γ 的切点. 证明:当且仅当直线 AX',BY',CZ'共点时,直线 AX,BY,CZ 共点.

美国 Princeton 大学 Cosmin Pohoata 提供

S247 证明:对于任意正整数 m 与 n,数

$$8m^6+27m^3n^3+27n^6$$

是合数.

美国 Dallas 市 Texas 大学 Titu Andreescu 提供

S248 令 $C(0,R)$是圆,P 是它平面上的点,考虑$\odot C$ 上对径点 A 与 B,证明:当点 A 与 B 在$\odot C$ 的圆周上变动时,$\triangle ABP$ 的外接圆通过另一个定点.

美国 Massachusetts 理工学院 Ivan Borsenco 提供

S249 求 $2^x-4^x+6^x-8^x-9^x+12^x$ 的最小值,其中 x 是正实数.

美国 Dallas 市 Texas 大学 Titu Andreescu 提供

S250 在$\odot\Gamma$中,令l是$\odot\Gamma$外直线,令$K\in l$,AB与CD是$\odot\Gamma$上通过K的弦,令P与Q在$\odot\Gamma$上. 令PA,PB,PC,PD分别交l于X,Y,Z,T,再令QX,QY,QZ,QT分别交$\odot\Gamma$于R,S,U,V. 证明:RS与UV相交于l上.

美国 Princeton 大学 Cosmin Pohoata 提供

S251 求所有正实数三元组(x,y,z),对于这些三元组有正实数t,使以下不等式同时成立

$$\frac{1}{x}+\frac{1}{y}+\frac{1}{z}+t\leqslant 4, x^2+y^2+z^2+\frac{2}{t}\leqslant 5$$

美国 Dallas 市 Texas 大学 Titu Andreescu 提供

S252 令a,b,c是正实数,证明

$$a(b-c)^2+b(c-a)^2+c(a-b)^2+2abc\geqslant\frac{2\sqrt{3(a^4b^4+b^4c^4+c^4a^4)}}{a+b+c}$$

澳大利亚 Pham Huu Duc 与美国 Princeton 大学 Cosmin Pohoata 提供

S253 求以下方程组的正实数解

$$(2x)^{2\,013}+(2y)^{2\,013}+(2z)^{2\,013}=3$$

$$xy+yz+zx+2xyz=1$$

美国 Florido 州 Roberto Bosch Cabrera 提供

S254 令G是完全图,有n个顶点,其中$n\equiv 0(\bmod 4)$或$n\equiv 1(\bmod 4)$. G的一半边涂红色,一半边涂蓝色,以$T_{r,r,b}$表示恰有2条红色边的三角形个数,以$T_{b,b,r}$表示恰有2条蓝色边的三角形个数,证明:如果三边均为红色边的三角形个数等于三边均为蓝色边的三角形个数,那么$T_{r,r,b}=T_{b,b,r}$.

美国 Massachusetts 理工学院 Ivan Borsenco 提供

S255 求以下方程的实数解

$$2^x+2^{-x}+3^x+3^{-x}+\left(\frac{2}{3}\right)^x+\left(\frac{2}{3}\right)^{-x}=9x^4-7x^2+6$$

罗马尼亚 Brasov 市 Mihaly Bencze 提供

S256 2个全等圆ω_1,ω_2与直线l同侧相切,ω_1与ω_2的内公切线k交l于B. 在k上选取点D与E(在圆与l同侧),从D向ω_1作切线,从E向ω_2作切线(在两种情形下与k不同),以A与C分别表示它们与l的交点. 证明:如果A,B,C按这个顺序在l上,满足$\frac{BE}{BD}=\frac{BA}{BC}$,那么联结$\triangle ABD$与$\triangle EBC$的$B$旁切圆圆心所成直线垂直于$k$.

捷克共和国 Charles 大学 Michael Rolinek 提供

S257 求所有这样的复数 z,使

$$(z-z^2)(1-z+z^2)^2=\frac{1}{7}$$

美国 Dallas 市 Texas 大学 Titu Andreescu 提供

S258 哪些有理数可以写成有限多个两两不同三角形数的倒数之和?

罗马尼亚 Zalau 市 Marius Stanean 提供

S259 令 a,b,c,d,e 是整数,使

$$a(b+c)+b(c+d)+c(d+e)+d(e+a)+e(a+b)=0$$

证明:$a+b+c+d+e$ 整除 $a^5+b^5+c^5+d^5+e^5-5abcde$.

美国 Dallas 市 Texas 大学 Titu Andreescu 提供

S260 令 $m<n$ 是正整数,$x_1,x_2,\cdots,x_n$ 是正实数. 如果 A 是 $\{1,2,\cdots,n\}$ 的子集,定义

$$s_A=\sum_{i\in A}x_i \text{ 与 } A^C=\{i\in\{1,2,\cdots,n\}\mid i\notin A\}$$

证明

$$\sum_{|A|=m}\frac{s_A}{s_{A^C}}\geqslant\frac{m}{n-m}\binom{n}{m}$$

其中是在 $\{1,2,\cdots,n\}$ 的所有 m 个元素的子集 A 上求和.

罗马尼亚 Bucharest 大学 Mircea Becheanu 提供

S261 令 $\triangle ABC$ 的外接圆为 Γ,K 是圆,同时与 AB,AC,圆 Γ 内切,令 X 是 $\triangle ABC$ 外接圆上的点,Y,Z 是圆 Γ 与从 X 到圆 K 的切线的交点,当 X 在圆 Γ 上运动时,$\triangle XYZ$ 的内心的轨迹是什么?

美国 Princeton 大学 Cosmin Pohoata 提供

S262 令 a,b,c 是三角形的边长,m_a,m_b,m_c 是它的中线长,证明

$$a^2+b^2+c^2-ab-bc-ca\leqslant 4(m_a^2+m_b^2+m_c^2-m_am_b-m_bm_c-m_cm_a)$$

美国 San Jose 市 Arkady Alt 提供

S263 证明:对所有的 $n\geqslant 2$ 与所有的 $1\leqslant i\leqslant n$ 有

$$\sum_{j=1}^{n}(-1)^{n-j}\frac{\binom{n+j}{n}\binom{n}{n-j}}{i+j}=1$$

罗马尼亚 Bucharest 市 Marcel Chirita 提供

S264 令 a,b,c,x,y,z 是正实数,使

$$ab+bc+ca=xy+yz+zx=1$$

证明

$$a(y+z)+b(z+x)+c(x+y)\geqslant 2$$

罗马尼亚 Cluj – Napoca 市 Babes – Bolyai 大学 Dorin Andrica 提供

S265 求所有正整数对(m,n),使m^2+5n与n^2+5m都是完全平方数.

美国 Dallas 市 Texas 大学 Titu Andreescu 提供

S266 令$ABCD$是圆外切四边形,$O=AC\cap BD$,M,N,P,Q分别为AB,BC,CD,DA的中点,X,Y,Z,T分别为O在AB,BC,CD,DA上的投影. 令$U=MP\cap YT$,$V=NQ\cap XZ$. 证明:U,O,V共线.

罗马尼亚 Zalau 市 Marius Stancan 提供

S267 求所有的素数p,q,r,使$7p^3-q^3=r^6$.

美国 Dallas 市 Texas 大学 Titu Andreescu 提供

S268 令C是圆心为O的圆,W是它内部的点,从W作$2k$条射线,使任意2条相邻射线之间的角为$\frac{\pi}{k}$. 这些射线与圆C相交于点$A_1,A_2,\cdots,A_{2k}$. 证明:多边形$A_1\cdots A_{2k}$的形心是OW的中点.

美国 Massachusetts 理工学院 Ivan Borsenco 提供

S269 求所有的整数n,使方程$(n^2-1)x^2-y^2=2$有整数解.

美国 Dallas 市 Texas 大学 Titu Andreescu 提供

S270 复数z_1,z_2,z_3满足$|z_1|=|z_2|=|z_3|=1$,如果对于$k\in\{1,2,3\}$,$z_1^k+z_2^k+z_3^k$是整数,证明:$z_1^{12}=z_2^{12}=z_3^{12}$.

罗马尼亚 Campulung Moldovenesc 地区 Mihai Piticari 提供

S271 试确定是否有$n\times n$正方形表格,表格具有两两不同正整数的所有表值立方,使n行的每行表值,n列的每列表值与2条对角线的每条表值的积是$2\ 013^{2\ 013}$.

美国 Dallas 市 Texas 大学 Titu Andreescu 提供

S272 令$A_1A_2\cdots A_{2n}$是$\odot C(O,R)$的内接多边形,对角线$A_1A_{n+1},A_2A_{n+2},\cdots,A_nA_{2n}$相交于点$P$. 令$G$是这个多边形的形心,证明$\angle OPG$是锐角.

美国 Massachusetts 理工学院 Ivan Borsenco 提供

S273 令a,b,c是正整数,使$a\geqslant b\geqslant c$,$\frac{a-c}{2}$是素数,证明:如果

$$a^2+b^2+c^2-2(ab+bc+ca)=b$$

那么b是素数或完全平方数.

美国 Dallas 市 Texas 大学 Titu Andreescu 提供

S274 令a,b,c是正实数,使$abc=1$,证明

$$\frac{a}{ca+1}+\frac{b}{ab+1}+\frac{c}{bc+1}\leqslant\frac{1}{2}(a^2+b^2+c^2)$$

印度 Kolkata 市 Sayan Das 提供

S275 令$\triangle ABC$的内切圆为I与内心为I,令A',B',C'分别为圆I与线段AI,BI,CI的交点. 证明

$$\frac{AB}{A'B'}+\frac{BC}{B'C'}+\frac{CA}{C'A'}\geqslant 12-4\left(\sin\frac{A}{2}+\sin\frac{B}{2}+\sin\frac{C}{2}\right)$$

罗马尼亚 Zalau 市 Marius Stanean 提供

S276 令a,b,c是实数,使

$$\frac{2}{a^2+1}+\frac{2}{b^2+1}+\frac{2}{c^2+1}\geqslant 3$$

证明:$(a-2)^2+(b-2)^2+(c-2)^2\geqslant 3$.

美国 Dallas 市 Texas 大学 Titu Andreescu 提供

S277 令a,b,c是正实数,使

$$\frac{1}{a^3+b^3}+\frac{1}{b^3+c^3}+\frac{1}{c^3+a^3}\leqslant\frac{3}{a+b+c}$$

证明

$$2(a^2+b^2+c^2)+(a-b)^2+(b-c)^2+(c-a)^2\geqslant 9$$

美国 Dallas 市 Texas 大学 Titu Andreescu 提供

S278 令a,b,c是复数,使$|a|=|b|=|c|=1$. 如果有正整数n,使

$$|a+b|^{2n}+|b+c|^{2n}+|c+a|^{2n}\leqslant 3$$

证明:a,b,c是正三角形各顶点的标记.

罗马尼亚 Bucharest 市 Marcel Chirita 提供

S279 求以下方程的整数解

$$(2x+y)(2y+x)=9\min(x,y)$$

美国 Dallas 市 Texas 大学 Titu Andreescu 提供

S280 令x,y,z是正实数,使$x+y+z=3$,证明

$$x^4y^4z^4(x^3+y^3+z^3)\leqslant 3$$

印度 Kolkata 市 Sayan Das 提供

S281 令n是大于1的整数,对于$a\in\mathbf{C}\setminus\mathbf{R}$与$|a|=1$,考虑方程

$$\sum_{k=0}^{n}\binom{n}{k}(a^k+1)x^k=0$$

证明:

(a)方程的所有根在直线d_a上;

(b)当且仅当$a+b=0$时直线$d_a\perp d_b$.

罗马尼亚 Cluj – Napoca 市 Bodes Bolyai 大学 Dorin Andrica 提供

S282 在$\triangle ABC$中,令G是它的重心,O是它的外心,直绕AG,BG,CG交$\triangle ABC$的外接圆于A',B',C',以G'表示$\triangle A'B'C'$的重心,证明:$OG\geqslant OG'$.

美国 Masschusetts 理工学院 Ivan Borsenco 提供

S283 令a,b,c是大于或等于1的正实数,使

$$5(a^2-4a+5)(b^2-4b+5)(c^2-4c+5)\leqslant a+b+c-1$$

证明

$$(a^2+1)(b^2+1)(c^2+1)\geqslant (a+b+c-1)^3$$

美国 Dallas 市 Texas 大学 Titu Andreescu 提供

S284 令I是$\triangle ABC$的内心,D,E,F是角平分线足,从D向BC作出的垂线交直径为BC的半圆于A',其中A与A'在直线BC的同侧,于是$\angle BA'C$的角平分线交BC于D'. 记$V=BE\cap FD'$,$W=CF\cap ED'$. 证明$VW/\!/BC$.

意大利 Teramo 市 Ercole Suppa 提供

S285 令a,b,c是正实数,使$ab+bc+ca=1$,证明

$$\frac{a}{b^2+c^2+2}+\frac{b}{c^2+a^2+2}+\frac{c}{a^2+b^2+2}\leqslant\frac{1}{8}\left(\frac{1}{a}+\frac{1}{b}+\frac{1}{c}\right)$$

罗马尼亚 Zalau 市 Mircea Lascu 与 Marius Stanean 提供

S286 在$\triangle ABC$中,令P是它内部的点,直线AP,BP,CP分别交BC,CA,AB于A_1,B_1,C_1,证明:当且仅当直线$A_1B_1/\!/AB$时$\triangle APB_1$,$\triangle APC_1$,$\triangle BPC_1$,$\triangle BPA_1$的外心共圆.

亚美尼亚 Mher Mnatsakanyan 提供

S287 令m与n是正整数,使$\gcd(m,n)=1$. 证明

$$\sum_{k=1}^{m}\varphi\left(\left\lfloor\frac{nk}{m}\right\rfloor\right)\left\lfloor\frac{m}{k}\right\rfloor=\sum_{k=1}^{n}\varphi\left(\left\lfloor\frac{mk}{n}\right\rfloor\right)\left\lfloor\frac{n}{k}\right\rfloor$$

其中φ是 Euler φ 函数.

罗马尼亚 Constanta 市 Marius Cavachi 提供

S288 考虑$\triangle ABC$,它的顶点A,B,C按照反时针顺序排列,在边AB与AC上按照顺时针顺序向外作矩形$ABXY$与$CAZT$,令D是$\triangle AYZ$的外接圆与$\triangle ABC$的外接圆ω的第2个交点,记$U=DY\cap\omega$,$V=DZ\cap\omega$,令W是UV的中点,证明:$AW\perp YT$.

罗马尼亚 Zalau 市 Marius Stanean 提供

1.3　大学问题

U217 如果$\sum_{k=1}^{\infty}\frac{1}{a_k}$发散与$\sum_{k=1}^{\infty}\frac{1}{a_k^2}$收敛,那么定义递增数列$(a_k)_{k\in\mathbf{Z}^+}$为吸引数列. 证明:有吸引数列$a_k$使$a_k\sqrt{k}$也是吸引数列.

美国 Massachusetts 理工学院 Ivan Borsenco 提供

U218 令 $*$ 是集合 S 上结合的与“全非交换的”($x \neq y$ 蕴含 $x * y \neq y * x$)二元运算. 证明:对于 S 上的所有 $x, y, z, x * y * z = x * z$.

美国 Dallas 市 Texas 大学 Titu Andreescu 与罗马尼亚 Buzau 市国立 B. P. Hasden 学院 Bogdan Enescu 提供

U219 (a)令 $f: [0, \infty) \to \mathbf{R}$ 是可微的凸函数,且 $f(0)=0$. 证明:对于所有 $x \in [0, \infty)$,

$$\int_0^x f(t)\,\mathrm{d}t \leqslant \frac{x^2}{2} f'(x)$$

(b)求所有可微函数 $f: [0, \infty) \to \mathbf{R}$,使以上不等式中有等式.

罗马尼亚 Cluj – Napoca 市 Babes – Bolyai 大学 Dorin Andrica 与罗马尼亚 Campulung Moldovenesc 地区 Mihai Piticari 提供

U220 求下式的值

$$\lim_{n \to \infty}\left((n+1)\sqrt[n+1]{\Gamma\left(\frac{1}{n+1}\right)} = n\sqrt[n]{\Gamma\left(\frac{1}{n}\right)}\right)$$

其中 Γ 表示典型的 Γ 函数.

美国 Pittsburgh 大学 Cezar Lupu 与法国 Paris 市 Moubinool Omarjee Lycee Jean Murcat 提供

U221 令 $f: \mathbf{R} \to \mathbf{R}$ 是连续的周期函数,使 $f(2\,012) \neq 0$. 证明:存在 $c>0$,使得对所有 $n \geqslant 2\,012$,有

$$\sum_{k=1}^{n} \frac{|f(k)|}{k} \geqslant c \cdot \ln n$$

法国 Ecole 综合工科大学 Gabriel Dospinescu 提供

U222 令 p 与 q 是不同的奇素数,d 是 $q-1$ 的因子,证明:

(a)$\mathbf{Q}|\zeta_q|$ 有唯一子域 K_d,它在 $\mathbf{Q}$ 上有次数 d,其中 ζ_q 表示 q 次单位原根;

(b)为使 p 在 K_d 中完全可分裂,当且仅当 q 在 $\mathbf{Q}|\sqrt[d]{P}|$ 中完全可分裂.

美国 Princeton 大学 Cosmin Pohoata 提供

U223 令 $(x_k)_{k \geqslant 1}$ 是方程 $\tan x = x$ 的正根,证明

$$\sum_{k=1}^{\infty} \frac{1}{x_k^2} = \frac{1}{10}$$

美国 Florida 州 Roberto Bosch Cabrera 提供

U224 令 $(a_n)_{n \geqslant 1}$ 是实数数列,满足 $a_1 = a \neq 0$ 与

$$a_{n+1} = \sqrt[3]{\frac{a_1^2}{1} + \frac{a_2^2}{2} + \cdots + \frac{a_n^2}{n}}, n \geqslant 1$$

求 $\lim\limits_{n \to \infty}(3a_n - \log n)$.

美国 Pittsburgh 大学 Cezar Lupu 与罗马尼亚 Constanta 市 Decebal 大学预科 Tudorel Lupu 提供

U225　求被超平面所截的 n 维单位立方体的最大棱数.

法国 Ecole 综合工科大学 Gabriel Dospinescu 提供

U226　令 x 与 y 是 $\mathbf{S}^n$ 上的点，它们是从均匀分布在单位 n 球面上的点中随机选出的. 求 $E[\|x-y\|^2]$ 的值.

美国 Massachusetts 理工学院 Ivan Borsenco 提供

U227　求所有连续可微函数 $f:\mathbf{R}\to\mathbf{R}$，使

$$f(a-b)+f(b-c)+f(c-a)=2f(a+b+c)$$

这时要求 a,b,c 是实数，使 $ab+bc+ca=0$.

法国 Ecole 综合工科大学 Gabriel Dospinescu 提供

U228　令 L/K 是域的可分代数扩张，V,W,U 是 L－向量空间，此外，令 $h:V\times W\mapsto U$ 是 K 双线性映射，对所有 $x\in L,a\in V,b\in W$，满足 $h(xa,xb)=x^2h(a,b)$. 证明：h 是 L 双线性的.

美国 Massachusetts 理工学院 Darij Grinberg 提供

U229　定义为 $x_n=\{\log_n n!\}$ 的数列 $(x_n)_{n\geqslant 1}$ 收敛吗？这里 $\{x\}$ 表示实数 x 的小数部分.

美国 Pittsburgh 大学 Cezar Lupu 提供

U230　令 $(a_n)_{n\geqslant 0}$ 是正实数数列，使得对于所有 $n\geqslant 1$

$$a_n^2\geqslant a_{n-1}a_{n+1}$$

证明 $\lim\limits_{n\to\infty}\sqrt[n]{a_n}$ 存在.

美国 Massachusetts 理工学院 Ivan Borsenco 提供

U231　在 $[0,1]$ 上的映射序列定义为 $f_0(x)=0$ 与

$$f_{n+1}(x)=f_n(x)+\frac{x-f_n(x)^2}{2}$$

众所周知 f_n 一致收敛于 $[0,1]$ 上的函数 $x\to\sqrt{x}$，证明：存在 $c\in(0,\infty)$，使

$$\lim_{n\to\infty} n\cdot\max_{x\in[0,1]}|f_n(x)-\sqrt{x}|=c$$

法国 Ecole 综合工科大学 Gabriel Dospinescu 提供

U232　令 $\alpha>0$ 是任何非代数数. 证明：有周期为 1 的函数 f 与可数集 A，使得对于所有 $x\in\mathbf{R}\backslash A$ 有

$$x=f(\alpha x)-f(x)$$

波兰 Poznan 市 Adam Mickiewicz 大学 Jedrzej Garnek 提供

U233　令 X 是具有均值 μ，方差 σ^2 与中位数 m 的随机变量，以 $MAD=\text{median}|X-m|$ 表示 X 的中位数绝对偏差的中位数，证明：$MAD\leqslant 2\sigma$.

美国 Massachusetts 理工学院 Ivan Borsenco 提供

U234 考虑矩阵$\boldsymbol{A}\in M_n(R)$集合,它的系数是-1或1,当$\boldsymbol{A}$取遍这个集合的元素时,$\det \boldsymbol{A}^2$的平均值是什么?

法国 Ecole 综合工科大学 Gabriel Dospinescu 提供

U235 令$a>b$是正实数,n是正整数,证明

$$\frac{(a^{n+1}-b^{n+1})^{n-1}}{(a^n-b^n)^n}>\frac{n}{(n+1)^2}\cdot\frac{e}{a-b}$$

其中e是 Euler 数.

美国 Massachusetts 理工学院 Ivan Borsenco 提供

U236 令$f(x)$是$\mathbf{Z}[X]$中不可约多项式,而不是多项式±1. 证明$f(XY)$在$\mathbf{Z}[X,Y]$中不可约.

罗马尼亚 Bucharest 大学 Mircea Becheanu 提供

U237 令H是具有焦点A,B与中心O的双曲线,令P是H上任意一点,H上通过P的切线交它的渐近线于M与N,证明$PA+PB=OM+ON$.

委内瑞拉 Maracaibo 市 Luis Gonzalez 提供

U238 令X是具有中位数$m=0$,均值μX,方差σ_X^2的随机变量. 以$\sigma_{|X|}^2$表示随机变量$|X|$的方差,证明

$$|\mu X|\leqslant\sigma_{|X|}$$

美国 Massachusetts 理工学院 Ivan Borsenco 提供

U239 在$\triangle ABC$中,令P是它平面上的点,但不在$\triangle ABC$的外接圆Γ上,令AP,BP,CP分别再交圆Γ于点X,Y,Z. 令从X到$\triangle ABC$内切圆的切线交BC于A_1与A_2. 类似地定义B_1,B_2与C_1,C_2,证明:点A_1,A_2,B_1,B_2,C_1,C_2在一条圆锥曲线上.

美国 Princeton 大学 Cosmin Pohoata 提供

U240 令$A\in M_m(\mathbf{Z})$,令$(a_n)_{n\geqslant0}$定义为$a_0=1$与

$$a_{n+1}=\frac{1}{n+1}\sum_{j=0}^{n}a_{n-j}\operatorname{tr}(A^{j+1}),n\geqslant0$$

证明:数列$(a_n)_{n\geqslant0}$的所有项是整数.

法国 Ecole 综合工科大学 Gabriel Dospinescu 提供

U241 令$a>b$是正实数. 证明

$$c_n=\frac{\sqrt[n+1]{a^{n+1}-b^{n+1}}}{\sqrt[n]{a^n-b^n}}$$

是递减数列,并求它的极限.

美国 Massachusetts 理工学院 Ivan Borsenco 提供

U242 求满足以下条件的所有连续函数$f:\mathbf{R}\to\mathbf{R}$:每当$x+y+z$是$2\pi$的整倍数时,

$$f^2(x)+f^2(y)+f^2(z)-2f(x)f(y)f(z)=1$$

美国 Stanford 大学 Iurie Boreico 提供

U243　令 $f:[a,b]\to\mathbf{R}$ 是可微函数,使 $f'(a)=f'(b)=0$,且有性质:有实值函数 g,使得对于 $\mathbf{R}$ 中所有 x,$g(f'(x))=f(x)$,证明 f 是常值函数.

罗马尼亚 Bucharest 市 Mihai Piticari 与 Sorin Radulescu 提供

U244　Jimmy 正在分析具有无限的均值与方差的随机变量 X,他需要为他的近似模型提供推测的均值与方差,Jimmy 知道 X 在 O 旁有对称分布,他决定采用他的推测均值 $\mu_X^*=0$ 与他的推测方差

$$(\sigma_X^*)^2=E_{|X|\leqslant 1}|X^2|+\exp(E_{|X|\geqslant 1}[\ln(X^2)])$$

证明:Jimmy 为标准 Cauchy 随机变量 $C(0,1)$ 的推测方差是

$$(\sigma_X^*)^2=2\pi-\frac{1}{2}+\frac{1}{\pi}\exp\left(\frac{2\pi^2}{3}\right)$$

美国 Massachusetts 理工学院 Ivan Borsenco 提供

U245　令 K 是特征数 $p>2$ 的有限域,$a\in K-\{0\}$. 令 f 是 K 上任何多项式,证明以下命题等价:

(ⅰ)$f(X)=f(X+a)$;

(ⅱ)有 $g\in K[X]$ 使 $f(X)=g(X^p-a^{p-1}X)$.

罗马尼亚 Bucharest 市 Mihai Piticari 与 Sorin Radulescu 提供

U246　求所有正整数对 m,n,它们有非 abel 群 G,使映射 $x\to x^m$ 与 $x\to x^n$ 是 G 的自同态.

法国 Ecole 综合工科大学 Gabriel Dospinescu 提供

U247　令 a 是大于 1 的实数. 求下式的值

$$\frac{1}{a^2-a+1}-\frac{2a}{a^4-a^2+1}+\frac{4a^3}{a^8-a^4+1}-\frac{8a^7}{a^{16}-a^8+1}+\cdots$$

美国 Dallas 市 Texas 大学 Titu Andreescu 提供

U248　令 $\boldsymbol{A},\boldsymbol{S},\boldsymbol{X}$ 是 $M_4(\mathbf{R})$ 中的矩阵,使 $\boldsymbol{A}$ 是反对称矩阵,$\boldsymbol{S}$ 是可逆矩阵,$\boldsymbol{X}=\boldsymbol{AS}$,如果 $\boldsymbol{X}^4=\boldsymbol{O}_4$,证明 $\boldsymbol{X}^3=\boldsymbol{O}_4$.

罗马尼亚 Dorin Andrica 与 Mihai Piticari 提供

U249　令 $(a_n)_{n\geqslant 1}$ 是正数的递减数列,对所有 $n\geqslant 1$,令

$$S_n=a_1+a_2+\cdots+a_n \text{ 与 } b_n=\frac{1}{a_{n+1}}-\frac{1}{a_n}$$

证明:如果 $(S_n)_{n\geqslant 1}$ 收敛,那么 $(b_n)_{n\geqslant 1}$ 无界.

罗马尼亚 Buzău 市 B. P. Hasdeu 国立学院 Bogdan Enescu 提供

U250　令 f 是实值函数,在区间 I 上连续,使 f 在 I 中任何点上有连续的非负单侧导数. 证明:f 是非减函数.

罗马尼亚 Dan Marinescu 与 Mihai Piticari 提供

U251 在 $\mathbf{Z}[x]$ 中求所有的 n 次多项式 $p(x)=a_nx^n+\cdots+a_1x+a_0$，使得对于所有不同整数 x 与 y，以下条件满足

$$\frac{p(x)-p(y)}{x-y}=\frac{1}{n}(p'(x)+p'(y)+(n-2)\sqrt{p'(x)p'(y)})$$

其中 $p'(x)$ 是 $p(x)$ 的导数.

美国 Massachusetts 理工学院 Ivan Borsenco 提供

U252 求可逆剩余类$(\bmod n)$群的自同构个数.

法国 Ecole 综合工科大学 Gabriel Dospinescu 提供

U253 求下式的值

$$\sum_{n>1}\frac{3n^2+1}{(n^3-n)^3}$$

美国 Dallas 市 Texas 大学 Titu Andreescu 提供

U254 令 A 是具有元素 $a_{i,j}\in\mathbf{R}$ 的 $n\times n$ 矩阵，令 σ_i^2 与 σ_j^2 分别为 i 行与 j 列中元素的方差. 以 σ_A^2 表示 A 中所有元素的方差，令 $B=\frac{1}{n}\sum_{i=1}^{n}\sigma_i^2,c=\frac{1}{n}\sum_{j=1}^{n}\tau_j^2$. 证明

$$\max(B,C)\leqslant\sigma_A^2\leqslant B+C$$

美国 Massachusetts 理工学院 Ivan Borsenco 提供

U255 令 S_n 是 $\{1,2,\cdots,n\}$ 的置换群. 如果 $d>1$ 是整数，那么令 H_d 是这些 $\sigma\in S_n$ 组成的集合，使得有 $k\geqslant1,\sigma_1,\cdots,\sigma_k\in S_n$ 与 $\sigma=\sigma_1^d\cdots\sigma_k^d$. 求 H_2 与 H_3.

罗马尼亚 Mihai Piticari 与 Sorin Radulescu 提供

U256 令 G 是有限群，H 是 G 的子群，对某一素数 p，G 有指标 p，设 H 的阶与 $p-1$ 是互素的素数. 证明 H 是正规群.

美国 Princeton 大学 Cosmin Pohoata 提供

U257 (a)令 p 与 q 是不同素数，G 是具有 pq 个元素的非交换群，证明：G 的中心是平凡的.

(b)令 p,q,r 是两两不同的素数，G 是具有 pqr 个元素的非交换群，证明：G 的中心元素个数是 1 或 1 个素数.

罗马尼亚 Campulung Moldovenesc 市 Mihai Piticari 提供

U258 求所有函数 $f:\mathbf{R}\to\mathbf{R}$，使它们有中间值性质且对于所有 $x,y\in\mathbf{R}$，满足

$$f(xy)=f(x)f(y)$$

罗马尼亚 Bucharest 市 Marius 与 Sorin Radulescu 提供

U259 计算

$$\lim_{n\to\infty}\frac{\left(1+\frac{1}{n(n+a)}\right)^{n^3}}{\left(1+\frac{1}{n(n+b)}\right)^{n^3}}$$

美国 San Jose 市 Arkady Alt 提供

U260 求所有的函数 $f:\mathbf{R}\to\mathbf{R}$，使它是可求导数且有性质：$f^2$ 是 f 的原函数.

罗马尼亚 Campulung Moldovenesc 市 Mihai Piticari 提供

U261 令 $T_n(x)$ 是第一种 Chebyshev 多项式，定义为

$$T_0(x)=1,T_1(x)=x,T_{n+1}=2xT_n(x)-T_{n-1}(x),n\geqslant 1$$

证明：对于所有 $x\geqslant 1$ 与所有正整数 n，

$$x\leqslant \sqrt{T_n(x)}\leqslant 1+n(x-1)$$

美国 San Jose 市 Arkady Alt 提供

U262 令 a 与 b 是正实数，求

$$\lim_{n\to\infty}\sqrt[n]{\prod_{i=1}^{n}\left(a+\frac{b}{i}\right)}$$

美国 Massachusetts 理工学院 Ivan Borsenco 提供

U263 令 $n\geqslant 2$ 是整数，一般的 $n\times n$ 幻方是矩阵 $\boldsymbol{A}\in M_n(\mathbf{R})$，使 $\boldsymbol{A}$ 每行元素之和相同. 证明：一般的 $n\times n$ 幻方集合是 $\mathbf{R}$ 向量空间，并求它的维数.

美国 Princeton 大学 Cosmin Pohoata 提供

U264 令 A 是有限环，使 $1+1=0$. 证明：方程 $x^2=0$ 与 $x^2=1$ 在 A 中有相同的解数.

罗马尼亚 Campulung Moldovenesc 市 Mihai Piticari 提供

U265 令 $a>1$ 是实数，$f:[1,a]\to\mathbf{R}$ 是二次可微函数，证明：如果映射 $x\mapsto xf'(x)$ 是单调递增的，那么

$$f(\sqrt{a})\leqslant\frac{1}{\ln a}\int_1^a\frac{f(t)}{t}\mathrm{d}t$$

罗马尼亚 Bucharest 市 Marcel Chirita 提供

U266 令 $A,B\in M_n(\mathbf{R})$ 是对称的正定矩阵. 证明

$$\mathrm{tr}[(\boldsymbol{A}^2+\boldsymbol{A}\boldsymbol{B}^2\boldsymbol{A})^{-1}]\geqslant\mathrm{tr}[(\boldsymbol{A}^2+\boldsymbol{B}\boldsymbol{A}^2\boldsymbol{B})^{-1}]$$

美国 Princeton 大学 Cosmin Pohoata 提供

U267 连续映射 $f:[0,1]\to\left[-\frac{1}{3},\frac{2}{3}\right]$ 是满射，满足

$$\int_0^1 f(x)\mathrm{d}x=0$$

证明

$$\int_0^1 f(x)^3\mathrm{d}x\leqslant\frac{1}{9}$$

罗马尼亚 Compulung Moldovenesc 市 Mihai Piticari 提供

U268 求下式的 0 值

$$\lim_{n\to\infty}\frac{1}{n^2}\sum_{k=2}^{n^2-1}\left\{\frac{n}{\sqrt{k}}\right\}$$

其中 $\{x\}$ 是 x 的小数部分.

罗马尼亚 Campulung Moldovenesc 市 Mihai Piticari 提供

U269 令 $a_1,\cdots,a_k$ 与 $b_1,\cdots,b_k$ 是正实数,且对于 $i=1,\cdots,k$ 有 $a_i>b_i$,如果 $\Delta_i=a_i-b_i$,证明

$$\prod_{i=1}^{k}a_i-\prod_{i=1}^{k}b_i\geqslant\sqrt[k]{\Delta_1\cdots\Delta_k}\left(\prod_{i=1}^{k}a_i\right)^{\frac{k-1}{2k}}\left(\prod_{i=1}^{k}b_i\right)^{\frac{k-1}{2k}}$$

瑞士 Herrliberg 市 Albert Stadler 提供

U270 令 x_1 与 x_2 是正实数,对 $n\geqslant 2$ 定义

$$x_{n+1}=\sqrt[n]{x_1}+\sqrt[n]{x_2}+\cdots+\sqrt[n]{x_n}$$

求 $\lim\limits_{n\to\infty}\dfrac{x_n-n}{\ln n}$.

法国 Ecole 综合工科大学 Gabriel Dospinescu 提供

U271 令 $a>b$ 是正实数,n 是正整数,证明

$$\frac{(a^{n+1}-b^{n+1})^{n-1}}{(a^n-b^n)^n}>\frac{n}{(n+1)^2}\cdot\frac{e}{a-b}$$

其中 e 是 Euler 数.

美国 Massachusetts 理工学院 Ivan Borsenco 提供

U272 令 a 是正实数,$(a_n)_{n\geqslant 0}$ 是数列,对所有正整数 n 定义为 $a_0=\sqrt{a}$,$a_{n+1}=\sqrt{a_n+a}$,证明:在数列的各项中有无限多个无理数.

罗马尼亚 Constanta 市 Marius Cavachi 提供

U273 令 Φ_n 是第 n 个分圆多项式,定义为

$$\Phi_n(X)=\prod_{1\leqslant m\leqslant n,\gcd(m,n)=1}\left(X-e^{\frac{2i\pi m}{n}}\right)$$

(a)令 k 与 n 是正整数,使 k 是偶数,$n>1$,证明

$$\pi^{k_{\varphi(n)}}\cdot\prod_p\Phi_n\left(\frac{1}{p^k}\right)\in\mathbf{Q}$$

其中对所有素数求积,φ 是 Euler φ 函数.

(b)证明

$$\prod_p\left(1-\frac{1}{p^2}+\frac{1}{p^6}-\frac{1}{p^8}+\frac{1}{p^{10}}-\frac{1}{p^{14}}+\frac{1}{p^{16}}\right)=\frac{192\ 090\ 682\ 746\ 473\ 135\ 625}{3\ 446\ 336\ 510\ 402\pi^{16}}$$

瑞士 Herrliberg 市 Albert Stadler 提供

U274 令 $A_1,\cdots,A_m\in M_n(\mathbf{C})$满足 $A_1+\cdots+A_m=mI_n$,$A_1^2=\cdots=A_m^2=I_n$,证明 $A_1=\cdots=A_m$.

罗马尼亚 Constanta 市 Marius Cavachi 提供

U275 令 m 与 n 是正整数,$(a_k)_{k\geqslant 1}$是实数,证明

$$\sum_{d|m,e|n,g|\gcd(d,e)}\frac{\mu(g)}{g}de\cdot a_{de/g}=\sum_{k|mn}ka_k$$

这里 μ 是普通的 Möbius 函数.

美国 Massachusetts 理工学院 Darij Grinberg 提供

U276　令 K 是有限域,求所有的多项式 $f \in K[X]$,使得对于所有 $a \in K^*$,$f(X)=f(aX)$.

罗马尼亚 Compulung Moldovenesc 市 Mihai Piticari 提供

U277　对于 $n \in \mathbf{N}, n \geqslant 2$,求小于

$$2\left(e^{\frac{1}{n+1}}+\cdots+e^{\frac{1}{n+n}}\right)$$

的最大整数.

罗马尼亚 Constanta 市 Marius Cavachi 提供

U278　求下式的值

$$\lim_{n \to \infty} \sum_{k=0}^{\infty} \frac{1}{(kn+1)k!}$$

罗马尼亚 Cluj-Napoca 市 Bades-Bolyai 大学 Dorin Andrica 提供

U279　令 $f:\mathbf{R} \to \mathbf{R}$ 是有界函数,它在所有的点上都有侧极限,证明:有某个实数 x_0,使

$$\lim_{x \to x_0, x > x_0} f(x) \leqslant x_0 \leqslant \lim_{x \to x_0, x < x_0} f(x)$$

罗马尼亚 Campulung Moldovenesc 市 Mihai Piticari 提供

U280　令 S 是平面上不可数圆集合. 证明:有 S 的不可数子集 S',使 S' 中所有圆都有公共内点.

罗马尼亚 Constanta 市 Marius Cavachi 提供

U281　令 G 是在 n 个顶点上的图,以致对于 G 的所有连通子图 H,图 $G-H$ 是连通的. 证明:G 是一圈或完全图.

美国 Princeton 大学 Cosmin Pohoata 提供

U282　令 $P=\{2,3,5,7,11,\cdots\}$ 表示小于 2^{100} 的所有素数组成的集合. 证明

$$\sum_{p \in P} \frac{1}{p} < 8$$

罗马尼亚 Constanta 市 Marius Cavachi 提供

U283　令 a,b,c,d 是非负实数,使 $a+b+c+d=2$. 证明:对于任何正整数 n 有

$$\frac{a^n+b^n+c^n+d^n+2^{3-n}}{3} \geqslant \left(\frac{2-a}{3}\right)^n+\left(\frac{2-b}{3}\right)^n+\left(\frac{2-c}{3}\right)^n+\left(\frac{2-d}{3}\right)^n$$

美国 Dallas 市 Texas 大学 Titu Andreescu 提供

U284　令 $a_n=\{\sqrt{n^2+1}\}$ 是实数数列,其中 $\{x\}$ 表示 x 的小数部分. 求 $\lim\limits_{n \to \infty} na_n$.

美国 Masschusetts 理工学院 Ivan Borsenco 提供

U285　令 $(a_n)_{n>0}$ 是数列,定义为

$$a_n=\frac{e^{\frac{1}{n+1}}}{n+1}+\frac{e^{\frac{1}{n+2}}}{n+2}+\cdots+\frac{e^{\frac{1}{2n}}}{2n}$$

证明:数列 $(a_n)_{n>0}$ 是递减的,并求出它的极限.

西班牙 Gran Canaria 岛 Angel Plaza 提供

U286 令$(x_n)_{n\geq 1}$是正实数数列,使得对于所有的x

$$(x_{n+1}-x_n)(x_{n+1}x_n-1)\leqslant 0$$

与$\lim\limits_{n\to\infty}\frac{x_{n+1}}{x_n}=1$. 证明:$(x_n)_{n\geq 1}$收敛.

罗马尼亚 Campulung Moldovenesc 市 Mihai Piticari 提供

U287 令$u,v:[0,+\infty)\to(0,+\infty)$是可微函数,使

$$u'=v^v \text{ 与 } v'=u^u$$

证明:$\lim\limits_{x\to\infty}(u(x)-v(x))=0$.

美国 Berkeley 市 California 大学 Aaron Doman 提供

U288 令$f:[a,b]\to\mathbf{R}$是原函数与可积函数,使得对于每个区间$(m,n)\subset[a,b]$,有一区间(m',n')包含在(m,n)中,以致于对所有$x\in(m',n')$,$f(x)\geqslant 0$. 证明:对所有$x\in[a,b]$,$f(x)\geqslant 0$.

罗马尼亚 Mihai Piticari 与 Sorin Radulescu 提供

1.4 奥林匹克问题

O217 在凸四边形$ABCD$的对角线上作出等边的$\triangle ACB'$与$\triangle BDC'$,以致B与B'在AC的同侧,C与C'在BD的同侧,如果$B'C'=AB+CD$,求$\angle BAD+\angle CDA$.

爱美尼亚 Yerevan 市 Nairi Sedrakyan 提供

O218 求所有的整数n,使$2^n+3^n+13^3-14^n$是整数的立方.

美国 Dallas 市 Texas 大学 Titu Andreescu 提供

O219 令a,b,c,d是正实数,满足

$$\frac{1-c}{a}+\frac{1-d}{b}+\frac{1-a}{c}+\frac{1-b}{d}\geqslant 0$$

证明:$a(1-b)+b(1-c)+c(1-d)+d(1-a)\geqslant 0$.

法国 Ecole 综合工科大学 Gabriel Dospinescu 提供

O220 令$A_1,\cdots,A_n$是平面上的不同点,G是它们的重心. 在平面上考虑点F,使$A_1F+\cdots+A_nF$最小,证明

$$\sum_{i=1}^{n}A_iG\leqslant 2\left(1-\frac{1}{n}\right)\sum_{i=1}^{n}A_iF$$

美国 Massachusetts 理工学院 Ivan Borsenco 提供

O221 一只蚂蚁从完全图K_4的1个顶点上开始,以概率$\frac{1}{3}$在边上移动,求蚂蚁在移动n次内回到原来顶点的概率.

美国 Berkeley 大学 Antonio Blanca 与 Florida 州 Roberto Bosch Cabrera 提供

O222 令 $a_1,a_2,\cdots,a_n,b_1,b_2,\cdots,b_n$ 是非负实数,其中 n 是正整数,令 σ 是$\{1,2,\cdots,n\}$的置换,对于所有的 $k\in\{1,2,\cdots,n\}$,令

$$c_k=\max(\{a_1b_k,a_2b_k,\cdots,a_kb_k\}\cup\{a_kb_1,a_kb_2,\cdots,a_kb_k\})$$

证明:$a_1b_{\sigma(1)}+a_2b_{\sigma(2)}+\cdots+a_nb_{\sigma(n)}\leqslant c_1+c_2+\cdots+c_n$.

美国 Massachusetts 理工学院 Darij Grinberg 提供

O223 求满足下式的所有函数 $f:\mathbf{R}\to\mathbf{R}$:对所有的 $x,y\in\mathbf{R}$,有

$$f(y+f(x))=f(x)f(y)+f(f(x))+f(y)-xy$$

泰国 Ramkamhaeng 大学 Preudtanan Sriwongleang 提供

O224 令 a,b,c 是正实数,证明

$$\frac{3(a^3+b^3+c^3)}{2(a+b+c)(a^2+b^2+c^2)}\leqslant\frac{a}{b+c}+\frac{b}{c+a}+\frac{c}{a+b}-1\leqslant\frac{3(a^3+b^3+c^3)}{2(a+b+c)(ab+bc+ca)}$$

美国 Pittsburgh 大学 Cezar Lupu 与澳大利亚 Duc Huu Pham 提供

O225 对于任何素数 $p>3$,证明

$$p\sum_{j=0}^{p-1}\frac{(-3)^j}{2j+1}\equiv\left(\frac{p}{3}\right)(\bmod p^2)$$

其中$\left(\frac{p}{3}\right)$是 Legendre 符号.

美国 Princeton 大学 Cosmin Pohoata 提供

O226 令 $n>1$ 是奇整数,$A_1\cdots A_n$ 是正多边形,在置换包含 n 边形的中心范围内,求$\triangle A_iA_jA_k$ 的个数.

美国 Massachusetts 理工学院 Ivan Borsenco 提供

O227 确定是否有多项式 $f\in\mathbf{Q}[x]$ 使 $f(\mathbf{Z})\subset\mathbf{Z}$ 与

(a)没有 $g\in\mathbf{Z}[x]$ 使 $f(\mathbf{Z})=g(\mathbf{Z})$;

(b)有 $h\in\mathbf{Z}[X,Y]$ 使 $f[\mathbf{Z}]=h(\mathbf{Z}\times\mathbf{Z})$

法国 Ecole 综合工科大学 Gabriel Dospinescu 提供

O228 令 Γ 是已知$\triangle ABC$ 平面上任意一圆,令 K'_A 与 K'_B 是通过 B 与 C 的圆,分别与$\odot\Gamma$ 相切于 X' 与 X'',类似地定义 K'_B,K''_B,K'_C,K''_C,它们分别与$\odot\Gamma$ 的切点为 Y',Y'',Z',Z''. 证明:$\triangle AX'X''$,$\triangle BY'Y''$,$\triangle CZ'Z''$的外接圆是共轴圆.

美国 Princeton 大学 Cosmin Pohoata 与美国 Florida 州 Atlantic 大学 Paul Yiu 提供

O229 是否有有理数 a,b,c,使

$$a^2b+b^2c+c^2a=ab^2+bc^2+ca^2=20.11$$

美国 Dallas 市 Texas 大学 Titu Andreescu 提供

O230 令$\triangle ABC$的内心为I,X,Y,Z是在内角平分线AI,BI,CI上的点,此外,令M,N,P是边BC,CA,AB的中点,D,E,F是$\triangle ABC$内切圆与这些边的切点,证明:如果$MX/\!/NY/\!/PZ$,那么DX,EY,FZ在$\triangle ABC$内切圆上共点.

这从以前的结果推广了问题S228.

委内瑞拉 Maracaibo 市 Luis Gonzalez 与美国 Princeton 大学 Cosmin Pohoata 提供

O231 令a,b,c,d是实数,使$a+b+c+d=2$. 证明

$$\frac{a}{a^2-a+1}+\frac{b}{b^2-b+1}+\frac{c}{c^2-c+1}+\frac{d}{d^2-d+1}\leqslant\frac{8}{3}$$

美国 Dallas 市 Texas 大学 Titu Andreescu 提供

O232 令$ABCDE$是面积为S的凸五边形,由它的对角线各交点构成的五边形面积为S',考虑命题$S'<cS$,其中c是常数,证明:这个命题在$c=\frac{1}{2}$时成立. 试求出你可以达到的最佳常数. 例如可以证明,这个命题在$c=2-\sqrt{3}$时将成立.

美国 Massachusetts 理工学院 Ivan Borsenco 提供

O233 在$\triangle ABC$中,令$\angle BAC=90°$,令D是斜边BC上的点,过D作直线平行于直角边AC与AB,分别与直径为DC,DB的圆相交(第2次)于U,V,此外,如果P是AD与$\triangle ABC$外接圆的第2个交点,证明$\angle UPV=90°$.

委内瑞拉 Maracaibo 市 Luis Gonzalez 提供

O234 令f是4次整系数多项式,证明:有无限多个正整数n,使2^n-1不能整除$f(n!)$,如果除去条件$\deg(f)=4$,这个结果成立吗?

法国 Ecole 综合工科大学 Gabriel Dospinescu 提供

O235 求方程$xy-7\sqrt{x^2+y^2}=1$的整数解.

美国 Dallas 市 Texas 大学 Titu Andreescu 提供

O236 令a,b,c是正实数,证明

$$\frac{a}{(b+c)^2}+\frac{b}{(c+a)^2}+\frac{c}{(a+b)^2}+\frac{2(ab+bc+ca)}{(a+b)(b+c)(c+a)}\geqslant\frac{3(a+b+c)}{2(ab+bc+ca)}$$

罗马尼亚 Zalau 市 Mircea Lascu 与 Marius Stanean 提供

O237 令x,y,z是正实数,使

$$(2x^4+3y^4)(2y^4+3z^4)(2z^4+3x^4)\leqslant(3x+2y)(3y+2z)(3z+2x)$$

证明$xyz\leqslant 1$.

美国 Dallas 市 Texas 大学 Titu Andreescu 提供

O238 考虑实数$a_1,a_2,\cdots,a_n$与$b_1,b_2,\cdots,b_n$. 已知对于所有实数x,有数偶(a_i,b_i)使

$$a_ix+b_i\geqslant 0$$

证明:有指标$i,j\in\{1,2,\cdots,n\}$使每个实数x至少满足不等式$a_ix+b_i\geqslant 0,a_jx+b_j\geqslant 0$中之一.

美国 Harvard 大学 Andrei Ciupan 提供

O239 在$\triangle ABC$中，令D,E,F分别为它的内切圆与边BC,CA,AB的切点. 令U是AD与$\triangle ABC$外接圆C的第2个交点，X是A伪内切圆与$\odot C$的切点. 此外，令V,W是线段DE与DF的中点. 证明VW,UX,BC共点.

美国 Princeton 大学 Cosmin Pohoata 提供

O240 令m与n是正整数，$x=(x_1,\cdots,x_m)$是正实数向量，使$\sum\limits_{i=1}^{m}x_i=1$. 考虑集合$Y$，定义为

$$Y=\{y=(y_1,\cdots,y_m)\mid y_i\in\{0,\frac{1}{n},\cdots,\frac{n-1}{n},1\},\sum_{i=1}^{m}y_i=1\}$$

证明：有$y^*=(y_1^*,\cdots,y_m^*)\in Y$，使$\sum\limits_{i=1}^{m}|y_i^*-x_i|\leqslant\frac{m}{2n}$.

美国 Massachusetts 理工学院 Ivan Borsenco 提供

O241 令a与b是实数，使$3\leqslant a^2+ab+b^2\leqslant 6$，证明

$$2\leqslant a^4+b^4\leqslant 72$$

美国 Dallas 市 Texas 大学 Titu Andreescu 提供

O242 令$n\geqslant 3$是奇整数，考虑正n边形$\mathscr{A}=A_1A_2\cdots A_n$. 求$\mathscr{A}$中点$P$的轨迹，使得对于某个整数$k$，

$$\angle PA_1A_2+\angle PA_2A_3+\cdots+\angle PA_nA_1=90^\circ+180^\circ\cdot k$$

其中各角都是有向角.

美国 Berkeley 市 California 大学 Alex Anderson 提供

O243 令m,n是正整数，$n>m$，证明

$$\sum_{k=0}^{n}(-1)^k\binom{n}{k}\binom{m+n-2k}{n-1}=\binom{n}{m+1}$$

美国 Stanford 大学 Iurie Boreico 提供

O244 在$\triangle ABC$中，令D,E,F分别是内切圆与BC,CA,AB的切点. 令EF交$\triangle ABC$外接圆Γ于X与Y，此外，令T是$\triangle DXY$外接圆与内切圆的第2个交点. 证明：AT通过A-伪内切圆与$\odot\Gamma$的切点A'.

美国 Sammy Luo 与美国 Princeton 大学 Cosmin Pohoata 提供

O245 证明：不能在$(1+\sqrt{2})\times(1+\sqrt{2})$正方形中无重叠地放入5个$1\times1$正方形，但可以在$(2+\frac{1}{\sqrt{2}})\times(2+\frac{1}{\sqrt{2}})$正方形中无重叠地放入它们.

美国 Massachusetts 理工大学 Ivan Borsenco 提供

O246 令P是凸多边形$A_1A_2\cdots A_n$的内部或边界上的点，证明：当P是$A_1A_2\cdots A_n$的顶点时，达到$\sum\limits_{i=1}^{n}PA_i$的最大值.

美国 Princeton 大学 Cosmin Pohoata 提供

O247 求以下方程的正整数解

$$xy+yz+zx-5\sqrt{x^2+y^2+z^2}=1$$

美国 Dallas 市 Texas 大学 Titu Andreescu 提供

O248 从集合{1,2,…,31}中可以选出的元素最大个数是什么,使任何 2 个元素之和不是完全平方数?

亚美尼亚 Yerevan 市 Nairi Sedrakyan 提供

O249 求所有的正整数三元组(x,y,z),使

$$\frac{x}{y}+\frac{y}{z+1}+\frac{z}{x}=\frac{5}{2}$$

美国 Dallas 市 Texas 大学 Titu Andreescu 提供

O250 已知$\triangle ABC$,把A-伪旁切圆定义为与$\triangle ABC$外接圆外切的圆,且与射线AB,AC相切,求A-伪旁切圆半径公式,并给出A-伪旁切圆的尺规作图规则.

西班牙国立 Navarra 大学 Daniel Tkadles 提供

O251 在$\triangle ABC$中,求不同于A,B,C的点P在它平面上的轨迹,使它有以下性质:如果A',B',C'分别在射线PA,PB,PC上,使$\triangle A'B'C'\backsim\triangle ABC$,那么这些三角形是位似三角形.

捷克共和国 Charles 大学 Josef Tkadlec 提供

O252 考虑$N\times N$单位正方形网格,它们原来都涂上白色,网格正方形上的直线指的是正方形的行或列,2 个游戏者A与B在网格上玩以下游戏,从A开始,他们轮流进行.第 1 步A选择任一直线l,第 2 步B应当在直线l上选择 1 个正方形,并把它涂成黑色,然后B应当选择 1 条直线,使它不通过这个黑色正方形,在以后各步中,1 人首先应当在与以前方向相反的直线上选择 1 个正方形,把它涂成黑色,其次选择 1 条新直线,使它不包含任一黑正方形,失败者是不能在黑正方形外选择一直线的第 1 个游戏者,有没有某游戏者获胜的策略?如有,请求出它.

美国 Princeton 大学 Cosmin Pohoata 提供

O253 求 2 013 的最小倍数,使方程组

$$(x^2+y^2)(y^2+z^2)(z^2+x^2)=x^6+y^6+z^6+4n^2,xyz=n$$

有整数解.

美国 Dallas 市 Texas 大学 Titu Andreescu 提供

O254 考虑 2 个平行四边形,它们恰好相交于 8 个点,证明:这些平行四边形的公共面积大于或等于它们中一个面积的一半.

亚美尼亚 Yerevan 市 Nairi Sedrakyan 提供

O255 正整数集合称为好集合,如果对于该集合中每对不同元素a与b,$ab+1$是平方数,好集合S称为最大好集合,如果对于所有正整数n,$S\cup\{n\}$不是好集合.

(a)证明:没有基数为1,2,3的最大好集合;

(b)证明:能求出基数为4的无限多个最大好集合.

美国 Florida 州 Roberto Bosch Cabrera 提供

O256 令 $A_1\cdots A_n$ 是正多边形,M 是它内部的点,证明

$$\sin\angle A_1MA_2+\sin\angle A_2MA_3+\cdots+\sin\angle A_nMA_1>\sin\frac{2\pi}{n}+(n-2)\sin\frac{\pi}{n}$$

亚美尼亚 Yerevan 市 Nairi Sedrakyan 提供

O257 令 p 是奇素数,$N_k=\sum\limits_{j=1}^{\frac{p-1}{2}}\tan^{2k}\frac{j\pi}{p}$,证明以下命题:

(a)N_k 是整数;

(b)N_k 可被 $p^{1+\lfloor 2\frac{k-1}{p-1}\rfloor}$ 整除;

(c)$N_{\frac{p-1}{2}k}$不可被 p^{k+1} 整除.

瑞士 Herrliberg 市 Albert Stadler 提供

O258 令 $\sigma(n)$是 n 的所有正因子之和,证明:对所有 $n>1$

$$\sum_{k=0}^{n-1}(-1)^k(2k+1)\sigma\left(\frac{n^2+n}{2}-\frac{k^2+k}{2}\right)=(-1)^{n-1}\frac{n(n+1)(2n+1)}{6}$$

法国 Ecole 综合工科大学 Gabriel Dospinescu 提供

O259 求方程 $x^5+15xy+y^5=1$ 的整数解.

美国 Dallas 市 Texas 大学 Titu Andreescu 提供

O260 令 p 是正整数,定义数列$(a_n)_{n\geqslant1}$为

$$a_1=0 \text{ 与 } a_n=\left\lfloor\frac{n+1}{2}\right\rfloor^p+a_{\lfloor\frac{n}{2}\rfloor},n\geqslant2$$

求$\dfrac{a_n}{n^p-1}$在所有正整数 n 上的最小值.

美国 San Jose 市 Arkady Alt 提供

O261 求所有正整数 n,使

$$\sigma(n)-\varphi(n)\leqslant4\sqrt{n}$$

其中 $\sigma(n)$是 n 的正因子之和,φ 是 Euler φ 函数.

瑞士 Herrliberg 市 Albert Stadler 提供

O262 令 $n\geqslant3$ 是整数,考虑凸 n 边形 $A_1\cdots A_n$,它内部有点 P,使得对于所有 $i\in[1,n-1]$,$\angle A_iPA_{i+1}=\dfrac{2\pi}{n}$,证明:$P$ 是到 n 边形各顶点距离之和最小的点.

美国 Massachusetts 理工学院 Ivan Borsenco 提供

O263 在它顶点上有线性序 $<$ 的竞赛图 T 称为有序竞赛图,用 $(T,<)$ 表示,如果 $(T,<)$ 与 $(T',<')$ 是有序竞赛图,例如说 $(T,<)$ 由 $(T',<')$ 诱导出来,如果有映射 $f:V(T)\to V(T')$,满足

(i) 当且仅当 $u<v$ 时 $f(u)<'f(v)$;

(ii) 当且仅当 $\overrightarrow{uv}\in E(T)$ 时 $\overrightarrow{f(u)f(v)}\in E(T')$.

证明:对于任何有序竞赛图 $(T,<)$,存在竞赛图 T',使得对 T' 所有的序 $<'$,$(T,<)$ 由 $(T',<')$ 诱导出来.

美国 Princeton 大学 Cosmin Pohoata 提供

O264 令 $p>3$ 是素数,证明:当且仅当

$$\frac{1}{2}+\frac{1}{3}(1+\frac{1}{2})+\cdots+\frac{1}{\frac{p-1}{2}}\left(1+\frac{1}{2}+\cdots+\frac{1}{\frac{p-3}{2}}\right)$$

的分子是 p 的倍数时,$2^{p-1}\equiv 1(\bmod p^2)$.

法国 Ecole 综合工科大学 Gabril Dospinescu 提供

O265 求以下方程组的非负实数解:

$$\begin{cases}(x+1)(y+1)(z+1)=5\\(\sqrt{x}+\sqrt{y}+\sqrt{z})^2-\min(x,y,z)=6\end{cases}$$

美国 Dallas 市 Texas 大学 Titu Andreescu 提供

O266 令 $a,b,c\geqslant 1$ 是实数,使 $a+b+c=6$,证明

$$(a^2+2)(b^2+2)(c^2+2)\leqslant 216$$

罗马尼亚 Compulung Moldovenesc 市 Mihai Piticari 提供

O267 求所有素数 p,q,r,使

$$\frac{p^{2q}+q^{2p}}{p^3-pq+q^3}=r$$

美国 Dallas 市 Texas 大学 Titu Andreescu 提供

O268 令 $a_1,\cdots,a_{2n+1}$ 是实数,它们的和为 0,考虑函数

$$f(x)=\sum_{i=1}^{2n+1}|a_i-x|$$

令 y 是使 $f(x)$ 达到它最大值的点,对于 $n\geqslant 1$,证明

$$y\leqslant\frac{1}{2(n+1)}\sum_{i=1}^{2n+1}|a_i|$$

美国 Massachusetts 理工学院 Ivan Borsenco 提供

O269 已知 $\triangle ABC$,它有外接圆 Γ 与九点圆 γ,令 X 是 $\odot\Gamma$ 上的点,Y,Z 是 $\odot\Gamma$ 上的点,使线段 XY 与 XZ 的中点在 $\odot\gamma$ 上.

(a)证明:YZ 的中点在$\odot\gamma$ 上;

(b)当 X 沿$\odot\Gamma$ 运动时,求$\triangle XYZ$ 类似中心的轨迹.

美国 Princeton 大学 Cosmin Pohoata 提供

O270 下图表示 4×4 网格由 16 个 1×1 正方形构成,从一个角点向另一个角点的路线是从网格左下角 1×1 正方形的边到网格右上角 1×1 正方形的边的路线,如下图两例所示,不能把点移到已经有路线之处,使路线不能与自己相交,求下图第 2 条从一个角点向另一个角点的路线数,这条路线是关于一个网格中心对称的,或者换句话说,在路线旋转 180°时等于它们本身.

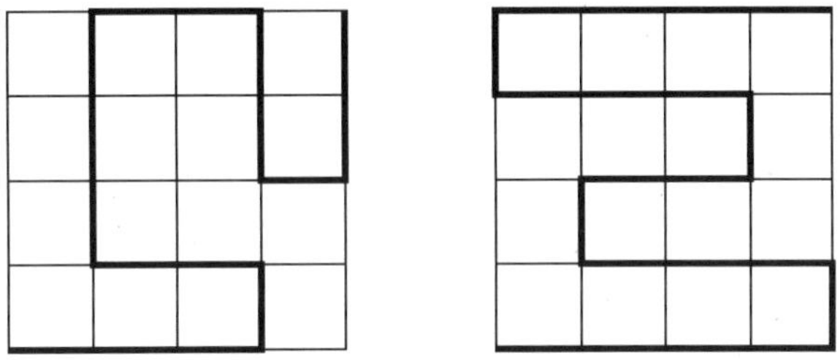

美国 Whitewater 市 Wisconsin 大学 Jonathan Kane 提供

O271 令$(a_n)_{n\geqslant0}$是数列,定义为

$$a_0=0,a_1=2,与\ a_{n+2}=6a_{n+1}-a_n,n\geqslant0$$

令 $f(n)$ 是 2 的最大幂,可整除 n. 证明:对于所有 $n\geqslant0$,$f(a_n)=f(2n)$.

瑞士 Herrliberg 市 Albert Stadler 提供

O272 令$\triangle ABC$ 是垂心为 H 的锐角三角形,X 是它平面上的点. 令 X_a,X_b,X_c 是 X 分别通过 AH,BH,CH 的反射点,证明:$\triangle AHX_a$,$\triangle BXH_b$,$\triangle CXH_c$ 的外心共线.

维也纳理工学院 Michael Rolinek 与捷克共和国 Charles 大学 Josef Tkadlec 提供

O273 令 P 是周长为 L 的多边形,对于点 X,以 $f(x)$ 表示到 P 各顶点距离之和. 证明:对于 P 内部任何一点 X,有

$$f(X)<\frac{n-1}{2}L$$

美国 Massachusetts 理工学院 Ivan Borsenco 提供

O274 令 a,b,c 是正整数,使 a 与 b 是互素素数,求 $D=\{(x,y)\mid x,y\geqslant0,bx+by\leqslant abc\}$ 中的格点数.

美国 San Jose 市 Arkady Alt 提供

O275 令$\triangle ABC$ 有外接圆 $\Gamma(O)$,l 是平面上直线,分别与直线 BC,CA,AB 相交于 X,Y,Z,令 l_A,l_B,l_C 分别是 l 通过 BC,CA,AB 的反射直线,此外,令 M 是$\triangle ABC$ 关于直线 l 的 Miquel 点.

(a)证明:l_A,l_B,l_C 确定的三角形内心在$\triangle ABC$ 的外接圆上;

(b)如果 S 是(a)中的内心,O_a,O_b,O_c 分别表示$\triangle AYZ,\triangle BZX,\triangle CXY$ 的外心,证明:$\triangle SOO_a,\triangle SOO_b,\triangle SOO_c$ 的外接圆相交于第 2 个点,它在$\odot\Gamma$ 上.

美国 Princeton 大学 Cosmin Pohoata 提供

O276 对于素数 p,令

$$S_1(p)=\{(a,b,c)\in\mathbf{Z}^3,p\mid a^2b^2+b^2c^2+c^2a^2+1\}$$

与

$$S_2(p)=\{(a,b,c)\in\mathbf{Z}^3,p\mid a^2b^2c^2(a^2+b^2+c^2+a^2b^2c^2)\}$$

求所有的 p,使 $S_1(p)\subset S_2(p)$.

美国 Dallas 市 Texas 大学 Titu Andreescu 与法国 Ecole 综合工科学院 Gabriel Dospinescu 提供

O277 令 a,b,c 是正实数,使

$$\frac{1}{a}+\frac{1}{b}+\frac{1}{c}\geqslant 1$$

证明

$$\frac{a+b}{\sqrt{ab+c}}+\frac{b+c}{\sqrt{bc+a}}+\frac{c+a}{\sqrt{ca+b}}\geqslant 3\sqrt[6]{abc}$$

美国 Dallas 市 Texas 大学 Titu Andreescu 提供

O278 求所有的素数 p,q,r,使 $p\mid 2pr+r,q\mid 2rp+p,r\mid 2pq+q$.

美国 Florida 州 Roberto Bosch Cabrera 提供

O279 一百个男孩与一百个女孩去参加舞会,已知每个男孩至多与一个女孩跳舞一次,有 1 050 对孩子正在跳舞,证明:有 2 个男孩与 2 个女孩跟 2 个男孩跳舞.

罗马尼亚 Constanta 市 Marius Cavachi 提供

O280 对一些正整数 a_k,b_k 与一些 $k\in\mathbf{N}^*$,求所有可以写成下式的正整数

$$\frac{(3a_1^2+2a_1-4)(3a_2^2+2a_2-4)\cdots(3a_k^2+2a_k-4)}{(3b_1^2+2b_1-4)(3b_2^2+2b_2-4)\cdots(3b_k^2+2b_k-4)}$$

美国 Madison 市 Wisconsin 大学 Vlad Matei 提供

O281 令 $a_1,a_2,\cdots,a_n$ 是正实数递减数列,证明

$$\sqrt{a_1^2+\cdots+a_n^2}\leqslant a_1+\frac{a_2}{\sqrt{2}+1}+\cdots+\frac{a_n}{\sqrt{n}+\sqrt{n-1}}$$

$$\leqslant\sqrt{\left(1+\frac{1}{4}\ln n\right)(a_1^2+\cdots+a_n^2)}$$

美国 Massachusetts 理工学院 Ivan Borsenco 提供

O282 设在$\triangle ABC$ 中,令 A_1,B_1,C_1 分别为边 BC,CA,AB 的中点,令 P 是$\triangle ABC$ 外接圆上的可变点,直线 PA_1,PB_1,PC_1 再分别交外接圆于 A',B',C',X,Y,Z 是 $BB'\cap CC'$,

$CC'\cap AA'$, $AA'\cap BB'$的交点. 通过 A,B,C 向 BC,CA,AB 作出的平行线确定了 $\triangle MNQ$, α, β, γ 分别是 NQ,QM,MN 向 AX,BY,CZ 的反射直线,证明:

(a) α,β,γ 相交于 $\triangle ABC$ 外接圆上一点;

(b) $AX/\!/BY/\!/CZ/\!/PP'$,其中 P'是(a)部分中的交点.

美国 Princeton 大学 Cosmin Pohoata 提供

O283　证明:对于所有正实数 $x_1,x_2,\cdots,x_n$,以下不等式成立:

$$\sum_{i=1}^{n}\frac{x_i^3}{x_1^2+\cdots+x_{i-1}^2+x_{i+1}^2+\cdots+x_n^2}\geqslant\frac{x_1+\cdots+x_n}{n-1}$$

罗马尼亚 Bucharest 大学 Mircea Becheanu 提供

O284　考虑凸六边形 $ABCDEF$,其中 $AB/\!/DE$, $BC/\!/EF$, $CD/\!/FA$. 直线 AB 与 DE 之间的距离等于直线 BC 与 EF 之间的距离,等于直线 CD 与 FA 之间的距离. 证明: $AD+BE+CF$ 不大于六边形 $ABCDEF$ 的周长.

亚美尼亚 Yerevan 市 Nairi Sedrakyan 提供

O285　令 a_n 是整数数列,定义为

$$a_1=1 \text{ 与 } a_{n+1}=2^n(2^{a_n}-1), n\geqslant 1$$

证明: $n!$ 整除 a_n.

美国 Massachusetts 理工学院 Ivan Borsenco 提供

O286　令 $\triangle ABC$ 的垂心为 H,令 HM 是 $\triangle BHC$ 的中线, HS 是 $\triangle BHC$ 的类似中线,以 P 表示 A 在 HS 上的正投影,证明: $\triangle MPS$ 的外接圆与 $\triangle ABC$ 的外接圆相切.

罗马尼亚 Zalau 市 Marius Stanean 提供

O287　已知 6×6 表格包含 36 个单位网格,含 4 个单位网格的 2×2 正方形称为一个分块,如果表格的每个网格至少被分块集合中一个分块的一个网格覆盖,那么分块集合覆盖了这个表格,分块可以相互覆盖,求最大整数 n,使表格被 n 个分块覆盖,但是,如果从覆盖的分块中拿走任何一个分块,那么剩余的分块集合将不再覆盖这个表格.

亚美尼亚 Yerevan 市 Nairi Sedrakyan 提供

O288　令 $ABCD$ 是在平面 $\mathscr{P}$ 上的正方形,函数 $f:\mathscr{P}\to\mathbf{R}$ 定义为

$$f(P)=\frac{PA+PB}{PC+PD}$$

求这个函数的最小值与最大值.

罗马尼亚 Cluj-Napoca 市 Babes-Bolyai 大学 Dorin Andrica 提供

2 解　　答

2.1 初级问题解答

J217　如果 a,b,c 是整数,使 $a^2+2bc=1,b^2+2ca=2\,012$,求 c^2+2ab 的所有可能值.

美国 Dallas 市 Texas 大学 Titu Andreescu 提供

解　把两个已知方程相减,有

$$(b-a)(b+a-2c)=2\,011$$

于是得

$$\begin{cases}b=a\pm1\\2c=b+a\mp2\,011\end{cases},\text{或}\begin{cases}b=a\pm2\,011\\2c=b+a\mp1\end{cases}$$

把这些值代入方程 $a^2+2bc=1$,得 4 个方程

$$3a^2-2\,008a-2\,011=0 \tag{1}$$

$$3a^2+2\,008a-2\,011=0 \tag{2}$$

$$3a^2+6\,032a+2\,010\times2\,011-1=0 \tag{3}$$

$$3a^2-6\,032a+2\,010\times2\,011-1=0 \tag{4}$$

方程(1)给出 $(a+1)(3a-2\,011)=0$,于是 $a=-1,b=0,c=-1\,006$. 方程(2)给出 $(a-1)(3a+2\,011)=0$,于是 $a=1,b=0,c=1\,006$. 方程(3)与(4)无解,因为它们的判别式是负的.

最后,$c^2+2ab=1\,006^2=1\,012\,036$.

J218　证明:在边长为 a,b,c,外接圆半径为 R,内切圆半径为 r 的三角形中,以下不等式成立

$$\frac{\sqrt{ab}}{a+b-c}+\frac{\sqrt{bc}}{b+c-a}+\frac{\sqrt{ca}}{c+a-b}\leqslant1+\frac{R}{r}$$

美国 Pittsburgh 大学 Cezar Lupu 与罗马尼亚 Bucharest 市 Virgil Nicula 提供

证　利用众所周知的 $\triangle ABC$ 面积 S 的关系式,以 s 表示 $\triangle ABC$ 的半周长,得

$$\frac{R}{r}=\frac{abcs}{4S^2}=\frac{abc}{4(s-a)(s-b)(s-c)}$$

现在回忆

$$(s-a)(s-b)(s-c)=(ab+bc+ca)s-s^3-abc$$

$$a(s-b)(s-c)+b(s-c)(s-a)+c(s-a)(s-b)=2s^3-2(ab+bc+ca)s+3abc$$

由此得

$$\frac{4R}{r}+4=\frac{abc}{(s-a)(s-b)(s-c)}+4=\frac{a}{s-a}+\frac{b}{s-b}+\frac{c}{s-c}+6$$

$$=\frac{b+c}{s-a}+\frac{c+a}{s-b}+\frac{a+b}{s-c}$$

或者等价地

$$1+\frac{R}{r}=\frac{b+c}{2(b+c-a)}+\frac{c+a}{2(c+a-b)}+\frac{a+b}{2(a+b-c)}$$

但是由算术平均-几何平均不等式得 $a+b\geqslant 2\sqrt{ab}$,当且仅当 $a=b$ 时取等式,对它的轮换是类似的,推出结论,当且仅当$\triangle ABC$ 是等边三角形时等式成立.

J219　试图解答问题:Jimmy 利用以下"公式"

$$\log_{ab}x=\log_a x\log_b x$$

其中 a,b,x 是不同于 1 的正实数,证明:上式仅当 x 是方程 $\log_a x+\log_b x=1$ 的解时才成立.

美国 Dallas 市 Texas 大学 Titu Andreescu 提供

证　设 $u=\log_{ab}x,v=\log_a x,w=\log_b x$,为使

$$\log_{ab}x=\log_a x\log_b x$$

成立,当且仅当

$$x=(ab)^u=a^u b^u=a^{vw}b^{vw}=(a^v)^w(b^w)^v=x^w x^v=x^{v+w}$$

即 $v+w=1$,或换言之,$\log_a x+\log_b x=1$. 这就解答了本题.

J220　求这样的最小素数 p,使得对于 $\mathbf{Z}\times\mathbf{Z}$ 中一些(a_k,b_k),$p=a_k^2+kb_k^2,k=1,\cdots,5$.

美国 Princeton 大学 Cosmin Pohoata 提供

解　首先注意 $p>5$,也有

$$p=a_3^2+3b_3^2,从而\ p\equiv a_3^2(\mathrm{mod}\ 3),即\ p\equiv 1(\mathrm{mod}\ 3)$$

与

$$p=a_4^2+4b_4^2,从而\ p\equiv a_4^2(\mathrm{mod}\ 4),即\ p=1(\mathrm{mod}\ 4)$$

因此知道 $p\equiv 1(\mathrm{mod}\ 12)$,但是 $p=a_5^2+5b_5^2$,从而

$$p\equiv a_5^2(\mathrm{mod}\ 5),即\ p\equiv 1(\mathrm{mod}\ 5)或\ p\equiv 4(\mathrm{mod}\ 5)$$

所以得 $p\equiv 1(\mathrm{mod}\ 60)$或 $p\equiv 1(\mathrm{mod}\ 49)$,满足以上同余式的数 61,181,241,109,229 的迅速检验,证明了 $p=241$ 是最小解.

J221 求以下方程组的整数解

$$xy-\frac{z}{3}=xyz+1,yz-\frac{x}{3}=xyz-1,zx-\frac{y}{3}=xyz-9$$

美国 Dallas 市 Texas 大学 Titu Andreescu 提供

解法 1 我们有

$$(x-z)(1+3y)=3\left(xy-\frac{z}{3}\right)-3\left(yz-\frac{x}{3}\right)=6$$

于是

$(x-z,1+3y)\in(-6,-1),(-3,-2),(-2,-3),(-1,-6),(6,1),(3,2),(2,3),(1,6)$
是整数,于是

$$(x-z,1+3y)\in(-3,-2),(6,1)$$

与 $y\in(0,-1)$.

如果 $y=0$,那么从第 1 个方程得 $z=-3$,从第 2 个方程得 $x=3$. 经检验,$(x,y,z)=(3,0,-3)$是方程组的解. 如果 $y=-1$,那么从第 3 个方程得 $xz+\frac{1}{3}=-xz-9$. 于是 $xz=-\frac{14}{3}$,它显然没有任何整数解.

因此$(x,y,z)=(3,0,-3)$是已知方程组的唯一整数解.

解法 2

情形	m	n	p	x	y	z
(ⅰ)	10	-8	1	-3	3	0
(ⅱ)	10	1	-8	-3	0	3
(ⅲ)	-8	10	1	3	-3	0
(ⅳ)	-8	1	10	3	0	-3
(ⅴ)	1	10	-8	0	-3	3
(ⅵ)	1	-8	10	0	3	-3
(ⅶ)	-80	1	1	27	0	0
(ⅷ)	1	-80	1	0	27	0
(ⅸ)	1	1	-80	0	0	27

从各方程知解 x,y,z 一定是 3 的倍数. 把原来每个方程乘以 9,再把它们相加就给出 $9xy+9yz+9zx-3z-3x-3y-27xyz=-81$. 在这个方程两边加上 1 后,它可以因式分解为

$$(1-3x)(1-3y)(1-3z)=-80$$

令 $m=1-3x, n=1-3y, p=1-3z$. 因为 x,y,z 是 3 的倍数,所以可以记 $x=3a, y=3b, z=3c$,其中 $a,b,c\in\mathbf{Z}$,于是 $m-1=-9a, n-1=-9b, p-1=-9c$. 因此 $m-1, n-1, p-1$ 可被 9 整除. 因为 $mnp=-80$,所以此时整数 m,n,p 中有一个是负数或全都是负数,因此考虑到 x,y,z,上表给出了 m,n,p 的各种可能性,常规计算表明情形(ⅳ)是唯一解,因此我们断定唯一整数解是 $x=3, y=0, z=-3$.

J222 已知$\triangle ABC$ 的垂心,它的一角的内、外角平分线与相应对边的交点,要求给出$\triangle ABC$ 的尺规作图法.

美国 Princeton 大学 Cosmin Pohoata 提供

解 分析:令$\triangle ABC$ 是要求的三角形,以 D,E 表示$\angle BAC$ 的内、外角平分线与 BC 的交点,令 H 是$\triangle ABC$ 的垂心,作图为了求出已知元素与未知部分之间的某种关系.

注意顶点 B,C 在直线 DE 上,而 A 是通过 H 垂直于 DE 的直线与直径为 DE 的圆的交点之一(因为 $AE\perp AD$). 令 O 是$\triangle ABC$ 的外心,注意$\angle BAH=90°-\angle ABD=\angle OAC$,于是$\angle HAD=\angle DAO$,因此点 O 在 AH 关于 AD 对称的直线上,令 H' 是 H 关于 DE 的对称点,众所周知 H' 在外接圆($\odot O$)上. 因此点 O 在线段 AH' 的中垂线上. 顶点 B,C 是$\odot O$ 与 DE 的交点.

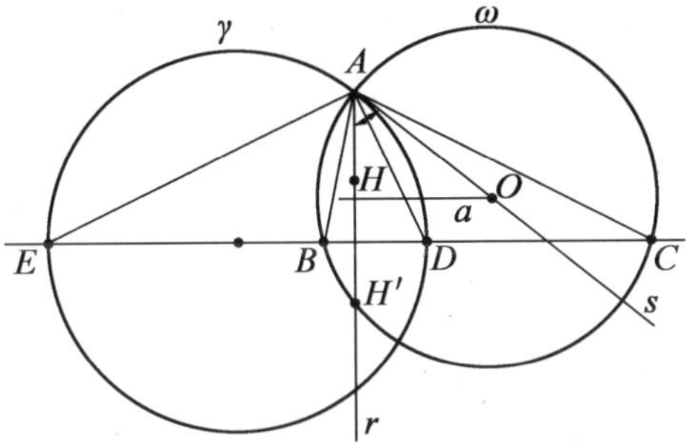

作法:要求的三角形顶点 A,B,C 可以用以下方法作出:

· 作直线 DE;

· 作直径为 DE 的圆 γ;

· 通过点 H 作垂直于 DE 的直线 r;

· 作 $r\cap\gamma$ 的 2 个点 A 中任何一点;

· 作 r 关于 AD 对称的直线 s;

· 作 H 关于 DE 对称的点 H';

· 作 AH' 的中垂线 a;

· 作点 $O=a\cap s$;

· 通过点 A 作圆心为 O 的圆 ω;

· 作点 $\{B,C\}=\omega\cap DE$.

J223 令 a 与 b 是实数,使 $\sin^3 a-\frac{4}{3}\cos^3 a\leqslant b-\frac{1}{4}$. 证明:$\frac{3}{4}\sin a-\cos a\leqslant b+\frac{1}{6}$.

美国 Dallas 市 Texas 大学 Titu Andreescu 提供

证 因为

$$\sin^3 a-\frac{4}{3}\cos^3 a\leqslant b-\frac{1}{4}\Leftrightarrow\sin^3 a-\frac{4}{3}\cos^3 a+\frac{5}{12}\leqslant b+\frac{1}{6}$$

所以只要证明

$$\frac{3}{4}\sin a-\cos a\leqslant\sin^3 a-\frac{4}{3}\cos^3 a+\frac{5}{12}$$

$$\Leftrightarrow 9\sin a-12\cos a-12\sin^3 a+16\cos^3 a\leqslant 5$$

但是

$$9\sin a-12\cos a-12\sin^3 a+16\cos^3 a\leqslant 5$$

$$=3(3\sin a-4\sin^3 a)+4(4\cos^3 a-3\cos a)$$

这等于

$$3\sin 3a+4\cos 3a=5\left(\sin 3a\cdot\frac{3}{5}+\cos 3a\cdot\frac{4}{5}\right)=5\sin(3a+\varphi)\leqslant 5$$

其中

$$\cos\varphi=\frac{3}{5},\sin\varphi=\frac{4}{5}$$

(或用 Cauchy 不等式简记为

$$3\sin 3a+4\cos 3a\leqslant\sqrt{3^2+4^2}\cdot\sqrt{\sin^2 a+\cos^2 a}=5)$$

J224 考虑单位圆中的 25 个点,证明:其中有两个点至多相距$\frac{1}{2}$.

美国 Massachusetts 理工学院 Ivan Borsenco 提供

证 在 25 个点(每个点)周围作半径为$\frac{1}{4}$的圆. 其中每个圆的面积为$\frac{\pi}{16}$,它们完全在具有相同圆心与半径为$\frac{5}{4}$(面积为$\frac{25\pi}{16}$)的圆(作为单位圆)内部,因为易见 25 个小圆不能覆盖较大圆中所有点,所以它们一定重叠,因此 25 个点中的两个点相距严格小于$\frac{1}{2}$.

J225 令 a,b,c 是非负实数,使 $a+b+c=1$.

证明:$ab(a^2+b^2)+bc(b^2+c^2)+ca(c^2+a^2)+abc\leqslant\frac{1}{8}$.

美国 Dallas 市 Texas 大学 Titu Andreescu 提供

证 把待证不等式左边齐次化,可见它是

$$
\begin{aligned}
&ab(a^2+b^2)+bc(b^2+c^2)+ca(c^2+a^2)+abc(a+b+c)\\
&=ab(a^2+b^2+c^2)+bc(a^2+b^2+c^2)+ca(a^2+b^2+c^2)\\
&=(ab+bc+ca)((a+b+c)^2-2(ab+bc+ca))\\
&=(ab+bc+ca)(1-2(ab+bc+ca))
\end{aligned}
$$

因此要求的不等式可改写成显然的事实

$$(4(ab+bc+ca)-1)^2\geqslant 0$$

为使等式成立,当且仅当 $ab+bc+ca=\frac{1}{4}$,因此对于某个常数 K,a,b,c 是多项式 $t^3-t^2+\frac{1}{4}t+K=0$ 的 3 个根.

J226　在平面上给出 $n\geqslant 4$ 个点,没有三点共线,以 T_p 表示以这些点为顶点的三角形集合,使它的内部至少包含其他各点中的一点,证明:如果 $|T_p|\leqslant n-4$,那么 $|T_p|=0$.

美国 Massachusetts 理工学院 Ivan Borsenco 提供

证　设 $|T_p|>0$,则在 n 个点中存在三点 A,B,C 与 $\triangle ABC$ 内另一点 D. 令 l_a 是从 D 开始的射线,包含在 DA 中,但不包含 A,类似地定义 l_b 与 l_c. 这三条射线把平面分为三个不相交区域. 取 n 个点中另一点,例如 X,如果它在 l_a 与 l_b 确定的区域中,那么点 D 在 $\triangle XAB$ 中,类似的陈述对在其他领域中的 X 仍成立. 于是可以对 $n-4$ 个点中的每个点,计算 T_o 中的一个三角形,$X\notin\{A,B,C,D\}$,加上 $\triangle ABC$,给出 $|T_p|\geqslant 1+n-4=n-3$. 因此,$|T_p|\leqslant n-4$ 蕴含 $|T_p|=0$.

J227　对正整数 N,令 $r(N)$ 是把 N 的数字反向得出的数. 求所有的三位数 N,使 $r^2(N)-N^2$ 是一个正整数的立方.

美国 Dallas 市 Texas 大学 Titu Andreescu 提供

解　把 n 记为 $N=100a+10b+c$,其中 $a,b,c\in\{0,\cdots,9\}$,$a\geqslant 1$,则

$$
\begin{aligned}
r(N)^2-N^2&=(100c+10b+a)^2-(100a+10b+c)^2\\
&=(100c+10b+a-100a-10b-c)(100c+10b+a+100a+10b+c)\\
&=99(c-a)((c+a)101+20b)
\end{aligned}
$$

因为 $99=11\times 3^2$,$0<c-a<9$(要求的立方数应当是正的),所以得

$$(c+a)101+20b\equiv 101(c+a-b)\equiv 0\pmod{121}$$

它蕴含 $b=c+a$,因为 a,b,c 是数字,因此

$$r(N)^2-N^2=11^3\cdot 3^2\cdot b\cdot(c-a)$$

为使这个差是完全立方数,对某个 m 一定有 $b(c-a)=3m^3$. 于是 $b(c-a)=3,24$ 或 81. 注意 b 应当是较大因子,$b\equiv c-a\pmod 2$.

第 1 种情形只给出 $b=3$,从而 $c=2,a=1,N=132$. 第 2 种情形只给出 $b=6$,从而 $c=5,a=1,N=165$. 第 3 种情形只给出 $b=9$,从而 $c=9,a=0$,但是最后这种情形不是有效的

三位数.

J228 证明:一个边长为 1 的正方形与一个边长为 2 的正方形不能没有重叠地放入一个边长小于 3 的正方形内部.

美国 Florida 州 Roberto Bosch Cabrera 提供

证 我们将证明,一个边长为 a 的正方形与一个边长为 b 的正方形不能没有重叠地放入边长小于 $a+b$ 的正方形的内部. 设正方形 $ABCD$ 没有重叠地包含一个边长为 a 的正方形与一个边长为 b 的正方形,也可以设边长为 a 的正方形在 AB 上有一个顶点,在 CD 上有另一个顶点,而边长为 a 的正方形在 BC 上有一个顶点,在 CD 上有另一个顶点. 于是对角线 AC 交 2 个正方形的边长于 4 个点:P,P' 与 Q,Q',其中 P' 与 Q' 分别更接近于 A 与 C,因为这些正方形不重叠,所以得 $|AP|\leqslant|AQ|$,这蕴含

$$\sqrt{2}\,|AB|=|AC|=|AQ|+|CQ|\geqslant|AP|+|CQ|$$

此外,易见对于一些 $Q,\varphi\in\left[0,\frac{\pi}{4}\right]$(各正方形的各边与坐标轴所成两角中较小者)

$$|AP|=\sqrt{2}\frac{1+\sin\theta\cos\theta}{\cos\theta+\sin\theta}a,\ |CQ|=\sqrt{2}\frac{1+\sin\varphi\cos\varphi}{\cos\varphi+\sin\varphi}b$$

现在

$$1+\cos x\sin x-\cos x-\sin x=(1-\cos x)(1-\sin x)\geqslant 0$$

蕴含 $1+\cos x\sin x\geqslant\cos x+\sin x$ 与

$$\sqrt{2}\,|AB|\geqslant|AP|+|CQ|\geqslant\sqrt{2}(a+b)$$

因此 $|AB|\geqslant a+b$.

J229 Adrian 有一张他爸爸的信用卡. 他不知道个人身份证号码(PIN),就不能取得现金. Adrian 有一个紧急事件,请求爸爸向他提供 PIN(整个数从 0 000 到 9 999). 爸爸告诉 Adrian,PIN 是一个能整除 $3^{22}+3$ 的最大素数,并且不允许用计算器,Adrian 能利用七年级数学知识求出 PIN,得到他需要的现金,PIN 是什么?

美国 Dallas 市 Texas 大学 Titu Andreescu 提供

解 Adrian 能容易地求出 $3,3^7+1$ 整除 $3^{22}+3$ 与

$$3^{14}-3^7+1=3^{14}+2\times3^7+1-3^8$$

或

$$3^{22}+3=3(3^7+1)(3^7+3^4+1)(3^7-3^4+1)$$

显然,$3^{22}+3$ 中没有素因子能大于 $3^7+3^4+1=2\ 187+81+1=2\ 269$,这是 Adrian 能容易用这种方法求出的最大因子. 但是 2 269 是素数,正是他用它除以小于 $\sqrt{2\ 269}<\sqrt{2\ 304}=48$ 的所有素数能求出的. 因此 Adrian 能求出 PIN 是 2 269.

J230 在 $\triangle ABC$ 中,令 M 是边 BC 的中点. 设有某个 $0°<x<30°$,使 $\angle ACB$, $\angle ABC$, $\angle MAC$ 的度数分别为 $x,60°-x,2x$,求 x.

罗马尼亚 Zalau 市 Marius Stanean 与 Mircea Lascu 提供

解 首先立即看出$\angle BAM = 120° - 2x$,其次把正弦定理应用于$\triangle ABM$,可记

$$\frac{BM}{AM}=\frac{\sin\angle BAM}{\sin\angle ABM}=\frac{\sin(120°-2x)}{\sin(60°-x)}=2\cos(60°-x)$$

类似地,在$\triangle AMC$中正弦定理告诉我们

$$\frac{MC}{AM}=\frac{\sin\angle CAM}{\sin\angle ACM}=\frac{\sin 2x}{\sin x}=2\cos x$$

于是,因为M是边BC的中点,所以得

$$2\cos(60°-x)=2\cos x$$

即

$$\cos(60°-x)=\cos x$$

因为$0°<x\leqslant 30°$,我们断定$60°-x=x$,得$x=30°$,完成了解答.

J231 Gigel 与 Costel 有一堆形状都相同的空瓶子J,并且有很多相同硬币任由他们处理,他们决定玩以下游戏:已知每个空瓶能装 100 个硬币,他们依次从一堆硬币中取出k个硬币,其中$1\leqslant k\leqslant 10$,然后(在同一次中)选出一个空瓶,把选出的硬币放进这个瓶中,装满最后一个空瓶的人是获胜者,设 Gigel 首先放硬币进空瓶,二人都很灵巧,谁获胜?

美国 Princeton 大学 Cosmin Pohoata 提供

解 首先设$|J|$是偶数,则易见 Costel 有获胜策略,他心里想把瓶子分为$\frac{|J|}{2}$对,如果 Gigel 把k个硬币加到某个瓶中,那么 Costel 把k个硬币加到这对瓶子的第 2 个瓶中,如果 Gigel 一步装满一个瓶子,那么 Costel 在他下一步装满这对瓶子的第 2 个瓶子,因此 Costel 装满第 2 个,第 4 个,……,第$|J|$个瓶子,因而他获胜了.

其次设$|J|$是奇数,则 Gigel 有获胜策略,他心里指定 1 个瓶子为"特别瓶子",把剩余瓶子分对,在他第 1 步中,Gigel 把 1 个硬币放进特别瓶子,在以后各步中,Gigel 配合 Costel一步的做法如下:如果 Costel 把k个硬币加进特别瓶子,那么 Gigel 把$11-k$个硬币加进特别瓶子;如果 Costel 把k个硬币加进非特别瓶子,那么 Gigel 把k个硬币加进那对瓶子中另一个瓶子,易见 Gigel 将第 1 个,第 12 个,第 23 个,……,第 100 个硬币加进特别瓶子,因此,如果最后一个瓶子被装满,那么 Gigel 是装满最后一个瓶子的人,他将获胜. 又在适当的非特别瓶子中,Gigel 将装满所有其他的瓶子. 因此与偶数情形一样,Gigel 将装满非特别瓶子的最后一个瓶子,于是,如果他装满最后一个非特别瓶子,他也获胜,因此 Gigel 获胜.

J232 对某个实数a,求出并证明可以写成$a\{a\}\lfloor a\rfloor$的所有整数. 这里$\lfloor a\rfloor$与$\{a\}$分别表示小于或等于a的最大整数与a的小数部分.

美国 Dallas 市 Texas 大学 Titu Andreescu 提供

解 因为当且仅当 $a\geqslant 0$ 与 $\{a\}\in[0,1)$ 时 $\lfloor a\rfloor\geqslant 0$,所以得 $a\{a\}\lfloor a\rfloor\geqslant 0$,没有负整数 m 可以用这种方法写出. 如果 $m=0$,那么可以取 a 等于任何一个整数. 设 $m>0$,让我们求实数 $a>0$,使 $m=\lfloor a\rfloor,\{a\}=a-m=\dfrac{1}{a}\in(0,1)$. 因此 $a^2-ma-1=0$,解这个二次方程,我们发现,对于 $m>0$ 可以取 $a=\dfrac{m+\sqrt{m^2+4}}{2}$. 注意当 $m=0$,这个公式也可以算出.

J233 令 $A_1A_2A_3A_4A_5$ 是正五边形,$B_1B_2B_3B_4B_5$ 是由它的对角线构成的五边形. 证明

$$\frac{K_{B_1B_2B_3B_4B_5}}{K_{A_1A_2A_3A_4A_5}}=\frac{7-3\sqrt{5}}{2}$$

美国 Massachusetts 理工学院 Ivan Borsenco 提供

证 首先回忆 $\cos 36^\circ=\dfrac{\sqrt{5}+1}{4}$. 设内部五边形这样做记号:$B_1=A_1A_3\cap A_2A_5,\cdots,B_5=A_5A_2\cap A_1A_4$. 令 a 与 b 是五边形 $A_1A_2A_3A_4A_5$ 与 $B_1B_2B_3B_4B_5$ 的边长公共值,则由相似,显然有

$$\frac{K_{B_1B_2B_3B_4B_5}}{K_{A_1A_2A_3A_4A_5}}=\frac{b^2}{a^2}$$

从底角都是 36° 的等腰 $\triangle A_1A_2A_5$ 与 $\triangle B_1A_1A_2$ 得 $A_2A_5=2a\cos 36^\circ,B_1A_2=B_5A_5=\dfrac{a}{2\cos 36^\circ}$,从而

$$\begin{aligned}b&=B_1B_5=A_2A_5-B_1A_2-B_5A_5\\&=2a\cos 36^\circ-\frac{a}{\cos 36^\circ}=a\frac{\sqrt{5}+1}{2}-\frac{4a}{\sqrt{5}+1}\\&=a\frac{\sqrt{5}+1}{2}-a(\sqrt{5}-1)=a\frac{3-\sqrt{5}}{2}\end{aligned}$$

因此面积之比是

$$\frac{b^2}{a^2}=\left(\frac{3-\sqrt{5}}{2}\right)^2=\frac{7-3\sqrt{5}}{2}$$

J234 $\triangle ABC$ 的边长为 a,b,c,满足 $a^{\frac{3}{2}}+b^{\frac{3}{2}}=c^{\frac{3}{2}}$. 证明:$\dfrac{\pi}{2}<\angle C<\dfrac{3\pi}{5}$.

美国 Massachusetts 理工学院 Ivan Borsenco 提供

证 首先证明 $\dfrac{\pi}{2}<\angle C$,显然只要证明 $c^2>a^2+b^2$ 即可. 为证明这一点,记

$$c^{\frac{3}{2}}=a^{\frac{3}{2}}+b^{\frac{3}{2}}\Rightarrow c^2=(a^{\frac{3}{2}}+b^{\frac{3}{2}})^{\frac{4}{3}}=a^2\left(1+\left(\frac{b}{a}\right)^{\frac{3}{2}}\right)^{\frac{4}{3}}$$

于是,如果我们证明了

$$\left(1+\left(\frac{b}{a}\right)^{\frac{3}{2}}\right)^{\frac{4}{3}}>1+\left(\frac{b}{a}\right)^{2}$$

那么这恰好得出我们想要的结果. 现在为了证明这个不等式,不妨设 $b\geqslant a$,令 $\frac{b}{a}=x$,则有 $x\geqslant 1$,其次考虑对 $x\geqslant 1$ 定义的以下函数

$$f(x)=(1+x^{\frac{3}{2}})^{\frac{4}{3}}-(1+x^{2})$$

注意

$$f'(x)=\frac{4}{3}(1+x^{\frac{3}{2}})^{\frac{1}{3}}\cdot\frac{3}{2}\cdot x^{\frac{1}{2}}-2x=2(1+x^{\frac{3}{2}})^{\frac{1}{3}}x^{\frac{1}{2}}-2x$$
$$>2x^{\frac{1}{2}}\cdot x^{\frac{1}{2}}-2x=0$$

由此知函数 $f(x)$ 在 $[1,\infty)$ 上递增,于是得 $f(x)\geqslant f(1)$,这给出

$$(1+x^{\frac{3}{2}})^{\frac{4}{3}}-(1+x^{2})\geqslant 2\sqrt[3]{2}-2$$

但是 $2\sqrt[3]{2}-2>0$,从而有 $(1+x^{\frac{3}{2}})^{\frac{4}{3}}>1+x^{2}$,由此导出

$$\left(1+\left(\frac{b}{a}\right)^{\frac{3}{2}}\right)^{\frac{4}{3}}>1+\left(\frac{b}{a}\right)^{2}$$

这证明了第 1 个不等式.

现在来证明 $\angle C<\frac{3\pi}{5}$. 为证明这一点,只要证明以下不等式即可

$$\cos(\pi-\angle C)<\frac{\sqrt{5}-1}{4}$$

记

$$\cos(\pi-\angle C)=\frac{c^{2}-a^{2}-b^{2}}{2ab}=\frac{(a^{\frac{3}{2}}+b^{\frac{3}{2}})^{\frac{4}{3}}-(a^{2}+b^{2})}{2ab}$$

于是需要证明

$$(a^{\frac{3}{2}}+b^{\frac{3}{2}})^{\frac{4}{3}}<\frac{\sqrt{5}-1}{2}ab+a^{2}+b^{2}$$

此外,取 $\frac{b}{a}=x$,不妨设 $a\leqslant b$,以致 $x\geqslant 1$.

考虑对 $x\geqslant 1$ 定义的函数

$$g(x)=x^{2}+1+\frac{\sqrt{5}-1}{2}x-(1+x^{\frac{3}{2}})^{\frac{4}{3}}$$

则有

$$g'(x)=\frac{1}{2}(\sqrt{5}-1+4x-4\sqrt{x}\sqrt[3]{1+x^{\frac{3}{2}}}$$

与

$$g''(x)=2-\frac{x}{(1+x^{\frac{3}{2}})^{\frac{2}{3}}}-\frac{\sqrt{1+x^{\frac{3}{2}}}}{\sqrt{x}}$$

于是注意到,对所有 $x\geqslant 1,g''(x)>0$.

从而函数 $g'(x)$ 在 $[1,\infty)$ 上递增,因此对于所有 $x\geqslant 1,g'(x)\geqslant g'(1)$,但是

$$g'(1)=2+\frac{\sqrt{5}-1}{2}-2\sqrt[3]{2}=\frac{\sqrt{5}+3}{2}-2\sqrt[3]{2}>0$$

由此对所有 $x\geqslant 1,g'(x)>0$;从而函数 $g(x)$ 在 $[1,\infty)$ 上递增. 此外,这表示,对所有 $x\geqslant 1$, $g(x)\geqslant g(1)$,但是

$$g(1)=2+\frac{\sqrt{5}-1}{2}-2\sqrt[3]{2}>0$$

从而对所有 $x\geqslant 1,g(x)>0$,这给出

$$g(x)=x^2+1+\frac{\sqrt{5}-1}{2}x-(1+x^{\frac{3}{2}})^{\frac{4}{3}}>0$$

由此引导出

$$x^2+1+\frac{\sqrt{5}-1}{2}x>(x+x^{\frac{3}{2}})^{\frac{4}{3}}$$

这恰好是我们需要的不等式,这就完成了证明.

J235 在等式 $\sqrt{ABCDEF}=DEF$ 中,不同的字母表示不同的数字. 求六位数 $ABCDEF$.

美国 Dallas 市 Texas 大学 Titu Andreescu 提供

解 从已知等式可断定 $ABCDEF^2-DEF\equiv 0\pmod{1\ 000}$,因为 $ABCDEF\equiv DEF\pmod{1\ 000}$,所以有 $DEF^2-DEF=DEF(DEF-1)\equiv 0\pmod{1\ 000}$. 因为 DEF 与 $DEF-1$ 互素,$1\ 000=2^3\cdot 5^3$,所以这二数之一一定是奇数,且可被 5^3 整除,而另一个数一定被 2^3 整除. 因为 DEF 与 $DEF-1$ 是三位数,所以 $DEF\in\{125,375,625,875\}$ 或 $DEF-1\in\{125,375,625,875\}$. 在第 1 种情形下,当且仅当 $DEF=625$ 时,$DEF-1$ 可被 8 整除. 在第 2 种情形下,当且仅当 $DEF-1=375$ 时,DEF 可被 8 整除,于是 $DEF=625,376$,但 $625^2=390\ 625,376^2=141\ 376$,因此满足要求条件的数只是 625;我们断定 $ABCDEF=390\ 625$.

J236 在 $\triangle ABC$ 中,令 $ABRS$ 与 $ACXY$ 是在边 AB 与 AC 上向三角形外部作出的正方形. 如果 U 是 $\triangle SAY$ 的外心,证明:直线 AU 是 $\triangle ABC$ 的 A - 类似中线.

美国 Princeton 大学 Cosmin Pohoata 提供

解法 1 令 $V=BC\cap AU$,记 $\beta=\angle ASY,\gamma=\angle AYS$. 显然 $\triangle AUY$ 是等腰的,在 U 上有 $\angle AUY=2\angle ASY=2\beta$,或 $\angle YAU=90°-\beta$,因为 $\angle CAY=90°$,所以 $\angle CAV=180°-\angle CAY-\angle YAU=\beta$. 类似地 $\angle BAV=\gamma$. 此外,把正弦定理应用于 $\triangle AYS$,其中 $AY=AC=b,AS=AB=$

c,得出 $b\sin\gamma = c\sin\beta$. 最后把正弦定理应用于$\triangle BAV$与$\triangle CAV$,其中$\angle BVA + \angle CVA = 180°$,得出

$$\frac{c\sin\gamma}{BV} = \sin\angle BVA = \sin\angle CVA = \frac{b\sin\beta}{CV}$$

或者等价地

$$\frac{BV}{CV} = \frac{c\sin\gamma}{b\sin\beta} = \frac{c^2}{b^2}$$

显然等价于AV(从而AU)是$\triangle ABC$的A-类似中线,推出了结论.

解法2　如果$\delta(P,l)$表示从点P到直线l的距离,注意到

$$\frac{\delta(U,AB)}{\delta(U,AC)} = \frac{\frac{AB}{2}}{\frac{AC}{2}} = \frac{AB}{AC}$$

因为U在正方形$ABRS$与$ACXY$的边AS与AY的中垂线上,这蕴含AU是$\triangle ABC$的A-类似中线.

J237　证明:当且仅当$\angle BAC = 60°$时,$\triangle ABC$的内切圆直径等于

$$\frac{AB - BC + CA}{\sqrt{3}}$$

美国 Dallas 市 Texas 大学 Titu Andreescu 提供

证　令a,b,c是$\triangle ABC$的边长,s是半周长,r是内径,因此可把条件

$$2r = \frac{AB - BC + CA}{\sqrt{3}}$$

改写为$\frac{r}{s-a} = \frac{1}{\sqrt{3}}$,它因众所周知的公式$\tan\frac{A}{2} = \frac{r}{s-a}$变成$\tan\frac{A}{2} = \frac{1}{\sqrt{3}}$,这等价于$\angle A = 60°$,正是要求的结果.

J238　已知实数$\alpha \in (0,1)$,证明:有正整数N使得对于平面上任意N个点,其中没有三点共线,存在一个三角形,使它的一角大于$\pi\alpha$.

美国 Massachusetts 理工学院 Ivan Borsenco 提供

证　由 Erdös-Szekeres 定理,对任何整数$n>2$,存在整数$f(n)$,使得平面上至少$f(n)$个点(没有三点共线)组成的任一集合包含n个点的子集,这些点是凸n边形顶点,因为凸n边形n个内角和等于$\pi(n-2)$,所以得出,它的一个顶点,例如P的内角至少是$\frac{\pi(n-2)}{n}$. 现在取$n \geqslant \frac{2}{1-\alpha}$,$N \geqslant f(n)$,则$\frac{\pi(n-2)}{n} \geqslant \pi\alpha$,具有顶点$P$与2个相邻顶点的三角形有要求的性质.

J239　令a与b是实数,使$2a^2 + 3ab + 2b^2 \leqslant 7$. 证明

$$\max\{2a+b,2b+a\}\leqslant 4$$

美国 Dallas 市 Texas 大学 Titu Andreescu 提供

证 用反证法,设

$$\max\{2a+b,2b+a\}>4$$

这表示数 $2a+b$,$2b+a$ 中至少有一数大于 4. 不失一般性,设 $2a+b>4$,则 $b>4-2a$. 这个不等式蕴含

$$\begin{aligned}2a^2+3ab+2b^2-7&>2a^2+3a(4-2a)+2(4-2a)^2-7\\&=4a^2-20a+28\\&=(2a-5)^2+3>0\end{aligned}$$

这给出要求的矛盾,因为由假设 $2a^2+3ab+2b^2\leqslant 7$.

J240 令 $\triangle ABC$ 是垂心为 H 的锐角三角形,点 H_a,H_b 与 H_c 在它的内部,满足

$$\angle BH_aC=180^\circ-\angle A,\angle CH_aA=180^\circ-\angle C,\angle AH_aB=180^\circ-\angle B$$

$$\angle CH_bA=180^\circ-\angle B,\angle AH_bB=180^\circ-\angle A,\angle BH_bC=180^\circ-\angle C$$

$$\angle AH_cB=180^\circ-\angle C,\angle BH_cC=180^\circ-\angle B,\angle CH_cA=180^\circ-\angle A$$

证明:点 H,H_a,H_b,H_c 共圆.

捷克共和国 Charles 大学 Michael Rolinek 提供

证 以 N_a,N_b,N_c 分别表示 AH,BH,CH 的中点,以 O_a,O_b,O_c 分别表示 $\triangle BHC$,$\triangle CHA$,$\triangle AHB$ 的外心. 因为 $\angle HBC=90^\circ-\angle C$,$\angle HCB=90^\circ-\angle B$,所以得 $\angle BHC=\angle B+\angle C=180^\circ-\angle A=\angle BH_aC$,或 B,C,H,H_a 共圆,由正弦定理,通过它们的圆的半径等于$\triangle ABC$ 的外接圆半径,此外,O_b,O_c 在 AH 的中垂线上,$O_bA=O_bH=O_cA=O_cH=R$,因此 AO_bHO_c 是中心为 N_a 的菱形,或 N_a 是 O_bO_c 的中点,所有这些结果显然也可应用于 A,B,C 轮换时,注意 $\angle BH_aH=\angle BCH=90^\circ-\angle B$,而 $\angle BH_aA=180^\circ-\angle B$ 或 $\angle AH_aH=\angle BH_aA-\angle BH_aH=90^\circ$,由此知 H_a 在直径为 AH 的圆上,或 H_a 是此圆与$\triangle BHC$ 外接圆的第二个交点(另一个交点是 H). 因为 HH_a 是这两圆的公共弦,所以它们的圆心 O_a,N_a 在 HH_a 的中垂线上,以 P 表示$\triangle O_aO_bO_c$ 的形心,P 显然在中线 O_aN_a 上,O_aN_a 也是 HH_a 的中垂线,从而 $PH=PH_a$,类似地 $PH=PH_b$,$PH=PH_c$. 因此 P 是通过点 H,H_a,H_b,H_c 的圆的圆心,推出了结论.

J241 对一些正整数 a,b,c,求可以表示为

$$\frac{ab+bc+ca}{a+b+c+\min(a,b,c)}$$

的所有正整数.

美国 Dallas 市 Texas 大学 Titu Andreescu 提供

解 令 n 是正整数,对于 $a=b=n$,$c=2n$ 有

$$\frac{ab+bc+ca}{a+b+c+\min(a,b,c)}=\frac{n^2+2n^2+2n^2}{n+n+2n+\min(n,n,2n)}=\frac{5n^2}{5n}=n$$

因此所有正整数都可以用这种方法表示.

J242 在$\triangle ABC$中,令D,E,F分别为从点A,B,C向边BC,CA,AB作出的高线足.令X,Y,Z分别是线段EF,FD,DE的中点,x,y,z分别为点X,Y,Z向BC,CA,AB作出的垂线.证明:直线x,y,z共点.

美国 Princeton 大学 Cosmin Pohoata 提供

证法1 令M,N,P是直线x,y,z分别与边BC,CA,AB的交点,为了完成证明,借助 Carnot 定理,必须证明

$$(MB^2-MC^2)+(NC^2-NA^2)+(PA^2-PB^2)=0$$

但是$MX\perp BC$,从而

$$MB^2-MC^2=XB^2-XC^2$$

类似地

$$NC^2-NA^2=YC^2-YA^2,\ PA^2-PB^2=ZA^2-ZB^2$$

于是要证明

$$(XB^2-XC^2)+(YC^2-YA^2)+(ZA^2-ZB^2)=0$$

但是XB与XC是$\triangle EFB$与$\triangle EFC$的中线,因此知道

$$XB^2=\frac{2h_b^2+2FB^2-EF^2}{4}$$

与

$$XC^2=\frac{2h_c^2+2EC^2-EF^2}{4}$$

于是可以写

$$XB^2-XC^2=\frac{(h_b^2-h_c^2)+(FB^2-EC^2)}{2}$$

类似地得出

$$YC^2-YA^2=\frac{(h_c^2-h_a^2)+(DC^2-FA^2)}{2}$$

与

$$ZA^2-ZB^2=\frac{(h_a^2-h_b^2)+(EA^2-DB^2)}{2}$$

因此实际上得出

$$(XB^2-XC^2)+(YC^2-YA^2)+(ZA^2-ZB^2)$$
$$=-\frac{1}{2}((DB^2-DC^2)+(EC^2-EA^2)+(FA^2-FB^2))=0$$

最后等式成立,因为把 Carnot 定理应用于共点直线 AD,BE,CF(它们是三角形的高). 这就完成了证明.

证法 2 注意点 A,B,C 是 $\triangle DEF$ 的旁心. 此外,如果 R 与 S 分别为 EF 与 $\triangle DEF$ 的 E - 旁切圆、F - 旁切圆的交点,注意 X 是 RS 的中点;从而它关于两个旁切圆有相等的幂;因此从 X 向 BC 作出的垂线恰好是两个旁切圆的根轴,这就推出直线 x,y,z 相交于 $\triangle DEF$ 旁切圆的中心.

J243 令 a,b,c 是实数,使

$$\left(-\frac{a}{2}+\frac{b}{3}+\frac{c}{6}\right)^3+\left(\frac{a}{3}+\frac{b}{6}-\frac{c}{2}\right)^3+\left(\frac{a}{6}-\frac{b}{2}+\frac{c}{3}\right)^3=\frac{1}{8}$$

证明:$(a-3b+2c)(2a+b-3c)(-3a+2b+c)=9$.

美国 Dallas 市 Texas 大学 Titu Andreescu 提供

证 注意,为使

$$\left(-\frac{a}{2}+\frac{b}{3}+\frac{c}{6}\right)^3+\left(\frac{a}{3}+\frac{b}{6}-\frac{c}{2}\right)^3+\left(\frac{a}{6}-\frac{b}{2}+\frac{c}{3}\right)^3=\frac{1}{8}$$

当且仅当 $x^3+y^3+z^3=27$,其中

$$x:=-3a+2b+c,y:=2a+b-3c,z:=a-3b+2c$$

因为对于任何实数 x,y,z,已知

$$x^3+y^3+z^3-3xyz=(x+y+z)(x^2+y^2+z^2-xy-yz-zx)$$

在我们的情形下已知 $x+y+z=0$,由此得

$$x^3+y^3+z^3-3xyz=0$$

即 $xyz=9$,这恰好是我们需要证明的.

J244 令 a 与 b 是正实数,证明

$$1\leqslant\frac{\sqrt[n]{a^n+b^n}}{\sqrt[n+1]{a^{n+1}+b^{n+1}}}\leqslant\sqrt[n(n+1)]{2}$$

美国 Massachusetts 理工学院 Ivan Borsenco 提供

证 第二个不等式可以写成

$$\sqrt[n]{\frac{a^n+b^n}{2}}\leqslant\sqrt[n+1]{\frac{a^{n+1}+b^{n+1}}{2}}$$

由幂平均不等式知上式显然成立,当且仅当 $a=b$ 时等式成立. 第一个不等式显然等价于证明

$$(1+x^n)^{n+1}\geqslant(1+x^{n+1})^n$$

其中因为 a,b 可以交换而不改变题意,不妨可以规定 $1\geqslant x=\frac{b}{a}>0$. 利用 Newton 二项式公式与重排各项,这又等价于

$$0 \leqslant x^{n(n+1)} + \sum_{k=1}^{n} x^{kn}\left(\binom{n}{k-1} + \binom{n}{k}(1 - x^{k})\right)$$

其中右边显然是正的,因为所有的项是非负的,当且仅当 $x=0$ 时所有的项同时为0,这是不可能的.

这推出结论,当且仅当 $a=b$ 时等式成立,不过第一个不等式是严格的,当取 $\frac{b}{a}\to 0$ 时,中间的项任意地趋近于1.

J245 求所有正实数三元组 (x,y,z),使它们同时满足不等式 $x+y+z-2xyz\leqslant 1$ 与 $xy+yz+zx+\frac{1}{xyz}\leqslant 4$.

美国 Dallas 市 Texas 大学 Titu Andreescu 提供

解 利用调和平均 - 算术平均不等式,由第一个不等式有

$$\frac{9xyz}{xy+yz+zx}\leqslant x+y+z\leqslant 1+2xyz$$

它给出

$$\frac{9xyz}{2xyz+1}\leqslant xy+yz+zx$$

由第二个不等式有

$$\frac{9xyz}{2xyz+1}+\frac{1}{xyz}\leqslant 4$$

设 $t=xyz>0$,去分母,得

$$9t^2+2t+1\leqslant 4t(2t+1)$$

即 $(t-1)^2\leqslant 0$,它给出 $t=1$,于是第一个不等式是

$$x+y+z\leqslant 3xyz$$

但是由算术平均 - 几何平均不等式 $3xyz\leqslant x+y+z$,它蕴含

$$x+y+z=3xyz$$

当且仅当 $x=y=z=1$ 时等式成立,因此满足两个不等式的唯一三元组是 $(1,1,1)$.

J246 令 $\triangle ABC$ 有外接圆 Γ,P 是边 BC 上的点. 令 Ω 是圆,与 BC 相切于 P,且与 $\odot\Gamma$ 内切,令 τ 是从 A 到 $\odot\Omega$ 的切线长,U 与 V 是 $\odot\Gamma$ 与圆心为 A,半径为 τ 的圆的交点,证明:UV 与 $\odot\Gamma$ 相切.

美国 Princeton 大学 Cosmin Pohoata 提供

证法1 令 T 是 $\odot\Omega$ 与 $\odot\Gamma$ 的切点,$T'=UV\cap AT$. 因为 $AU=AV=\tau$,把 Stewart 定理应用于 $\triangle AUV$ 的塞瓦线,得出

$$AT'^2=\tau^2-UT'\cdot VT'$$

但是 $UT'\cdot VT'=AT'\cdot TT'$ 是 T' 关于 $\odot\Gamma$ 的幂,或 $AT\cdot AT'=\tau^2$ 是 A 关于 $\odot\Omega$ 的幂,从而

T'在$\odot\Omega$上.

现在令 W 是 UV 与$\odot\Gamma$,$\odot\Omega$ 在 T 上的公切线的交点,把 Stewart 定理应用于$\triangle WTA$ 的塞瓦线 WT',求出

$$WT'^2=\frac{TT'\cdot WA^2+AT'\cdot WT^2}{AT}-AT'\cdot TT'$$

或当且仅当 $WA^2=WT^2+\tau^2$ 时 $WT'=WT$.

因为 WT 是$\odot\Gamma$ 在 T 上的切线,所以 W 关于$\odot\Gamma$ 的幂给出 $WT^2=WA^2-\tau^2$. 把这代入以上公式,可见 $WT'^2=WT^2$. 因为 WT^2 也是 W 关于$\odot\Omega$ 的幂,所以 T'在$\odot\Omega$ 上,这推出 WT'是$\odot\Omega$ 在 T'上的切线,推出了结论.

证法2 注意,如果应用中心为 A,幂为 τ 的反演,那么$\odot\Omega$ 的象是$\odot\Omega$,$\odot\Gamma$ 的象是$\odot\Omega$通过 U,V 的切线,因为 U,V 是定点,因此线段 UV 与$\odot\Omega$ 相切.

J247 令 a 与 b 是多项式 x^3-2x+c 的不同零点. 证明:当且仅当 $b^2(3a^2+4ab+2b^2)=5$ 时 $a^2(2a^2+4ab+3b^2)=3$.

美国 Dallas 市 Texas 大学 Titu Andreescu 提供

证 首先注意

$$0=(a^3-2a+c)-(b^3-2b+c)=(a-b)(a^2+ab+b^2-2)$$

因为 $a\neq b$,所以得 $a^2+ab+b^2=2$.

现在令 $x=a^2(2a^2+4ab+3b^2)=a^2(2ab+b^2+4)$,$y=b^2(3a^2+4ab+2b^2)=b^2(a^2+2ab+4)$.

我们有

$$x+y-8=2(ab+2)(a^2+ab+b^2-2)=0$$

因此,当且仅当 $y=8-x=5$ 时,$x=3$.

J248 令 $f:[1,\infty)\to\mathbf{R}$ 定义为 $f(x)=\frac{\{x\}^2}{\lfloor x\rfloor}$,证明:对任何实数 x 与 y,$f(x+y)\leqslant f(x)+f(y)$.

罗马尼亚 Bucharest 市 Sorin Radulescu 提供

证 记 $a=\lfloor x\rfloor$,$b=\lfloor y\rfloor$,$u=\{x\}$,$v=\{y\}$,其中 a,b 显然是正整数,$u,v\in[0,1)$. 注意,当 $u+v\geqslant1$ 时,不是$\lfloor x+y\rfloor=a+b+1$ 就是$\{x+y\}=u+v-1$,或者当 $u+v<1$ 时,不是$\lfloor x+y\rfloor=a+b$ 就是$\{x+y\}=u+v$. 在第一种情形下

$$f(x+y)=\frac{(u+v-1)^2}{a+b+1}<\frac{(u+v)^2}{a+b}$$

或者只要证明,对于任何正整数 a,b 与任何实数 $u,v\in[0,1)$,有

$$\frac{(u+v)^2}{a+b}\leqslant\frac{u^2}{a}+\frac{v^2}{b}$$

在一些代数变换后,上式等价于 $2abuv\leqslant b^2u^2+a^2v^2$,由算术平均 - 几何平均不等式,这个

不等式显然成立，并且当且仅当 $bu=av$ 时等式成立. 推出了结论，当且仅当 $x=a+\frac{k}{b}$，$y=b+\frac{k}{a}$ 时等式成立，其中 a,b 是正整数，k 是非负实数，使 $\frac{k}{a}+\frac{k}{b}<1$，就是使 $k<\frac{ab}{a+b}$.

J249 对所有素数 $q>3$，求可整除 3^q-4^q+1 的最小素数 $q>3$.

美国 Dallas 市 Texas 大学 Titu Andreescu 提供

解 因为 $3^5-4^5+1=-780=-(2^2\times3\times5\times13)$，$3^7-4^7+1$ 不能被 5 整除，所以只要对所有素数 $q>3$，证明 $p=13$ 整除 3^q-4^q+1 即可. 因为 q 是素数，所以对一些 $k\in\mathbf{N}^*$，有 $q=6k\pm1$. 此外，$3^{6k}\equiv1\pmod{13}$，$4^{6k}\equiv1\pmod{13}$，从而

$$3^{6k+1}-4^{6k+1}\equiv3-4+1\equiv0\pmod{13}$$

$$3^{6k-1}-4^{6k-1}+1\equiv9-10+1\equiv0\pmod{13}$$

这就给出了结论.

J250 令 $\triangle ABC$ 是具有 $\angle A\geqslant120^\circ$ 的三角形，s 是它的半周长，证明

$$\sqrt{(s-b)(s-c)}\geqslant(3+\sqrt{6})(s-a)$$

美国 Massachusetts 理工学院 Ivan Borsenco 提供

证 利用余弦定理与已知条件，得

$$\begin{aligned}a^2&=b^2+c^2-2bc\cos A\\&\geqslant b^2+c^2-2bc\cos120^\circ\\&\geqslant b^2+c^2-bc\end{aligned}$$

于是

$$\begin{aligned}4a^2&\geqslant4b^2+4c^2+4ac\\&\geqslant3b^2+4c^2+6bc\\&=3(b+c)^2\end{aligned}$$

因此 $2a\geqslant\sqrt{3}(b+c)$，最后这个不等式可以写成等价形式

$$\sqrt{3}\geqslant\sqrt{\frac{s-a}{s}}\cdot(3+2\sqrt{3})$$

因为 $\sqrt{\frac{(s-b)(s-c)}{s(s-a)}}=\tan\frac{A}{2}\geqslant\tan60^\circ=\sqrt{3}$，所以得

$$\sqrt{\frac{(s-b)(s-c)}{s(s-a)}}\geqslant\sqrt{\frac{s-a}{s}}\cdot(3+2\sqrt{3})$$

即

$$\sqrt{(s-b)(s-c)}\geqslant(3+2\sqrt{3})(s-a)$$

J251 令 a,b,c 是正实数，使 $a\geqslant b\geqslant c$ 与 $b^2>ac$. 证明

$$\frac{1}{a^2-bc}+\frac{1}{b^2-ca}+\frac{1}{c^2-ab}>0$$

美国 Dallas 市 Texas 大学 Titu Andreescu 提供

证 注意

$$\frac{1}{a^2-bc}+\frac{1}{b^2-ca}+\frac{1}{c^2-ab}=\frac{(ab+bc+ca)(a^2+b^2+c^2-ab-bc-ca)}{(a^2-bc)(b^2-ca)(ab-c^2)}$$

于是只要证明每个因子是正的即可.

由假设,$b^2-ca>0$,$ab+bc+ca>0$,此外,$ac<b^2\leqslant ab$ 蕴含 $c<b\leqslant a$. 因此

$$ab-c^2>c^2-c^2=0 \text{ 与 } a^2-bc\geqslant b^2-bc=b(b-c)=0$$

又由 Cauchy-Schwarz 不等式,有

$$a^2+b^2+c^2=(a^2+b^2+c^2)^{\frac{1}{2}}(b^2+c^2+a^2)^{\frac{1}{2}}>ab+bc+ca$$

因为当且仅当$\frac{a}{b}=\frac{b}{c}=\frac{c}{a}$,而 $b^2>ac$ 时,等式成立.

J252 令$\triangle ABC$ 是锐角三角形,O_a 是它平面上的点,使

$$|\angle BO_aC|=2\angle A,|\angle CO_aA|=180°-\angle A,|\angle AO_aB|=180°-\angle A$$

类似地定义 O_b 与 O_c. 证明:$\triangle O_aO_bO_c$ 的外接圆通过$\triangle ABC$ 的外心 O.

捷克共和国 Charles 大学 Michael Rolinek 提供

证 令 A',B',C'分别为 OA,OB,OC 的中点,D,E,F 分别是$\triangle BOC$,$\triangle COA$,$\triangle AOB$ 的外心. 注意$\angle BOC=2\angle A$,或 O_a 在$\triangle BOC$ 的外接圆上,或 D 在 OO_a 的中垂线上,如果又有$\angle B=\angle C$,由对称性,O_a 在 BC 的中垂线上,因此 $O_a=O$,所提出的结果显然成立. ,从今起不妨设$\angle A>\angle B>\angle C$.

因为 BO_aOC 是凸的圆外切四边形,于是

$$\angle BO_aO=180°-\angle OCB=90°+\angle A$$

因此

$$\angle OO_aA=360°-\angle AO_aB-\angle BO_aO=90°$$

可见 A'是$\triangle AOO_a$ 的外心,或 A'在 OO_a 的中垂线上,OO_a 显然与直线 DA'重合.

现在因为 D 是$\triangle BOC$ 的外心,$\triangle BOC$ 在圆 O 上是等腰的,所以得 $DB'=DC'$. 此外,D 在 OB,OC 的中垂线上,同理 OB,OC 被认为是 DF,DE. 可见在$\triangle DEF$ 中,点 A',B',C'分别在边 EF,FD,DE 上,满足 $DB'=DC'$,$EC'=EA'$,$FA'=FB'$,或者,A',B',C'分别为$\triangle DEF$ 的内切圆与边 EF,FD,DE 的切点. 因此 OO_a,OO_b,OO_c 的中垂线 DA',EB',FC'相交于一点,它是通过 O,O_a,O_b,O_c 的圆的圆心. 推出了结论.

J253 证明:如果 $a,b,c>0$ 满足 $abc=1$,那么

$$\frac{1}{ab+a+2}+\frac{1}{bc+b+2}+\frac{1}{ca+c+2}\leqslant\frac{3}{4}$$

罗马尼亚 Bucharest 市 Marcel Chirita 提供

证 由算术平均-调和平均不等式有

$$\frac{1}{ab+1+a+1}\leqslant\frac{1}{4}\left(\frac{1}{ab+1}+\frac{1}{a+1}\right)=\frac{1}{4}\left(\frac{c}{c+1}+\frac{1}{a+1}\right)$$

$$\frac{1}{bc+1+b+1}\leqslant\frac{1}{4}\left(\frac{1}{bc+1}+\frac{1}{b+1}\right)=\frac{1}{4}\left(\frac{a}{a+1}+\frac{1}{b+1}\right)$$

$$\frac{1}{ca+1+c+1}\leqslant\frac{1}{4}\left(\frac{1}{ca+1}+\frac{1}{c+1}\right)=\frac{1}{4}\left(\frac{b}{b+1}+\frac{1}{c+1}\right)$$

把这三个不等式相加,得

$$\frac{1}{ab+a+2}+\frac{1}{bc+b+2}+\frac{1}{ca+c+2}\leqslant\frac{1}{4}\left(\frac{a+1}{a+1}+\frac{b+1}{b+1}+\frac{c+1}{c+1}\right)=\frac{3}{4}$$

J254　解以下方程

$$F_{a_1}+F_{a_2}+\cdots+F_{a_k}=F_{a_1+a_2+\cdots+a_k}$$

其中 F_i 是第 i 个 Fibonacci 数,a_i 是正整数.

美国 Florida 州 Roberto Bosch 提供

解　首先,如果 $k=1$,那么对所有 $a_1\geqslant 1$ 得平凡解 $F_{a_1}=F_{a_1}$.

其次设 $k\geqslant 2$. 因为

$$\begin{aligned}nF_{n+1}-(n+1)F_n&=nF_{n-1}-F_n=(n-1)F_{n-1}-F_{n-2}\\&=(n-2)F_{n-1}+F_{n-3}\end{aligned}$$

所以可见对于 $n\geqslant 2$,$nF_{n+1}-(n+1)F_n>0$. 于是对于 $n\geqslant 2$,$\frac{F_n}{n}$严格递增,也注意到$\frac{F_1}{1}=\frac{F_5}{5}=1$. 因此对于 $A\geqslant 6$,有

$$\frac{F_A}{A}>\max_{a<A}\frac{F_a}{a}$$

假设 $a_1+a_2+\cdots+a_k\geqslant 6$,因为$\frac{F_{a_1}+\cdots+F_{a_k}}{a_1+\cdots+a_k}$是数$\frac{F_{a_i}}{a_i}$的加权平均值(含权 a_i),所以可见

$$\frac{F_{a_1+a_2+\cdots+a_k}}{a_1+\cdots+a_k}>\max_{a<a_1+\cdots+a_k}\frac{F_a}{a}\geqslant\frac{F_{a_1}+\cdots+F_{a_k}}{a_1+\cdots+a_k}$$

因此在这种情形下无解.

如果 $a_1+a_2+\cdots+a_k=5$,那么相同论证给出

$$\frac{F_{a_1+a_2+\cdots+a_k}}{a_1+\cdots+a_k}=\frac{F_5}{5}=1\geqslant\max_{a<a_1+\cdots+a_k}\frac{F_a}{a}\geqslant\frac{F_{a_1}+\cdots+F_{a_k}}{a_1+\cdots+a_k}$$

因此得出解,其中一定始终有等式成立. 因此对于所有 i,$a_i=1$,我们只得出解 $F_1+F_1+F_1+F_1+F_1=F_5$.

如果 $a_1+a_2+\cdots+a_k<5$,那么只有少数情形要检验,它们给出解 $F_2+F_1+F_1=F_3+F_1=F_4$,$F_2+F_1=F_3$ 与它们的置换.

J255　考虑平面上彼此距离至少为 1 的 5 个点. 证明:存在彼此距离至少为$\frac{\sqrt{5}+1}{2}$的

2 个点.

美国 Massachusetts 理工学院 Ivan Borsenco 提供

证 理解这个问题的关键例子是正五边形. 如果 $ABCDE$ 是边长为 1 的正五边形,那么 5 条对角线的长为 $2\cos\left(\frac{2\pi}{5}\right)=\frac{1+\sqrt{5}}{2}$. 我们将逆向证明,如果有 5 个点使任何两点距离至少为 1 与至多为$\frac{1+\sqrt{5}}{2}$,那么它们是正五边形的顶点.

令 A 与 B 是 5 个点中有最小距离的两点,如有必要,缩小整个图形,可设 $AB=1$,把直线 AB 看作水平线. 令 C,D,E 是在 AB 上方的顶点,使 $ABCDE$ 是正五边形,C',D',E'是 AB 下方的类似顶点.

令$\odot\omega_A$ 与$\odot\omega_B$ 分别为圆心在 A 与 B 上,半径为 1 的圆,$\odot\Omega_A$ 与$\odot\Omega_B$ 是圆心在这些点上,半径为$\frac{1+\sqrt{5}}{2}$的圆. 由假设,另外三点在$\odot\Omega_A$ 与$\odot\Omega_B$ 内部或圆周上,在 ω_A 与 ω_B 外部或圆周上. 令 R 是 AB 上方这个区域的一部分,R'是 AB 下方这个区域的一部分. 注意,由正五边形的性质知道$\odot\Omega_A\cap\odot\omega_B=\{c,c'\}$,$\odot\Omega_A\cap\odot\Omega_B=\{D,D'\}$,$\odot\omega_A\cap\odot\Omega_B=\{E,E'\}$.

令 l 与 m 是与 AB 平行的直线,l 在 AB 上方,m 在 AB 下方,距离都是$\frac{\sqrt{3}}{2}$,则 l 与 m 通过交点$\odot\omega_A\cap\odot\omega_B$. l,m 与$\odot\omega_A$ 的第二个交点对 AB 张开 $120°$角. 因为$\angle EAB=108°$较小,所以可见 E(由对称性,C)在 l 上方. 因此 R 全部在 l 上方,由对称性,R'全部在 m 下方. 于是这 5 个点不能包含 R 与 R'两者的点,因为任何这样的点至少相距$\sqrt{3}$(l 与 m 之间的距离). 因而不失一般性,可设剩余的三点在 R 中.

令$\odot\Gamma$ 是五边形 $ABCDE$ 的外接圆,O 是外心,$\odot\Omega_A$ 与$\odot\Gamma$ 相交于 C 与 D,在 C 与 D 之间的$\odot\Gamma$ 内部,对$\odot\Omega_B$ 是类似的. 因此 R 完全在$\odot\Gamma$ 的扇形中,此扇形所对圆心角$\angle COE=144°$,因为剩余的三点中任何两点在 R 内部,最小相距 1,从 O 看到的任何两点张成最小角 $72°$,当且仅当这两点在$\odot\Gamma$ 上时,$ABCDE$ 的各中心角相等,因此一定有各中心角相等的情形,三点一定是 C,D,E,这正是要求的结果.

J256 求下式的值

$$1^2 2!+2^2 3!+\cdots+n^2(n+1)!$$

美国 Dallas 市 Texas 大学 Titu Andreescu 提供

解 注意

$$j^2(j+1)!=(j-1)(j+2)!-(j-2)(j+1)!$$

这蕴含

$$\sum_{j=1}^{n} j^2(j+1)! = (n-1)(n+2)! - (1-2)(1+1)! = (n-1)(n+2)! + 2$$

J257 令 BC 是 $\odot\omega$ 的固定弦，A 在 $\odot\omega$ 的优弧 $\overset{\frown}{BC}$ 上移动.

(a)证明：$\triangle ABC$ 的垂心 H 在 A 角平分线上的镜像也沿着一圆（可能有零半径）移动.

(b)证明：H 在 A 角平分线上的投影也沿着一圆移动.

捷克共和国 Charles 大学 Michael Rolinek 提供

证 令 O 是 $\odot\omega$ 的圆心，H' 是 H 关于 A 角平分线的对称点. 众所周知，A 角平分线也是 $\angle HAO$ 的平分线（因为 $\angle BAH = 90° - \angle B$，$\angle AOC = 2\angle B$，$\triangle AOC$ 在 $\odot O$ 上是等腰的）. 由要求的角与简单三角学知识，也知道 $AH = 2R\cos A$，R 是 $\triangle ABC$ 的外接圆半径，可见 $AH' = AH = 2R\cos A$，其中 H' 在射线 AO 上，因此 $|OH'| = |AH' - AO| = R|2\cos A - 1|$，即 H' 在圆心为 O，半径为 $R|2\cos A - 1|$ 的圆上，注意，当 $A = N$ 是 $\odot\omega$ 中优弧 $\overset{\frown}{BC}$ 的中点时，从 A 作出的高与 A 角平分线重合，或 $H' = H$，即 H' 沿着圆心为 O 且通过 $\triangle BNC$ 的垂心 K 的圆移动. 当 $O = K$ 时，即当 $\triangle BNC$ 是等边三角形时，或 BC 是 $\odot\omega$ 的弦，弦长为 $\sqrt{3}R$ 时，圆有零半径.

因为 $OK = OH'$，$AH = AH'$，其中 $OK /\!/ AH$，$OH' /\!/ AH'$，可见 $\triangle OKH' \backsim \triangle AHH'$（分别在 O，A 上是等腰的），从而是位似的. 因此 H' 是位似中心，或 H, K, H' 在某直线 l 上共线，从而 H 在 A 角平分线上的投影 H''（即 HH' 的中点）也在 l 上. 令 M 是 BC 的中点，回忆 $OM = R\cos A = \dfrac{AH}{2}$，因此

$$\frac{KH'}{H''H'} = 2\frac{KH'}{HH'} = 2\frac{OK}{AH} = \frac{OK}{OM}$$

或因为 K, H', H'' 共线，$\triangle MKH'' \backsim \triangle OKH'$，所以 $\triangle MKH''$ 在 $\odot M$ 上是等腰的，或 H'' 沿着圆心为 M 且通过 K 的圆移动.

J258 令 x, y, z 是正实数，使 $x \leqslant 1$，$y \leqslant 2$，$x + y + z = 6$. 证明

$$(x+1)(y+1)(z+1) \geqslant 4xyz$$

法国 Ecole 综合工科大学 Gabriel Dospinescu 提供

证 注意 $\dfrac{(x+1)(z+1)}{xz} = 1 + \dfrac{x+z+1}{xz}$. 假设蕴含 $x + z = 6 - y$，因为 $x \leqslant 1$，所以也有 $xz \leqslant 5 - y$（对于固定的和 $x + z = 6 - y$，当 x 移动向 $\dfrac{6-y}{2} \geqslant 2$ 时，积 xz 增加，但是因为 $x \leqslant 1$，所以最大值在 $x = 1$ 与 $z = 5 - y$ 上）. 因此

$$\frac{(x+1)(z+1)}{xz} \geqslant 1 + \frac{7-y}{5-y} = \frac{2(6-y)}{5-y}$$

于是(因为 $y\leqslant 2$)

$$\frac{(x+1)(y+1)(z+1)}{xyz}\geqslant\frac{2(y+1)(6-y)}{y(5-y)}=4+\frac{2(2-y)(3-y)}{y(5-y)}\geqslant 4$$

当且仅当 $x=1,y=2,z=3$ 时等式成立.

J259 在单位球面 $x^2+y^2+z^2=1$ 上的所有三元实数组 (x,y,z) 中,求使 $\min(|x-y|,|y-z|,|z-x|)$ 的最大三元组 (x,y,z).

美国 San Jose 市 Arkady Alt 提供

解 不失一般性,设 $x\leqslant y\leqslant z$,则

$$m=\min(|x-y|,|y-z|,|z-x|)=\min(y-x,z-y)\leqslant\frac{z-x}{2}$$

现在 $x^2+y^2+z^2=1$,可以记作 $(z-x)^2=2-(z+x)^2-2y^2$,于是 $(z-x)^2\leqslant 2$,当且仅当 $z+x=0=y$ 时,等式成立. 因此 $m\leqslant\frac{\sqrt{2}}{2}$,在 $(x,y,z)=(-\frac{\sqrt{2}}{2},0,\frac{\sqrt{2}}{2})$ 上达到最大值 $\frac{\sqrt{2}}{2}$.

J260 求以下方程的整数解

$$x^4-y^3=111$$

墨西哥 Oaxaca 市 José Hernández Santiago 提供

解 可以容易检验,任何完全立方数将留下模 13,剩余 $-5,-1,0,1,5$,任何四次幂将留下模 13,剩余 $-4,0,1,3$. 但是 111 留下剩余 $7\equiv -6(\bmod 13)$,容易检验,这不能作为 $-4,0,1,3$ 之一与 $-5,-1,0,1,5$ 之一的差得出. 可见所提出的方程不能有整数解 (x,y).

J261 令 $A_1\cdots A_n$ 是内接于圆心为 O,半径为 R 的圆内接多边形,求外接圆上点 M 的轨迹,使

$$A_1M^2+\cdots+A_nM^2=2nR^2$$

美国 Massachusetts 理工学院 Ivan Borsenco 提供

解 令 G 是 n 边形的质心,则有

$$\overrightarrow{OG}=\frac{\overrightarrow{OA_1}+\overrightarrow{OA_2}+\cdots+\overrightarrow{OA_n}}{n}$$

现在注意

$$A_iM^2=(\overrightarrow{OM}-\overrightarrow{OA_i})^2=2R^2-2\cdot\overrightarrow{OM}\cdot\overrightarrow{OA_i}$$

其中利用了 $|OM|=|OA_i|=R$,因为 n 边形的顶点与 M 一样,在圆心为 O,半径为 R 的圆上,当 $i=1,2,\cdots,n$ 时把这些方程相加,求出

$$A_1M^2+\cdots+A_nM^2=2nR^2-2n\cdot\overrightarrow{OM}\cdot\overrightarrow{OG}$$

即本题已知条件等价于

$$\overrightarrow{OM}\cdot\overrightarrow{OG}=0$$

现在有两种情形:

情形 1　如果 $G=O$,那么对外接圆上所有 M,条件满足,即满足本题条件的点 M 的轨迹是整个圆周.

情形 2　如果 $G\neq O$,那么条件等价于$\overrightarrow{OG}\perp\overrightarrow{OM}$,即满足本题条件的点 M 的轨迹是圆直径的两端点,直径垂直于 OG,G 是质心.

J262　求这样的所有正整数 m,n,使$\binom{m+1}{n}=\binom{n}{m+1}$.

美国 Florida 州 Roberto Bosch Cabrera 提供

解　注意,如果 $m+1>n\geqslant 0$,那么

$$\binom{m+1}{n}>0\text{ 与}\binom{n}{m+1}=0$$

另一方面,如果 $0\leqslant m+1<n$,那么

$$\binom{m+1}{n}=0\text{ 与}\binom{n}{m+1}>0$$

最后,如果 $n=m+1\geqslant 0$,那么

$$1=\binom{m+1}{n}=\binom{n}{m+1}$$

因此,当且仅当 $n=m+1\geqslant 0$ 时等式成立.

J263　第 n 个五角形数由以下公式给出

$$P_n=\frac{n(3n-1)}{2}$$

证明:有无限多个五角形数可以写成两个正整数完全平方和.

墨西哥 Oaxaca 市 José Hernández Santiago 提供

证　我们要求有无限多个五角形数 P_n,它是两个平方数之和,其中两个平方数之一是 n^2,为使它成立,应当有 $p_n-n^2=\frac{n(n-1)}{2}=m^2$ 是完全平方数. 这重排成$(2n-1)^2-8m^2=1$,它是 Pell 方程 $a^2-kb^2=1$,其中 $a=2n-1,k=8,b=m$,已知有无限多个解. 因为 k 是偶数,所以 a 一定是奇数,于是存在无限多个 n 满足这个方程. 因此存在无限多个五角形数可以表示为 m^2+n^2.

J264　在$\triangle ABC$ 中,$2\angle A=3\angle B$,证明

$$(a^2-b^2)(a^2+ac-b^2)=b^2c^2$$

美国 Dallas 市 Texas 大学 Titu Andreescu 提供

证　注意$\angle A=\frac{3\angle B}{2},\angle C=\pi-\angle A-\angle B=\pi-\frac{5\angle B}{2}$与

$$a=2R\sin\left(\frac{3B}{2}\right),b=2R\sin B,c=2R\sin\left(\frac{5B}{2}\right)$$

其中 R 是外接圆半径,于是只要证明

$$\left(\sin^2\left(\frac{3B}{2}\right)-\sin^2 B\right)\left(\sin^2\left(\frac{3B}{2}\right)+\sin\left(\frac{3B}{2}\right)\sin\left(\frac{5B}{2}\right)-\sin^2 B\right)$$
$$=\sin^2 B\sin^2\left(\frac{5B}{2}\right)$$

因为 $\sin x\sin y=\dfrac{\cos(x-y)-\cos(x+y)}{2}$,所以这等价于

$$(\cos 2B-\cos 3B)(\cos B+\cos 2B-\cos 3B-\cos 4B)$$
$$=(1-\cos 2B)(1-\cos 5B)$$

现在 $\cos x\cos y=\dfrac{\cos(x-y)+\cos(x+y)}{2}$,展开以上方程两边,得

$$2LHS=2-2\cos 2B-2\cos 5B+\cos 7B$$

与

$$2RHS=2-2\cos 2B-2\cos 5B+\cos 7B$$

因此对于任何 B,要求的方程成立.

J265 令 a,b,c 是实数,使

$$5(a+b+c)-2(ab+bc+ca)=9$$

证明:等式

$$|3a-4b|=|5c-6|,|3b-4c|=|5a-6|,|3c-4a|=|5b-6|$$

中任意两个等式蕴含第三个等式.

美国 Dallas 市 Texas 大学 Titu Andreescu 提供

证 因为

$$(3a-4b)^2-(5c-6)^2+(3b-4c)^2-(5a-6)^2+(3c-4a)^2-(5b-6)^2$$
$$=60(a+b+c)-24(ab+ac+bc)-108$$
$$=12(5(a+b+c)-2(ab+bc+ca)-9)=0$$

所以任意两个等式,例如

$$\begin{cases}|3a-4b|=|5c-6|\\|3b-4c|=|5a-6|\end{cases}\Leftrightarrow\begin{cases}(3a-4b)^2=(5c-6)^2\\(3b-4c)^2=(5a-6)^2\end{cases}$$

立即推出第三个等式

$$(3c-4a)^2-(5b-6)^2=0\Leftrightarrow|3c-4a|=|5b-6|$$

J266 令 $ABCD$ 是圆外切四边形,使 $AB>AD,BC=CD$,圆心为 C,半径为 CD 的圆交直线 AD 于 E. 直线 BE 交这个四边形的外接圆于 K,证明:$AK\perp CE$.

罗马尼亚 Bucharest 大学 Mircea Becheanu 提供

证 令 F 与 G 分别为 AK 与 CE 的交点、AC 与 BE 的交点，因为 $\angle BAC=\angle CAD$，所以通过 AC 的反射把直线 AB 与 AD 交换，而保持通过 B,D,E 的圆.

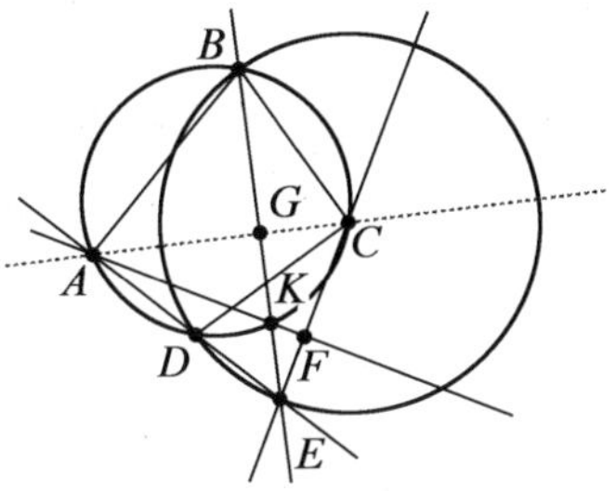

因为 $AB\neq AD$，所以一定有 $AB=AE$，由此 $AG\perp BE$.

现在 $\angle CAK=\angle CBK=\angle CEK$，从而 $\triangle GAK\backsim\triangle FEK$. 因此 $KF\perp FE$.

J267 解方程组

$$\begin{cases}x^5+x-1=(y^3+y^2-1)z\\ y^5+y-1=(z^3+z^2-1)x\\ z^5+z-1=(x^3+x^2-1)y\end{cases}$$

其中 x,y,z 是实数，使 $x^3+y^3+z^3\geqslant 3$.

美国 Dallas 市 Texas 大学 Titu Andreescu 提供

解 首先注意 $x^5+x-1=(x^3+x^2-1)(x^2-x+1)$ 与 $x^2-x+1=(x-\frac{1}{2})^2+\frac{3}{4}>0$. 于是，如果 $x^3+x^2-1,y^3+y^2-1,z^3+z^2-1$ 中任何一个三项式等于 0，那么可以轮换它们，断定它们都等于 0，但是这会给出 $x^3+y^3+z^3=3-(x^2+y^2+z^2)<3$，矛盾. 于是左边绝不会变为 0，从而 $xyz\neq 0$. 然后把这 3 个方程相乘，消去因子 $\prod_{\mathrm{cyc}}(x^3+x^2-1)\neq 0$，给出

$$\prod_{\mathrm{cyc}}(x^2-x+1)=xyz\Leftrightarrow\prod_{\mathrm{cyc}}(x-1+\frac{1}{x})=1$$

因为对于 $x>0,x+\frac{1}{x}-1\geqslant 2-1=1$，对于 $x<0,x+\frac{1}{x}-1\leqslant -2-1=-3$. 我们只能有 $x=y=z=1$.

J268 考虑位于凸 n 边形 $A_1\cdots A_n$ 中的凸 m 边形 $B_1\cdots B_m$，它们的顶点在平面上确定了 $m+n$ 个点，证明：如果 $m+n\geqslant k^2-k+1$，那么可以在这些顶点中求出一个凸 $k+1$ 边形，在它内部不包含其他顶点.

美国 Massachusetts 理工学院 Ivan Borsenco 提供

证 考虑两种不同情形：

情形 1 $m\geqslant k+1$. 在这种情形下，只要从 $B_1,B_2,\cdots,B_m$ 中选出任何 $k+1$ 个顶点，它们显然构成凸 $k+1$ 边形，它的内部不包含这个点集合中的其他顶点，在这种情形推出了结论.

情形 2 $m\leqslant k$. 在这种情形下,对 $i=1,2,\cdots,m$,已知 m 边形的任一边 B_iB_{i+1},其中 $B_{m+1}=B_1$,我们将说 A_j 改进了 B_iB_{i+1},当且仅当 A_j 在 m 边形关于直线 B_iB_{i+1} 的相反半平面. 如果 A_j 在直线 B_iB_{i+1} 上,那么将不说 A_j 改进了 B_iB_{i+1}. 注意,因为直线 $B_{i-1}B_i$ 与 B_iB_{i+1} 在 n 边形内相交,所以 n 边形每个顶点至少改进 m 边形一边,也可能更多边. 因为 $n\geqslant k^2-k+1-m\geqslant k(k-2)+1$,$m$ 边形至多有 k 条边,所以由 Dirichlet 鸽笼原理,m 边形至少有一边至少被 n 边形 $k-2+1=k-1$ 个顶点改进,其次取 B_i,B_{i+1},从 n 边形中至少取出 $k-1$ 个顶点改进了 B_iB_{i+1},我们发现它们显然是一个凸多边形的顶点,此多边形在它内部不包含 m 边形的顶点(它们都在 B_iB_{i+1} 上,或在关于它的其他边上),且没有 n 边形的一个顶点(因为它显然完全包含在 n 边形内),在这种情形下也推出了结论.

J269 求方程 $(x^2-y^2)^2-6\min(x,y)=2\ 013$ 的正整数解.

美国 Dallas 市 Texas 大学 Titu Andreescu 提供

解 显然 $x\neq y$,不失一般性,设 $x<y$,则

$$2\ 013+6x=(x-y)^2(x+y)^2>(x+y)^2>4x^2$$

它给出 $4x^2-6x-2\ 013<0$,因此 $0<x<23$. 此外

$$(x^2-y^2)^2=3(671+2x)$$

所以 $671+2x$ 一定可被 3 整除,因为左边的项是完全平方数,这蕴含对于一些 $k\in\mathbf{N}$,$x=3k+2$,于是

$$(x^2-y^2)^2=9(225+2k)$$

$225+2k$ 一定是完全平方数,如果 $k=0$,那么右边显然是完全平方数,使 $225+2k$ 是完全平方数的最小正整数是 $k=32$,但是对这个值得 $x=98>23$. 因此 $k=0$,$x=2$,$(x^2-y^2)^2=2\ 025=45^2$,这给出 $y^2-x^2=45$,即 $y=7$,由对称性,$x=7$,$y=2$ 是方程的另一解,因此已知方程的所有正整数解是 $(2,7)$,$(7,2)$.

J270 令 a,b,c 是正实数,证明

$$\frac{1}{a+2b+5c}+\frac{1}{b+2c+5a}+\frac{1}{c+2a+5b}\leqslant\frac{9}{8}\ \frac{a+b+c}{(\sqrt{ab}+\sqrt{bc}+\sqrt{ac})^2}$$

罗马尼亚 Bucharest 市 Tran Bach Hai 提供

解法 1 两边乘以 $\frac{8}{9}(a+b+c)$,两边减去 1,在重排各项后,得出等价不等式

$$\sum_{\mathrm{cyc}}\frac{(5a+41b+58c)(a-b)^2}{9(a+2b+5c)(b+2c+5a)(c+2a+5b)}$$

$$\leqslant\frac{1}{2}\sum_{\mathrm{cyc}}\left(1+\frac{2c}{(\sqrt{a}+\sqrt{b})^2}\right)\frac{(a-b)^2}{\sqrt{ab}+\sqrt{bc}+\sqrt{ca}}$$

注意,由此得出右边第 1 个因式大于 1,而由算术平均 - 平方平均不等式得出,右边第 2 个因式的分母至多为 $3(ab+bc+ca)$,因此只要证明

$$2(ab+bc+ca)(5a+41b+58c)\leqslant 3(a+2b+5c)(b+2c+5a)(c+2a+5b)$$

展开两边,可见右边所有项有较大系数,从而这个不等式成立,上述不等式是严格不等式.

解法 2 我们将证明

$$\frac{1}{a+2b+5c}\leqslant\frac{\frac{39a}{64}+\frac{30b}{64}+\frac{3c}{64}}{(\sqrt{ab}+\sqrt{bc}+\sqrt{ca})^2}\qquad(*)$$

把两个类似不等式相加后给出要求的结果. 为证明这一点,注意,由 Cauchy - Schwarz 不等式

$$\begin{aligned}&(\sqrt{ab}+\sqrt{bc}+\sqrt{ca})^2\\ \leqslant&\left(\left(a+\frac{5b}{3}\right)+\left(\frac{b}{3}+\frac{7c}{3}\right)+\left(\frac{8c}{3}\right)\right)\left(\frac{3ab}{3a+5b}+\frac{3bc}{b+7c}+\frac{3a}{8}\right)\\ =&(a+2b+5c)\left(\frac{3ab}{3a+5b}+\frac{3bc}{b+7c}+\frac{3a}{8}\right)\end{aligned}$$

注意,由算术平均 - 调和平均不等式

$$\begin{aligned}\frac{3ab}{3a+5b}&=\frac{3}{8}\left(\frac{8}{\frac{1}{b}+\frac{1}{b}+\frac{1}{b}+\frac{1}{b}+\frac{1}{b}+\frac{1}{a}+\frac{1}{a}+\frac{1}{a}}\right)\\ &\leqslant\frac{3}{8}\left(\frac{b+b+b+a+a+a+a+a}{8}\right)=\frac{9b}{64}+\frac{15a}{64}\end{aligned}$$

$$\begin{aligned}\frac{3bc}{b+7c}&=\frac{3}{8}\left(\frac{8}{\frac{1}{c}+\frac{1}{b}+\frac{1}{b}+\frac{1}{b}+\frac{1}{b}+\frac{1}{b}+\frac{1}{b}+\frac{1}{b}}\right)\\ &\leqslant\frac{3}{8}\left(\frac{c+b+b+b+b+b+b+b}{8}\right)=\frac{3c}{64}+\frac{21b}{64}\end{aligned}$$

这给出了

$$\begin{aligned}&(\sqrt{ab}+\sqrt{bc}+\sqrt{ca})^2\leqslant(a+2b+5c)\left(\frac{3ab}{3a+5b}+\frac{3bc}{b+7c}+\frac{3a}{8}\right)\\ \leqslant&(a+2b+5c)\left(\left(\frac{9b}{64}+\frac{15a}{64}\right)+\left(\frac{3c}{64}+\frac{21b}{64}\right)+\frac{3a}{8}\right)\\ =&(a+2b+5c)\left(\frac{39a}{64}+\frac{30b}{64}+\frac{3c}{64}\right)\end{aligned}$$

因此式(*)成立,证毕.

J271 求具有以下性质的正整数 n:

如果 a,b,c 是整数,使 n 整除 $ab+bc+ca+1$,那么 n 整除 $abc(a+b+c+abc)$.

美国 Dallas 市 Texas 大学 Titu Andreescu 与法国 Ecole 综合工科大学 Gabriel Dospinescu 提供

解 我们将证明,720 的所有正因数是本题的解,如果 n 是解,那么由选择 $a=3,b=5,c=-2$(这些数使 $ab+bc+ca+1=0$),得 $n\mid 720$,反之,令 d 是 720 的因数,设 d 整除 $ab+bc+ca+1$,我们要证明 d 整除 $abc(a+b+c+abc)$,可设 d 是素数幂,关键组成部分是以下恒等式

$$(a^2-1)(b^2-1)(c^2-1)=(a+b+c+abc)^2-(ab+bc+ca+1)^2$$

这容易由以下 2 个等式相乘推出

$$(a+1)(b+1)(c+1)=abc+a+b+c+ab+bc+ca+1$$

与

$$(a-1)(b-1)(c-1)=abc+a+b+c-(ab+bc+ca+1)$$

定义 $f(a,b,c)=a^2b^2c^2(a^2-1)(b^2-1)(c^2-1)$. 如果数 a,b,c 中至少有 2 个是奇数,那么 $f(a,b,c)$ 是 $4\cdot 64=256$ 的倍数,因此,如果 2^k 整除 $ab+bc+ca+1$, $1\leqslant k\leqslant 4$,那么数 a,b,c 中至少有 2 个是奇数,以前的讨论给出 $2^{2k}\mid a^2b^2c^2(a+b+c+abc)^2$,因此 $2^k\mid abc(a+b+c+abc)$. 类似的论证证明了,如果 $3^k\mid ab+bc+ca+1$, $1\leqslant k\leqslant 2$,那么 27 整除 $f(a,b,c)$,从而 3^{2k-1} 整除 $(abc(a+b+c+abc))^2$,于是 $3^k\mid abc(a+b+c+abc)$. 最后设 5 整除 $ab+bc+ca+1$,5 不整除 $abc(a+b+c+abc)$. 以前的恒等式证明了,a,b,c 是 2 或 3(mod 5)的同余,可以容易检验,这与 5 整除 $ab+bc+ca+1$ 事实矛盾.

J272 令 $\triangle ABC$ 的重心为 G,外心为 O. 证明:如果 BC 是它的最大边,那么 G 在直径为 AO 的圆内部.

美国 Massachusetts 理工学院 Ivan Borsenco 提供

证 令 $a=BC,b=CA,c=AB$,M 是 BC 的中点,D 是 AM 与 $\triangle ABC$ 外接圆的第 2 个交点.

由相交弦定理,有 $AM\cdot MD=BM\cdot MC$,于是得

$$AD=AM+MD=m_a+\frac{\frac{a}{2}\cdot\frac{a}{2}}{m_a}=\frac{4m_a^2+a^2}{4m_a}=\frac{2b^2+2c^2}{4m_a}=\frac{b^2+c^2}{2m_a}$$

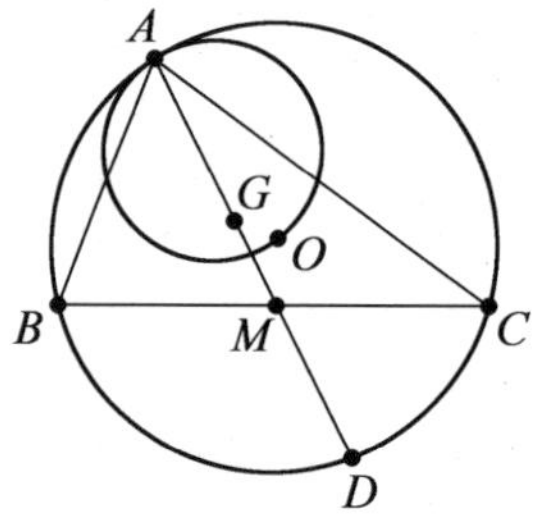

现在考虑到直径为 AO 的圆是 $\odot O$ 弦中点的轨迹,$\odot O$ 通过 A,我们为使 G 在直径为 AO 的圆内部,当且仅当 $AG<\frac{AD}{2}$,或等价地

$$\frac{2}{3}m_a < \frac{1}{2}\cdot\frac{b^2+c^2}{2m_a} \Leftrightarrow 8m_a^2 < 3(b^2+c^2) \Leftrightarrow b^2+c^2 < 2a^2$$

因为 BC 是 $\triangle ABC$ 的最大边，所以最后这个不等式成立，证毕.

J273　令 a,b,c 是大于或等于 1 的实数. 证明

$$\frac{a^3+2}{b^2-b+1}+\frac{b^3+2}{c^2-c+1}+\frac{c^3+2}{a^2-a+1}\geqslant 9$$

美国 Dallas 市 Texas 大学 Titu Andreescu 提供

证　首先注意 $a^3+2\geqslant 3(a^2-a+1)$ 等价于

$$a^3-3a^2+3a-1=(a-1)^3\geqslant 0$$

由假设知上式显然成立. 当且仅当 $a=1$ 时等式成立，类似不等于对 b,c 成立. 因此应用算术平均几何平均不等式，产生了

$$\begin{aligned}&\frac{a^3+2}{b^2-b+1}+\frac{b^3+2}{c^2-c+1}+\frac{c^3+2}{a^2-a+1}\\ \geqslant\ &3\sqrt[3]{\frac{a^3+2}{a^2-a+1}\cdot\frac{b^3+2}{b^2-b+1}\cdot\frac{c^3+2}{c^2-c+1}}\\ \geqslant\ &3\sqrt[3]{3^3}=9\end{aligned}$$

推出了结论，并且使等式 $a=b=c=1$ 成立的必要条件显然也是充分条件.

J274　令 p 是素数，k 是非负整数，求以下方程的所有正整数解 (x,y,z)

$$x^k(y-z)+y^k(z-x)+z^k(x-y)=p$$

意大利 Milan 市 Alessandro Ventullo 提供

解法 1　令

$$A_k=x^k(y-z)+y^k(z-x)+z^k(x-y)$$

则对于 $k=0,1$，$A_k\equiv 0$，从而没有解存在. 设 $k\geqslant 2$，则

$$\begin{aligned}A_k&=(y-z)(x^k-y^k)+(x-y)(z^k-y^k)\\&=(x-y)(y-z)\sum_{i=1}^{k-1}(x^i-z^i)y^{k-1-i}\\&=(x-y)(y-z)(x-z)B_k\end{aligned}$$

其中

$$B_k=\sum_{i=1}^{k-1}\Big(\sum_{j=0}^{i-1}x^jz^{i-1-j}\Big)y^{k-1-i}=\sum_{i+j+l=k-2}x^iy^jz^l$$

现在对于 $k\geqslant 3$，B_k 是大于 2 的整数，从而可能没有 $A_k=p$ 的解. 最后对于 $k=2$，为使

$$A_k=(x-y)(y-z)(x-z)=p$$

当且仅当 $p=2$，对 $n\geqslant 1$，$(x,y,z)=(n+2,n+1,n)$，$(n,n+2,n+1)$，或者 $(x,y,z)=(n+1,n,n+2)$.

解法2 注意

$$A_k=x^k(y-z)+y^k(z-x)+z^k(x-y)=-\begin{vmatrix} x & x^k & 1 \\ y & y^k & 1 \\ z & z^k & 1 \end{vmatrix}$$

它是$\triangle XYZ$面积的2倍,其中$X=(x,x^k)$,$Y=(y,y^k)$,$Z=(z,z^k)$,X,Y,Z是按顺时针方向排列的,显然对$k=0,1$,$A_k\equiv 0$. 设$k\geqslant 2$,$x>y>z$,由Pick定理

$$A_k=2(I_k-\frac{1}{2}B-1)$$

其中I_k与B分别为在$\triangle XYZ$内部与边界上的格点数,因为XY,YZ,ZX的斜率是整数,所以易见$B=2(x-z)$,于是

$$A_k=2(I_k+x-z-1)$$

因此对于$A_k=p$,一定有$p=2$,$x-z=2$,$I_k=0$. 现在

$$\frac{1}{2}[(z+2)^k+z^k]\geqslant(z+1)^k+1$$

当且仅当$k=2$时等式成立. 从而对于$k\geqslant 3$,$W=(y,y^k+1)$是$\triangle XYZ$的内点. 最后易见当$k=2$时,对$n\geqslant 1$,解是$(x,y,z)=(n+2,n+1,n)$,$(n,n+2,n+1)$或$(x,y,z)=(n+1,n,n+2)$.

J275 令$ABCD$是矩形,点E在边AB上. 通过A,B与E在CD上正投影的圆交AD,BC于X,Y. 证明:XY通过$\triangle CDE$的垂心.

美国 Dallas 市 Texas 大学 Titu Andreescu 提供

证法1 令F是E在CD上的投影,令

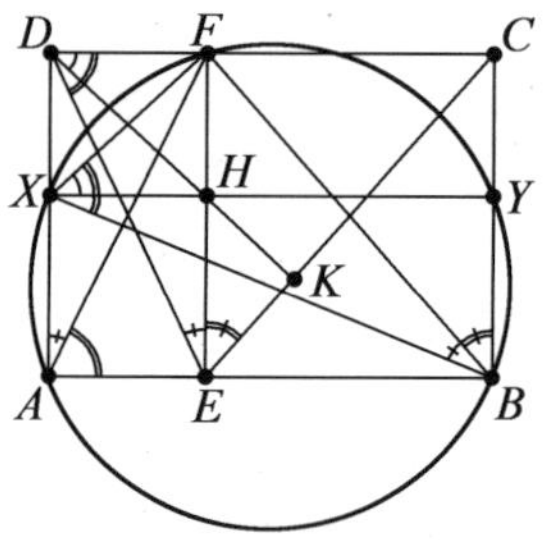

$$H=EF\cap XY,K=DH\cap CE$$

显然$XY/\!/AB$,从而$DXHF$是圆外切四边形. 于是简单的角变换给出

$$\begin{aligned}\angle EDH&=\angle EDC-\angle HDC=\angle FAB-\angle HDC\\&=\angle FXB-\angle FXY=\angle YXB\end{aligned}\tag{1}$$

由圆外切四边形$ABFX$与$EBCF$得

$$\angle DEF=\angle DAF=\angle XAF=\angle XBF\tag{2}$$

$$\angle FEC=\angle FBC\tag{3}$$

利用(1),(2),(3)得

$$\begin{aligned}\angle DKE &= 180^\circ - \angle EDK - \angle DEK\\ &= 180^\circ - \angle EDH - \angle DEF - \angle FEC\\ &= 180^\circ - \angle YXB - \angle XBF - \angle FBC\\ &= 180^\circ - \angle YXB - \angle XBY\\ &= \angle XYB = 90^\circ\end{aligned}$$

因此 $DK\perp EC$. 因为 $EF\perp DC$, $H=DK\cap EF$,所以得出 H 是 $\triangle CDE$ 的垂心,正是想要证明的.

证法2　与证法1一样,令 F 是 E 在 CD 上的正投影,H 是 EF 与 XY 的交点. 众所周知,三角形垂心通过边界线的反射点在三角形外接圆上,于是为使 H 是 $\triangle CDE$ 的垂心,当且仅当 $FC\cdot FD=FE\cdot FH$. 但是同前 $XY/\!/AB$,从而 $FC\cdot FD=XH\cdot HY$. 另一方面,如果 F' 是 FE 与 $\triangle FAB$ 外接圆的交点,那么 H 关于 $\odot(FAB)$ 的幂给出 $F'H\cdot FH=XH\cdot XY$;因此得 $FC\cdot FD=F'H\cdot FH$. 但是 $FE=F'H$,由对称性,于是得出 $FC\cdot FD=FE\cdot FH$,正是要求的.

J276　求所有正整数 m 与 n,使

$$10^n-6^m=4n^2$$

亚美尼亚 Vanadzor 市 Tigra Akopyan 提供

解　首先设 $m<n$,则

$$\begin{aligned}10^n-6^m &\geqslant 10^n-6^{n-1}\geqslant 10^n-6\cdot 10^{n-2}=(10^2-6)10^{n-2}\\ &=94\cdot 10^{n-2}>2^{n+4}>4n^2\end{aligned}$$

于是得出,在这种情形下无解.

其次设 $m\geqslant n$,则左边 10^n-6^m 是 2^n 的非零倍数,因此 $2^n\mid 4n^2$,容易只对 $n\leqslant 8$ 检验 $2^n\leqslant 4n^2$,从而求出唯一可能性是 $n=1,2,4$ 或 8. 这些 n 给出 $10^n-4n^2=6,84,9\ 936$ 与 $99\ 999\ 744$,其中只有第1个数是6的幂,因此只得出解 $n=m=1$.

J277　是否存在这样的整数 n,使 $4^{5^n}+5^{4^n}$ 是素数?

美国 Dallas 市 Texas 大学 Titu Andreescu 提供

解　答案是"不",因为 $4^{5^n}+5^{4^n}$ 可以表示为形式

$$a^4+4b^4=(a^2-2ab+2b^2)(a^2+2ab+2b^2)$$

实际上,因为

$$5^n-1=(5-1)(5^{n-1}+5^{n-2}+\cdots+5+1)=4(5^{n-1}+5^{n-2}+\cdots+5+1)$$

所以

$$5^{4^n}+4^{5^n}=(5^{4^{n-1}})^4+4(4^{5^{n-1}+5^{n-2}+\cdots+5+1})^4=a^4+4b^4$$

其中 $a:=5^{4^{n-1}}$ 与 $b:=4^{5^{n-1}+5^{n-2}+\cdots+5+1}$.

J278　求所有的正整数 n,使

$$\{\sqrt[3]{n}\} \leqslant \frac{1}{n}$$

其中$\{x\}$表示x的小数部分.

美国 Massachusetts 理工学院 Ivan Borsenco 提供

解 显然所有立方数是这个不等式的解,于是只要对$1 \leqslant p \leqslant 3k^2+3k$寻找另外的解.在这种情形下

$$\{\sqrt[3]{n}\} = \sqrt[3]{n} - k = (k^3+p)^{\frac{1}{3}} - k$$

从而要求的不等式变为

$$(k^3+p)^{\frac{1}{3}} \leqslant k + \frac{1}{k^3+p}$$

把两边立方,利用一些平凡的不等式,给出

$$k^3+p \leqslant k^3 + \frac{3k^2}{k^3+p} + \frac{3k}{(k^3+p)^2} + \frac{1}{(k^3+p)^3} < k^3 + \frac{3k^2}{k^3+1} + \frac{3k+1}{(k^3+1)^2}$$

如果$k \geqslant 3$,那么易见这个不等式右边至多是

$$k^3 + \frac{27}{28} + \frac{10}{28^2} < k^3 + 1$$

因此当$k \geqslant 3$时无解,如果$k=2$,那么得

$$2^3 + p < 2^3 + \frac{12}{9} + \frac{7}{81} < 2^3 + 2 = 10$$

从而唯一可能性是$p=1, n=9$,这实际上是我们看到算出的结果,因为原不等式

$$9 \leqslant 2^3 + \frac{3 \cdot 2^2}{9} + \frac{3 \cdot 2}{9^2} + \frac{1}{9^3}$$

成立,对$k=1$,得

$$1^3 + p < 1^3 + \frac{3}{2} + \frac{4}{4} = \frac{7}{2}$$

因此$p=1$或2,$n=2$或3. 由原不等式可见算出$n=2$,但不算出$n=3$,因为

$$2 \leqslant 1^3 + \frac{3 \cdot 1^2}{2} + \frac{3 \cdot 1}{2^2} + \frac{1}{2^3}$$

但是

$$3 \geqslant 1^3 + \frac{3 \cdot 1^2}{3} + \frac{3 \cdot 1}{3^2} + \frac{1}{3^3}$$

因此唯一的解是$n=2, n=9$或当$k \geqslant 1$时$n=k^3$.

J279 求所有的素数三元组(p,q,r),使$pqr = p+q+r+2\ 000$.

美国 Dallas 市 Texas 大学 Titu Andreescu 提供

解 不失一般性,设$p \leqslant q \leqslant r$. 已知等式可以改写为

$$(rq-1)(p-1)+(r-1)(q-1)=2\,002 \tag{1}$$

如果说 p 是奇素数,那么 q 与 r 也是奇素数,但是这表示左边可被 4 整除,右边不可被 4 整除,矛盾. 于是 $p=2$,方程(1)变为

$$(2q-1)(2r-1)=4\,005=3^2\cdot 5\cdot 89$$

因为 $2q-1\leqslant 2r-1$,所以 $(2q-1)^2\leqslant 4\,005$,即 $2q-1\leqslant 63$. 这表示 $2q-1\in\{1,3,5,9,15,45\}$. 显然 $2q-1\neq 1,15$,因此有 4 个方程组

$$\begin{cases}2q-1=3\\2r-1=1\,335\end{cases},\begin{cases}2q-1=5\\2r-1=801\end{cases},\begin{cases}2q-1=9\\2r-1=445\end{cases},\begin{cases}2q-1=45\\2r-1=89\end{cases}$$

易见第 1 个与最后 1 个方程组无解,其中 r 是素数,其他 2 个方程组给出 $q=3,r=401$ 与 $q=5,r=223$. 因此 $(2,3,401)$ 与 $(2,5,223)$ 是已知问题的 2 个解,由对称性,所有的解是

$$(2,3,401),(2,401,3),(3,2,401),(3,401,2),(401,2,3),(401,3,2)$$
$$(2,5,223),(2,223,5),(5,2,223),(5,223,2),(223,2,5),(223,5,2)$$

J280　令 a,b,c,d 是正实数,证明

$$2(ab+cd)(ac+bd)(ad+bc)\geqslant(abc+bcd+cda+dab)^2$$

美国 Massachusetts 理工学院 Ivan Borsenco 提供

证　求乘积并重排各项,给出等价不等式

$$2abcd(a^2+b^2+c^2+d^2-ab-bc-cd-da)+a^2c^2(b-d)^2+b^2d^2(a-c)^2\geqslant 0$$

左边第 2 项与第 3 项为非负的,为使它们为 0,分别当且仅当 $b=d$ 与 $a=c$,而把 Cauchy-Schwarz 不等式应用于向量 (a,b,c,d) 与 (b,c,d,a),则上式第 1 项显然是非负的,当且仅当 $a=b=c=d$ 时上式化为等式,这显然也足以使第 2 项与第 3 项为 0. 这推出了结论,又当且仅当 $a=b=c=d$ 时等式成立.

J281　解方程

$$x+\sqrt{(x+1)(x+2)}+\sqrt{(x+2)(x+3)}+\sqrt{(x+3)(x+1)}=4$$

美国 Dallas 市 Texas 大学 Titu Andreescu 提供

解　令 $f(x)$ 是方程左边的表达式,则 $f(x)$ 的定义域是 $(-\infty,-3]\cup[-1,\infty)$. 首先考虑 $x\geqslant -1$,令

$$u=\sqrt{x+1}+\sqrt{x+2},v=\sqrt{x+2}+\sqrt{x+3},w=\sqrt{x+3}+\sqrt{x+1}$$

则 $uv=f(x)+2=6,vw=f(x)+3=7,wu=f(x)+1=5$. 因此 $u^2=\dfrac{30}{7},v^2=\dfrac{42}{5},w^2=\dfrac{35}{6}$,由此得

$$2\sqrt{(x+1)(x+2)}=\frac{30}{7}-2x-3$$

$$2\sqrt{(x+2)(x+3)}=\frac{42}{5}-2x-5$$

$$2\sqrt{(x+3)(x+1)}=\frac{35}{6}-2x-4$$

于是原方程等价于

$$2x+\frac{30}{7}+\frac{42}{5}+\frac{35}{6}-6x-12=8$$

它给出 $x=-\frac{311}{840}\in[-1,\infty)$.

现在考虑 $x\leqslant -3$. 令

$$u=\sqrt{-x-1}+\sqrt{-x-2},v=\sqrt{-x-2}+\sqrt{-x-3},w=\sqrt{-x-3}+\sqrt{-x-1}$$

则 $uv=f(x)-2x-2=2-2x,vw=f(x)-2x-3=1-2x,wu=f(x)-2x-1=3-2x$. 因此

$$u^2=\frac{(2-2x)(3-2x)}{1-2x},v^2=\frac{(1-2x)(2-2x)}{3-2x},w^2=\frac{(3-2x)(1-2x)}{2-2x}$$

由此得

$$2\sqrt{(x+1)(x+2)}=\frac{2}{1-2x}+7,2\sqrt{(x+2)(x+3)}=\frac{2}{3-2x}+5$$

$$2\sqrt{(x+3)(x+1)}=-\frac{1}{2-2x}+6$$

从而原方程等价于

$$2x+\frac{2}{1-2x}+\frac{2}{3-2x}-\frac{1}{2-2x}+18=8$$

去分母,上式变为

$$16x^4+32x^3-208x^2+232x-73=0$$

由有理根定理,这个方程的解不是有理数,用4次公式,得 $x_1=0.956\ 7\cdots$,$x_2=1.576\ 3\cdots$,$x_3=0.590\ 4\cdots$,$x_4=-5.123\ 5\cdots$,其中只有 x_4 在区间 $(-\infty,-3]$ 中.

J282 给定一块 $m\times n$ 木板,k 个方格这样涂色,如果4个方格的中心是一个矩形的顶点,此矩形的边与木板边缘平行,那么最多有2个方格一定被涂色,求 k 的最大值.

美国 Florida 州 Roberto Bosch Cabrera 提供

解 提出的条件有以下直接推论:如果2个被涂色方格在同一行或同一列,那么没有更多被涂色方格分别在同一行或同一列. 如果这个条件成立,即如果对于共用一行或一列的每对被涂色方格,没有更多方格分别在它们的列或行中被涂色,那么问题中所给条件显然也成立,因此它们是等价的,不妨设(可以用旋转木板来交换行与列而不改变问题)$m\geqslant n$,则当 $n\in\{1,2\}$ 时 $k\leqslant m$,当 $n\geqslant 2$ 时 $k\leqslant m+n-2$,我们考虑 n 的递增值来证明这个结果.

如果 $n=1$,那么木板恰好包含 m 个方格与所有 m 个方格可以显然被涂色.

如果 $n=2$,那么设 $p>m+n-2=m$ 个方格可以被涂色. 因此一行(第 i 行)存在,使

它的 2 个方格被涂色,在任何一列中没有更多方格被涂色,或 $k\leqslant 2\leqslant m$,矛盾. 但是可以恰好用涂色一整列方格,来给 $m=m+n-2$ 个方格涂色.

如果 $n\geqslant 3$,那么设 $p\geqslant m+n-2$ 个方格可以被涂色,选出有最多方格被涂色的一行,设它有 u 个方格被涂色,则 $u\geqslant 2$,因为有多于 m 个方格被涂色,但只有 m 行方格被涂色,显然在 u 列中没有其他方格被涂色,使被涂色的方格在选出的一行中,考虑删去了一行与 u 列后得出的木板,这些行与列包含这 u 个被涂色方格,这显然满足上述条件. 木板有被涂色的 $p-u$ 个方格,$m-1$ 行与 $n-u$ 列,显然 $p-u\geqslant m+n-2-u=(m-1)+(n-u)-1$. 如果我们做了 v 次这样的步骤,那么用平常的归纳法,得一块 $m-v\times n-U$ 木板,它至少有 $(m-v)+(n-U)-2+v$ 个被涂色方格,其中 U 是这 v 个步骤每步中 u 个方格之和. 当 $n-U>2$ 时,可以继续做这些步骤,直到 $n-U=2$ 或 $n-U=1$ 为止. 在第 1 种情形下,有一块 $m-v\times 2$ 木板至少包含 $(m-v)+v>m-v$ 个被涂色方格,矛盾. 在第 2 种情形下,为使有一块 $m-v\times 1$ 木板至少包含 $m-v+(v-1)\geqslant m-v$ 个被涂色方格,当且仅当 $v=1$ 时是可能的,其中 $U=u=n-1$. 换言之,当 $n\geqslant 3$ 时,为使至多有 $m+n-2$ 个方格可以被涂色,当且仅当把一行的所有方格与一列的所有方格涂色,除了在它们相交的来涂色的一个方格以外.

回到一般情形,我们断定,当 $\min\{m,n\}\geqslant 2$,把一整行与一整列方格涂色,除了它们相交的一个方格以外时,有 $k\leqslant m+n-2$,当 $\min\{m,n\}\leqslant 2$,把一行(当 $n\geqslant m$ 时)或一列(当 $m\geqslant n$ 时)的所有方格涂色时,$k\leqslant \max\{m,n\}$.

J283　令 a,b,c 是正实数,证明

$$\frac{2a+1}{b+c}+\frac{2b+1}{c+a}+\frac{2c+1}{a+b}\geqslant 3+\frac{9}{2(a+b+c)}$$

乌兹别克斯坦 Samarkand 市 Zarif Ibragimov, Samsu 提供

证　左边每一项加上 2,右边加上 6(化为公分母),可见已知不等式等价于

$$\frac{2a+2b+2c+1}{b+c}+\frac{2a+2b+2c+1}{c+a}+\frac{2a+2b+2c+1}{a+b}$$
$$\geqslant\frac{9(2a+2b+2c+1)}{2(a+b+c)}$$

于是只要证明

$$\frac{1}{b+c}+\frac{1}{c+a}+\frac{1}{a+b}\geqslant\frac{9}{2(a+b+c)}$$

但此式可由算术平均－调和平均不等式应用于数 $a+b,b+c,c+a$ 直接推出.

J284　求 1 个最大整数,使它不能写成不同素数之和.

美国 Massachusetts 理工学院 Ivan Borsenco 提供

解　我们将利用以下事实:

引理　令 (a_n) 是递增的正整数数列,使 $a_{n+1}\leqslant 2a_n$,设有一些整数 k 与 M,使从 M 到

$M+a_{k+1}-1$ 范围中的所有整数可以写成$\{a_1,\cdots,a_k\}$中不同元素之和,于是大于或等于 M 的所有整数可以写成数列(a_n)中不同元素之和.

引理的证明 由假设,加上一项 a_{k+1},可见从 $M+a_{k+1}$ 到 $M+2a_{k+1}-1$ 范围中所有整数可以写成$\{a_1,\cdots,a_{k+1}\}$中不同元素之和. 因此,从 M 到 $M+a_{k+2}-1\leqslant M+2a_{k+1}-1$ 范围中所有整数可以写成这个集合的不同元素之和. 于是由简单的归纳证明推出这个引理.

从 Bertrand 公设推出,以递增顺序排列的素数数列$\{p_n\}$满足 $p_{n+1}<2p_n$.

容易检验,从 7 到 21 范围中的所有整数可以写成$\{2,3,5,7,11\}$中不同元素之和. 因此引理蕴含,大于 6 的任何整数可以写成不同素数之和,因为 6 不能写成不同素数之和,6 是这样的最大整数.

J285 令 a,b,c 是三角形的边长,证明

$$8<\frac{(a+b+c)(2ab+2bc+2ca-a^2-b^2-c^2)}{abc}\leqslant 9$$

美国 Plano 市 Adithya Ganesh 提供

解 利用 Ravi 变换 $a=y+z,b=z+x,c=x+y$,在一些代数运算后,把不等式改写为

$$8<\frac{8(x+y+z)(xy+yz+zx)}{(y+z)(x+z)(x+y)}\leqslant 9$$

对于右边不等式,注意到

$$(x+y+x)(xy+xz+yz)-(x+y)(x+z)(y+z)=xyz>0$$

因为 $x,y,z>0$.

左边不等式变为

$$9(x+y)(x+z)(y+z)-8(x+y+z)(xy+xz+yz)\geqslant 0$$

它展开成

$$x^2y+x^2z+xy^2+xz^2+y^2x+yz^2-6xyz\geqslant 0$$

由算术平均 - 几何平均不等式知上式成立,因为

$$x^2y+x^2z+xy^2+xz^2+y^2z+yz^2\geqslant 6\sqrt[6]{x^6y^6z^6}=6xyz$$

为使等式成立,当且仅当 $x=y=z$,即当且仅当 $a=b=c$.

J286 令 $ABCD$ 是圆内接正方形. 如果 P 是$\overset{\frown}{AB}$上的点,求表达式$\dfrac{PC\cdot PD}{PA\cdot PB}$的最小值.

意大利 Noci 市 Panagiote Ligouras 提供

解 令 $AB=a,PA=x,PB=y,PC=z,PD=w$. 把 Ptolemy 定理应用于四边形 $APBC$ 与 $APBD$,得

$$BC\cdot PA+CA\cdot PB=AB\cdot PC$$

即

$$ax+a\sqrt{2}y=az\Rightarrow z=x+\sqrt{2}y \tag{1}$$

与

$$BD\cdot PA+AD\cdot PB=AB\cdot PD$$

即

$$a\sqrt{2}+ay=aw\Rightarrow w=\sqrt{2}x+y \tag{2}$$

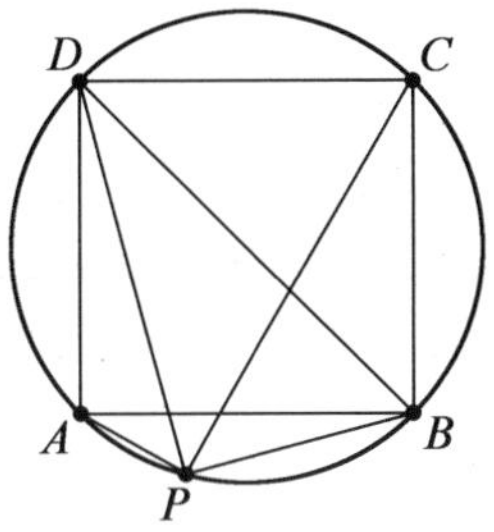

利用(1),(2)与众所周知公式 $x^2+y^2\geqslant 2xy$,得

$$\frac{PC\cdot PD}{PA\cdot PB}=\frac{(x+\sqrt{2}y)(\sqrt{2}x+y)}{xy}=\frac{3xy+\sqrt{2}(x^2+y^2)}{xy}\geqslant 3+2\sqrt{2}$$

当且仅当 $x=y$ 时等式成立.

因此表达式最小值是 $3+2\sqrt{2}$,并且在 P 是 $\overparen{AB}$ 的中点时达到这个最小值.

J287 令 n 是正整数,$a_1,a_2,\cdots,a_n$ 是区间 $(0,\frac{1}{n})$ 中的实数. 证明

$$\log_{1-a_1}(1-na_2)+\log_{1-a_2}(1-na_3)+\cdots+\log_{1-a_n}(1-na_1)\geqslant n^2$$

美国 Dallas 市 Texas 大学 Titu Andreescu 提供

证 从以下引理开始:

引理 对于所有 $x\in(0,\frac{1}{n})$,有

$$\frac{\ln(1-nx)}{\ln(1-x)}\geqslant n$$

其中 ln 表示自然对数,当且仅当 $n=1$ 时以上等式成立.

引理的证明 因为对于所有 $x\in(0,\frac{1}{n})$,$0<1-nx<1-x<1$,所以自然对数存在,是负实数,或提出的结果等价于 $\ln(1-nx)\leqslant n\ln(1-x)$ 或 $(1-nx)\leqslant(1-x)^n$,这显然成立,且当 $n=1$ 时等式对所有 $x\in(0,\frac{1}{n})$ 成立. 如果这个结果对 n 成立,那么注意到

$$(1-x)^{n+1}\geqslant(1-x)(1-nx)=1-(n+1)x+nx^2>1-(n+1)x$$

或这个结果对 $n+1$ 成立,具有严格不等式,推出了引理.

因为

$$\log_{1-a_1}(1-na_2)=\frac{\ln(1-na_2)}{\ln(1-a_1)}$$

对其余项是类似的,注意,由算术平均 - 几何平均不等式,只要证明

$$\sqrt[4]{\frac{\ln(1-na_2)\ln(1-na_3)\cdots\ln(1-na_1)}{\ln(1-a_1)\ln(1-a_2)\cdots\ln(1-a_n)}}\geqslant n$$

显然成立即可,因为根式可以写成形如$\frac{\ln(1-na_i)}{\ln(1-a_i)}$的 n 项乘积,由引理知,其中每一项大于或等于 n,当且仅当 $n=1$ 时等式成立,推出了结论.

J288 在平面上给定4个点,使其中没有三点共线,这4个点组成6条线段,证明:如果它们的各中点中有5个中点在1个圆上,那么第6个中点也在这个圆上.

维也纳市理工学院 Michael Rolinek 与捷克共和国 Charles 大学 Josef Tkadlec 提供

证 令 A,B,C 是4个已知点中的3个点,则 AB,BC,CA 的中点在 $\triangle ABC$ 的九点圆 n 上.

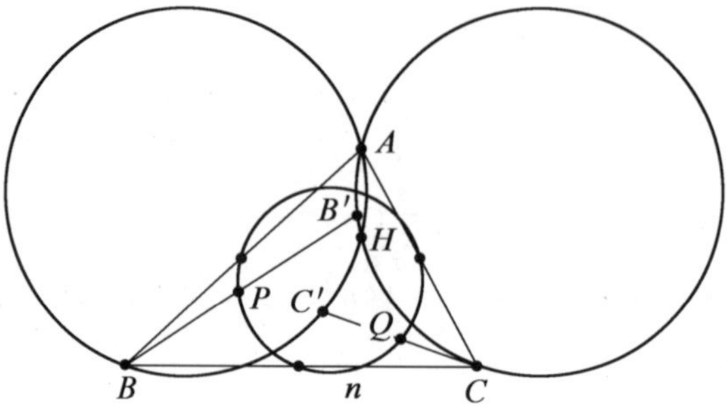

现在令 H 是 $\triangle ABC$ 的垂心,当任一线段 BB' 的中点 P 在圆 n 上移动时,B' 的轨迹是 $\triangle AHC$ 的外接圆. 类似地,当任一线段 CC' 的中点 Q 在圆 n 上移动时,C' 的轨迹是 $\triangle AHB$ 的外接圆,因此为了满足已知条件,H 一定是4个已知点中的第4个点. 因此 AH 的中点也在圆 n 上.

2.2 高级问题解答

S217 求方程 $2x^2-y^{14}=1$ 的所有整数解.

亚美尼亚 Yerevan 市 Nairi Sedrakyan 提供

解 我们有

$$2x^2-y^{14}=1\Leftrightarrow 2x^2=(y^2+1)((y^2)^6-(y^2)^5+\cdots-y^2+1)$$

如果存在素数 p 使 $p\mid y^2+1$,那么有 $p\nmid(y^2)^6-(y^2)^5+\cdots-y^2+1$. 因此 y^2+1 与 $(y^2)^6-(y^2)^5+\cdots-y^2+1$ 互素,于是 $y^2+1=a^2$ 情形导致 $y=0$,无解. 其次一定有 $y^2+1=2a^2$. 这是 Pell 方程,它有无限多个解. 记 $t=y^2>0$,$t^6-t^5+\cdots-t+1=b^2$. 从而 $x=ab$,对于 $t\geqslant 4$,

有

$$(16b)^2=(16t^3-8t^2+6t-5)^2+140t^2-196t+231$$
$$>(16t^3-8t^2+6t-5)^2$$

另一方面

$$(16b)^2=(16t^3-8t^2+6t-4)^2-(32t^3-156t^2+208t-240)$$
$$>(16t^3-8t^2+6t-4)^2$$

最后只要检验值 $t=1,2,3$. 但是 $t=y^2$ 是平方数,所以唯一可能性是 $t=1$,得出 $x,y\in\{-1,1\}$.

S218　令 $\triangle ABC$ 的内切圆为圆 n,内心为 I. 令 D,E,F 分别为圆 n 与边 BC,CA,AB 的切点,此外,令 S 是 BC 与 EF 的交点. 令 P,Q 是 SI 与圆 n 的交点,使 P,Q 分别在劣弧 $\overset{\frown}{DE}$ 与 $\overset{\frown}{FD}$ 上证明直线 AD,BP,CQ 共点.

罗马尼亚 Zalau 市 Marius Stanean 提供

证　我们将证明,如果 P 与 Q 是圆 n 与通过 S 的任一割线的交点(割线与 AD 的交点将称为 X),那么这个结果成立,即令 X 是 AD 上任一点,P,Q 是 SX 与圆 n 的交点,使 P,Q 分别在劣弧 $\overset{\frown}{DE}$ 与 $\overset{\frown}{FD}$ 上. 证明:直线 AD,BP,CQ 共点.

令 $a=BC,b=CA,c=AB,s$ 是 $\triangle ABC$ 的半周长,众所周知 $AF=FE=s-a,BD=BF=s-b,CD=CE=s-c$,于是

$$\frac{AF}{FB}\cdot\frac{BD}{DC}\cdot\frac{CE}{EA}=\frac{s-a}{s-b}\cdot\frac{s-b}{s-c}\cdot\frac{s-c}{s-a}=1\tag{1}$$

把 Menelaus 定理应用于 $\triangle ABC$ 与横截线 EFS,有

$$\frac{AF}{FB}\cdot\frac{BS}{SC}\cdot\frac{CE}{EA}=1\tag{2}$$

从(1),(2)得

$$\frac{AF}{FB}\cdot\frac{DB}{DC}\cdot\frac{CE}{EA}=\frac{AF}{FB}\cdot\frac{BS}{SC}\cdot\frac{CE}{EA}$$

从而 $\frac{BD}{DC}=\frac{BS}{SC}$,即分割 (S,D,B,C) 是调和分割.

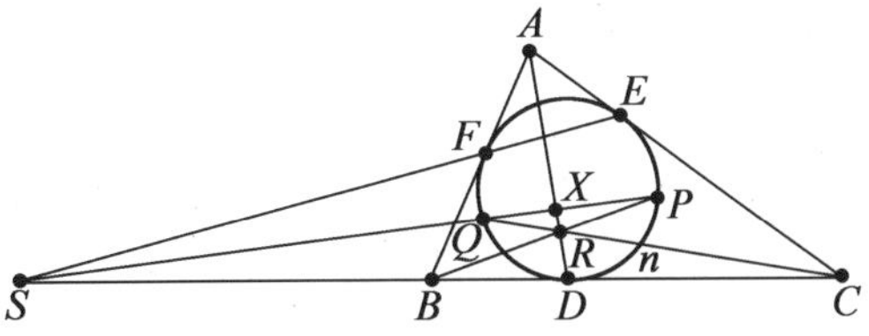

令 $R=AD\cap CQ,P'=BR\cap SX$. 因为 $(SDBC)=1$,所以得 $R(SDBC)$ 是调和丛,于是

$$(SXP'Q)=-1,于是(SXQP')=-1\tag{3}$$

因为 S 在 A 关于圆 n 的极点上,所以 A 在 S 关于圆 n 的极点上,因此 AD 是 S 关于圆 n 的极线,于是

$$(SXQP) = -1 \tag{4}$$

考虑到(3)与(4),第 4 个调和分割给出 $P' = P$,这就证明了 AD,BP,CQ 共点.

S219 在四边形 $ABCD$ 中,令 $\{P\} = AC \cap BD$, $\{E\} = AD \cap BC$, $\{F\} = AB \cap CD$. 以 $\mathrm{isog}_{xyz}(P)$ 表示 P 关于 $\triangle XYZ$ 的等角共轭点,证明:当且仅当 $AC \perp BD$ 时 $\mathrm{isog}_{ABE} = \mathrm{isog}_{CDE}(P) = \mathrm{isog}_{ADF}(P) = \mathrm{isog}_{BCF}(D)$.

美国 Princeton 大学 Cosmin Pohoata 提供

证 回忆关于三角形等角共轭的以下结果.

引理 在 $\triangle ABC$ 中,令 P 与 Q 是它平面上的不同点,则为使这两点的各垂足三角形外接圆是相同的,当且仅当 P 与 Q 是关于 $\triangle ABC$ 等角共轭的.

为证明这个引理,可以在网站 http://www. cip. ifi. lmu. de/grinberg/geometry2. html. 上看 Darij Grinberg, *Isogonal Conjugation with respect to a triangle* 一文.

现在利用此文,容易看出这个问题变为等价于以下关于四边形的结果.

断言 在四边形 $ABCD$ 中,令对角线 AC 与 BD 在点 O 上垂直,从 O 分别向四边形各边作出的垂线交 AB,BC,CD,DA 于 M,N,P,Q,再分别交 CD,DA,AB,BC 于 M',N',P',Q',则点 M,N,P,Q,M',N',P',Q' 都共圆.

这可以比较容易地寻找角;做法如下. 首先注意,四边形 $MNPQ$ 是圆外切四边形,对此注意到四边形 $BMON,CNOP,DPOQ,AQOP$ 有一对相对直角,从而它们都是圆外切四边形,可见 $\angle OMN = \angle OBN$, $\angle OMQ = \angle OAQ$, $\angle OPQ = \angle ODQ$, $\angle OPN = \angle OCN$. 总结起来得出 $\angle QMN = \angle QPN$,从而四边形 $MNPQ$ 实际上是圆外切四边形,其次证明 M',N,P',Q' 在四边形 $MNPQ$ 的外接圆 K 上,作为外角,我们得 $\angle NQ'O = \angle Q'CO + \angle COQ'$. 因为 $CNOP$ 是圆外切四边形,所以 $\angle Q'CO = \angle NPO$. 另一方面有 $\angle Q'OP = \angle ODQ$,因为各边是垂线,$\angle ODQ = \angle OPQ$(因为 $DPOQ$ 是圆外切四边形). 因此 $\angle NQ'O = \angle NPO + \angle OPQ = \angle NPQ$,这蕴含 Q' 属于四边形 $MNPQ$ 的外接圆,同样求出 M',N',P' 在 $\odot K$ 上,这证明了以上断言与本题.

S220 令 a,b,c 是非负实数,证明

$$\sqrt[3]{a^3+b^3+c^3-\frac{1}{2}(ab(a+b)+bc(b+c)+ca(c+a))}$$
$$\geqslant \sqrt{a^2+b^2+c^2-ab-bc-ca}$$

罗马尼亚 Zalan 市 Mircea Lascu 与 Marius Stanean 提供

证 把左边写成

$$\sqrt[3]{\frac{a+b}{2}(a-b)^2+\frac{b+c}{2}(b-c)^2+\frac{c+a}{2}(c-a)^2}$$

把右边写成

$$\sqrt{\frac{1}{2}((a-b)^2+(b-c)^2+(c-a)^2)}$$

当把一常数加到 a,b,c 各数上时,右边不变,但对左边这样做时,左边增加了(或至少不减少),于是只要在 a,b,c 中之一(由对称性,设 C)为0时证明这个不等式.求6次方消去根式,所提出的不等式变为

$$2((a+b)(a-b)^2+b^3+a^3)^2\geqslant((a-b)^2+b^2+a^2)^3$$

它展开成显然的不等式

$$ab(a-b)^2(8a^2-11ab+8b^2)\geqslant 0$$

S221　令$\triangle ABC$ 的重心为 G,令 F 是点,且在$\triangle ABC$ 平面上的所有点 P 上方,量$PA+PB+PC$ 取最小值,证明 $FG\leqslant\min(AG,BG,CG)$.

美国 Massachusetts 理工学院 Ivan Borsenco 提供

证　有两种情形,首先,如果$\triangle ABC$ 有大于或等于120°的钝角,例如$\angle A$,那么 $F=A$,因为 $\min\{AG,BG,CG\}=AG$,所以有 $FG=\min\{AG,BG,CG\}$. 如果所有的角都小于120°,那么 F 在三角形内部,$\angle AFB=\angle BFC=\angle CFA$.

令 a,b,c 是$\triangle ABC$ 的边长,F 是它的面积,x,y,z 分别是线段 FA,FB,FC 的长,则

$$K=[BFC]+[CFA]+[AFB]=\frac{\sqrt{3}}{4}(xy+yz+zx)$$

得出 $xy+yz+zx=\dfrac{4K}{\sqrt{3}}$.

我们有

$$a^2=y^2+z^2+yz,b^2=z^2+x^2+zx,c^2=x^2+y^2+xy$$

于是

$$2(x^2+y^2+z^2)+xy+yz+zx=a^2+b^2+c^2$$

这给出

$$x^2+y^2+z^2=\frac{a^2+b^2+c^2-\frac{4K}{\sqrt{3}}}{2}=\frac{3(a^2+b^2+c^2)-4\sqrt{3}K}{6}$$

但是

$$\sum_{\text{cyc}}GA^2=\sum_{\text{cyc}}\left(\frac{2}{3}m_a\right)^2=\frac{4}{9}\sum_{\text{cyc}}\frac{2(b^2+c^2)-a^2}{4}=\frac{a^2+b^2+c^2}{3}$$

由 Lagrange's 公式,得

$$FG^2=\frac{1}{3}\sum_{\text{cyc}}(FA^2-GA^2)$$

$$= \frac{1}{3}\left(x^2 + y^2 + z^2 - \frac{a^2 + b^2 + c^2}{3}\right)$$

$$= \frac{1}{3}\left(\frac{3(a^2 + b^2 + c^2) - 4\sqrt{3}F}{6} - \frac{a^2 + b^2 + c^2}{3}\right)$$

$$= \frac{a^2 + b^2 + c^2 - 4\sqrt{3}K}{18}$$

于是剩下证明

$$a^2 + b^2 + c^2 - 4\sqrt{3}K \leqslant 18\min\{AG^2, BG^2, CG^2\}$$

令$\angle A < 120°$是$\triangle ABC$的最大角,则

$$AG^2 = \frac{4}{9}m_a^2 = \frac{2(b^2 + c^2) - a^2}{9}$$

是到 G 的最小平方距离,从而要求的不等式变为

$$a^2 \leqslant b^2 + c^2 + \frac{4}{\sqrt{3}}K$$

记 $a^2 = b^2 + c^2 - 2bc\cos A$, $K = \frac{1}{2}bc\sin A$. 可见这重排为

$$\frac{\sqrt{3}}{2}\cos A + \frac{1}{2}\sin A = \sin(A + 60°) \geqslant 0$$

这成立,因为 $0 < A < 120°$.

S222 解方程 $3\varphi(n) = 4\tau(n)$,其中 $\varphi(n)$ 是 Euler φ 函数,$\tau(n)$ 是 n 的因子数.

美国 Florida 州 Roberto Bosch Cabrera 提供

解 考虑函数

$$f_p(\alpha) = \frac{\varphi(p^\alpha)}{\tau(p^\alpha)} = \frac{(p-1)p^{\alpha-1}}{\alpha+1}$$

其中 p 是素数,α 是正整数,于是容易对 $p < q$ 检验 $f_p(\alpha) < f_p(\alpha+1)$, $f_p(\alpha) < f_q(\alpha)$. 因此,一有 $p > 2$ 或 $p = 2, \alpha > 2$,就有 $f_p(\alpha) \geqslant f_p(1) = (p-1)/2 \geqslant 1$. 此外 $f_2(1) = 1/2$, $f_2(2) = 2/3$. 现在证明以下断言:

(ⅰ)如果 $p \geqslant 7$ 是整除 n 的素数,那么

$$\frac{\varphi(n)}{\tau(n)} \geqslant f_1(1)f_p(1) \geqslant f_2(1)f_7(1) = \frac{3}{2} > \frac{4}{3}$$

(ⅱ)如果 5^2 整除 n,那么

$$\frac{\varphi(n)}{\tau(n)} \geqslant f_2(1)f_5(2) = \frac{10}{3} > \frac{4}{3}$$

(ⅲ)如果 3^3 整除 n,那么

$$\frac{\varphi(n)}{\tau(n)} \geqslant f_2(1)f_3(3) = \frac{9}{4} > \frac{4}{3}$$

(iv) 如果 2^4 整除 n，那么

$$\frac{\varphi(n)}{\tau(n)} \geqslant f_2(4) = \frac{8}{5} > \frac{4}{3}$$

因此，对于 $a=0,1,2,3$；$b=0,1,2$；$c=0,1$，原方程的可能解有形式 $2^a3^b5^c$. 在这个有限集合中作穷举搜索给出 20,30,60.

S223　定义幻数如下：

(i) 从 0 到 9 中的所有数都是幻数；

(ii) 如果大于 9 的数可被它的数字个数整除，且删去它最后一个数字后得出的数也是幻数，那么这样大于 9 的数是幻数.

求最大的幻数.

美国 Florida 州 Roberto Bosch Cabrera 提供

解　至今还没有公认的解. 但是，意大利罗马"Tor Vergata"大学 Alessio Podda 与 Antonello Cirulli 用计算机软件检查了，没有含 26 个数字的幻数，只有一个含 25 个数字的幻数：3608528850368400786036725.

S224　令 a,b,c 是大于 2 的实数，使

$$\frac{7-2a}{3a-6}+\frac{7-2b}{3b-6}+\frac{7-2c}{3c-6}=\frac{1}{a}+\frac{1}{b}+\frac{1}{c}$$

证明 $\frac{1}{a}+\frac{1}{b}+\frac{1}{c}\leqslant 1$.

美国 Dallas 市 Texas 大学 Titu Andreescu 提供

证　因为

$$\frac{7-2a}{3a-6}+\frac{7-2b}{3b-6}+\frac{7-2c}{3c-6}=-\frac{2}{3}+\frac{1}{a-2}-\frac{2}{3}+\frac{1}{b-2}-\frac{2}{3}+\frac{1}{c-2}$$

已知条件可以改写为

$$\frac{1}{a(a-2)}+\frac{1}{b(b-2)}+\frac{1}{c(c-2)}=1$$

不失一般性. 设 $a\leqslant b\leqslant c$. 如果

$$\frac{1}{a}+\frac{1}{b}+\frac{1}{c}>1$$

那么 $\frac{1}{a-2}+\frac{1}{b-2}+\frac{1}{c-2}>3$，由 Chebyshev's 不等式

$$3<\left(\frac{1}{a}+\frac{1}{b}+\frac{1}{c}\right)\left(\frac{1}{a-2}+\frac{1}{b-2}+\frac{1}{c-2}\right)\leqslant 3$$

矛盾.

S225　在 $\triangle ABC$ 中，在顶点 A 作出的中线上求出点 X，使比 $\frac{BX}{CX}$ 最小或最大.

美国 Roberto Bosch Cabrera 与西班牙 Francisco Javier Garcia Capitan 提供

解 如果$\triangle ABC$是在A上的等腰三角形,中线AM(其中M是BC的中点)也是BC的中垂线,因此对于AM上任何X,$BX=CX$. 今后不妨设$b>c$. 由中线定理

$$BX^2+CX^2=2MX^2+\frac{a^2}{2}$$

此外由 Stewart 定理

$$BX^2=\frac{MX\cdot AB^2+AX\cdot BM^2}{AM}-AX\cdot MX=MX^2+\frac{a^2}{4}-\frac{b^2-c^2}{2AM}MX$$

其中当$X=M$时$MX=0$,在这种情形下显然有$BX=CX=\frac{a}{2}$,当$X\neq M$在射线MA上时$MX>0$,当X在直线MA上使M在线段AX内部时,$MX<0$. 关于M的对称性,我们只需讨论X在射线MA上与$MX>0$的情形. 对于在这条射线上的X,$\frac{BX}{CX}$的极值等于$\frac{CX'}{BX'}$的极值,其中X'在AM上使M在AX内部,且X'显然是X关于M的对称点. 交换B与C后得

$$CX^2-BX^2=\frac{b^2-c^2}{AM}MX$$

记$u=\frac{BX^2}{CX^2}$或$\frac{1-u}{1+u}=\frac{2(b^2-c^2)}{AM}\cdot\frac{MX}{4MX^2+a^2}\leqslant\frac{b^2-c^2}{2a\cdot AM}$,当且仅当$MX=\frac{a}{2}$时等式成立,因此

$$\frac{BX}{CX}\geqslant\sqrt{\frac{2a\cdot AM-b^2+c^2}{2a\cdot AM+b^2-c^2}}$$

为使等式成立,当且仅当X使$MX=MB=MC$,即当且仅当X是直径为BC的圆与中线AM的交点,我们断定,当$X\in AM$时$\frac{BX}{CX}$的极值发生在两点上,这两点是直径为BC的圆与AM的交点,其中一点对应于极大值,另一点对应于极小值,当且仅当$c>b$时,对于X在与A相同的关于BC的半平面上,$\frac{BX}{CX}$有极大值,当且仅当$b>c$时,当X在另外半平面时,$\frac{BX}{CX}$有极小值.

S226 令x,y,z是两两不同的正实数,证明

$$\frac{x+y}{(x-y)^2}+\frac{y+z}{(y-z)^2}+\frac{z+z}{(z-x)^2}\geqslant\frac{9}{x+y+z}$$

罗马尼亚 Zalan 市 Mircea Lascu 与 Marius Stanean 提供

证 注意,可以交换x,y而不改变问题,或者不妨可设$x>y>z>0$,于是规定$u=x-y$,$v=y-z<y$,所提出不等式变为

$$\frac{2y+u}{u^2}+\frac{2y-v}{v^2}+\frac{2y+u-v}{(u+v)^2}\geqslant\frac{9}{3y+u-v}$$

这个公式的左边是y的增函数,右边是减函数,从而只要在$y=v$(即$z=0$)情形下来证明它即可. 因此所提出的不等式总是成立,且是严格不等式,如果以下不等式对任何$x>y>$

0 成立

$$\frac{x+y}{(x-y)^2}+\frac{1}{y}+\frac{1}{x}\geqslant\frac{9}{x+y}$$

在两边乘以 $xy(x+y)(x-y)^2$ 后，这个不等式等价于 $0\leqslant x^4-8x^3y+18x^2y^2-8xy^2+y^4=(x^2-4xy+y^2)^2$，显然成立，当且仅当 $x^2+y^2=4xy$ 时等式成立. 推出了结论，等式从不成立，但是左边与右边可以类似于要求的那样做，在 x,y,z 中选出任何 2 个，不妨设选出 x,y 使 $x^2+y^2=4xy$，并令第 3 个为 0，在这种情形下令 $z=0$.

S227　令 $\mathbf{N}^*$ 是正整数集合. 求所有的函数 $f:\mathbf{N}^*\to\mathbf{N}^*$，使得对于所有的 n，有

$$f(n+1)>\frac{f(n)+f(f(n))}{2}$$

法国 Ecole 综合工科大学 Gabriel Dospinescu 提供

解　不失一般性，令 $f(0)=0$ 来扩充函数.

(i)首先证明 f 严格递增.

更确切地，用关于 $n\geqslant 0$ 的归纳法证明，对任何 $m>n$

$$f(0)<f(1)<f(2)\cdots<f(n)<f(m)$$

当 $n=0$ 时这里显然的，因为对于 $m>0$，$f(0)=0<f(m)$. 设 $n>0$，$m_0>n_0$ 使 $f(m_0)=\min\limits_{k>n}f(k)$（极小值达到，因为 $f(\mathbf{N}^*)\subset\mathbf{N}^*$）. 设 $m_0>n+1$，则

$$\min(f(m_0-1),f(f(m_0-1)))\leqslant\frac{f(m_0-1)+f(f(m_0-1))}{2}<f(m_0)$$

这蕴含 $f(m_0-1)<f(m_0)$ 或 $f(f(m_0-1))<f(m_0)$. m_0 的定义蕴含 $n\geqslant m_0-1>$ 或 $n\geqslant f(m_0-1)>f(n)\geqslant n$，这是矛盾. 因此 $m_0=n+1$. 现在如果 $m>n+1$，那么

$$\begin{aligned}f(0)<f(1)<f(2)<\cdots<f(n)<f(n+1)\\ \leqslant\min(f(m-1),f(f(m-1)))<f(m)\end{aligned}$$

(ii)对所有的 $m\geqslant 1$，证明 $f(m)<m+2$.

由(i)对 $m>n\geqslant 0$ 有 $f(m)\geqslant f(n)+m-n$. 因此

$$\begin{aligned}f(f(m+1))&=f(f(m)+f(m+1)-f(m))\\&\geqslant f(f(m))+f(m+1)-f(m)\\&>f(f(m))+\frac{f(m)+f(f(m))}{2}-f(m)\\&=\frac{3}{2}f(f(m))-\frac{1}{2}f(m)\end{aligned}$$

与

$$f(m+2)>\frac{f(m+1)+f(f(m+1))}{2}$$
$$\geqslant\frac{f(m)+f(f(m))+3f(f(m))-f(m)}{4}=f(f(m))$$

因为由(ⅰ)知f严格递增,所以得$f(m)<m+2$. 于是由(ⅱ)与(ⅰ)容易证明,所有要求的函数由下式给出

$$f_0(n)=n,f_N(m)=\begin{cases}n & \text{如果 } n\in[1,N]\\ n+1 & \text{如果 } n\in[N+1,+\infty)\end{cases}$$

其中$N\geqslant 1,f_{\infty}(n)=n+1$.

S228 已知$\triangle ABC$,令M,N,P分别是BC,CA,AB的中点. 令D,E,F分别为内切圆$\omega(I,r)$与边BC,CA,AB的切点,令X是直线AI上的点,使$\frac{AI}{IX}=2$,其中I在线段AX上,类似地定义Y与Z. 证明:

(a)直线$MX/\!/NY/\!/PZ$.

(b)直线DX,EY,FZ在$\odot\omega$上共点.

委内瑞拉 Maracaibo 市 Luis Gonzalez 与美国 Princeton 大学 Cosmin Pohoata 提供

证 (a)令G是$\triangle ABC$的重心,众所周知$\frac{AG}{GM}=2$或由 Thales 定理,$MX/\!/GI$,类似地$NY,PZ/\!/GI$,或这三条直线平行.

(b)以D',X'分别表示D,X关于I的对称点,显然X'是IA的中点,I是DD'的中点,现在A,I,D的精确三线坐标是$(h_a,0,0),(r,r,r),(0,2r\cos^2\frac{C}{2},2r\cos^2\frac{B}{2})$,其中$r$是内径,$h_a=\frac{r(a+b+c)}{a}$是从$A$作出的高线长,由此得出精确的三线坐标:$D'\equiv(2r,2r\sin^2\frac{C}{2},2r\sin^2\frac{B}{2}),X'\equiv\left(\frac{2a+b+c}{a},\frac{r}{2},\frac{r}{2},\frac{r}{2}\right)$. 因此直线$D'X'$上所有点有三线坐标$(\alpha,\beta,\gamma)$,使

$$\frac{a}{a+b+c}\left(\alpha\cos\frac{A}{2}\sin\frac{C-B}{2}-\beta\cos^2\frac{B}{2}+\gamma\cos^3\frac{C}{2}\right)$$
$$+\left(\beta\sin^2\frac{B}{2}-\gamma\sin^2\frac{C}{2}\right)=0$$

已知 Feuerbach 点$\mathscr{F}$有三线坐标

$$\mathscr{F}\equiv\left(\sin^2\frac{B-C}{2},\sin^2\frac{C-A}{2},\sin^2\frac{A-B}{2}\right)$$

把它代入上述方程,在作一些代数运算与用 Hero 公式后,得出部分结果

$$\beta\sin^2\frac{B}{2}-\gamma\sin^2\frac{C}{2}=\sin^2\frac{C-A}{2}\cos^2\frac{A+C}{2}-\sin^2\frac{A-B}{2}\cos^2\frac{A+B}{2}$$

$$=\frac{1}{4}((\sin C-\sin A)^2-(\sin A-\sin B)^2)=\frac{(b-c)(2a-b-c)}{16R^2}$$

与

$$\alpha\cos\frac{A}{2}\sin\frac{B-C}{2}-\beta\cos^2\frac{B}{2}+\gamma\cos^2\frac{C}{2}$$

$$=\sin^3\frac{B-C}{2}\sin\frac{B+C}{2}-\sin^2\frac{C-A}{2}\sin^2\frac{C+A}{2}+\sin^2\frac{A-B}{2}\sin^2\frac{A+B}{2}$$

$$=\frac{(b-c)(a+b+c)(b+c-2a)}{16aR^2}$$

在代入时,上式显然证明了 $D',X',\mathscr{F}$ 共线. 由关于 I 的对称性,并以 $\mathscr{F}'$ 表示 Feuerbach 点关于内心的对称点,我们发现 $D,X,\mathscr{F}'$ 共线. 类似地,$E,Y,\mathscr{F}'$ 与 $F,Z,\mathscr{F}'$ 也共线. 因此 DX,EY,FZ 相交于 $\mathscr{F}'$,显然在 $\odot\omega$ 上,因为 F 在 $\odot\omega$ 上,$\mathscr{F}'$ 是它关于 I 的对称点.

S229　令 a,b,c 是三角形的边长,R 是它的外接圆半径,证明:$a^3+b^3+c^3\leqslant 16R^3$.

美国 San Jose 市 Arkady Alt 与美国 Massachusetts 理工学院 Ivan Borsenco 提供

证　从广义正弦定理可见所提供的不等式可由以下三角形的角 x,y,z 的断言推出.

断言　设 $x,y,z\geqslant 0,x+y+z=\pi$,则 $\sin^3x+\sin^3y+\sin^3z\leqslant 2$.

显然只要在 $x,y,z\leqslant\frac{\pi}{2}$ 时证明它即可. 令 $f(x)=\sin^3x$,计算 $f''(x)=3\sin x(2-3\sin^2x)$. 因此当 $0<x<\alpha=\arcsin\sqrt{3/2}$ 时 $f''(x)>0$,当 $\alpha<x<\frac{\pi}{2}$ 时 $f''(x)<0$. 注意 $\alpha<\arcsin\frac{\sqrt{3}}{2}=\frac{\pi}{3}$.

如果所有 3 个角 x,y,z 都在 $[\alpha,\pi/2]$ 中,那么 Jensen 不等式给出

$$\sin^3x+\sin^3y+\sin^3z\leqslant 3\sin^3\frac{\pi}{3}=\frac{9\sqrt{3}}{8}<2$$

因此可设 x,y,z 中至少有一角在 $[0,\alpha)$ 中. 如果 x,y,z 中有两角在 $[0,\alpha)$ 中,那么 Jensen 不等式蕴含:分别增加它们时,也使 $f(x)+f(y)+f(z)$ 增加. 但是可以继续分别增加它们直到它们任何一角为 0 为止(在此情形下,它的正弦为 0,另外 2 个正弦至多为 1,于是 $f(x)+f(y)+f(z)\leqslant 2$)或直到一角离开这个区间,因此只要在以下情形下证明这个不等式:三角中只有一角例如 x 在 $[0,\alpha)$ 中,另两角相等(再由 Jensen 不等式)$y=z=\frac{\pi-x}{2}$,这就是必须证明函数

$$g(x)=\sin^3x+2\sin^3\left(\frac{\pi-x}{2}\right)=\sin^3x+2\cos^3\frac{x}{2}$$

在$[0,\alpha)$上的最大值是$g(0)=2$. 计算

$$g'(x)=-3\cos^2\frac{x}{2}\sin\frac{x}{2}\left(1-2\sin\frac{x}{2}\right)\left(1-2\sin\frac{x}{2}-4\sin^2\frac{x}{2}\right)$$

前3个(非常数)因子在$\left[0,\frac{\pi}{3}\right]$上是正的,最后的因子只在$x=\frac{\pi}{5}$时变号,那时$\sin\frac{x}{2}=\sin\frac{\pi}{10}=\frac{\sqrt{5}-1}{2}$. 因此$g$在$\left[0,\frac{\pi}{5}\right]$上时递减,在$\left[0,\frac{\pi}{3}\right]$时递增,因为$g(0)=2>g\left(\frac{\pi}{3}\right)=\frac{9\sqrt{3}}{8}$,所以可见$g$的最大值确实是2.

S230 令x,y,z是正实数,使

$$xy+yz+zx\geqslant\frac{1}{\sqrt{x^2+y^2+z^2}}$$

证明:$x+y+z\geqslant\sqrt{3}$.

美国 Dallas 市 Texas 大学 Titu Andreescu 提供

证 注意,为使

$$xy+yz+zx\geqslant\frac{1}{\sqrt{x^2+y^2+z^2}}$$

当且仅当$x^2+y^2+z^2\geqslant\frac{1}{(xy+yz+zx)^2}$,它改写为

$$(x+y+z)^2\geqslant 2(xy+yz+zx)+\frac{1}{(xy+yz+zx)^2}$$

但是,算术平均-几何平均不等式给出

$$2(xy+yz+zx)+\frac{1}{(xy+yz+zx)^2}$$
$$\geqslant 3\sqrt[3]{(xy+yz+zx)^2\cdot\frac{1}{(xy+yz+zx)^2}}=3$$

由此推出$(x+y+z)^2\geqslant 3$,这给出$x+y+z\geqslant\sqrt{3}$,这完成了证明.

S231 令$\triangle ABC$的外心为O,X,Y,Z分别为$\triangle BCO$,$\triangle CAO$,$\triangle ABO$的外心,此外,令K是$\triangle XYZ$的外心. 证明K在$\triangle ABC$的 Euler 线上.

英国 Mearns Castle 大学预科 Andrew Kirk 提供

证 **引理** 在$\triangle ABC$中,令I_a,I_b,I_c是它的旁切圆圆心,则$\triangle ABC$内心关于$\triangle ABC$外接圆O的对称点是$\triangle I_aI_bI_c$的外心.

引理的证明 以P表示I关于O的对称点. 众所周知(或容易用基本结果证明),AI与$\triangle ABC$外接圆的第2个交点A'是四边形$BICI_a$外接圆圆心,或A'是II_a的中点. 于是中线定理给出

$$R^2=OA'^2=\frac{OI^2+OI_a^2}{2}-IA'^2,OI_a^2=2R^2+2IA'^2-OI^2$$

也由中线定理

$$OI_a^2=\frac{II_a^2+PI_a^2}{2}-OI^2,PI_a^2=2OI_a^2+2OI^2-II_a^2$$

此外由相似,有

$$\frac{II_a}{AI_a}=\frac{AI_a-AI}{AI_a}=\frac{a}{s}$$

其中,s 是$\triangle ABC$ 的半周长,而

$$s=AI_a\cos\frac{A}{2},\ II_a=\frac{a}{\cos\frac{A}{2}}=\frac{4Rr}{AI}$$

其中利用了 I 关于$\triangle ABC$ 外接圆的幂是 $2Rr$,我们断定 $II_a=2IA'$. 联合这些结果给出了 $PI_a=2R$. 类似地 $PI_b=PI_c=2R$. 推出了结论,顺便说一下,这样定义的点 P 称为$\triangle ABC$ 的 Bevan 点.

注意 OX 显然是 BC 的中垂线,或 OB,OC 是关于 OX 对称的,从而是它们的中垂线 ZX,XY. 因此 OX 是$\angle ZXY$ 的内角平分线,对 OY,OZ 是类似的. 我们断定 O 是$\triangle XYZ$ 的内心.

令 OX,OY,OZ 在 X,Y,Z 上的垂线确定的$\triangle A'B'C'$与$\triangle ABC$ 位似,因为 $OX\perp BC$,显然 A',B',C'是$\triangle XYX$ 旁切圆心,而 X,Y,Z 分别为从 A',B',C'向 $B'C',C'A',A'B'$作出的垂线足,O 也是$\triangle A'B'C'$的垂心,把$\triangle ABC$ 变为$\triangle A'B'C'$的位似有中心 T,使$\triangle A'B'C'$的外心(是$\triangle XYZ$ 的 Bevan 点)在直线 OT 上,但是因为 O 是$\triangle ABC$ 的垂心,H 在直线 OT 上,因此 OT 是$\triangle ABC$ 的 Euler 线. 最后因为$\triangle XYZ$ 的内心 O 与 Bevan 点 O'在 OT 上,由此可知,它们的中点 K 也在 OT 上,K 是$\triangle XYZ$ 的外心,推出了结论.

S232　令 x,y,z 是实数,使 $x+y+z=0,xy+yz+zx=-3$. 求 $x^4y+y^4z+z^4x$ 的极值.

罗马尼亚 Zalau 市 Marius Stanean 提供

解　定义 $s=\frac{x+y}{2},c=\frac{x-y}{2\sqrt{3}}$,或

$$s^2-3c^2=xy,x^2+y^2=2s^2+6c^2$$

注意

$$z^2=-z(x+y)=xy+3=(x+y)^2=4s^2,3s^2+3c^2=x^2+xy+y^2=3$$

可见 s,c 分别为某角 α 的正弦与余弦

$$\begin{aligned}x^4y+y^4z+z^4x&=x^4y+y^3(x^2-3)+x(xy+3)^2\\&=9x^2y-3y^3+9x\\&=-15(3s-4s^3)-9\sqrt{3}(4c^3-3c)\\&=-15\sin(3\alpha)-9\sqrt{3}\cos(3\alpha)\end{aligned}$$

其中利用了 De Moivre 公式

$$\cos(3\alpha)=4\cos^3\alpha-3\cos\alpha,\sin(3\alpha)=3\sin\alpha-4\sin^3\alpha$$

现在因为 $\cos^2(3\alpha)+\sin^2(3\alpha)=1$,所以得 $|\cos(3\alpha)+\sin(3\alpha)|\leqslant 1$,为使等式成立,当且仅当 $\cos(3\alpha)=\pm 1,\sin(3\alpha)=0$,反之亦然,此外 $9\sqrt{3}>15$,因为 $3\cdot 9^2=243>225=15^2$,或当 $\cos(3\alpha)=\pm 1,\sin(3\alpha)=0$ 时出现极值. 现在 $\sin(3\alpha)=0$ 等价于 $s=0$ 或 $s=\pm\frac{\sqrt{3}}{2}$. 在第 1 种情形下,对 $x^2=y^2=\sqrt{3}$ 有 $y=-x$,对最小值 $-9\sqrt{3}$ 有 $x=-y=\sqrt{3},z=0$,对最大值 $9\sqrt{3}$ 有 $x=-y=-\sqrt{3},z=0$. 在第 2 种情形下,对 $(x+y)^2=x^2+2xy+y^2$ 有 $x+y=\pm\sqrt{3}$,得出 $xy=0$,分析由此产生的每种情形,对已经求出的 x,y,z 值的轮换,类似地得出相同的最大值与最小值.

我们断定 $-9\sqrt{3}\leqslant x^4y+y^4z+z^4x\leqslant 9\sqrt{3}$ 对 $(x,y,z)=(-\sqrt{3},\sqrt{3},0)$ 或它的一种轮换,产生最大值,对 $(x,y,z)=(\sqrt{3},-\sqrt{3},0)$ 或它的一种轮换,产生最小值.

S233 在 $\triangle ABC$ 中 $\angle C=60°$,令 AA' 与 BB' 是 $\angle A$ 与 $\angle B$ 的角平分线. 证明

$$\frac{a+b}{A'B'}\leqslant(1+\frac{c}{a})(1+\frac{c}{b})$$

美国 Dallas 市 Texas 大学 Titu Andreescu 提供

证 因为 $CA'=\frac{ab}{b+c},CB'=\frac{ab}{a+c},\angle C=60°$,所以余弦定理给出

$$A'B'^2=\frac{a^2b^2}{(a+c)^2}+\frac{a^2b^2}{(b+c)^2}-\frac{a^2b^2}{(a+c)(b+c)}$$

因此

$$\frac{a+b}{A'B'}\leqslant\left(1+\frac{c}{a}\right)\left(1+\frac{c}{b}\right)$$

这可改写为 $ab(a+b)\leqslant A'B'(a+c)(b+c)$,变为等价于证明

$$a^2b^2(a+b)^2\leqslant\left(\frac{a^2b^2}{(a+c)^2}+\frac{a^2b^2}{(b+c)^2}-\frac{a^2b^2}{(a+c)(b+c)}\right)(a+c)^2(b+c)^2$$

即

$$(a+b)^2\leqslant(b+c)^2+(a+c)^2-(a+c)(b+c)$$

因为 $c^2=a^2+b^2-ab$(余弦定理),所以

$$\begin{aligned}&(b+c)^2+(a+c)^2-(a+c)(b+c)-(a+b)^2\\&=bc+ac+c^2-3ab\\&=bc+ac+a^2+b^2-4ab\\&=bc+ac-2ab+(a-b)^2\end{aligned}$$

但是 $c^2=a^2+b^2-ab\geqslant ab,(b+c)^2\geqslant 4ab$,由此 $(b+c)^2c^2\geqslant 4a^2b^2$,即 $bc+ac\geqslant 2ab$,因此

$$(bc+ac-2ab)+(a-b)^2\geqslant 0$$

这完成了证明.

S234　在$\triangle ABC$中,以D,E,F表示内角平分线足,使$D\in(BC)$,$E\in(CA)$,$F\in(AB)$,以(I_a,r_a),(I_b,r_b),(I_c,r_c)表示它的3个旁切圆. 如果τ表示$\triangle ABC$的Feuerbach点,证明:有符号+与-的一种选择,使以下等式成立:

$$\pm D\tau\cdot\frac{I_aI}{I_aD}\cdot\sqrt{R+2r_a}\pm E\tau\cdot\frac{I_bI}{I_bE}\cdot\sqrt{R+2r_b}\pm F\tau\cdot\frac{I_cI}{I_cF}\cdot\sqrt{R+2r_c}=0$$

美国Princeton大学Cosmin Pohoata提供

证　由题可知,D,E,F,τ共圆. 为证明这个事实,注意,为使四点共圆,当且仅当它们不共线,并且满足4个相应向量$(a\beta\gamma+b\gamma\alpha+c\alpha\gamma,\alpha,\beta,r)$的它们三线坐标$(\alpha,\beta,\gamma)$线性相关. 代入

$$\tau\equiv\left(\cos^2\frac{B-C}{2},\cos^2\frac{C-A}{2},\cos^2\frac{A-B}{2}\right)$$

$$D\equiv(0,1,1),E\equiv(1,0,1),F\equiv(1,1,0)$$

在一些代数运算后,我们发现情况确实如此. 由余弦定理,利用$AE=\frac{bc}{c+a}$,$AF=\frac{bc}{a+b}$,求出

$$\begin{aligned}\frac{EF^2}{b^2c^2}&=\frac{AE^2+AF^2-2AE\cdot AF\cos A}{b^2c^2}\\&=\frac{1}{(a+b)^2}+\frac{1}{(c+a)^2}-\frac{b^2+c^2-a^2}{bc(a+b)(c+a)}\\&=\frac{a^2(R+2r_a)}{R(a+b)^2(c+a)^2}\end{aligned}$$

其中利用了$\triangle ABC$面积的Heron公式

$$S=\frac{abc}{4R}=\frac{r(a+b+c)}{2}$$

与来自内切圆-旁切圆相似性的著名关系式

$$\frac{r_a}{a+b+c}=\frac{r}{b+c-a}$$

由此得

$$EF=K(b+c)\sqrt{R+2r_a}$$

其中

$$K=\frac{abc}{(a+b)(b+c)(c+a)\sqrt{R}}$$

A,B,C的轮换显然不改变K,此外,$D=I_aI\cap BC$,或由相似求出

$$\frac{I_aI}{I_aD}=\frac{r_a+r}{r_a}=2\frac{b+c}{a+b+c}$$

最后得出

$$D\tau\cdot\frac{I_aI}{I_aD}:\sqrt{R+2r_a}=\frac{2}{K(a+b+c)}\cdot D\tau\cdot EF$$

对它的轮换是类似的,其中前因子

$$\frac{2}{K(a+b+c)}$$

显然不变. 于是本题等价于证明,有符号 + 与 - 的一种选择,由 Ptolemy 定理,使

$$\pm D\tau\cdot EF\pm E\tau\cdot FD\pm F\tau\cdot DE=0$$

显然成立,因为 D,E,F,τ 共圆. 推出了结论.

S235 解方程

$$\frac{8}{\{x\}}=\frac{9}{x}+\frac{10}{[x]}$$

其中 $[x]$ 与 $\{x\}$ 分别表示大于或等于 x 的最大整数与 x 的小数部分.

美国 Dallas 市 Texas 大学 Titu Andreescu 提供

解 记 $m=[x],y=\{x\}$,其中 m 显然是整数,$0\leqslant y<1,x=m+y$. 注意,如果 $\{x\}=0$ 或 $m=0$,那么方程至少有一边不完全确定. 因此可以取(或不取)平凡解 $x=0$,其中已知方程两边是不确定的,与可以取(或不取)任何实数解,其中所提出方程的两边一定要求 m,x 不为 0. 我们将只求出后面这些解,对这些解可以把所提出方程两边乘以 $x[x]\{x\}$. 显然

$$8m^2=8x[x]-8[x]\{x\}=[x]\{x\}+10x\{x\}=11my+10y^2<11m+10$$

或等价于 $0>8m^2-11m-10=(8m+5)(m-2)$,其中 $2>m>-\frac{5}{8}$. 因为 m 是整数,所以这只留下非零解 $m=1$,对于 $0=10y^2+11y-8=(2y-1)(5y+8)$,因为 $y=-\frac{8}{5}$ 不满足 $0<y<1$,所以它一定是 $y=\frac{1}{2}$. 可见唯一非零解,就是使所提出方程两边是完全确定的实数,唯一非零解是 $x=m+y=1+\frac{1}{2}=\frac{3}{2}$.

S236 考虑内接于已知⊙ω 的所有循环四边形 $ABCD$,使 AB 总是通过已知点 K,它的各对角线相交于已知点 P. 证明 CD 也通过某个定点.

捷克共和国 Charles 大学 Josef Tkadlec 提供

证法 1 令 L 是 KP 与 CD 的交点. 显然 $\triangle APB\backsim\triangle DPC$,因为四边形 $ABCD$ 是循环四边形,此外 $\angle LPC=\angle KPA,\angle LPD=\angle KPB$. 以 L' 表示 PK 关于 $\angle APB$ 角平分线的对称直

线与 AP 的交点，在做一些简单的三角学运算后，

$$\frac{AL'}{BL'}=\frac{AP^2}{BP^2}\cdot\frac{BK}{AK}$$

或用 Stewart 定理

$$\frac{AB}{BL'}=\frac{BK\cdot AP^2+AK\cdot BP^2}{AK\cdot BP^2}=\frac{AB(PK^2+AK\cdot BK)}{AK\cdot BP^2}$$

$$BL'=\frac{AK\cdot BP^2}{PK^2+AK\cdot BK}$$

类似地

$$AL'=\frac{BK\cdot AP^2}{PK^2+AK\cdot BK}$$

或也用 Stewart 定理

$$PL'=\sqrt{\frac{AL'\cdot BP^2+BL'\cdot AP^2}{AB}-AL'\cdot BL'}=\frac{AP\cdot BP\cdot PK}{PK^2+AK\cdot BK}$$

注意$\dfrac{PK}{PK^2+AK\cdot BK}$是常数，因为 P,K 是定点，从而 $AK\cdot BK$ 是定点 K 关于定$\odot\omega$ 的幂. 现在$\triangle APL'\backsim\triangle DPL$，从而$\triangle BPL'\backsim\triangle CPL$，具有与$\triangle APB$，$\triangle DPC$ 相同的比例常数. 由此得实常数$\rho=\dfrac{DP}{AP}=\dfrac{CP}{BP}=\dfrac{PL}{PL'}$存在，或

$$PL=\rho\cdot\frac{AP\cdot BP\cdot PK}{PK^2+AK\cdot BK}=\sqrt{AP\cdot CP\cdot BP\cdot DP}\cdot\frac{PK}{PK^2+AK\cdot BK}$$

显然是常数，因为 $AP\cdot CP=BP\cdot DP$ 是定点 P 关于定$\odot\omega$ 的幂，从而右边第 2 个因子是常数，正如早先所证明，存在定点 L 在定直线 PK 上，使 P 在线段 KL 内部，再到距离定点 P 有 PL 长的地方，以致 CD 总是通过 L，推出结论.

证法 2　令 AB 始终通过的定点 P，Q 是四边形 $ABCD$ 各对角线交点. 考虑中心为 Q 且以点 Q 关于四边形 $ABCD$ 外接圆 Γ 的幂为幂的反演. 那么直线 CD 被映射到各$\odot PAB$ 上，各圆也交直线 PQ 于点 T 上，以致 $PT\cdot PQ$ 是 P 关于 Γ 的幂，因此这点是定点，证毕.

S237　Harry Potter 在一次旅行时偶然遇见一串神奇的玻璃珠，它包含 7 种不同的颜色，标号为 1，2，…，7. 为达到他的目的，他必须从这串玻璃珠中拿走所有玻璃珠. 但这串珠有神奇魅力. Harry 一次只能拿走一颗玻璃珠，当他从左端拿走一颗珠时，在颜色 $1\leqslant i\leqslant 6$ 的每颗珠留在这串珠后，颜色 $i+1,\cdots,7$ 的新珠按此顺序突然出现，例如，如果在这串珠中有颜色 1，4，3，7 的珠，那么在 Harry 拿走第一颗珠后，他将有颜色 4，5，6，7，3，4，5，6，7，7 的一串珠. 不管开始的这串珠如何，Harry 能否在有限次步骤后完成这个任务？

英国 Warwick 大学 Catalin Turcas 提供

解　把任何一串珠与整数向量$(n_1,n_2,\cdots,n_7)$联系起来，其中 n_1 是颜色 1 的珠数，对

$2<k\leqslant 7$，n_k 是颜色 k 的珠数，这些珠出现在至多颜色 $k-1$ 所有珠的左边，把这样的向量编成字典式次序，就是说，如果在第一个坐标中它们不适合 $m_k<n_k$，那么$(m_1,m_2,\cdots,m_7)$小于$(n_1,n_2,\cdots,n_7)$. 关键观察 Harry 每一步产生一个较小向量. 实际上，如果在一步中，向量$(n_1,n_2,\cdots,n_7)$最高非零元素是 n_k，那么 Harry 拿走颜色 k 的珠. 坐标 $n_1,n_2,\cdots,n_{n-1}$ 将不变，n_k 将减少 1. 因此他将得到较小向量(虽然 $n_{k+1},\cdots,n_7$ 可能增大).

现在是明确的，但有点难以理解的是，用对 k 作向下归纳法证明，Harry 在有限步后可以得到一串珠，使它的向量有 $n_k=0$，当 $k=7$ 时这是显然的，因为只要 $n_7\neq 0$，Harry 就拿走颜色 7 的珠，把 n_7 减少 1. 当 $k=6$ 时，由归纳假设，Harry 在有限步后将得到有 $n_7=0$ 的一串珠. 因此 Harry 下一步将减小 n_6. 从而重复这种做法，Harry 在有限步后将达到$n_6=0$ 的状态，对一般的 k，由归纳假设，对所有大的指标，Harry 在有限步后将达到有 $n_{k+1}=\cdots=n_7=0$ 的状态，在下一步中他将减小 n_k. 因此在有限步后，他将达到 $n_k=0$.

最后在本质上再一次重复归纳论证，Harry 最后将达到有 $n_1=n_2=\cdots n_7=0$ 的一串珠，即一串空珠.

注意：虽然这证明了 Harry 可以用有限多步完成他的任务，但是最后得出的所要求的步数界限却是一个天文数字，对于不同的 k，读者试一试从只有 2 颗珠 7，k 开始(例如说从 $k=4$ 开始，向下计算)，做一串珠的计算过程，以便看出如何寻找 Harry 不好的情形.

S238 令$\triangle ABC$ 的内心为 I；D,E,F 分别是内切圆与边 BC,CA,AB 的切点. 令 M 是外接圆的$\widehat{BC}$的中点，此圆包含顶点 A. 此外，令 P 与 Q 是线段 DE 与 DF 的中点. 证明 MI 平分线段 PQ.

美国 Princeton 大学 Cosmin Pohoata 提供

证 首先注意，如果$\angle B=\angle C$，$A=M$，由于$\angle A$ 内角平分线 MI 旁的对称性，MI 也是 BC 的中垂线，那么得出 MI 是 PQ 的中垂线，今后不妨设$\angle B>\angle C$. 由在$\angle B$ 的角平分线旁的对称性，BI 是 DF 的中垂线，或 $BI\perp DF$，因为 $DI\perp BC$，所以$\triangle IQD\backsim\triangle IDB$，或 $IQ\cdot IB=ID^2=r^2$，其中 r 是$\triangle ABC$ 的内径. 类似地，$IP\cdot IC=r^2$，或$\triangle IPQ\backsim\triangle IBC$. 现在 $PQ/\!/EF$，因为 P,Q 是 DE,DF 的中点，由$\angle A$ 的角平分线旁的对称性，AI 是 EF 的中垂线，或 $AI\perp PQ$. 由相似推出，为使 IM 通过 PQ 的中点，当且仅当由 IM 与 IA 组成的角等于由 ID 与 IA'组成的角，其中 A'是 BC 的中点. 现在因为 AI 与外接圆$\widehat{BC}$相交于$\widehat{BC}$中点 N，此圆不含 A，从而在点 N 上使 MN 的直径，由此推出$\angle MAI=90°=\angle IDA'$，或者为了使 IM 通过 PQ 的中点，当且仅当$\triangle AIM\backsim\triangle DIA'$，从而当且仅当$\frac{IA}{AM}=\frac{ID}{DA'}$，现在 $ID=r=IA\sin\frac{A}{2}$. 此外，AI 与 BC 构成角 $180°-B-\frac{A}{2}=90°-\frac{B-C}{2}$，或$\angle ANM=\frac{B-C}{2}$，因为 MN 是 BC 的中垂线，或由正弦定理，$AM=2R\sin\frac{B-C}{2}$，其中 R 是$\triangle ABC$ 外接圆半径，我们断定，所要求的结

果等价于

$$DA'=2R\sin\frac{B-C}{2}\sin\frac{A}{2}=2R\sin\frac{B-C}{2}\cos\frac{B+C}{2}$$

$$=R\sin B-R\sin C=\frac{b-c}{2}=\frac{a}{2}-\frac{c+a-b}{2}$$

$$=BA'-BD$$

显然成立,推出结论.

S239 求以下方程的非负整数解:

$$2(x^3+y^3+z^3)=3(x+y+z)^2$$

美国 Dallas 市 Texas 大学 Titu Andreescu 提供

解 令 $s=x+y+z$,则由算术平均 - 几何平均不等式,可见

$$\frac{s^2}{2}=\frac{x^3+y^3+z^3}{3}\geqslant\left(\frac{s}{3}\right)^3$$

这蕴含 $0\leqslant s\leqslant 27/2=13.5$. 在有限集合 $[0,13]^3$ 中检验 (x,y,z),容易证明,解是:(0,0,0),(0,3,3),(3,4,5),直到置换.

S240 令 $\triangle ABC$ 是有外接圆 Γ 的三角形,令 M,N,P 分别为边 BC,CA,AB 上的点,令 A',B',C' 是 AM,BN,CP 与 $\odot\Gamma$ 的交点,不同于三角形顶点,证明

$$\frac{MA}{MA'}+\frac{NB}{NB'}+\frac{PC}{PC'}\geqslant 4\left(2-\frac{r}{R}\right)^2$$

其中 R 与 r 是 $\triangle ABC$ 的外接圆与内切圆的半径.

罗马尼亚 Zalan 市 Marius Stanean 提供

证 令 $u=\frac{BM}{BC}$,于是 M 关于 $\odot\Gamma$ 的幂是

$$AM\cdot MA'=BM\cdot CM=u(1-u)a^2$$

因此 $\frac{MA}{MA'}=\frac{MA^2}{u(1-u)a^2}$. 利用 Stewart 定理

$$MA^2=\frac{BM\cdot CA^2+CM\cdot BA^2}{BC}-BM\cdot CM=ub^2+(1-u)c^2-u(1-u)a^2$$

计算

$$\frac{MA}{MA'}=\frac{ub^2+(1-c)c^2-u(1-u)a^2}{u(1-u)a^2}=\frac{(b+c)^2-a^2}{a^2}+\frac{(ub-(1-u)c)^2}{u(1-u)a^2}$$

$$\geqslant\frac{(b+c)^2-a^2}{a^2}$$

为使等式成立,当且仅当 $ub=(1-u)c$. 令 s 是半周长,定义 $x=s-a,y=s-b,z=s-c$(以致 $a=y+z$ 等). 令 $s=\sigma_1,\sigma_2,\sigma_3$ 是 x,y,z 中的初等对称多项式,则这个下界变为

$$\frac{MA}{MA'}\geqslant\frac{4xs}{a^2}$$

利用$\triangle ABC$面积S的著名关系式,求出

$$\frac{r}{R}=\frac{4S^2}{abcs}=\frac{4xyz}{abc}$$

因此只要证明

$$\frac{4xs}{a^2}+\frac{4ys}{b^2}+\frac{4zs}{c^2}\geqslant\frac{4(abc-2xyz)^2}{a^2b^2c^2}$$

把这代入公分母,并用σ_k改写它,给出

$$s^6-3s^4\sigma_2+5s^3\sigma_3+s\sigma_2\sigma_3\geqslant 4(s\sigma_2-3\sigma_3)^2$$

不可思议的是,这分解因子为

$$(s^3+s\sigma_2-4\sigma_3)(s^3-4s\sigma_2+9\sigma_3)\geqslant 0$$

代回x,y,z中,转换为a,b,c,在作许多代数运算后,求出了第1个因子是

$$s^3+s\sigma_2-4\sigma_3=\frac{1}{2}(a^3+b^3+c^3+5abc)$$

它显然是正的. 代回x,y,z中,求出了第2个因子是

$$\begin{aligned}s^3-4s\sigma_2+9\sigma_3&=x^3+y^3+z^3-x^2y-x^2z-y^2z-y^2x-z^2x-z^2y+3xyz\\&=x(x-y)(x-z)+y(y-z)(y-x)+z(z-x)(z-y)\geqslant 0\end{aligned}$$

由Schur不等式,我们承认上式是非负的.

S241 令p与q是奇素数,使$\frac{p^3-q^3}{3}\geqslant 2pq+3$. 证明

$$\frac{p^3-q^3}{4}\geqslant 3pq+16$$

美国Dallas市Texas大学Titu Andreescu提供

证 显然$p>q$,于是$p-2\geqslant q$,它一定是$p-2\neq q$,否则有

$$p^3-q^3=p^3-(p-2)^3=6p^2-12p+8=6pq+8$$

它与已知不等式矛盾. 于是$p-4\geqslant q$与

$$p^3-q^3\geqslant p^3-(p-4)^3=12p^2-48p+64=12p(p-4)+64\geqslant 12pq+64$$

它给出结论.

S242 在$\triangle ABC$中,以K,L,M分别表示$\overset{\frown}{BC},\overset{\frown}{CA},\overset{\frown}{AB}$的中点(它们不包含三角形的顶点). 证明:六边形$AMBKCL$的周长大于或等于$4(R+r)$.

捷克共和国Charles大学Michael Rolinek提供

证 令O为$\triangle ABC$的外心. 我们有

$$\angle AOB=2C\quad 与\quad \angle AOM=\angle BOM=C$$

如果在$\triangle ABC$中应用正弦定理,那么

$$\frac{AM}{\sin C}=\frac{R}{\cos\frac{C}{2}}$$

从而 $AM=MB=2R\sin\frac{C}{2}$,类似地

$$BK=KC=2R\sin\frac{A}{2}\quad 与\quad CL=CA=2R\sin\frac{B}{2}$$

由此推出六边形 $AMBKCL$ 的周长为

$$P(AMBKCL)=4R\left(\sin\frac{A}{2}+\sin\frac{B}{2}+\sin\frac{C}{2}\right)$$

我们需要证明

$$\sin\frac{A}{2}+\sin\frac{B}{2}+\sin\frac{C}{2}\geqslant 1+\frac{r}{R}=\cos A+\cos B+\cos C$$

可是

$$\cos A+\cos B=2\sin\frac{C}{2}\cos\frac{A-B}{2}\leqslant 2\sin\frac{C}{2}$$

$$\cos B+\cos C=2\sin\frac{A}{2}\cos\frac{B-C}{2}\leqslant 2\sin\frac{A}{2}$$

$$\cos C+\cos A=2\sin\frac{B}{2}\cos\frac{C-A}{2}\leqslant 2\sin\frac{B}{2}$$

把这些关系式相加,恰好得出我们想要的结果. 为使等式成立,当且仅当$\triangle ABC$ 是等边的.

S243　一群男孩与女孩去参加舞会,已知,对于每对男孩,恰好有 2 个女孩与这 2 个男孩跳舞;对于每对女孩,恰好有 2 个男孩与这 2 个女孩跳舞,证明:男孩数与女孩数相等.

美国 Stanford 大学 Iurie Boreico 提供

证　设在舞会上有 n 个男孩与 m 个女孩. 以 $b_1,b_2,\cdots,b_N$ 表示所有可能的男孩对,他们恰好有 $N=\binom{n}{2}$对. 类似地,以 $g_2,g_2,\cdots,g_M$ 表示所有可能的女孩对,她们恰好有 $M=\binom{m}{2}$对. 我们说,当且仅当 b_i 中 2 个男孩与 g_j 中 2 个女孩跳舞时,b_i 与 g_j 有关联,如果对于 $j\neq k$,b_i 与 g_j,g_k 有关联,那么至少有 3 个女孩(如果 g_j,g_k 有一个共同的女孩),可能有 4 个女孩(如果 g_i,g_k没有共同的女孩)与 b_i 中 2 个男孩跳舞,矛盾. 另一方面,因为 b_i 中 2 个男孩与 2 个女孩跳舞,所以 b_i 与这 2 个女孩组成的一对 g_j 有关联,因此每对男孩 b_i 恰好与一对女孩 g_i 有关联. 设当 $i\neq k$ 时,不同的男孩对 b_i,b_k 与相同的女孩对 g_j 有关联,则 g_j 中 2 个女孩至少与 3 个男孩(如果 b_i,b_k 有一个共同的男孩),可能有 4 个男孩(如果

b_i, b_k 没有共同的男孩),矛盾.另一方面,对于每对女孩 g_j,恰有 2 个男孩与这 2 个女孩跳舞,并且由 2 个男孩组的一对 b_i 与 g_j 有关联.因此证明了,b_i 与 g_j 有关联是 N 对男孩与 M 对女孩之间的一一对应,即 $N=M$,$(m-n)(m+n+1)=0$,由此推出 $m=n$.这完成了证明.

S244 令$\triangle ABC$是锐角三角形,τ 是它的正常三角形的内径,证明 $r\geqslant\sqrt{Rr}$,其中 r 与 R 是$\triangle ABC$的内径与外接圆半径.

委内瑞拉 Maracaibo 市 Luis Gonzalez 提供

证　断言　在任何$\triangle ABC$中有 $\cos A+\cos B+\cos C\leqslant\frac{3}{2}$,又当且仅当$\triangle ABC$是等边三角形时,等式成立.

断言的证明　不等式可以写成

$$4\sin\frac{A}{2}\cos\frac{B-C}{2}\leqslant 1+4\sin^2\frac{A}{2}$$

它显然成立,因为由算术平均 - 几何平均不等式,右边至少是 $4\sin\frac{A}{2}$,左边至多是 $4\sin\frac{A}{2}$,为使在 2 种情形下等式成立,当且仅当 $\sin\frac{A}{2}=\frac{1}{2}$,$\cos\frac{B-C}{2}=1$,即当且仅当$\triangle ABC$是等边三角形,推出断言.

以 D,E,F 分别表示从 A,B,C 作出的高线足,众所周知(或容易求出)$DE=c\cos C$,$EF=a\cos A$,$FD=b\cos B$,此外,$\angle DEF=180^\circ-2\angle B$,$\angle EFD=180^\circ-2\angle C$,$\angle FDE=180^\circ-2\angle A$.于是正常三角形的周长是

$$a\cos A+b\cos B+c\cos C=\frac{2a^2b^2+2b^2c^2+2c^2a^2-a^4-b^4-c^4}{2abc}=\frac{2S}{R}$$

其中 S,R 是$\triangle ABC$的面积与外接圆半径,利用 Heron 公式与著名关系式 $S=\frac{abc}{4R}$.容易求出正常三角形面积是 $2S\cos A\cos B\cos C$,或

$$\tau=2R\cos A\cos B\cos C$$

而众所周知(或容易计算,例如比较$\triangle ABC$面积的不同表达式),$r=4R\sin\frac{A}{2}\sin\frac{B}{2}\sin\frac{C}{2}$.利用 $2\sin^2x=1-\cos(2x)$,不妨设 $A\leqslant B\leqslant C$ 或 $2\cos A\geqslant 1$,可把所提出的不等式改写成

$$(1-\cos A)(1-\cos B-\cos C)\geqslant\cos B\cos C(2\cos A-1)$$

现在由以上断言知

$$1-\cos B-\cos C\geqslant\frac{2\cos A-1}{2}$$

或只要证明 $1\geqslant\cos A+2\cos B\cos C=\cos(B-C)$,它显然成立,且为使等式成立,当且仅当

$B=C$. 现在当 $\cos B\cos C=\dfrac{1-\cos A}{2}$时,所提出的不等式等价于以上断言. 推出结论,为使等式成立,当且仅当$\triangle ABC$ 是等边的,在此情形下 $R=2r=4\tau$.

S245 令 a,b,c 是正实数,使$\dfrac{1}{a}+\dfrac{1}{b}+\dfrac{1}{c}=1$. 证明

$$\frac{1}{(a-1)(b-1)(c-1)}+\frac{8}{(a+1)(b+1)(c+1)}\leqslant\frac{1}{4}$$

美国 Dallas 市 Texas 大学 Titu Andreescu 提供

证 注意$\dfrac{1}{a}+\dfrac{1}{b}+\dfrac{1}{c}=1$ 等价于 $ab+bc+ca=abc$. 因此

$$\frac{1}{(a-1)(b-1)(c-1)}+\frac{8}{(a+1)(b+1)(c+1)}$$
$$=\frac{1}{a+b+c-1}+\frac{8}{2abc+a+b+c+1}$$

现在由算术平均 - 调和平均不等式,有

$$\frac{a+b+c}{3}\geqslant\frac{3}{\dfrac{1}{a}+\dfrac{1}{b}+\dfrac{1}{c}}=3,\ 这样\ a+b+c\geqslant 9$$

也由几何平均 - 调和平均不等式,有

$$(abc)^{\frac{1}{3}}\geqslant\frac{3}{\dfrac{1}{a}+\dfrac{1}{b}+\dfrac{1}{c}}=3,\ \text{hence}\ abc\geqslant 27$$

因此得出

$$\frac{1}{a+b+c-1}+\frac{8}{2abc+a+b+c+1}\leqslant\frac{1}{9-1}+\frac{8}{2\cdot 27+9+1}=2\cdot\frac{1}{8}=\frac{1}{4}$$

这证明了我们的不等式.

S246 令$\triangle ABC$ 的外接圆为 Ω,X,Y,Z 分别是边 BC,CA,AB 上的点,令 α,β,γ 为内切于$\odot\Omega$ 中的圆,也分别与 BC,CA,AB 相切于点 X,Y,Z,令 X',Y',Z'是$\odot\Omega$ 与 α,β,γ 的切点,证明:当且仅当直线 AX',BY',CZ'共点时,直线 AX,BY,CZ 共点.

美国 Princeton 大学 Cosmin Pohoata 提供

证 考虑中心 X'的位似变换,它使 α 变为 Ω,这显然存在,因为 α,Ω 相切于 X',显然直线 $X'B,X'C$ 交 α 于点 X_b,X_c,使$\dfrac{X'X_b}{X'B}=\dfrac{X'X_c}{X'C}=\rho$ 是位似变换比例因子. 因 B,C 关于 α 的幂分别为 $BX^2=BX_b\cdot BX'$,$CX^2=CX_c\cdot CX'$,所以有

$$\frac{BX'}{BX}=\sqrt{\frac{BX'}{BX_b}}=\sqrt{\frac{1}{1-\rho}}=\sqrt{\frac{CX'}{CX_c}}=\frac{CX'}{CX}$$

注意,以 X'' 表示 AX' 与 BC 的交点. 显然 $\triangle BX'X'' \backsim \triangle ACX''$,或 $\frac{CX''}{X'X''}=\frac{AC}{BX'}$. 类似地也有 $\triangle BAX'' \backsim \triangle X'CX''$,或对于

$$\frac{BX''}{CX''}=\frac{AB}{AC}\cdot\frac{BX'}{CX'} \text{有} \frac{BX''}{X'X''}=\frac{AB}{CX'}$$

对于 $\triangle ABC$ 顶点的轮换是类似的.

类似于 X'' 地定义 Y'',Z'',我们断定

$$\frac{BX''}{CX''}\cdot\frac{CY''}{AY''}\cdot\frac{AZ''}{BZ''}=\frac{BX'}{CX'}\cdot\frac{CY'}{AY'}\cdot\frac{AZ'}{BZ'}$$

由 Menelaus 定理推出结论.

S247 证明:对于任意正整数 m 与 n,数

$$8m^6+27m^3n^3+27n^6$$

是合数.

美国 Dallas 市 Texas 大学 Titu Andreescu 提供

证 回忆恒等式

$$a^3+b^3+c^3-3abc=(a+b+c)(a^2+b^2+c^2-ab-bc-ca)$$

把这个恒等式应用于 $a=2m^2$,$b=-3mn$,$c=3n^2$,得

$$\begin{aligned}8m^6+27m^3n^3+27n^6&=(2m^2)^3+(-3mn)^3+(3n^2)^3-3(2m^2)(-3mn)(3n^2)\\&=(2m^2-3mn+3n^2)(4m^4+6m^3n+3m^2n^2+9mn^3+9n^4)\end{aligned}$$

第 2 个因子显然大于 1,计算

$$2m^2-3mn+3n^2=2(m-n)^2+n^2+mn>1$$

因此 $8m^6+27m^3n^3+27n^6$ 是合数.

S248 令 $C(0,R)$ 是圆,P 是它平面上的点. 考虑 $\odot C$ 上对径点 A 与 B. 证明:当点 A 与 B 在 $\odot C$ 的圆周上变动时,$\triangle ABP$ 的外接圆通过另一个定点.

美国 Massachusetts 理工学院 Ivan Borsenco 提供

证法 1 令 X 是直线 PO 上的点,使 O 在 P 与 X 之间,且 $PO\cdot OX=R^2$,其中 R 是 $\odot C$ 的半径,则对于对径点 A 与 B 的任何选择,O 关于 $\triangle PAB$ 外接圆的幂是 $AO\cdot OB=PO\cdot OX=R^2$,因此 X 是 $\triangle PAB$ 外接圆与 PO 的第 2 个交点,特别是所有这些圆的第 2 个公共点.

证法 2 令 $\odot C$ 关于已知固定直角坐标系的方程是

$$x^2+y^2-R^2=0$$

令点 P 的坐标是(α,β),令 A 与 B 是可变直线 $y-mx=0$ 与 $\odot C$ 的交点,则通过 A,B 的圆族方程有

$$(x^2+y^2-R^2)+\lambda(y-mx)=0 \tag{1}$$

其中 λ 是实参数,如果这些圆一定通过 P,那么 $x=\alpha,y=\beta$ 一定满足(1),由此

$$\lambda=\frac{\alpha^2+\beta^2-R^2}{m\alpha-\beta}$$

把 λ 的这个值代入(1),可以把圆族方程改写为

$$m\{\alpha(x^2+y^2)-(\alpha^2+\beta^2-R^2)x-\alpha R^2\}$$
$$-\{\beta(x^2+y^2)-(\alpha^2+\beta^2-R^2)y-\beta R^2\}=0 \quad (2)$$

但是这是通过两定圆交点的圆族方程,这两定圆的方程是

$$\alpha(x^2+y^2)-(\alpha^2+\beta^2-R^2)x-\alpha R^2=0 \quad (3)$$
$$\beta(x^2+y^2)-(\alpha^2+\beta^2-R^2)y-\beta R^2=0 \quad (4)$$

注意这两圆是不同的,因为它们有不同的圆心与不同的半径,交点之一是 P,由于 $x=\alpha$, $y=\beta$,满足2个方程,另一交点是我们寻找的交点.

S249　求 $2^x-4^x+6^x-8^x-9^x+12^x$ 的最小值,其中 x 是正实数.

美国 Dallas 市 Texas 大学 Titu Andreescu 提供

解　注意

$$1+2^x-4^x+6^x-8^x-9^x+12^x=(3^x-2^x-1)(4^2-3^x-1)$$

因为函数 $1-\left(\frac{2}{3}\right)^x-\left(\frac{1}{3}\right)^x$ 与 $1-\left(\frac{3}{4}\right)^x-\left(\frac{1}{4}\right)^x$ 是 x 的增函数,它当 $x=1$ 时变为0,可见当 $x>1$ 时两者是正的,当 $x<1$ 时两者是负的. 于是

$$1+2^x-4^x+6^x-8^x-9^x+12^x$$
$$=12^x\left(1-\left(\frac{2}{3}\right)^x-\left(\frac{1}{3}\right)^x\right)\left(1-\left(\frac{3}{4}\right)^x-\left(\frac{1}{4}\right)^x\right)\geqslant 0$$

当且仅当 $x=1$ 时等式成立.

因此 $2^x-4^x+6^x-8^x-9^x+12^x$ 的最小值是 -1,是在 $x=1$ 时达到的.

S250　在 $\odot\Gamma$ 中,令 l 是 $\odot\Gamma$ 外直线. 令 $K\in l$, AB 与 CD 是 $\odot\Gamma$ 上通过 K 的弦. 令 P 与 Q 在 Γ 上,令 PA,PB,PC,PD 分别交 l 于 X,Y,Z,T,再令 QX,QY,QZ,QT 分别交 $\odot\Gamma$ 于 R,S,U,V. 证明 RS 与 UV 相交于 l 上.

美国 Princeton 大学 Cosmin Pohoata 提供

证　考虑六边形 $PAUQRC$. 因为 $PA\cap QR=X\in l$, $PC\cap QU=Z\in l$,由 Pascal 定理得出 $L=AU\cap CR\in l$.

考虑下一个六边形 $PBVQSD$. 因为 $PB\cap QS=Y\in l$, $PD\cap QV=T\in l$,由 Pascal 定理得出 $M=BV\cap DS\in l$.

考虑下一个六边形 $ABVCDS$. 因为 $AB\cap CD=K\in l$, $BV\cap DS=M\in l$,由 Pascal 定理得出 $N=AS\cap CV\in l$.

考虑最后一个六边形 $VUASRC$. 因为 $AU\cap CR=L\in l$, $AS\cap CV=N\in l$,由 Pascal 定理得

出 UV,RS 在 l 上相交,推出结论.

S251 求所有正实数三元组(x,y,z),对于这些三元组有正实数 t,使以下不等式同时成立:

$$\frac{1}{x}+\frac{1}{y}+\frac{1}{z}+t\leqslant 4,x^2+y^2+z^2+\frac{2}{t}\leqslant 5$$

美国 Dallas 市 Texas 大学 Titu Andreescu 提供

解 利用算术平均-几何平均不等式,推出

$$4\geqslant\frac{1}{x}+\frac{1}{y}+\frac{1}{z}+t\geqslant 4\sqrt[4]{\frac{t}{xyz}} \tag{1}$$

与

$$5\geqslant x^2+y^2+z^2+\frac{2}{t}\geqslant 5\sqrt[5]{\left(\frac{xyz}{t}\right)^2} \tag{2}$$

从而有 $xyz=t$. 因此

$$\frac{1}{x}+\frac{1}{y}+\frac{1}{z}+xyz=4$$

与

$$x^2+y^2+z^2+\frac{2}{xyz}=5$$

从算术平均-几何平均不等式中的等式情形,有

$$\frac{1}{x}=\frac{1}{y}=\frac{1}{z}=xyz=1\Rightarrow x=y=z=1.$$

S252 令 a,b,c 是正实数,证明

$$a(b-c)^2+b(c-a)^2+c(a-b)^2+2abc\geqslant\frac{2\sqrt{3(a^4b^4+b^4c^4+c^4a^4)}}{a+b+c}$$

澳大利亚 Pham Huu Duc 与美国 Princeton 大学 Cosmin Pohoata 提供

证 因为

$$(a^2b^2+b^2c^2+c^2a^2)^2\geqslant 3(a^4b^4+b^4c^4+c^4a^4)$$

所以它满足

$$a(b-c)^2+b(c-a)^2+c(a-b)^2+3abc\geqslant\frac{2(a^2b^2+b^2c^2+c^2a^2)}{a+b+c}$$

为看出此式,证

$$\begin{aligned}&(a+b+c)(a(b-c)^2+b(c-a)^2+c(a-b)^2+2abc)-2(a^2b^2+b^2c^2+c^2a^2)\\=&(a+b+c)^2(ab+bc+ca)-7abc(a+b+c)-2((ab+bc+ca)^2-2abc(a+b+c))\\=&(a+b+c)^2(ab+bc+ca)-2(ab+bc+ca)^2-3abc(a+b+c)\end{aligned}$$

后者改写成

$$(ab+bc+ca)((a+b+c)^2-3(ab+bc+ca)^2)+$$
$$((ab+bc+ca)^2-3abc(a+b+c))\geqslant 0$$

不等式成立,因为

$$(a+b+c)^2\geqslant 3(ab+bc+ca)^2,\ (ab+bc+ca)^2\geqslant 3abc(a+b+c)$$

S253 求以下方程组的正实数解

$$(2x)^{2\,013}+(2y)^{2\,013}+(2z)^{2\,013}=3$$
$$xy+yz+zx+2xyz=1$$

美国 Florida 州 Roberto Bosch Cabrera 提供

解 从条件 $xy+yz+zx+2xyz=1$,对一些正实数 a,b,c,记

$$x=\frac{a}{b+c},y=\frac{b}{c+a},z=\frac{c}{a+b}$$

从而

$$(2x)^{2\,013}+(2y)^{2\,013}+(2z)^{2\,013}=2^{2\,013}\sum_{\text{cyc}}\frac{a^{2\,013}}{(b+c)^{2\,013}}$$

由 Hölder 不等式,有

$$\sum_{\text{cyc}}\frac{a^{2\,013}}{(b+c)^{2\,013}}\cdot(2a+2b+2c)^{2\,013}(2ab+2bc+2ca)\geqslant(a+b+c)^{2\,014}$$

这蕴含

$$\sum_{\text{cyc}}\frac{a^{2\,013}}{(b+c)^{2\,013}}\geqslant\frac{(a+b+c)^2}{2^{2\,013}(ab+bc+ca)}\geqslant\frac{3(ab+bc+ca)}{2^{2\,013}(ab+bc+ca)}=\frac{3}{2^{2\,013}}$$

因此

$$(2x)^{2\,013}+(2y)^{2\,013}+(2z)^{2\,013}=2^{2\,013}\sum_{\text{cyc}}\frac{a^{2\,013}}{(b+c)^{2\,013}}\geqslant 3$$

从问题的条件,以上不等式有等式情形,从而一定有 $a=b=c$,这表示 $x=y=z=\frac{1}{2}$,因此这是我们的方程组唯一解.

S254 令 G 是完全图,有 n 个顶点,其中 $n\equiv 0\pmod 4$ 或 $n\equiv 1\pmod 4$. G 的一半边涂红色,一半边涂蓝色,以 $T_{r,r,b}$ 表示恰有 2 条红色边的三角形个数,以 $T_{b,b,r}$ 表示恰有 2 条蓝色边的三角形个数. 证明:如果三边均为红色边的三角形个数等于三边均为蓝色边的三角形个数,那么 $T_{r,r,b}=T_{b,b,r}$.

美国 Massachusetts 理工学院 Ivan Borsenco 提供

证 注意,有 $\binom{n}{3}$ 个三角形,每条边出现在 $n-2$ 个三角形中(相同数量的点可以加入一条已知边的 2 个端点). 把所有红色边加入所有 $\binom{n}{3}$ 个三角形中,和将是 $3u+2T_{r,r,b}+$

$T_{b,b,r}$,其中每条边算了 $n-2$ 次(它出现在相同个数的三角形中),u 是全红色边三角形个数,因此图上恰好有

$$\frac{3u+2T_{r,r,b}+T_{b,b,r}}{n-2}$$

条红色边,类似地,在圆上恰好有

$$\frac{3u+2T_{b,b,r}+T_{r,r,b}}{n-2}$$

条蓝色边,因为全蓝色边三角形个数等于全红色边三角形个数 u. 但是因为红色边与蓝色边一样多,所以断定 $T_{b,b,r}=T_{r,r,b}$.

S255 求以下方程的实数解

$$2^x+2^{-x}+3^x+3^{-x}+\left(\frac{2}{3}\right)^x+\left(\frac{2}{3}\right)^{-x}=9x^4-7x^2+6$$

罗马尼亚 Brasov 市 Mihaly Bencze 提供

解 令

$$f(x)=2^x+2^{-x}+3^x+3^{-x}+\left(\frac{2}{3}\right)^x+\left(\frac{2}{3}\right)^{-x}-9x^4+7x^2-6$$

是已知方程左边与右边之差,注意 f 是 x 的偶函数,容易检验,当 $x=0$,$x=\pm 1$,或 $x=\pm\alpha$ 时 $f=0$,其中 α 的数值趋近于 $\alpha\approx 10.5639980355\cdots$. 不能有第 6 个解,因为如果有的话,$f$ 的偶性将保证有第 7 个解. 于是重复用中值定理,给出一点存在,在此点上

$$f^{(6)}(x)=(\log 2)^6(2^x+2^{-x})+(\log 3)^6(3^x+3^{-x})+$$
$$(\log 3/2)^6\left(\left(\frac{2}{3}\right)^x+\left(\frac{2}{3}\right)^{-x}\right)$$

但是 $f^{(6)}(x)$ 显然是正的,因为所有项是正的.

S256 2 个全等圆 ω_1,ω_2 与直线 l 同侧相切,ω_1 与 ω_2 的内公切线 k 交 l 于 B,在 l 上选取点 D 与 E(在圆与 l 同侧). 从 D 向 ω_1 作切线,从 E 向 ω_2 作切线(在两种情形下与 k 不同),以 A 与 C 分别表示它们与 l 的交点. 证明:如果 A,B,C 按这个顺序在 l 上,满足 $BE/BD=BA/BC$,那么联结 $\triangle ABD$ 与 $\triangle EBC$ 的 B 旁切圆心所成直线垂直于 k.

捷克共和国 Charles 大学 Michael Rolinek 提供

证 令 T,U 分别为 ω_1,ω_2 与 l 的切点,F,G 分别是 ω_1,ω_2 与 k 的切点,以 F',G' 分别表示直线 AD,CE 与 ω_1,ω_2 的切点. 因为可以翻转 A,C 与所有它们有关的点,不妨设 B 到 T 比到 Q 更近,或 $\angle ABD=2\beta<90°$,$\angle CBE=180°-2\beta>90°$,此外记 $2\alpha=\angle DAB=2\angle O_1AT$,其中 O_1 是 ω_1 的圆心,$2r=\angle ECB=2\angle O_2CU$,其中 O_2 是 ω_2 的圆心,在一些运算后,求出 $\angle TO_1B=\beta$,$\angle FO_1D=90°-\alpha-\beta$,或者因为 $\triangle TO_1B$ 与 $\triangle FO_1D$ 分别在 T,F 上是直角,所以求出 $BT=r\tan\beta$,$r=AT\tan\alpha$,在作一些代数运算后,求出

$$DF=\frac{r}{\tan(\alpha+\beta)}=\frac{BU\cdot AB}{TU+AB}$$

其中利用了

$$r=BU\tan\beta,\ BU\cdot BT=r^2,\ TU=BT+BU$$

现在因为 $BT=BF'$ 与 $DF=DF'$，其中 $BD=BF'+DF'$，求出

$$BD=BT+\frac{BU\cdot AB}{TU+AB}=AT\cdot\frac{TU}{TU+AB}$$

类似地求出 $\angle EO_2G=\beta-\gamma$，其中 $r=CU\tan\gamma$，因为

$$EG=r\tan(\beta-\gamma)=\frac{BT\cdot BC}{TU+BC}$$

$$BE=BU+EG=CU\frac{TU}{TU+BC}$$

我们断定

$$\frac{BE}{BD}=\frac{CU}{AT}\cdot\frac{TU+AB}{TU+BC}$$

其中 TU 是两圆与 l 的切点之间的距离，它显然与 ω_1 与 ω_2 的圆心之间的距离相等.

因为题目中提到的 2 个 B 旁切圆与直线 k 相切，所以为了使联结它们圆心所成直线垂直于 k，当且仅当它们与这条直线的切点重合，即当且仅当 $\triangle ABD$ 与 $\triangle EBC$ 的半周长相等. 但是 $\triangle ABD$ 的半周长也是从 A 到 A 旁切圆 ω_1 与 AB 的切点的距离 AT，$\triangle EBC$ 的半周长也是从 C 到 C 旁切圆 ω_2 与 BC 的切点的距离 CU. 我们断定，为使联结 2 个 B 旁切圆圆心所成直线垂直于 k，当且仅当 $AT=CU$，即当且仅当

$$\frac{BE}{BD}=\frac{TU+AB}{TU+BC}$$

推出结论.

注　这个条件与题目中所给条件不同，为使它们等价，当且仅当 $AB=BC$，它与 $AT=CU$ 一起给出 $BT=BU$，不合理，因为 B 不能是 TU 的中点，除非 ω_1 与 ω_2 外切，在此情形下可以证明 $\frac{BE}{BD}=\frac{BA}{BC}$ 等价于 D,E 重合，又等价于 2 个 B 旁切圆关于 k 对称，因此等价于联结它们圆心所成直线垂直于 k.

S257　求所有这样的复数 z，使

$$(z-z^2)(1-z+z^2)^2=\frac{1}{7}$$

美国 Dallas 市 Texas 大学 Titu Andreescu 提供

解　从著名恒等式

$$(x+y)^7=x^7+y^7+7xy(x+y)(x^2+xy+y^2)^2$$

我们导出

$$(1-z)^7=1-z^7-7z(1-z)(1-z+z^2)^2$$

因此我们的方程等价于

$$(1-z)^7=-z^7$$

即

$$\left(-\frac{1}{z}+1\right)^7=1$$

由此得出,对于 $k=0,1,\cdots,6$ 有

$$-\frac{1}{z_k}+1=\cos\frac{2k\pi}{7}+\mathrm{i}\sin\frac{2k\pi}{7}$$

这化为

$$\frac{1}{z_k}=1-\cos\frac{2k\pi}{7}-\mathrm{i}\sin\frac{2k\pi}{7}=2\sin^2\frac{k\pi}{7}-2\mathrm{i}\sin\frac{k\pi}{7}\cos\frac{k\pi}{7}$$

这等价于

$$z_k=\frac{1}{-2\mathrm{i}\sin\frac{k\pi}{7}\left(\cos\frac{k\pi}{7}+\mathrm{i}\sin\frac{k\pi}{7}\right)}=\frac{\cos\frac{k\pi}{7}-\mathrm{i}\sin\frac{k\pi}{7}}{-2\mathrm{i}\sin\frac{k\pi}{7}}$$

$$=\frac{1}{2}\left(1+\mathrm{i}\cot\frac{k\pi}{7}\right),\ k=1,2,\cdots,6$$

S258 哪些有理数可以写成有限多个两两不同三角形数的倒数之和?

罗马尼亚 Zalan 市 Marius Stanean 提供

解 因为第 k 个三角形数是

$$t_n=\binom{n+1}{2}=\frac{n(n+1)}{2}$$

所以所有三角形数的倒数之和是

$$\sum_{n=1}^{\infty}\frac{2}{n(n+1)}=2\sum_{n=1}^{\infty}\left(\frac{1}{n}-\frac{1}{n+1}\right)=2-\lim_{n\to\infty}\frac{2}{n+1}=2$$

因此可以写成三角形数的倒数之和的唯一有理数是区间$[0,2)$中的数. 我们将证明,所有这样的有理数可以这样写出,关键是以下引理.

引理 令 r 是区间$(0,1)$中有理数,则可以求出正整数 m 与正整数递增数列 $n_1<n_2<\cdots<n_{2m}$,使

$$r=\sum_{k=1}^{2m}\frac{(-1)^{k-1}}{n_k}$$

引理的证明 对互素的正整数 $u,v,u<v$,记 $r=\frac{u}{v}$,我们将在补充的技术假设$\frac{1}{n_1}>r\geqslant\frac{1}{n_1+1}$下用对 u 的归纳法来证明引理.

如果 $u=1$,那么 $v>1$,可以记 $r=\frac{1}{v-1}-\frac{1}{v(v-1)}$. 如果 $u>1$,那么令 n_1 是唯一正整数,使$\frac{1}{n_1}>r=\frac{u}{v}\geqslant\frac{1}{n_1+1}$,从项$\frac{1}{n_1}$开始,将我们的目标 r 超过$\frac{1}{n_1}-r=\frac{v-un_1}{n_1v}$. 注意,$n_1$ 的选择给出$(n_1+1)u\geqslant v$ 或 $u\geqslant v-n_1u$. 因此,如果把这个数量写成最低项的分式$\frac{1}{n_1}-r=\frac{w}{x}$,那么 $w\leqslant v-n_1u\leqslant u$. 也注意到$\frac{1}{n_1(n_1+1)}=\frac{1}{n_1}-\frac{1}{n_1+1}\geqslant\frac{1}{n_1}-r>0$. 令 n_2 是唯一正整数,使$\frac{1}{n_2}\geqslant\frac{1}{n_1}-r=\frac{w}{x}>\frac{1}{n_2+1}$. 于是 $n_2\geqslant n_1(n_1+1)>n_1$ 是作为要求的数,也注意到

$$\frac{1}{n_2(n_2+1)}>r-\frac{1}{n_1}+\frac{1}{n_2}=\frac{x-n_2w}{n_2x}\geqslant 0$$

由 n_2 的选择,我们有$(n_2+1)w>x$ 或 $w>x-n_2w$. 因此,如果把余数 $r-\frac{1}{n_1}+\frac{1}{n_2}$写成最低项分数,那么分子至多是 $x-n_2w<w\leqslant u$. 于是分子小于 r,由归纳假设可记

$$r-\frac{1}{n_1}+\frac{1}{n_2}=\sum_{k=3}^{2m}\frac{(-1)^{k-1}}{n_k}$$

及 $n_3\geqslant n_2(n_2+1)>n_2$. 于是有所要求的 r 表达式. 从引理容易解答本题. 可以把 0 写成三角形数的空和. 如果 $r\in(0,2)$是有理数,那么用引理写出

$$\frac{r}{2}=\sum_{k=1}^{2m}\frac{(-1)^{k-1}}{n_k}$$

于是利用上述相同的可压缩和,有

$$r=\sum_{k=1}^{m}\sum_{t=n_{2k-1}}^{n_{2k-1}}\frac{2}{t(t+1)}$$

它给出了 r,它作为不同三角形数的倒数之和.

S259　令 a,b,c,d,e 是整数,使

$$a(b+c)+b(c+d)+c(d+e)+d(e+a)+e(a+b)=0$$

证明:$a+b+c+d+e$ 整除 $a^5+b^5+c^5+d^5+e^5-5abcde$.

美国 Dallas 市 Texas 大学 Titu Andreescu 提供

证　设 a,b,c,d,e 是 5 次多项式 $P(x)$的 5 个根 $\alpha_1,\alpha_2,\alpha_3,\alpha_4,\alpha_5$. 令

$$\sigma_k=\sum_{i=1}^{5}\alpha_i^k,s_k=\sum_{1\leqslant j_1<j_2<\cdots<j_k\leqslant 5}\alpha_{j_1}\alpha_{j_2}\cdots\alpha_{j_k}$$

我们知道 $s_2=0$,要证明 σ_1 整除 σ_5-5s_5,有

$$p(x)=x^5-s_1x^4+s_2x^3-s_3x^2+s_4x-s_5$$

于是

$$P(\alpha_1)=\alpha_1^5-s_1\alpha_1^4+s_2\alpha_1^3-s_3\alpha_1^2+s_4\alpha_1-s_5=0$$
$$P(\alpha_2)=\alpha_2^5-s_1\alpha_2^4+s_2\alpha_2^3-s_3\alpha_2^2+s_4\alpha_2-s_5=0$$
$$P(\alpha_3)=\alpha_3^5-s_1\alpha_3^4+s_2\alpha_3^3-s_3\alpha_3^2+s_4\alpha_3-s_5=0$$
$$P(\alpha_4)=\alpha_4^5-s_1\alpha_4^4+s_2\alpha_4^3-s_3\alpha_4^2+s_4\alpha_4-s_5=0$$
$$P(\alpha_5)=\alpha_5^5-s_1\alpha_5^4+s_2\alpha_5^3-s_3\alpha_5^2+s_4\alpha_5-s_5=0$$

把各列相加,得

$$\sigma_5-s_1\sigma_4+s_2\sigma_3-s_3\sigma_2+s_4\sigma_1-5s_5=0$$

因为 $s_1=\sigma_1, s_2=0$ 与 $\sigma_2=\sigma_1^2-2s_2=\sigma_1^2$ 得

$$\sigma_5-5s_5=\sigma_1(\sigma_4+s_3\sigma_1-s_4)$$

因此 $\sigma_1 \mid (\sigma_5-5s_5)$.

S260 令 $m<n$ 是正整数,$x_1,x_2,\cdots,x_n$ 是正实数. 如果 A 是$\{1,2,\cdots,n\}$的子集,定义

$$s_A=\sum_{i\in A}x_i \text{ 与 } A^C=\{i\in\{1,2,\cdots,n\}\mid i\notin A\}$$

证明

$$\sum_{|A|=m}\frac{s_A}{s_{A^C}}\geqslant\frac{m}{n-m}\binom{n}{m}$$

其中是在$\{1,2,\cdots,n\}$的所有 m 个元素的子集 A 上求和.

罗马尼亚 Bucharest 大学 Mircea Becheanu 提供

证 令 $A,B\subset\{1,2,\cdots,n\}$. 因为

$$s(A)+s(A^C)=s(B)+s(B^C)=\sum_{i=1}^n x_i$$

所以得出,为使 $S(A)\geqslant S(B)$,当且仅当 $1/s(A^C)\geqslant 1/s(B^C)$,由 Chebyshev 不等式

$$\sum_{|A|=m}\frac{s_A}{s_{A^C}}\geqslant\frac{1}{\binom{n}{m}}\sum_{|A|=m}s_A\sum_{|A|=m}\frac{1}{s_{A^C}}$$

此外,由算术平均 - 调和平均不等式

$$\frac{1}{\binom{n}{m}}\sum_{|A|=m}\frac{1}{s_{A^C}}\geqslant\frac{\binom{n}{m}}{\sum\limits_{|A|=m}s_{A^C}}$$

现在注意到

$$\sum_{|A|=m}s_A=\binom{n-1}{m-1}\sum_{i=1}^n x_i,\ \sum_{|A|=m}s_{A^C}=\binom{n-1}{n-m-1}\sum_{i=1}^n x_i$$

因此

$$\sum_{|A|=m}\frac{s_A}{s_{AC}}\geqslant\frac{\binom{n}{m}\sum\limits_{|A|=m}s_A}{\sum\limits_{|A|=m}s_{AC}}=\frac{\binom{n}{m}\binom{n-1}{m-1}}{\binom{n-1}{n-m-1}}=\frac{m}{n-m}\binom{n}{m}$$

S261 令$\triangle ABC$是外接圆为Γ,K是圆,同时与AB,AC,$\odot\Gamma$内切. 令X是$\triangle ABC$外接圆上的点,Y,Z是$\odot\Gamma$与从X到$\odot K$的切线的交点. 当X在$\odot\Gamma$运动时,$\triangle XYZ$的内心的轨迹是什么?

美国 Princeton 大学 Cosmin Pohoata 提供

解 令i是关于以A为圆心,半径为$\sqrt{bc}$的圆的反演,其中$b=AC$,$c=AB$. 令B'是$i(B)$等等,则Γ'是直线$B'C'$,于是圆K'是$\triangle AB'C'$对应于A的旁切圆. 令s与r是$\triangle ABC\cong\triangle AC'B'$的半周长与内径,则

$$AD=\frac{bc}{AD'}=\frac{2[ABC]}{s\sin A}=\frac{2r}{\sin A}$$

因此从F到AC的距离是从D到AC的距离的一半,是r. 这完成了引理的证明.

这个引理蕴含F与A是在关于圆K的反演示下相互的像. 因此$\triangle XYZ$内心的轨迹是$\odot j(\Gamma)$. 当然,是否包括圆Γ与圆K的切点依赖于$\triangle XYZ$是否允许退化成一点.

S262 令a,b,c是三角形的边长,m_a,m_b,m_c是它的中线长,证明

$$a^2+b^2+c^2-ab-bc-ca\leqslant 4(m_a^2+m_b^2+m_c^2-m_am_b-m_bm_c-m_cm_a)$$

美国 San Jose 市 Arkady Alt 提供

证 我们知道,对于$\triangle ABC$,如果m_a,m_b,m_c是它在BC,CA,AB上的中线,那么有

$$m_a^2+m_b^2+m_c^2=\frac{3}{4}(a^2+b^2+c^2)$$

考虑到这个恒等式,我们留下证明

$$\sum m_bm_c\leqslant\frac{1}{2}\sum a^2+\frac{1}{4}\sum bc$$

我们将证明

$$m_am_b\leqslant\frac{a^2}{2}+\frac{bc}{4}$$

把这个不等式的两边平方,得

$$16m_a^2m_b^2\leqslant(2a^2+bc)^2$$

它等价于

$$16\,\frac{2(c^2+a^2)-b^2}{4}\cdot\frac{2(a^2+b^2)-c^2}{4}\leqslant(2a^2+bc)^2\Leftrightarrow$$

$$(b-c)^2(a+b+c)(a-b-c)\leqslant 0$$

它成立,这里利用了恒等式

$$m_b^2=\frac{2(c^2+a^2)-b^2}{4}$$

与

$$m_c^2=\frac{2(a^2+b^2)-c^2}{4}$$

类似地证明

$$m_am_c\leqslant\frac{b^2}{2}+\frac{ac}{b}\text{与 }m_am_b\leqslant\frac{c^2}{2}+\frac{ab}{b}$$

把最后的不等式相加,就证明了我们的结果.

S263 证明:对于所有的 $n\geqslant2$ 与所有的 $1\leqslant i\leqslant n$,有

$$\sum_{j=1}^{n}(-1)^{n-j}\frac{\binom{n+j}{n}\binom{n}{n-j}}{i+1}=1$$

罗马尼亚 Bucharest 市 Marcel Chirita 提供

证 取 $n=2,3$ 的特殊情形,可以容易发现所提出的关系式未必成立. 但是对于 $1\leqslant i\leqslant n$,总会成立

$$S(n,i)=\sum_{j=0}^{n}(-1)^{n-j}\frac{\binom{n+j}{n}\binom{n}{n-j}}{i+j}=0$$

事实上,我们将证明更一般的结果,即对于所有正整数 i 与所有非负整数 n,有

$$S(n,i)=\sum_{j=0}^{n}(-1)^{n-j}\frac{\binom{n+j}{n}\binom{n}{n-j}}{i+j}=\frac{(i-1)(i-2)\cdots(i-n)}{i(i+1)\cdots(i+n)}$$

对于所有整数 $1\leqslant i\leqslant n$,上式显然导致 $S(n,i)=0$. 为了得出这个结果,我们将利用以下的:

断言 对所有正整数 n,有

$$T(n)=\sum_{j=0}^{n}(-1)^{n-j}\binom{n+j}{n}\binom{n}{n-j}=1$$

断言的证明 考虑产生集合 $A=A_1\cup A_2$ 的 n 个元素子集 C 的以下方法,其中 $A_1=\{1,2,\cdots,n\}$,$A_2=\{n+1,n+2,\cdots,2n\}$,首先从 A_2 中除去 $n-j$ 个元素(这有 $\binom{n}{n-j}$ 种做法),其次从 A_2 的剩余 j 个元素中选出 n 个元素,加上 A_1 中 n 个元素(这有 $\binom{n+j}{n}$ 种做法). 给定 j,产生 $\binom{n}{n-j}\binom{n+j}{n}$ 个集合,未必是不同的. 考虑集合 $C=C_1\cup C_2$,其中 $C_1=$

$C\cap A_1, C_2=C\cap A_2$，C_2 恰有 k 个元素，只要 $j\geqslant k$，就能产生出 C. 在除去 $n-j$ 个元素的 $\binom{n}{n-j}$ 种方法外，恰有从 A_2 中选择除去 $n-j$ 个元素的 $\binom{n-k}{n-j}$ 种方法，A_2 将留下 C_2 的 k 个元素可用于选入 C. 因此，任何已知的 n 个元素子集 C，使 C_2 恰有 k 个元素可用 $\binom{n-k}{n-j}$ 种方法选出，对这样的 C，让我们来计算，在 $n-j$ 是偶数时，可以选出它的方法数，减去在 $n-j$ 是奇数时，可以选出它的方法数，在所有可能子集 C 上相加时，结果显然等于 $T(n)$. 对于具有 $n-1\geqslant k\geqslant 0$ 的任何特殊集合，这个方法数是

$$\sum_{j=k}^{n}(-1)^{n-j}\binom{n-k}{n-j}=\sum_{m=0}^{n-k}(-1)^{m}\binom{n-k}{m}=(1-1)^{n-k}=0$$

其中规定 $m=n-j$. 从所有集合 $C\neq A_2$ 中赋予 $T(n)$ 的值为零. 此外，当 $j=n$ 时，即当选择 n 个元素子集前没有除去 A_2 的元素时，恰有一种方法选出 $C=A_2$. 因为 $n-j=0$ 是偶数，这赋予 $T(n)$ 的值是 $+1$，是唯一非零项，推出断言.

回到所提出的问题，注意，因为

$$n+i=(n-j)+(i+j), n+j=(i+j)-(i-n)$$

而

$$\binom{n}{n-j}=\frac{n}{n-j}\binom{n-1}{n-1-j},\ \binom{n+j}{n}=\frac{n+j}{n}\binom{n-1+j}{n-1}$$

所以有

$$(n+i)\frac{\binom{n+j}{n}\binom{n}{n-j}}{i+j}=-(i-n)\frac{\binom{n-1+j}{n-1}\binom{n-1}{n-1-j}}{i+j}$$
$$+\binom{n+j}{n}\binom{n}{n-1}+\binom{n-1+j}{n-1}\binom{n-1}{n-1-j}$$

或者在这个关系式代入且用以上断言后，有

$$(i+n)S(n,i)=(i-n)S(n-1,i)+T(n)-T(n-1)=(i-n)S(n-1,i)$$

和

$$S(1,i)=\sum_{j=0}^{1}(-1)^{1-j}\frac{1+j}{i+j}=-\frac{1}{i}+\frac{2}{i+1}=\frac{i-1}{i(i+1)}$$

一起被改进. 在用简单的归纳法后得出更一般的结果.

S264　令 a,b,c,x,y,z 是正实数，使

$$ab+bc+ca=xy+yz+zx=1$$

证明

$$a(y+z)+b(z+x)+c(x+y)\geqslant 2$$

罗马尼亚 Cluj－Napoca 市 Babes－Bolyai 大学 Dorin Andrica 提供

证 令 $A=a^2+b^2+c^2, X=x^2+y^2+z^2, P=ab+bc+ca, Q=xy+yz+zx$.
不等式等价于

$$(a+b+c)(x+y+z) \geqslant \sum_{\text{cyc}} ax+2$$

平方并利用 $P=Q=1$,得

$$(A+2)(X+2) \geqslant (2+\sum_{\text{cyc}} ax)^2$$

Cauchy – Schwarz 不等式给出

$$\sum_{\text{cyc}} ax \leqslant \sqrt{AX}$$

于是达到

$$(A+2)(X+2) \geqslant (2+\sqrt{AX})^2$$

或

$$AX+2A+2X+4 \geqslant 4+4\sqrt{AX}+AX \Leftrightarrow A+X \geqslant 2\sqrt{AX}$$

这是显然的.

S265 求所有的正整数对 (m,n),使 m^2+5n 与 n^2+5m 都是完全平方数.

美国 Dallas 市 Texas 大学 Titu Andreescu 提供

解 由对称性可以设 $m \leqslant n$,则

$$n^2<n^2+5m \leqslant n^2+5n<(n+3)^2$$

因此 $n^2+5m=(n+1)^2$ 或 $n^2+5m=(n+2)^2$

在第 1 种情形下有 $5m=2n+1$,从而可见,对于某个非负整数 k, $n=5k+2$ 和 $m=2k+1$. 于是另一个平方数是

$$m^2+5n=(2k+1)^2+5(5k+2)=4k^2+29k+11$$

因为

$$(2k+3)^2=4k^2+12k+9<m^2+5n=4k^2+29k+11$$
$$\leqslant (2k+8)^2=4k^2+32k+64$$

所以得出 4 种情形,每种情形给出 k 的一个线性方程. 如果 $m^2+5n=(2k+4)^2$,那么得 $13k=5$. 如果 $m^2+5n=(2k+5)^2$,那么得 $9k=14$. 如果 $m^2+5n=(2k+6)^2$,那么得 $5k=25$. 如果 $m^2+5n=(2k+7)^2$,那么得 $k=38$. 其中只有最后 2 种情形给出 k 的整值,我们分别对 $k=5$ 与 38 得出两解 $(m,n)=(11,27)$ 与 $(77,192)$.

在第 2 种情形下有 $5m=4n+4$,从而可见对于某个非负整数 k, $n=5k+4$ 与 $m=4k+4$. 于是另一个平方数是

$$m^2+5n=(4k+4)^2+5(5k+4)=16k^2+57k+36$$

因为

$$(4k+6)^2=16k^2+48k+36 \leqslant m^2+5n=16k^2+57k+36<(4k+8)^2$$

$$=16k^2+64k+64$$

我们得出2种情形,如果 $m^2+5n=(4k+6)^2$,那么得 $k=0$ 与 $(m,n)=(4,4)$. 如果 $m^2+5n=(4k+7)^2$,那么得 $k=13$ 与 $(m,n)=(56,69)$.

因此得出7个解,$(m,n)=(4,4),(11,27),(27,11),(56,69),(69,56),(77,192),(192,77)$.

S266 令 $ABCD$ 是圆外切四边形,$O=AC\cap BD$,M,N,P,Q 分别为 AB,BC,CD,DA 的中点,X,Y,Z,T 分别为 O 在 AB,BC,CD,DA 上的投影. 令 $U=MP\cap YT$,$V=NQ\cap XZ$. 证明:U,O,V 共线.

罗马尼亚 Zalau 市 Marius Stancan 提供

证 对某个 $k\in(0,1)$ 令 $T=kA+(1-k)D$.

因为 $\triangle AOD\backsim\triangle BOC$,同样地 $Y=kB+(1-k)C$. 于是

$$kM+(1-k)P=\frac{k}{2}(A+B)+\frac{1-k}{2}(D+C)=\frac{1}{2}(T+Y)$$

因此 U 是 TY 的中点. 同样地,V 是 XZ 的中点. 其次注意 $\angle TXO=\angle TAO=\angle YBO=\angle YXO$ 等等,从而 O 是四边形 $TXYZ$ 的内切圆心,因此 $TX+YZ=XY+ZT$. 令[·]表示面积,则

$$[TOX]+[YOZ]=[XOY]+[ZOT]=\frac{1}{2}[TXYZ].$$

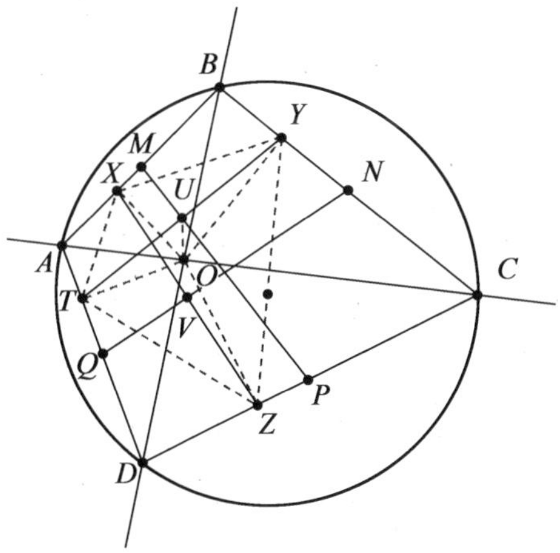

另一方面也有

$$[TUX]+[YUZ]=\frac{1}{2}[TYX]+\frac{1}{2}[YTZ]=\frac{1}{2}[TXYZ]$$

于是

$$[TOU]-[XOU]=[TOX]-[TUX]=[YUZ]-[YOZ]=[YOU]-[ZOU]$$

因为 $[TOU]=[YOU]$,所以得 $[XOU]=[ZOU]$,这蕴含 V' 是 XZ 的中点,其中 $V'=UO\cap XZ$. 因此 $V'=V$,即 U,O,V 共线.

S267 求所有的素数 p,q,r,使 $7p^3-q^3=r^6$.

美国 Dallas 市 Texas 大学 Titu Andreescu 提供

解 设 $r=2$,则 $7p^3=(q+4)(q^2-4q+16)$.

注意 p 与 q 都是奇素数,因为

$$q^2-4q+16=(q+4)(q-8)=48$$

$\gcd(q+4,q^2-4q+16)\mid 48$. 此外 2 个因子都是奇数,从而 $\gcd(q+4,q^2-4q+16)\in\{1,3\}$,如果 $\gcd(q+4,q^2-4q+16)=3$,那么由唯一因子分解定理,$p=3$. 把这些值代入原方程,得 $q=5$. 如果 $\gcd(q+4,q^2-4q+16)=1$,因为 2 个因子都大于 1,所以得 $p\neq 7$ 与

$$q+4=7 \quad q+4=p^3$$

$$q^2-4q+16=p^3 \quad q^2-4q+16=7$$

易见 2 个方程组无解. 今设 $r>2$,则在 p 与 q 之间恰有一数是 2,另一数是奇数,设 $p=2$,则

$$56=(q+r^2)(q^2-qr^2+r^4)$$

此外,2 个因子都大于 1,$q+r^2$ 是偶数,$q^2-qr^2+r^4$ 是奇数,于是唯一可能性是

$$q+r^2=8$$

$$q^2-qr^2+r^4=7$$

显然第 1 个方程无奇素数解. 现在设 $q=2$,则

$$7p^3=(r^2+2)(r^4-2r^2+4)$$

因为

$$r^4-2r^2+4=(r^2+2)(r^2-4)+12$$

于是 $\gcd(r^2+2,r^4-2r^2+4)\mid 12$,但是 2 个因子都是奇数,从而

$$\gcd(r^2+2,r^4-2r^2+4)\in\{1,3\}$$

如果 $\gcd(r^2+2,r^4-2r^2+4)=3$,那么由唯一因子分解定理,$p=3$,但是对 $p=3,q=2$ 无解. 如果 $\gcd(r^2+2,r^4-2r^2+4)=1$,因为 2 个因子都大于 1,所以得 $p\neq 7$ 与

$$r^2+2=7 \quad r^2+2=p^3$$

$$r^4-2r^2+4=p^3 \quad r^4-2r^2+4=7$$

易见 2 个方程组无解. 因此,满足已知方程的唯一素数是 $p=3,q=5,r=2$.

S268 令 C 是圆心为 O 的圆,W 是它内部的点. 从 W 作 $2k$ 条射线,使任意 2 条相邻射线之间的角为$\frac{\pi}{k}$. 这些射线与圆 C 相交于点 $A_1,A_2,\cdots,A_{2k}$,证明:多边形 $A_1\cdots A_{2k}$的形心是 OW 的中点.

美国 Massachusetts 理工学院 Ivan Borsenco 提供

证 令 Γ 是直径为 OW 的圆,因为 A_mA_{m+k}是 C 通过 W 的弦,从 O 到 A_mA_{m+k}的垂线足

将是 A_mA_{m+k}的中点 M_m，是 Γ 与 A_mA_{m+k}的第 2 个交点. $\angle M_mWM_{m+1}$都是$\frac{\pi}{k}$，从而点 M_m 是 Γ 旁 k 个间隔相同的点，因此(当 $k>1$ 时)它们的形心是 Γ 的圆心，即 OW 的中点. 但是点 $A_1,\cdots,A_{2k}$的形心是成对中点 $M_1,\cdots,M_k$ 的形心，因此也是 OW 的中点.

S269　求所有的整数 n，使方程$(n^2-1)x^2-y^2=2$ 有整数解.

美国 Dallas 市 Texas 大学 Titu Andreescu 提供

解　如果(x,y)是方程$(n^2-1)x^2-y^2=2$ 的解，那么$(x,y+nx)$是 $x^2+y^2=2nxy$ 的解. 我们将研究后一个方程，因为它简单，如果 $x=y$，那么得出解 $x=y=\pm 1$ 与 $n=pm2$. 以下论证的目的是证明，n 的这些解是给出的唯一解. 为找出矛盾，设 $n>2$，设存在解(x,y)使 $x>y>0$. 在所有可能解$(r,s)=(x,y)$中取一个解使 $r+s$ 最小. 因此 r 是方程 $t^2-2nst+s^2=2$ 的根，另一根更是整数，当 $r>s$ 时验证 $r'=\frac{s^2+2}{r}$，从而 $r^2>s^2+2$，可以说 $r'>r$. 现在来证明 $r'\neq s$，如果相反，有 $r'=s$，那么一定得 $r'=s=\pm 1$，从而 $r=3$，它导致 $n=2$，矛盾. 因此求出了一对新解(r',s)使 $r'\neq s>0$，$r'+s<r+s$，矛盾，因为假定 $r+s$ 最小. 这里我们利用了 Vieta Jumping 原理.

S270　复数 z_1,z_2,z_3 满足$|z_1|=|z_2|=|z_3|=1$. 如果对于 $k\in\{1,2,3\}$，$z_1^k+z_2^k+z_3^k$ 是整数，证明：$z_1^{12}=z_2^{12}=z_3^{12}$.

罗马尼亚 Campulung Moldovenesc 市 Mihai Piticari 提供

证　我们将证明 $z_1^{12}=z_2^{12}=z_3^{12}=1$，把它认为是改进的结果. 注意

$$z_1z_2z_3=\frac{2(z_1^3+z_2^3+z_3^3)+(z_1+z_2+z_3)^3-3(z_1+z_2+z_3)(z_1^2+z_2^2+z_3^2)}{6}$$

或者由题目中给出的条件知 $z_1z_2z_3$ 是有理数，这同时有$|z_1z_2z_3|=1$，即 $z_1z_2z_3$ 一定是 1 或 -1. 因为把所有 z_i 同时换为 $-z_i$，使问题不变，所以不妨设 $z_1z_2z_3=1$. 所以不妨设 $\alpha,\beta\in(-\pi,\pi]$存在，使 $z_1=e^{i\alpha}$，$z_2=e^{i\beta}$，其中不妨有 $z_3=e^{-i(\alpha+\beta)}$. 但是 $z_1+z_2+z_3$ 是整数要求.

$$\sin\alpha+\sin\beta-\sin(\alpha+\beta)=0$$

因为这个和是实数，一定有

$$4\cos\frac{\alpha}{2}\cos\frac{\beta}{2}\sin\frac{\alpha+\beta}{2}=0$$

或者 $\alpha=\pi$ 或 $\beta=\pi$，如果 $\alpha,\beta\neq\pi$，那么 $\alpha+\beta=0$. 因此 z_i 中至少有一个是 1 或 -1.

现在不妨设 $z_3=1$，$z_1z_2z_3=z_1z_2=\pm 1$. 不妨规定 $z_2=e^{i\alpha}$，如果 $z_1z_2=-1$，那么 $z_2=-e^{-i\alpha}$，$z_1+z_2=2i\sin\alpha$ 一定为 0，以便使它是整数，或者对于(z_1,z_2)是$(-1,1)$是置换，α 是 π 的整数倍，改进的结果显然成立. 如果 $z_1z_2=1$，那么 $z_2=e^{-i\alpha}$或 $z_1+z_2=2\cos\alpha$ 一定是整数. 因为 $\cos\alpha\in[-1,1]$，所以对于 $\alpha\in\{0,\pm\frac{\pi}{2},\pm\pi,\pm\frac{\pi}{3},\pm\frac{2\pi}{3}\}$，有 $\cos\alpha\in\{0,\pm\frac{1}{2},$

$\pm 1\}$. 在所有这些情形下,改进的结果显然也成立. 推出结论.

S271 试确定是否有 $n\times n$ 正方形表格,表格具有两两不同正整数的所有表值立方,使 n 行的每行表值,n 列的每列表值与 2 条对角线的每条表值的积是 $2\ 013^{2\ 013}$.

美国 Dallas 市 Texas 大学 Titu Andreescu 提供

解 下表指出 De Morgan 11×11 加性幻方,其中 11 行每行表值,11 列每列表值与 2 条对角线每条表值之和是 $(1+2+\cdots+121)/11=671$.

56	117	46	107	36	97	26	87	16	77	6
7	57	118	47	108	37	98	27	88	17	67
68	8	58	119	48	109	38	99	28	78	18
19	69	9	59	120	49	110	39	89	29	79
80	20	70	10	60	121	50	100	40	90	30
31	81	21	71	11	61	111	51	101	41	91
92	32	82	22	72	1	62	112	52	102	42
43	93	33	83	12	73	2	63	113	53	103
104	44	94	23	84	13	74	3	64	114	54
55	105	34	95	24	85	14	75	4	65	115
116	45	106	35	96	25	86	15	76	5	66

把 $2\ 013^3$ 加到此表每个表值中去了,得出 11×11 乘性幻方满足要求.

S272 令 $A_1A_2\cdots A_{2n}$ 是 $\odot C(O,R)$ 的内接多边形. 对角线 $A_1A_{n+1},A_2A_{n+2},\cdots,A_nA_{2n}$ 相交于点 P. 令 G 是这个多边形的形心,证明 $\angle OPG$ 是锐角.

美国 Massachusetts 理工学院 Ivan Borsenco 提供

证 对于 $1\leqslant i\leqslant n$,令 M_i 是 A_iA_{n+i} 的中点,则 $OM_i\perp A_iA_{n+i}$,于是 n 边形 $M_1M_2\cdots M_n$ 内接于以 OP 为直径的圆 C' 中.

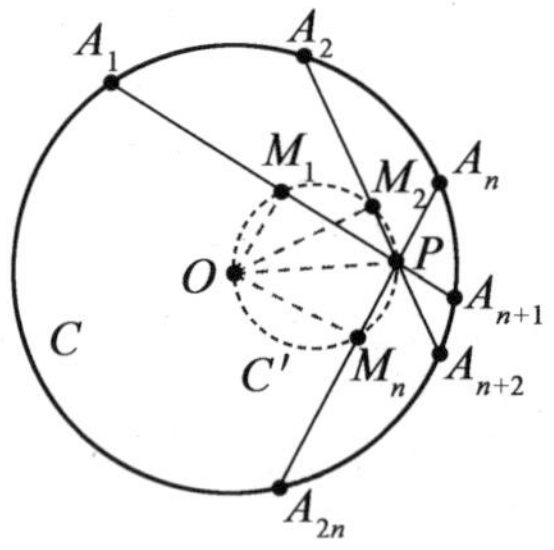

因为 G 也是多边形 $M_1M_2\cdots M_n$ 的形心,所以一定在圆 C' 内部. 因此 $\angle OPG$ 是锐角.

S273　令 a,b,c 是正整数,使 $a\geqslant b\geqslant c$,$\frac{a-c}{2}$是素数. 证明:如果

$$a^2+b^2+c^2-2(ab+bc+ca)=b$$

那么 b 是素数或完全平方数.

美国 Dallas 市 Texas 大学 Titu Andreescu 提供

证　对素数 p 记 $a-c=2p$. 可以把已知方程改写为 $(a-c)^2=4p^2=b(2a+2c-b+1)$,因此 b 是 $4p^2$ 的因子. 因为 $2a+2c-b+1\geqslant a+2c+1>a-c=2p$,所以一定有 $b<2p$. 因此 $b=1,2,4$ 或 p. 所有这些情形是素数(2 或 p)或完全平方数(1 或 4).

S274　令 a,b,c 是正实数,使 $abc=1$. 证明

$$\frac{a}{ca+1}+\frac{b}{ab+1}+\frac{c}{bc+1}\leqslant\frac{1}{2}(a^2+b^2+c^2)$$

印度 Kolkata 市 Sayan Das 提供

证　作大家熟知的代换 $a=\frac{x}{y},b=\frac{y}{z},c=\frac{z}{x}$,其中 $x,y,z>0$. 原不等式变为

$$\frac{2x}{y+z}+\frac{2y}{z+x}+\frac{2z}{x+y}\leqslant\frac{x^2}{y^2}+\frac{y^2}{z^2}+\frac{z^2}{x^2}\tag{$*$}$$

按照算术平均-几何平均不等式,得

$$\frac{x^2}{y^2}+\frac{y^2}{z^2}+\frac{z^2}{x^2}=\frac{1}{2}\left(\frac{x^2}{y^2}+\frac{y^2}{z^2}\right)+\frac{1}{2}\left(\frac{y^2}{z^2}+\frac{z^2}{x^2}\right)+\frac{1}{2}\left(\frac{z^2}{x^2}+\frac{x^2}{y^2}\right)$$

$$\geqslant\frac{x}{z}+\frac{y}{x}+\frac{z}{y}\tag{1}$$

从算术平均-几何平均不等式与 Cauchy-Schwarz 不等式,得

$$\frac{x^2}{y^2}+\frac{y^2}{z^2}+\frac{z^2}{x^2}=\sqrt{\frac{x^2}{y^2}+\frac{y^2}{z^2}+\frac{z^2}{x^2}}\cdot\sqrt{\frac{x^2}{y^2}+\frac{y^2}{z^2}+\frac{z^2}{x^2}}$$

$$\geqslant\sqrt{3}\cdot\sqrt{\frac{x^2}{y^2}+\frac{y^2}{z^2}+\frac{z^2}{x^2}}\geqslant\frac{x}{y}+\frac{y}{z}+\frac{z}{x}\tag{2}$$

把不等式(1),(2)相加,推导出

$$\frac{x^2}{y^2}+\frac{y^2}{z^2}+\frac{z^2}{x^2}\geqslant\frac{1}{2}\left(\frac{x}{y}+\frac{x}{z}\right)+\frac{1}{2}\left(\frac{y}{x}+\frac{y}{z}\right)+\frac{1}{2}\left(\frac{z}{x}+\frac{z}{y}\right)\tag{3}$$

把算术平均-调和平均不等式应用于两数,得

$$\frac{1}{2}\left(\frac{x}{y}+\frac{x}{z}\right)+\frac{1}{2}\left(\frac{y}{x}+\frac{y}{z}\right)+\frac{1}{2}\left(\frac{z}{x}+\frac{z}{y}\right)\geqslant\frac{2}{\frac{y+z}{x}}+\frac{2}{\frac{x+z}{y}}+\frac{2}{\frac{x+y}{z}}$$

$$=\frac{2x}{y+z}+\frac{2y}{x+z}+\frac{2z}{x+y}\tag{4}$$

最后从(3)与(4)得($*$),这恰好是要求的结果.

S275 令$\triangle ABC$的内切圆为I与内心为I,令A',B',C'分别是圆I与线段AI,BI,CI的交点,证明

$$\frac{AB}{A'B'}+\frac{BC}{B'C'}+\frac{CA}{C'A'}\geqslant 12-4\left(\sin\frac{A}{2}+\sin\frac{B}{2}+\sin\frac{C}{2}\right)$$

罗马尼亚 Zalau 市 Marius Stanean 提供

证 显然

$$\angle A'IB'=\angle AIB=180^\circ-\frac{A+B}{2}=90^\circ+\frac{C}{2}$$

或$\angle A'C'B'=45^\circ+\frac{C}{4}$,应用正弦定理与

$$r=4R\sin\frac{A}{2}\sin\frac{B}{2}\sin\frac{C}{2}$$

其中r,R分别为$\triangle ABC$的内径与外接圆半径,求出

$$\frac{A'B'}{AB}=\frac{r}{R}\frac{\sin\left(45^\circ+\frac{C}{4}\right)}{\sin C}=2\sin\frac{A}{2}\sin\frac{B}{2}\frac{\sin\left(45^\circ+\frac{C}{4}\right)}{\cos\frac{C}{2}}$$

现在

$$2\sin\frac{A}{2}\sin\frac{B}{2}=\cos\frac{A-B}{2}-\cos\frac{A+B}{2}\leqslant 1-\sin\frac{C}{2}$$

为使等式成立,当且仅当$A=B$,或者记$\gamma=\frac{C}{4}+45^\circ$,有

$$\sin\frac{C}{2}=-\cos\left(\frac{C}{2}+90^\circ\right)=-\cos(2\gamma)$$

$$\cos\frac{C}{2}=\sin\left(\frac{C}{2}+90^\circ\right)=\sin(2\gamma)$$

与

$$\frac{A'B'}{AB}\leqslant(1+\cos(2\gamma))\frac{\sin\gamma}{\sin(2\gamma)}=\cos\gamma$$

为使等式成立,当且仅当$A=B$,对左边其他项可以求出类似关系式,只要规定

$$\alpha=\frac{A}{4}+45^\circ,\ \beta=\frac{B}{4}+45^\circ$$

就得出

$$\frac{AB}{A'B'}+\frac{BC}{B'C'}+\frac{CA}{C'A'}\geqslant\frac{1}{\cos\alpha}+\frac{1}{\cos\beta}+\frac{1}{\cos\gamma}$$

并利用所提出不等式右边中α,β,γ的规定,只要证明

$$\frac{1}{\cos\alpha}+\frac{1}{\cos\beta}+\frac{1}{\cos\gamma}\geqslant 8(\cos^2\alpha+\cos^2\beta+\cos^2\gamma)$$

此外，注意，因为 $0<A<180°$，所以有 $45°<\alpha<90°$，或 α,β,γ 是锐角三角形中的角，或所有余弦是正实数，大家也知道（或容易用余弦定理证明）

$$\cos^2\alpha+\cos^2\beta+\cos^2\gamma+2\cos\alpha\cos\beta\cos\gamma=1$$

或只要证明

$$\frac{1}{\cos\alpha}+\frac{1}{\cos\beta}+\frac{1}{\cos\gamma}+16\cos\alpha\cos\beta\cos\gamma\geqslant 8$$

在应用算术平均 - 几何平均不等式于左边的和后，上式显然成立，为使等式成立，当且仅当 $\alpha=\beta=\gamma=60°$，即当且仅当 $\triangle ABC$ 是等边的，这也是使所提出的不等式变为等式的充要条件. 推出结论.

S276 令 a,b,c 是实数，使

$$\frac{2}{a^2+1}+\frac{2}{b^2+1}+\frac{2}{c^2+1}\geqslant 3$$

证明：$(a-2)^2+(b-2)^2+(c-2)^2\geqslant 3$.

美国 Dallas 市 Texas 大学 Titu Andreescu 提供

证 关键的观察是

$$\begin{aligned}((a-2)^2+1)(a^2+1)&=(a^2-4a+5)(a^2+1)\\&=a^4-4a^3+6a^2-4a+5\\&=(a-1)^4+4\end{aligned}$$

因此

$$(a-2)^2=\frac{(a-1)^4}{a^2+1}+\frac{4}{a^2+1}-1$$

求此式的和，给出

$$\sum_{\text{cyc}}(a-2)^2=\sum_{\text{cyc}}\frac{(a-1)^4}{a^2+1}+\sum_{\text{cyc}}\frac{4}{a^2+1}-3\geqslant 2\cdot\sum_{\text{cyc}}\frac{2}{a^2+1}-3\geqslant 3$$

S277 令 a,b,c 是正实数，使

$$\frac{1}{a^3+b^3}+\frac{1}{b^3+c^3}+\frac{1}{c^3+a^3}\leqslant\frac{3}{a+b+c}$$

证明

$$2(a^2+b^2+c^2)+(a-b)^2+(b-c)^2+(c-a)^2\geqslant 9$$

美国 Dallas 市 Texas 大学 Titu Andreescu 提供

证 不失一般性，设 $a\leqslant b\leqslant c$，则已知条件给出

$$\begin{aligned}1&\geqslant\frac{1}{6}[(a+b)+(b+c)+(c+a)]\left(\frac{1}{a^3+b^3}+\frac{1}{b^3+c^3}+\frac{1}{c^3+a^3}\right)\\&\geqslant\frac{1}{2}\left(\frac{a+b}{a^3+b^3}+\frac{b+c}{b^3+c^3}+\frac{c+a}{c^3+a^3}\right)\end{aligned}$$

$$=\frac{1}{2}\left(\frac{1}{a^2-ab+b^2}+\frac{1}{b^2-bc+c^2}+\frac{1}{c^2-ca+a^2}\right)$$

$$\geqslant\frac{9}{4(a^2+b^2+c^2)-2(ab+bc+ca)}$$

其中第 2 个与第 3 个不等式分别由 Chebyshev 不等式与算术平均 - 调和平均不等式得出. 因此

$$2(a^2+b^2+c^2)+(a-b)^2+(b-c)^2+(c-a)^2$$
$$=4(a^2+b^2+c^2)-2(ab+bc+ca)\geqslant 9$$

S278 令 a,b,c 是复数,使 $|a|=|b|=|c|=1$. 如果有正整数 n,使

$$|a+b|^{2^n}+|b+c|^{2^n}+|c+a|^{2^n}\leqslant 3$$

证明 a,b,c 是正三角形顶点的标记.

罗马尼亚 Bucharest 市 Marcel Chirita 提供

证 项 $|a+b|,|b+c|,|c+a|$ 中每一项分别可以写成复数 a 与 b 间,b 与 c 间,c 与 a 间的函数,例如,如果 $\angle(a,b)=\alpha$,那么

$$|a+b|=\sqrt{(1+\cos\alpha)^2+\sin^2\alpha}=\sqrt{2+2\cos\alpha}=2\left|\cos\frac{\alpha}{2}\right|$$

类似地

$$|b+c|=2\left|\cos\frac{\beta}{2}\right|\text{与}|c+a|=2\left|\cos\frac{\gamma}{2}\right|$$

应用 Chebyshev 的和不等式,如果有正整数 n,使

$$\frac{|a+b|^{2^n}+|b+c|^{2^n}+|c+a|^{2^n}}{3}\leqslant 1$$

那么

$$\frac{|a+b|^{2^n}+|b+c|^{2^n}+|c+a|^{2^n}}{3}\geqslant\left(\frac{|a+b|^{2^{n-1}}+|b+c|^{2^{n-1}}+|c+a|^{2^{n-1}}}{3}\right)^2$$
$$\geqslant\left(\frac{|a+b|^{2^{n-2}}+|b+c|^{2^{n-2}}+|c+a|^{2^{n-2}}}{3}\right)^{2^2}$$
$$\geqslant\left(\frac{|a+b|^2+|b+c|^2+|c+a|^2}{3}\right)^{2^{n-1}}$$

因此

$$\left|\cos\frac{\alpha}{2}\right|+\left|\cos\frac{\beta}{2}\right|+\left|\cos\frac{\gamma}{2}\right|\leqslant\frac{3}{4}$$

但是,在有角 $\frac{\alpha}{2},\frac{\beta}{2},\frac{\gamma}{2}$ 的任何三角形中

$$\left|\cos\frac{\alpha}{2}\right|+\left|\cos\frac{\beta}{2}\right|+\left|\cos\frac{\gamma}{2}\right|\geqslant\frac{3}{4}$$

我们有等式,为使它成立,当且仅当三角形是等边的.

S279　求以下方程的整数解:

$$(2x+y)(2y+x)=9\min(x,y)$$

美国 Dallas 市 Texas 大学 Titu Andreescu 提供

解法1　由对称性,设 $y\geqslant x$,从而要求以下方程的整数解

$$(2x+y)(2y+x)=9x$$

即求以下方程的整数解

$$2x^2+x(5y-9)+2y^2=0$$

它给出

$$x=\frac{9-5y\pm 3\sqrt{(y-1)(y-9)}}{4}$$

注意 $\Delta=(y-1)(y-9)$ 必须是完全平方数.

现在为使 $\Delta=0$,当且仅当 $y=1$ 或 $y=9$,相应的解是 $(1,1)$ 与 $(-9,9)$.

设 $\Delta>0$,于是 $g=\gcd(y-1,y-9)=\gcd(y-1,8)\in\{1,2,4,8\}$,$\gcd((y-1)/g,(y-9)/g)=1$. 因此,为使 $g^2((y-1)/g)((y-9)/g)$ 是完全平方数,当且仅当 $(y-1)g$ 与 $(y-9)/g$ 都是完全平方数或者都是平方数的相反数. 因为 $m^2-n^2=8$ 有唯一正整数解 $(3,1)$,所以对 $g=1$ 只有2种情形:

(1) $y-1=9,y-9=1$,于是 $y=10$ 蕴含 $x=-8$;

(2) $y-1=-1,y-9=-9$,于是 $y=0$ 蕴含 $x=0$.

对于 $g=2,4,8$,无解,因为不存在非零平方数,使它们的差是4,2或1.

解法2　我们将证明解是 $(0,0),(1,1),(-9,9),(9,-9),(-8,10),(10,-8)$.

由对称性,设 $y\geqslant x$.

令 $x=u-4,y=v+5$,则 diophantine 方程变为

$$(2u+v)(2v+u)=-18$$

现在必须解方程组

$$\begin{cases}2u+v=a\\u+2v=b\end{cases}$$

其中 $(a,b)\in\{(\pm18,\mp1),(\pm1,\mp18),(\pm9,\mp2),(\pm2,\mp9),(\pm6,\mp3),(\pm3,\mp6)\}$.

易见为使 $(u,v)=((2a-b)/3,(2b-a)/3)\in\mathbf{Z}$,当且仅当

$$(a,b)=(6,-3)\to(u,v)=(5,-4)\to(x,y)=(1,1)$$

$$(a,b)=(-6,3)\to(u,v)=(-5,4)\to(x,y)=(-9,9)$$

$$(a,b)=(-3,6)\to(u,v)=(-4,5)\to(x,y)=(-8,10)$$

$$(a,b)=(3,-6)\to(u,v)=(4,-5)\to(x,y)=(0,0)$$

S280 令 x,y,z 是正实数,使 $x+y+z=3$. 证明

$$x^4y^4z^4(x^3+y^3+z^3)\leqslant 3$$

印度 Kolkata 市 Sayan Das 提供

证 因为原不等式的齐次形式是

$$3^{14}x^4y^4z^4(x^3+y^3+z^3)\leqslant(x+y+z)^{15} \tag{1}$$

于是设 $x+y+z=1$,记

$$t:=3(xy+yz+zx),q:=xyz$$

得

$$(1)\Leftrightarrow 3^{14}q^4(1-t+3q)\leqslant 1\Leftrightarrow 1-3^{14}q^4(1-t)-3^{15}q^5\geqslant 0$$

因为

$$3xyz(x+y+z)\leqslant(xy+yz+zx)^2\Leftrightarrow q\leqslant\frac{t^2}{3^3}\Rightarrow$$

$$\begin{aligned}1-13^{14}q^4(1-3p)-3^{15}q^5 &\geqslant 1-3^{14}\left(\frac{t^2}{3^3}\right)^4(1-t)-3^{15}\left(\frac{p^2}{3^3}\right)^5\\ &=1-9t^8(1-t)-t^{10}\\ &=(1-t)(t^9+(1+t+t^2+t^3+t^4+t^5+t^6+t^7-8t^8))\\ &=t^9(1-t)+(1-t)^2(1+2t+3t^2+4t^3+5t^4+6t^5+7t^6+8t^7)\geqslant 0\end{aligned}$$

由于

$$t=3(xy+yz+zx)\leqslant(x+y+z)^2=1$$

S281 令 n 是大于 1 的整数,对于 $a\in\mathbf{C}\backslash\mathbf{R}$ 与 $|a|=1$,考虑方程

$$\sum_{k=0}^{n}\binom{n}{k}(a^k+1)x^k=0$$

证明:

(a)方程的所有根在直线 d_a 上.

(b)当且仅当 $a+b=0$ 时直线 $d_a\perp d_b$.

罗马尼亚 Cluj - Napoca 市 Bodes Bolyai 大学 Dorin Andrica 提供

证 由二项式定理,已知方程写成

$$(1+ax)^n+(1+x)^n=0$$

由此可以容易得出根 $x=\dfrac{e_k-1}{-e_k+a}$,其中 $e_k=\mathrm{e}^{(\frac{\pi}{n}+\frac{2k\pi}{n})\mathrm{i}}$ 当 $0\leqslant k\leqslant n-1$ 时是 -1 的 n 次根,函数 $f_a(z)=\dfrac{z-1}{-z+a}$ 是 Möbius 变换,因为 $a-1\neq 0$. 由于 $f_a(1)=0$,$f_a(a)=\infty$,$f_a(-1)=\dfrac{-2}{1+a}$,由 f 知单位圆的像是直线,因此已知方程的所有根在直线 d_a 上,这证明了(a)部分.

对(b)部分,因为直线 d_a 与 d_b 通过原点,所以只要证明,如果数 $f_a(-1)=\frac{-2}{1+a}$ 与 $f_b(-1)=\frac{-2}{1+b}$ 正交,那么 $a+b=0$.

注意:为使 $\frac{-2}{1+a}$ 与 $\frac{-2}{1+b}$ 正交,当且仅当它的商是纯虚数:$\frac{1+a}{1+b}\in\Im$. 现在对于固定复数 $a\in\mathbf{C}\backslash\mathbf{R}$ 与 $|a|=1$,考虑 Möbius 变换 $g(z)=\frac{1+a}{1+z}$. 因为 $g(-1)=\infty$,$g(1)=\frac{1+a}{2}$,所以 g 把单位圆变为直线,此直线交虚轴于唯一一点. 因为 $g(-a)\in\Im$,所以这证明了(b)部分.

S282 在 $\triangle ABC$ 中,令 G 是它的重心,O 是它的外心,直线 AG,BG,CG 交 $\triangle ABC$ 的外接圆于 A',B',C',以 G' 表示 $\triangle A'B'C'$ 的重心,证明:$OG\geqslant OG'$.

美国 Masschusetts 理工学院 Ivan Borsenco 提供

证 令 D,E,F 分别为 AA',BB',CC' 的中点,则 $OD\perp GD,OE\perp GE,OF\perp GF$. 因此 D,E,F 在直径为 OG 的圆 k_1 上,令 M 是 GG' 的中点,则 M 是六边形 $AC'BA'CB'$ 的形心,于是也是 $\triangle DEF$ 的重心. 于是 M 在圆 k_1 内部,这蕴含 G' 在 k_2 内部,圆 k_2 的圆心为 O,半径为 OG,因此 $OG\geqslant OG'$.

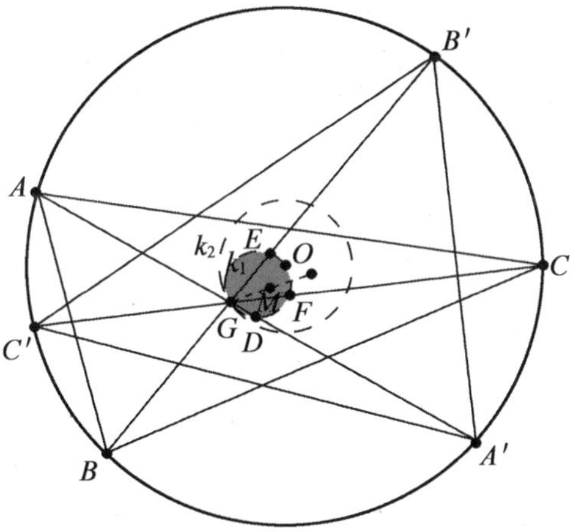

S283 令 a,b,c 是大于或等于 1 的正实数,使

$$5(a^2-4a+5)(b^2-4b+5)(c^2-4c+5)\leqslant a+b+c-1 \qquad (*)$$

证明

$$(a^2+1)(b^2+1)(c^2+1)\geqslant(a+b+c-1)^3$$

美国 Dallas 市 Texas 大学 Titu Andreescu 提供

证 令 $a=x+1,b=y+1,c=z+1$,我们由 $a,b,c\geqslant 1$ 有 $x,y,z\geqslant 0$,则$(*)$等价于

$$5(x^2-2x+2)(y^2-2y+2)(z^2-2z+2)\leqslant x+y+z+2 \qquad (1)$$

我们必须证明

$$(x^2+2x+2)(y^2+2y+2)(z^2+2z+2)\geqslant(x+y+z+2)^3$$

用反证法证明,令

$$(x^2+2x+2)(y^2+2y+2)(z^2+2z+2)<(x+y+z+2)^3 \quad (2)$$

于是从(1)与(2)有

$$5((x^2+2)^2-4x^2)((y^2+2)^2-4y^2)((z^2+2)^2-4z^2)<(x+y+z+2)^4$$

它等价于

$$5(x^4+4)(y^4+4)(z^4+4)<(x+y+z+2)^4 \quad (3)$$

从 Cauchy - Schwarz 不等式有

$$(x^4+1+1+2)(1+y^4+1+2)(1+1+z^4+2)(1+1+1+2)\geqslant(x+y+z+2)^4$$

或

$$5(x^4+4)(y^4+4)(z^4+4)\geqslant(x+y+z+2)^4 \quad (4)$$

由(3)与(4)产生矛盾. 因此(3)不成立,证毕.

S284 令 I 是 $\triangle ABC$ 的内心,D,E,F 是角平分线足,从 D 向 BC 作出的垂线交直径为 BC 的半圆于 A',其中 A 与 A' 在直线 BC 的同侧. 于是 $\angle BA'C$ 的角平分线交 BC 于 D'. 记 $V=BE\cap FD'$,$W=CF\cap ED'$. 证明 $VW/\!/BC$.

意大利 Teramo 市 Ercole Suppa 提供

证 在 $\triangle IBC$ 中分别把 Menelaus 定理应用于横截线 FD' 与 ED',得

$$\frac{IV}{VB}\cdot\frac{BD'}{D'C}\cdot\frac{CF}{FI}=-1,\frac{IW}{WC}\cdot\frac{CD'}{D'B}\cdot\frac{BE}{EI}=-1$$

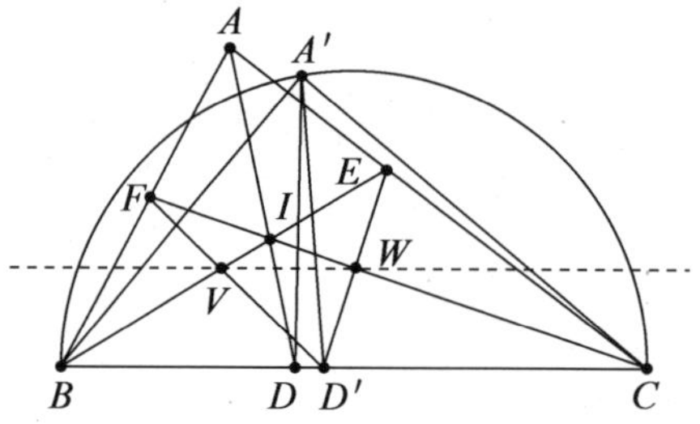

因此只要证明$\frac{BD'}{D'C}\cdot\frac{CF}{FI}=\frac{CD'}{D'B}\cdot\frac{BE}{EI}$即可.

令 $a=BC,b=CA,c=AB$,用$[\cdot]$表示面积,则

$$\frac{CF}{IF}=\frac{[ABC]}{[ABI]}=\frac{a+b+c}{c},\frac{BE}{IE}=\frac{[ABC]}{[AIC]}=\frac{a+b+c}{b}$$

因此

$$\left(\frac{BD'}{D'C}\right)^2=\left(\frac{A'B}{A'C}\right)^2=\left(\frac{BD}{A'D}\right)^2=\frac{BD^2}{BD\cdot DC}=\frac{BD}{DC}=\frac{c}{b}=\frac{BE}{EI}\cdot\frac{FI}{CF}$$

完成了证明.

S285 令 a,b,c 是正实数,使 $ab+bc+ca=1$. 证明

$$\frac{a}{b^2+c^2+2}+\frac{b}{c^2+a^2+2}+\frac{c}{a^2+b^2+2}\leqslant\frac{1}{8}\left(\frac{1}{a}+\frac{1}{b}+\frac{1}{c}\right)$$

罗马尼亚 Zalau 市 Mircea Lascu 与 Marius Stanean 提供

证 首先使不等式齐次比,利用已知条件,把左边分母换为它类似的分母,于是去分母,重排各项,求出

$$2\sum_{\text{sym}}a^6b^2+9\sum_{\text{sym}}a^5b^3+7\sum_{\text{sym}}a^4b^4+13\sum_{\text{sym}}a^4b^3c$$
$$\geqslant 2\sum_{\text{sym}}a^6bc+3\sum_{\text{sym}}a^5b^2c+17\sum_{\text{sym}}a^3b^3c^2+9\sum_{\text{sym}}a^4b^2c^2$$

现在直接利用 Muirhead 不等式,有[6,2,0]≻[6,1,1],[5,3,0]≻[5,2,1],[4,4,0]≻[3,3,2],[4,3,1]≻[4,2,2]. 于是得

$$6\sum_{\text{sym}}a^5b^3+4\sum_{\text{sym}}a^4b^3c\geqslant 10\sum_{\text{sym}}a^3b^3c^2$$

因为

[5,3,0],[4,3,1]≻[3,3,2]

推出结论.

S286 在△ABC 中,令 P 是它内部的点. 直线 AP,BP,CP 分别交 BC,CA,AB 于 A_1,B_1,C_1. 证明:当且仅当直线 $A_1B_1/\!/AB$ 时△APB_1,△APC_1,△BPC_1,△BPA_1 的外心共圆.

亚美尼亚 Mher Mnatsakanyan 提供

证 以 $O_{BA_1},O_{AB_1},O_{AC_1},O_{BC_1}$ 分别表示△PBA_1,△PAB_1,△PAC_1,△PBC_1 的外心,以 M_A,M_B 表示 PA,PB 的中点,Q 是 PA,PB 的中垂线交点. 注意,O_{BA_1},O_{BC_1} 在 PB 的中垂线上,O_{AB_1},O_{AC_1} 在 PA 的中垂线上,此外 PM_AQM_B 显然是直径为 PQ 的圆外切四边形,$\angle PQM_A+\angle PQM_B=\angle PAB+\angle PBA$,其中 $\frac{PM_A}{PA}=\frac{PM_B}{PB}=\frac{1}{2}$,由此得 $\angle PQM_A=\angle PBA$,$\angle PQM_B=\angle PAB$,或 $PM_A=PQ\sin\angle PBA$,$QM_A=PQ\sin\angle PBA$,对 PM_B 与 QM_B 是类似的.

利用以下众所周知结果:从外心到三角一边的带号距离等于外接圆半径乘以对角的余弦,并利用正弦定理,有

$$QM_AO_{AB_1}=\frac{PA}{a\tan\angle PB_1A}$$

于是用正弦定理与余弦定理,求出

$$M_AO_{AB_1}=\frac{PA\cos\angle BB_1A}{2\sin\angle BB_1A}=PA\cdot\frac{2AB_1\cdot BB_1\cos\angle BB_1A}{4AB\cdot BB_1\sin\angle ABP}$$
$$=PQ\cdot\frac{AB_1^2+BB_1^2-AB^2}{2AB\cdot BB_1}=\frac{PQ\cdot BB_1}{AB}-PQ\cos\angle ABP$$

或

$$QO_{AB_1}=QM_A+M_AO_{AB_1}=\frac{PQ\cdot BB_1}{AB},QO_{BA_1}=\frac{PQ\cdot AA_1}{AB}$$

其中第 2 个等式可类似地证明. 同理有

$$M_AO_{AC_1}=\frac{PA}{2\tan\angle AC_1P}$$

或者也用正弦定理与余弦定理

$$M_AO_{AC_1}=\frac{AC_1^2+PC_1^2-AP^2}{4AC_1\sin\angle PAB}=\frac{AC_1-AP\cos\angle PAB}{2\sin\angle PAB}$$

$$\begin{aligned}QO_{AC_1}&=QM_A-M_AO_{AC_1}\\&=PA\cdot\frac{\sin\angle APB\sin\angle AC_1P-\sin\angle APC_1\sin\angle PBA}{2\sin\angle PAB\sin\angle PBA\sin\angle AC_1P}\\&=PA\cdot\frac{\sin\angle BPC_1}{2\sin\angle PBA\sin\angle AC_1P}=PA\cdot\frac{BC_1}{2PC_1\sin\angle AC_1P}\end{aligned}$$

类似地

$$QO_{BC_1}=PB\cdot\frac{AC_1}{2PC_1\sin\angle BC_1P}$$

现在, $\angle AC_1P+\angle BC_1P=180^\circ$, 或者

$$\frac{QO_{AB_1}\cdot QO_{AC_1}}{QO_{BA_1}\cdot QO_{BC_1}}=\frac{PA}{PB}\cdot\frac{BC_1}{AC_1}\cdot\frac{BB_1}{AA_1}$$

为使这最后表达式是 1, 当且仅当 4 个外心共圆. 现在用 Menelaus 定理, 有

$$\frac{PA}{AA_1}\cdot\frac{A_1B}{BC}\cdot\frac{CC_1}{C_1P}=1,\frac{PB}{BB_1}\cdot\frac{B_1A}{AC}\cdot\frac{CC_1}{C_1P}=1$$

或者为使 4 个外心共圆, 当且仅当

$$\frac{A_1C}{BC}\cdot\frac{AC}{B_1C}=\frac{BC_1}{C_1A}\cdot\frac{AB_1}{B_1C}\cdot\frac{CA_1}{A_1B}=1$$

其中用 Ceva 定理, 由 Thales 定理, 它显然等价于 $A_1B_1 /\!/ BC$. 推出结论.

S287 令 m 与 n 是正整数, 使 $\gcd(m,n)=1$, 证明

$$\sum_{k=1}^{m}\phi\left(\left\lfloor\frac{nk}{m}\right\rfloor\right)\left\lfloor\frac{m}{k}\right\rfloor=\sum_{k=1}^{n}\phi\left(\left\lfloor\frac{mk}{n}\right\rfloor\right)\left\lfloor\frac{n}{k}\right\rfloor$$

其中 ϕ 是 Euler ϕ 函数.

罗马尼亚 Constanta 市 Marius Cavachi 提供

证 考虑点 $O(0,0)$, $A(m,0)$, $B(m,n)$, $C(0,n)$, 它们是矩形顶点与格点 M 集合, 在 $\triangle OAB$ 的边上或内部, 除原点外, 如果在线段 (O,P) 上无格点, 则令点 $P\in M$ 是从原点上可看见的点. 如果 $P(k,y)$ 是可看见的, 则当 $\frac{y}{k}\leqslant\frac{n}{m}$ 与 $(k,y)=1$ 时, 显然 y 可取 $\phi\left(\left\lfloor\frac{nk}{m}\right\rfloor\right)$ 个值. 另一方面

$$|M\cap(OP)|=\left\lfloor\frac{m}{k}\right\rfloor$$

把所有可看见的点相加,得

$$|M|=\frac{(m+1)(n+1)}{2}=\sum_{k=1}^{m}\phi\left(\left\lfloor\frac{nk}{m}\right\rfloor\right)\cdot\left\lfloor\frac{m}{k}\right\rfloor$$

类似地证明右边的和等于$\frac{(m+1)(n+1)}{2}$,推出结论.

S288 考虑$\triangle ABC$,它的顶点A,B,C按照反时针顺序排列. 在边AB与AC上按照顺时针顺序向外作矩形$ABXY$与$CAZT$. 令D是$\triangle AYZ$的外接圆与$\triangle ABC$的外接圆ω的第2个交点. 记$U=DY\cap\omega,V=DZ\cap\omega$,令$W$是$UV$的中点,证明:$AW=YT$.

罗马尼亚 Zalau 市 Marius Stanean 提供

证 如果$D\neq A$,那么不妨设D在$\widehat{AU}$上,$\widehat{AU}$不包含V(否则可交换B,C的作用,今后所有定义的角将不改变问题). 为此注意

$$\angle AUV=\angle ADV=180^\circ-\angle ADZ=\angle AYZ$$
$$\angle AVU=180^\circ-\angle ADU=\angle ADY=\angle AZY$$

或$\triangle AUV\backsim\triangle AYZ$. 注意,如果说$D=A$,那么上述角等式显然成立.

用正弦定理,有

$$\frac{AU}{AV}=\frac{\sin\angle AVU}{\sin\angle AUV}=\frac{\sin\angle AZY}{\sin\angle AYZ}=\frac{AY}{AZ}=\frac{AB}{AC}$$

最后这个等式是由于矩形$ABXY\backsim CAZT$. 因此应用正弦定理于$\triangle AUW$与$\triangle AVW$,得

$$\sin\angle UAW=\frac{UW\sin\angle AWU}{AU},\sin\angle VAW=\frac{VW\sin\angle AWV}{AV}$$

因为W是UV的中点,所以$UW=VW$,因为$\angle AWU+\angle AWV=180^\circ$,所以$\sin\angle AWU=\sin\angle AWV$,我们得出

$$\frac{\sin\angle UAW}{\sin\angle VAW}=\frac{AV}{AU}=\frac{AC}{AB}$$

现在$\angle UAV=\angle UDV=\angle YDZ=\angle YAZ$,其中因为$\angle BAY=\angle CAZ$,所以有$\angle YAZ=180^\circ-\angle A$,或$\angle UAW+\angle VAW=180^\circ-\angle A$,它们的正弦之比与$\angle B,\angle C$的正弦之比相等,我们断定,$\angle UAW=B,\angle VAW=\angle C$,或由正弦定理,以$A'$表示$AW$与圆$\omega$的第2个交点,我们得出,$AA'CU$与$AA'BV$是等腰梯形,$AA'/\!/BV/\!/CU$,$AA'$是$\triangle ABC$从$A$作出的中线.

令A''是直线$AW=AA'$与YZ的交点,显然$\angle YAA''=90^\circ-\angle BAA'$,或因为$AW\perp YZ$等价于$\cos\angle YAA''=\sin\angle AYA''=\sin\angle AYZ=\sin\angle AUV$,所以只要证明$\angle BAA'=\angle AUV$即可,它显然成立,因为$AA'BV$是有平行边$AA',BV$的等腰梯形,所以$AV=BA'$. 推出结论.

2.3 大学问题解答

U217 如果 $\sum_{k=1}^{\infty}\frac{1}{a_k}$ 发散与 $\sum_{k=1}^{\infty}\frac{1}{a_k^2}$ 收敛,那么定义递增数列 $(a_k)_{k\in\mathbf{Z}^+}$ 为吸引数列. 证明:有吸引数列 a_k 使 $a_k\sqrt{k}$ 也是吸引数列.

美国 Massachusetts 理工学院 Ivan Borsenco 提供

证 我们断言,数列 $a_k=\sqrt{k}\log k,k\geqslant 3$ 满足条件. 实际上,$a_k=\sqrt{k}\log k$ 对所有 $k\geqslant 3$ 显然是递增的,此外因为对所有 $k\geqslant 3,\frac{1}{k}\leqslant\frac{1}{\sqrt{k}\log k}$ 与 $\int_1^{\infty}\frac{1}{x\log^2 x}\mathrm{d}x$ 收敛,所以作为比较检验法与积分检验法的推论,得出

$$\lim_{n\to\infty}\sum_{k=1}^{n}\frac{1}{\sqrt{k}\log k}=\infty,\lim_{n\to\infty}\sum_{k=1}^{n}\frac{1}{k\log^2 k}=M<\infty$$

最后,$a_k\sqrt{k}=k\log k$ 也是吸引数列. 事实上,对于所有 $k\geqslant 3,k\log k$ 是递增的 $\int_1^{\infty}\frac{1}{x\log x}\mathrm{d}x$ 发散,且对于所有 $k\geqslant 3,\frac{1}{k^2\log^2 k}\leqslant\frac{1}{k^2}$,因此

$$\lim_{n\to\infty}\sum_{k=1}^{n}\frac{1}{k\log k}=\infty,\lim_{n\to\infty}\sum_{k=1}^{n}\frac{1}{k^2\log^2 k}=N<\infty$$

U218 令 $*$ 是集合 S 上结合的与“全非交换的”($x\neq y$,蕴含 $x*y\neq y*x$)二元运算. 证明:对于 S 上的所有 $x,y,z,x*y*z=x*z$.

美国 Dallas 市 Texas 大学 Titu Andreescu 与罗马尼亚 Buzau 市国立 B. P. Hasdeu 学院 Bogdan Enescu 提供

证 设 $x*x\neq x$,则由全非交换性 $(x*x)*x\neq x*(x*x)$,这不合理,因为 $*$ 是结合性的. 类似地设 $x*y*x\neq x$,这给出 $x*y*x=(x*y*x)*x\neq x*(x*y*x)=x*y*x$,这又不合理! 最后设 $x*y*z\neq x*z$. 在这种情形下,$x*y*z=(x*z*x)*(y*z)=(x*z)*(x*y*z)\neq(x*y*z)*(x*z)=x*y*(z*x*z)=x*y*z$. 这又不可能,因此断定 $x*y*z=z*z$,完成证明.

U219 (a)令 $f:[0,\infty)\to\mathbf{R}$ 是可微的凸函数,且 $f(0)=0$. 证明:对所有 $x\in[0,\infty)$,

$$\int_0^x f(t)\,\mathrm{d}t\leqslant\frac{x^2}{2}f'(x)$$

(b)求所有的可微函数 $f:(0,\infty)\to\mathbf{R}$,使以上不等式中有等式.

罗马尼亚 Cluj - Napoca 市 Babes - Bolyai 大学 Dorin Andrica 与罗马尼亚 Campulung Moldovenesc 市 Mihai Piticari 提供

解　(a) 令 $F(x)=\int_0^x f(t)\mathrm{d}t$,它显然是可微函数,满足 $F'(x)=f(x),F''(x)=f'(x)$,其中 $F(0)=0,F'(0)=f(0)=0$. $F(x)$的 Maclaurin 级数(包含误差项)是

$$F(x)=F(0)+F'(0)+F''(c)\frac{x^2}{2}=f'(c)\frac{x^2}{2}$$

其中某个实数 c 使 $c\in(0,x)$,现在因为 f 是凸函数,所以 $f'(c)\leqslant f'(x)$. 推出结论.

(b)注意,当且仅当 $f'(c)=f'(x)$时,等式成立.

因为 $f'(x)$是连续与单调的,由于 f 是可微与凸的,所以子集 $C\subset[0,x]$,使 $f'(c)=f(x)$有最小值. 设这个最小值是 $m>0$,因为等式成立,所以 $c\in(0,m)$存在,使 $f'(c)=f'(x)$,矛盾. 因此 $m=0$,对于所有的 $c\in[0,x]$,其中所有的 $x\in\mathbf{R}^+$,使 $f'(c)$是常数,可见对于适当选择的实数 $a,b,f(x)=ax+b$. 但是 $f(0)=0$,因此对于任何实数 $a,f(x)=ax$,且 $f'(x)=a$,对所有这样的函数,在所提出的不等式中,等式显然成立.

U220　求下式的值:

$$\lim_{n\to\infty}\left((n+1)\sqrt[n+1]{\Gamma\left(\frac{1}{n+1}\right)}=n\sqrt[n]{\Gamma\left(\frac{1}{n}\right)}\right)$$

其中 Γ 表示典型的 Γ 函数.

美国 Pittsburgh 大学 Cezar Lupu 与法国 Paris 市 Moubinool Omarjee, Lycee Jean Murcat 提供

解　因为 Γ 函数在 $x=1$ 上是光滑的,所以有

$$z\Gamma(z)=\Gamma(z+1)=\Gamma(1)+\Gamma'(1)+O(z^2)=1-\gamma z+O(z^2)$$

从而

$$\begin{aligned}n\Gamma(1/n)^{1/n}&=n^{1+1/n}\left(1-\frac{\gamma}{n}+O(1/n^2)\right)^{1/n}\\&=n\left(1+\frac{\log(n)}{n}+O((\log(n)/n)^2)\right)(1+O(1/n^2))\\&=n+\log(n)+O(1)\end{aligned}$$

因此

$$\begin{aligned}&(n+1)\sqrt[n+1]{\Gamma(1/(n+1))}-n\sqrt[n]{\Gamma(1/n)}\\&=n+1+\log(n+1)-n-\log(n)+O(1)\to 1\end{aligned}$$

U221　令 $f:\mathbf{R}\to\mathbf{R}$ 是连续的周期函数,使 $f(2\ 012)\neq 0$. 证明:存在 $c>0$,使得对于所有的 $n\geqslant 2\ 012$,有

$$\sum_{k=1}^{n}\frac{|f(k)|}{k}\geqslant c\cdot\ln n$$

法国 Ecole 综合工科大学 Gabriel Dospinescu 提供

证　因为 f 是周期函数,所以有 $T>0$ 使得对于所有 $x,f(x+T)=f(x)$. 因为 f 是连续

函数,$f(2\,012)\neq 0$,所以有常数 $\varepsilon>0,\delta>0$,使得对于 $|x-2\,012|<\varepsilon$, 有 $|f(x)|>\delta$. 令 $M>\dfrac{T}{\varepsilon}$,则 2 个数部分 $\left\{\dfrac{K}{T}\right\}$,$k=0,\cdots,M$,在同一区间 $\left[\dfrac{i}{M},\dfrac{i+1}{M}\right)$ 中(由鸽笼原理),因此它们的差给出整数 $P,Q>0$,且 $\left|\dfrac{P}{T}-Q\right|<\varepsilon/T$,或 $|P-QT|<\varepsilon$.

如果 $P-QT=0$(从而 T 是有理数),那么对于所有的 x,$f(x+P)=f(x)$,特别地,$|f(2\,012+kP)|=|f(2\,012)|>\delta$. 特别地,$P$ 个相继整数的任何集合包含整数 k,且使 $|f(k)|=|f(2\,012)|>\delta$. 如果 $|P-QT|=\eta\neq 0$,那么有整数 $N>0$ 使 $N\eta/T>1$. 设取 $PN+1$ 个相继整数 $n_0,\cdots,n_0+NP$ 的集合,则在数列

$$\frac{n_0-2\,012}{T},\frac{n_0+P-2\,012}{T},\cdots,\frac{n_0+NP-2\,012}{T}$$

中相邻项的小数部分相差 η/T. 因为 $N\eta/T>1$,所以它们一定围包模 1,特别地在这个数列中一定有一项的小数部分至多是 η/T,比如说 $\{(n_0+kP-2\,012)/T\}<\eta/T$. 这说明有整数 m 使 $0<(n_0+kP-2012)/T-m<\eta/T<\varepsilon/T$,或重排后为 $2\,012<n_0+kP-mT<2\,012+\varepsilon$. 因此

$$|f(n_0+kP)|=|f(n_0+kP-mT)|>\delta$$

于是在任何情形下,我们证明了,有整数 M 使任何 M 个连续整数中有 1 个数,使 $|f(k)|>\delta$. 因此我们计算

$$\sum_{k=1}^{n}\frac{|f(k)|}{k}\geqslant\sum_{m=1}^{[n/M]}\sum_{k=M(m-1)+1}^{mM}\frac{|f(k)|}{k}\geqslant\sum_{m=1}^{[n/M]}\frac{\delta}{mM}$$
$$=\frac{\delta}{M}H_{\lfloor n/M\rfloor}\geqslant\frac{\delta}{M}\log\frac{n}{M}$$

这里第 1 个不等式是正确的,因为我们可能省略了一些项,第 2 个不等式是正确的,因为在内和中有一项至少赋值 $\delta/(mM)$,最后的不等式成立,因为调和数满足

$$H_n=\sum_{k=1}^{n}\frac{1}{k}\geqslant\int_1^{n+1}\frac{\mathrm{d}x}{x}=\log(n+1)$$

从这个公式看,当 $n\geqslant M^2$ 时

$$\sum_{k=1}^{n}\frac{|f(k)|}{k}\geqslant\frac{\delta}{2M}\log n$$

当 $m<M^2$ 时有

$$\sum_{k=1}^{n}\frac{|f(k)|}{k}\geqslant\frac{|f(2\,012)|}{2\,012}\geqslant\frac{|f(2\,012)|}{4\,024\log M}\log n$$

因此最后得出

$$c=\min\left(\frac{\delta}{2M},\frac{|f(2\,012)|}{4\,024\log M}\right)$$

证毕.

U222　令 p 与 q 是不同的奇素数，d 是 $q-1$ 的因子，证明：

(a) $\mathbf{Q}\{\zeta_q\}$ 有唯一子域 K_d，它在 $\mathbf{Q}$ 上有次数 d，其中 ζ_q 表示 q 次单位原根；

(b) 为使 p 在 K_d 中完全可分裂，当且仅当 q 在 $\mathbf{Q}\{\sqrt[d]{p}\}$ 中完全可分裂.

美国 Princeton 大学 Cosmin Pohoata 提供

证　(a) 这可由 Galois 理论的基本定理中直接推出. 实际上，我们知道 $\mathbf{Q}\{\zeta_q\}$ 在 $\mathbf{Q}$ 上的 Galois 群 G 是 $q-1$ 阶循环群. 因此对于 $q-1$ 的所有因子 d，有指标为 d 的 G 的唯一子群. 因此借助 Galois 对应，得出唯一子群 $\mathbf{F}_d\subset\mathbf{Q}\{\zeta_q\}$，它在 $\mathbf{Q}$ 上有次数 d.

(b) 这又是代数数论中 2 个经典结果的组合. 首先注意，为使 q 在 $\mathbf{Q}[\sqrt[d]{p}]$ 中完全分裂，当且仅当 Eisenstein 多项式 x^d-p 对模 q 可完全因子分解，即 p 对模 q 是立方数. 根据以下 Dedekind - Kummer 定理，上述命题实际上是正确的，此定理给出了整数 $\mathbf{O}_F$ 环理想的因子分解法（给出数域 K/F 的扩张）. 更确切地说：

定理 1　令 K/F 是数域的扩张，设 $\mathbf{O}_K=\mathbf{O}_F[\alpha]$. 令 $f(x)$ 是 α 在 F 上不可约多项式，p 是 $\mathbf{O}_F$ 中的素理想，设 $\mathbf{F}_p=\mathbf{O}_F/p$，以 $\bar{f}$ 表示 f 在 $\mathbf{F}_p[x]$ 中的像，设 $\bar{f}$ 在 $\mathbf{F}_p[x]$ 中由下式给出

$$\overline{f(x)}=\overline{p_1(x)}^{e_1}\cdots\overline{p_g(x)}^{e_g}$$

其中 $\overline{p_j}$ 是 $\mathbf{F}_p$ 中不同的首一不可约多项式. 对于每个 j，令 $p_j(x)$ 是 $\overline{p_j(x)}$ 对应于 $\mathbf{O}_F[x]$ 的首一左边多项式，令 β_j 是由 p 与 $p_j(\alpha)$ 产生的 $\mathbf{O}_K$ 的理想，则有

$$p\mathbf{O}_K=\beta_1^{e_1}\cdots\beta_g^{e_g}$$

对于此定理的证明与术语更详细内容，请见 Nancy Childress 的书 *Class Field Theory*，Springer 出版.

回到我们的问题，我们恰好现在需要证明，为使 p 在 K_d 中可完全分裂，当且仅当 p 是对模 q 的 d 次幂，这是比较容易的方法，从群论论证中直接推出，留给读者证明.

也可见 Daniel Marcus 的书 *Number Fields*，Springer 出版，第 106 页定理 30.

U223　令 $(x_k)_{k\geqslant1}$ 是方程 $\tan x=x$ 的正根. 证明

$$\sum_{k=1}^{\infty}\frac{1}{x_k^2}=\frac{1}{10}$$

美国 Florida 州 Roberto Bosch Cabrera 提供

证　考虑整复函数

$$f(z)=\sin(z)-z\cos(z)$$

容易证明它的复零点是 $(x_k)_{k\geqslant1}$，$(-x_k)_{k\geqslant1}$ 与 0，这些零点都很简单，除了 0 以外，它的阶为 3，利用 Weierstrass 因子分解定理可以证明

$$f(z)=\frac{z^3}{3}\prod_{k=1}^{\infty}\left(1-\frac{z^2}{x_k^2}\right)$$

另一方面，在 0 上展开 $f(z)$，有

$$f(z)=\sum_{n=0}^{\infty}\frac{(-1)^{n}z^{2n+1}}{(2n+1)!}-z\sum_{n=0}^{\infty}\frac{(-1)^{n}z^{2n}}{(2n)!}=\frac{z^{3}}{3}\sum_{n=0}^{\infty}\frac{6(n+1)}{(2n+3)!}(-1)^{n}z^{2n}$$

比较这 2 个表达式,求出

$$S_n:=\sum_{k_1<k_2<\cdots<k_n}\frac{1}{x_{k_1}^2x_{k_2}^2\cdots x_{k_n}^2}=\frac{6(n+1)}{(2n+3)!}$$

特别地,对 $n=1$ 得

$$S_1=\sum_{k=1}^{\infty}\frac{1}{x_k^2}=\frac{6(2)}{5!}=\frac{1}{10}$$

U224 令 $(a_n)_{n\geqslant 1}$ 是实数数列,满足 $a_1=a\neq 0$ 与

$$a_{n+1}=\sqrt[3]{\frac{a_1^2}{1}+\frac{a_2^2}{2}+\cdots+\frac{a_n^2}{n}},n\geqslant 1$$

求 $\lim\limits_{n\to\infty}(3a_n-\log n)$.

美国 Pittsburgh 大学 Cezar Lupu 与罗马尼亚 Constanta 市 Decebal 大学预科 Tudorel Lupu 提供

证 从递归可见,对于 $n\geqslant 2$ 有

$$a_{n+1}^3=\frac{a_1^2}{1}+\frac{a_2^2}{2}+\cdots+\frac{a_n^2}{n}=a_n^3+\frac{a_n^2}{n}$$

对于函数 $f(x)=(1+x)^{1/3}$ 有 $f''(x)=-\frac{2}{9}(1+x)^{-5/3}$,从而对于所有 $x\geqslant 0,0>f''(x)\geqslant -\frac{2}{9}$. 因此

$$1+\frac{1}{3}x-\frac{1}{9}x^2\leqslant(1+x)^{1/3}\leqslant 1+\frac{1}{3}x$$

由此得

$$a_n+\frac{1}{3n}-\frac{1}{3n^2a_n}\leqslant a_{n+1}=a_n\left(1+\frac{1}{na_n}\right)^{1/3}\leqslant a_n+\frac{1}{3n}$$

由上面的等式可见 $a_{n+1}-\frac{1}{3}H_n$,其中

$$H_n=1+\frac{1}{2}+\cdots+\frac{1}{n}$$

是第 n 个调和数,是 n 的减函数,特别地,$\lim\limits_{n\to\infty}(a_n-\frac{1}{3}H_{n-1})$ 存在或是 $-\infty$.

由递归,我们有(很弱的)下界

$$a_n\geqslant\sqrt[3]{a_1^2}=a^{2/3}$$

因此

$$a_{n+1}\geqslant a_n+\frac{1}{3n}-\frac{1}{3n^2a^{2/3}}$$

与

$$a_{n+1}-\frac{1}{3}H_n\geqslant a_n-\frac{1}{3}H_{n-1}-\frac{1}{3n^2a^{2/3}}$$

从 n 到 $N-1$ 求和,得

$$\begin{aligned}a_N-\frac{1}{3}H_{N-1}&\geqslant a_n-\frac{1}{3}H_{n-1}-\frac{1}{3a^{2/3}}\sum_{k=n}^{N-1}\frac{1}{k^2}\\&\geqslant a_n-\frac{1}{3}H_{n-1}-\frac{1}{3a^{2/3}}\sum_{k=n}^{N-1}\frac{1}{k(k-1)}\\&\geqslant a_n-\frac{1}{3}H_{n-1}-\frac{1}{3(n-1)a^{2/3}}\end{aligned}$$

所以 $a_n-\frac{1}{3}H_{n-1}$是下有界的,因此

$$\lim_{n\to\infty}(a_n-\frac{1}{3}H_{n-1})=C(a)$$

存在,其次证明上有界

$$a_n=\frac{1}{3}H_{n-1}+C(a)+O\left(\frac{1}{n}\right)$$

或等价地

$$a_n=\frac{1}{3}\log n+\frac{\gamma}{3}+C(a)+O\left(\frac{1}{n}\right)$$

看来不能给出 $C(a)$的闭形式的表达式. 不难证明 $C(a)$是 a 的连续的非减函数,上有界与这个事实证明了

$$a^{2/3}-\frac{1}{3}-\frac{1}{3a^{2/3}}\leqslant C(a)\leqslant a^{2/3}-\frac{1}{3}$$

这证明了 $C(a)$依赖于 a,事实上对于大的 a,它与 $a^{2/3}$一样增加,对 $C(a)$更多的有限被证明了.

U225　求被超平面所截的 n 维单位立方体的最大棱数.

法国 Ecole 综合工科大学 Gabriel Dospinescu 提供

解　令$(x_1,\cdots,x_n)$是 n 维空间中的坐标,立方体顶点是每个为 $x_i\in\{0,1\}$的点.

对 $0\leqslant k\leqslant n-1$ 首先考虑平面 $x_1+\cdots+x_n=k+\frac{1}{2}$. 这个平面与所有的棱相交,这些棱是由有 k 个非零坐标的$\binom{n}{k}$个点之一与有 $k+1$ 个非零坐标的它 $n-k$ 个邻点联结而成,且

只有这些棱,于是有一平面与$(n-k)\binom{n}{k}=\frac{n!}{k!\ (n-k-1)!}$条棱相交. 当 k 尽可能接近于 $\frac{n-1}{2}$时,这个数是最大的. 因此得出与多达$\frac{n!}{\lfloor (n-1)/2\rfloor !\ \lceil (n-1)/2\rceil !}$条棱相交的平面.

其次考虑由线性方程 $\sum_i a_ix_i=b$ 定义的超平面 P. 由立方体的对称性,可设 $a_i\geqslant 0$,从而 $b>0$. 现在考虑从$(0,\cdots,0)$到$(1,\cdots,1)$的$n!$条道路中任何一条,其中每一步从0到1增加一个坐标,在这样的道路上,函数$\sum_i a_ix_i$为非减的,从而在这条道路上至多有一棱被 P 所截,即$\sum_i a_ix_i$沿此棱从小于 b 的向大于 b 转变(如果对于某个 i,$a_i=0$,那么有棱完全在 P 内部,但在被 P 所截时,不计算这些棱). 如果棱 $e=(x,y)$把含 k 条棱的顶点 x 与含 $k+1$ 条棱的顶点联结起来,那它在 $k!\ (n-k-1)!$ 条这样的道路上(为使 e 在这条道路上,当且仅当 x 按某种次序不为0时前 k 个坐标增加1,当 $y=1$ 但 $x\neq 1$ 时第 $k+1$ 个坐标增加1,当 y 按某种次序为0时最后 $n-k-1$ 个坐标增加1),当 k 尽可能接近于$\frac{n-1}{2}$时,这个量是最小的,从而被 P 截的每条棱至少在 $n!$ 条道路的

$$\lfloor (n-1)/2\rfloor !\ \lceil (n-1)/2\rceil !$$

条道路上,因此被 P 截的棱至多有

$$\frac{n!}{\lfloor (n-1)/2\rfloor !\ \lceil (n-1)/2\rceil !}$$

条.

U226 令 x 与 y 是 $\mathbf{S}^n$ 上的点,它们是从均匀分布在单位 n 球面上的点中随机选出的. 求 $E[\|x-y\|^2]$的值.

美国 Massachusetts 理工学院 Ivan Borsenco 提供

解 令 $-y$ 表示 y 的对径点,则勾股定理给出 $\|x-y\|^2+\|x-(-y)\|^2=\|y-(-y)\|^2=4$. 也注意到,如果 x 与 y 是在球面上独立的均匀选出的点,那么 x 与 $-y$ 也是这样选出的点. 因此

$$2E[\|x-y\|^2]=E[\|x-y\|^2]+E[\|x+y\|^2]=E[4]=4$$

因此 $E[\|x-y\|^2]=2$.

U227 求所有连续可微函数$f:\mathbf{R}\to\mathbf{R}$,使

$$f(a-b)+f(b-c)+f(c-a)=2f(a+b+c)$$

这时要求 a,b,c 是实数,使 $ab+bc+ca=0$.

法国 Ecole 综合工科大学 Gabriel Dospinescu 提供

解 对常数 t 解二次方程,使三元组$(a,b,c)=(t,t+x,t+x+y)$满足 $ab+bc+ca=0$,求出一解是 $t=\frac{1}{3}(-2x-y+\sqrt{x^2+xy+y^2})$,对这个解,$a+b+c=3t+2x+y=$

$\sqrt{x^2+xy+y^2}$，因此断定，对于所有 $x,y\in\mathbf{R}$，

$$f(-x)+f(-y)+f(x+y)=2f(\sqrt{x^2+xy+y^2})$$

取 $x=y=0$ 给出 $3f(0)=2f(0)$ 或 $f(0)=0$.

取 $y=0$ 给出 $f(-x)+f(x)=2f(x)$ 或 $f(-x)=f(x)$，注意，这蕴含 $f'(-x)=-f'(x)$，特别地 $f'(0)=0$. 用 f 的偶数性，可以把函数方程改写为

$$f(x)+f(y)+f(x+y)=2f(\sqrt{x^2+xy+y^2})$$

其中所有 $x,y\in\mathbf{R}$，对 x 与 y 求导数，给出

$$f'(x)+f'(x+y)=\frac{2x+y}{2\sqrt{x^2+xy+y^2}}f'(\sqrt{x^2+xy+y^2})$$

$$f'(y)+f'(x+y)=\frac{x+2y}{2\sqrt{x^2+xy+y^2}}f'(\sqrt{x^2+xy+y^2})$$

对所有 $x,y\in\mathbf{R}$，从以上第 1 等式的 $x+2y$ 倍减去第 2 个等式的 $2x+y$ 倍给出

$$(x+2y)f'(x)-(2x+y)f'(y)+(y-x)f'(x+y)=0$$

以下引理证明了，对一些常数 α,β，一定有 $f'(x)=2\alpha x+4\beta x^3$，因此 $f(x)=\alpha x^2+\beta x^4$，反之，容易检验 $f(x)=x^2$ 与 $f(x)=x^4$ 满足已知函数方程. 因此由直线性，这样算出了 $f(x)=\alpha x^2+\beta x^4$.

引理　设 $g:\mathbf{R}\to\mathbf{R}$ 是连续函数，具有 $g(0)=0,g(-x)=-g(x)$，并且对于所有 $x,y\in\mathbf{R}$，$(x+2y)g(x)-(2x+y)g(y)+(y-x)g(x+y)=0$.

则对于一些常数 c_1 与 c_3，$g(x)=c_1x+c_3x^3$.

引理的证明　容易检验 $g(x)=x$ 与 $g(x)=x^3$ 满足已知函数方程，因此由直线性算出 $g(x)=c_1x+c_3x^3$，固定 $z\in\mathbf{R}-\{0\}$. 令 $c_1(z)$ 与 $c_3(z)$ 这样选择，以致对于 $t=z$ 与 $t=2z$，$g(t)=c_1(z)t+c_3(z)t^3$ 成立. 显然

$$c_1(z)=\frac{8g(z)-g(2z)}{6z}\text{与 }c_3(z)=\frac{g(2z)-2g(z)}{6z^3}$$

令 $A_z=\{t:g(t)=c_1(z)t+c_3(z)t^3\}$，对 g 的前 2 个假设说明，$0\in A_z$，如果 $t\in A_z$，那么 $-t\in A_z$. 第 3 个假设与事实 $g(t)=c_1(z)t+c_3(z)t^3$ 满足相同的函数方程，这证明了，如果 $x,y\in A_z$，那么 $x+y\in A_z$. 由平常的归纳法得出，对于所有整数 n，$nz\in A_z$. 利用这个事实 2 次，可见 $c_1(nz)=c_1(z)$ 与 $c_3(nz)=c_3(z)$. 于是 $A_{nz}=A_z$. 由此得 $\frac{nz}{m}\in A_{z/m}=A_z$，即对于任何有理数 r，$rz\in A_z$. 由 g 的连续性知 A_z 是闭的. 因此对于所有 t，$A_z=\mathbf{R}$ 与 $g(t)=c_1(z)t+c_3(z)t^3$（这也证明了 $c_1(z)$ 与 $c_3(z)$ 确实是与 z 无关的常数）.

如果只设 f 可微，不是连续可微，那么结果也成立，如果你要保持这个弱假设，我首先会给出以上（现在只是部分）解，那么补充：

现在假设我们不设f'是连续的,因为f'是以下连续函数的逐点极限:

$$\frac{f(x+1/n)-f(x)}{1/n}=n(f(x+1/n)-f(x))$$

所以由以下标准的(但不是很著名的)引理推出,点集$B\subset\mathbf{R}$(其中f是连续的),是稠密的G_δ集合.

从函数方程

$$(x+2y)f'(x)-(2x+y)f'(y)+(y-x)f'(x+y)=0$$

得出,如果f'在x与y上连续(并且$x\neq y$),那么f'也在$x+y$上连续,对于任何$z\in\mathbf{R}$,稠密的G_δ集合与$z-B=\{z-b:b\in B\}$的交集又是稠密的G_δ集合(由 Baire 范畴定理),因此它包含点$x\neq z/2$. 于是f'在x与$z-x=y$二者上都连续,从而f'在z上连续. 因此我们虽然不假设它,但f'是连续的. 现在以上论证证明了,对于一些常数α与β,$f(x)=\alpha x^2+\beta x^4$.

引理 令$(f_n)_{n=1}^{\infty}$是从$\mathbf{R}$到$\mathbf{R}$的连续函数序列,使函数f处处点态收敛,则f在稠密的G_δ集合上连续.

引理的证明 定义$\delta(x)=\lim\limits_{\varepsilon\to0}(\sup_{y\in(x-\varepsilon,x+\varepsilon)}f(y)-\inf_{y\in(x-\varepsilon,x+\varepsilon)}f(y))$. 注意对于所有$x$,$\delta(x)$存在,因为内部是$\varepsilon$的减函数,所以为使$\delta(x)\geqslant0$,$\delta(x)=0$,当且仅当$f$在$x$上连续,$\delta(x)$是上半连续的. 于是集合$A_n=\{x\mid\delta(x)\geqslant1/n\}$是闭集. 我们将证明它们是无处稠密的. 反之设$A_n$包含开区间$(b-\varepsilon,b+\varepsilon)$. 我们将用归纳法建立收敛的点列$a_k\in(b-\varepsilon,b+\varepsilon)$与正整数递增数列$(N_k)$,使得对于$1\leqslant i\leqslant k-1$,$|f_{N_{i+1}}(a_k)-f_{N_i}(a_k)|>1/(5n)$. 对于$k=1$取$a_1=b$与$N_1=1$. 设$a_k$与$N_k$被选出. 因为$f_n$连续,$\delta(a_k)\geqslant1/n$,所以在$a_k$的$2^{-k}\varepsilon$内部有$a_{k+1}$,使得对于$1\leqslant i\leqslant k-1$,$|f(a_{k+1})-f_{N_k}(a_k)|>1/(3n)$,$|f_{N_k}(a_{k+1})-f_{N_k}(a_k)|<1/(12n)$与$|f_{N_{i+1}}(a_{k+1})-f_{N_i}(a_{k+1})|>1/(5n)$. 因为$|f(a_{k+1})-f_{N_k}(a_{k+1})|>1/(4n)$,$f_n(a_{k+1})$收敛于$f(a_{k+1})$,所以取$N_{k+1}$充分大就给出$|f_{N_{k+1}}(a_{k+1})-f_{N_k}(a_{k+1})|>1/(5n)$. 于是求出了数列中以下各项. 因为$|a_{k+1}-a_k|<2^{-k}\varepsilon$,$a_1=b$,所以对所有$k$有$|a_k-b|<\varepsilon$,比方说$a_k$收敛于$a$. 但是对于$i\geqslant1$,这样给出$|f_{N_{i+1}}(a)-f_{N_i}(a)|\geqslant1/(5n)$. 这与假设$f_n(a)$收敛于$f(a)$矛盾. 于是$A_n$不能包含一个区间,$A_n$是无处稠密的,正如断言一样,于是$\{x:f(x)$是连续的$\}=\{x:\delta(x)=0\}=\bigcap\limits_{n=1}^{\infty}(\mathbf{R}-A_n)$是稠密开集的交集. 因此由 Baire 范畴定理,是稠密的G_δ集合.

U228 令L/K是域的可分代数扩张,V,W,U是L-向量空间,此外,令$h:V\times W\mapsto U$是K双线性映射,对所有$x\in L,a\in V,b\in W$,满足$h(xa,xb)=x^2h(a,b)$. 证明:h是L双线性的.

美国 Massachusetts 理工学院 Darij Grinberg 提供

证 令$x\in L,a\in V,b,c\in W$是任意的,定义$\alpha=h(a,b)$,$\beta=h(a,xb)-xh(a,b)$,则由定义,对于$n=0,1$,有

$$h(a,x^n b)=x^n\alpha+nx^{n-1}\beta$$

由假设,对于任何 x 有

$$\begin{aligned}(1+x)^2h(a,xc)&=h((1+x)a,(1+x)xc)\\&=h(a,xc)+h(xa,xc)+h(a,x^2c)+h(xa,x^2c)\\&=(1+x^2)h(a,xc)+x^2h(a,c)+h(a,x^2c)\end{aligned}$$

因此重排给出

$$h(a,x^2c)=2xh(a,xc)-x^2h(a,c)$$

特别地,应用这与 $c=x^{n-2}b,n\geqslant2$ 给出

$$h(a,x^nb)=2xh(a,x^{n-1}b)-x^2h(a,x^{n-2}b)$$

因此简单的归纳法证明了,对所有 $n\geqslant0$

$$h(a,x^nb)=x^n\alpha+nx^{n-1}\beta$$

归纳步骤是正确的计算

$$\begin{aligned}h(a,x^nb)&=2xh(a,x^{n-1}b)-x^2h(a,x^{n-2}b)\\&=2x(x^{n-1}\alpha+nx^{n-2}\beta)-x^2(x^{n-2}\alpha+(n-2)x^{n-3}\beta)\\&=x^n\alpha+nx^{n-1}\beta\end{aligned}$$

因为 h 是 K 双线性映射,所以得出,对于有 K 中系数的所有多项式,有

$$h(a,P(x)b)=P(x)h(a,b)+P'(x)(h(a,xb)-xh(a,b))$$

特别地,因为 L 是 K 上的代数扩线,所以 P 可取为 K 上 x 的最小多项式,以便得出 $P'(x)(h(a,xb)-xh(a,b))=0$. 因为 L 是可分的,所以有 $P'(x)\neq0$. 因此断定 $h(a,xb)=xh(a,b)$. 于是 h 在它的第 2 个变量上是 L 线性的,对称论证证明了 h 在它的第 1 个变量上也是 L 线性的,因此是 L 双线性的.

我也要费力地整理这些附注,我会完全省略附注 1 与 2. 附注 1 可用于代数学教材中而不用于这里. 附注 2 看来对我无意义. 可分可交换 K 代数恰好是可分域扩张的产物. 可分代数学只在非交换情形下才变为有趣. 我们将除去附注 3 或者整理它的证明如下:

命题的证明:容易检验 $h(a,b)=aD(b)-bD(a)$ 是 K 双线性的,并且具有 $h(xa,xb)=x^2h(a,b)$. 因此由我们的问题可以断定,h 是 L 双线性的. 因为 $1\in K$,所以 $D(1)=0$,因此 $h(1,1)=D(1)-D(1)=0$ 与

$$xh(1,1)=h(x,1)=xD(1)-D(x)=-D(x)$$

于是对于所有 x,$D(x)=-xh(1,1)=0$.

(注意在第 215 页的脚注中,K 线性遗漏了“r”)我将对刚才第 1 段整理附注 4,包括遗漏的脚注,或者也许更好的是:

附注 4. 条件 L/K 是可分的不能减少. 实际上,令 p 是任何素数,考虑代数扩张 $K=\mathbf{F}_p[T^p]\subset\mathbf{F}_p[T]=L$(纯不可分扩张的典型例子),则定义 $h:L\times L\to L$ 为 $h(u,v)=v\dfrac{\mathrm{d}u}{\mathrm{d}T}-$

$u\frac{\mathrm{d}v}{\mathrm{d}T}$. 容易检验 h 是 K 双线性的(因为对所有 $a\in K$,有$\frac{\mathrm{d}a}{\mathrm{d}T}=0$),满足 $h(xu,xv)=x^2h(u,v)$,但是 h 不是 L 双线性的.

U229 定义为 $x_n=\{\log_n n!\}$ 的数列$(x_n)_{n\geqslant 1}$收敛吗?这里$\{x\}$表示实数 x 的小数部分.

美国 Pittsburgh 大学 Cezar Lupu 提供

解 从 Stirling 公式有

$$\begin{aligned}\log_n n! &= \frac{1}{\ln n}\left(n\ln n-n+\frac{1}{2}\log(2\pi n)+O\left(\frac{1}{n}\right)\right)\\ &=n-\frac{n}{\ln n}+\frac{1}{2}+O(1)\end{aligned}$$

因为$f(x)=\frac{x}{\ln x}$,当 $x\to\infty$ 时有 $f'(x)=\frac{1}{\ln x}-\frac{1}{(\ln x)^2}\to 0$,所以由中值定理可见 $\lim\limits_{n\to\infty}\left(\frac{n+1}{\ln(n+1)}-\frac{n}{\ln n}\right)=0$. 因此

$$\lim_{n\to\infty}(\log_{n+1}(n+1)!-\log_n n!)=1$$

设小数部分$\{\log_n n!\}$收敛于 α,则有 N 使得对所有 $n\geqslant N$,有

$$|\{\log_n n!\}-\alpha|<\frac{1}{4}$$

与

$$|\log_{n+1}(n+1)!-\log_n n!-1|<\frac{1}{4}$$

从这 2 个不等式中的第 1 个不等式,可以记 $\log_n n!=m_n+\alpha+\varepsilon_n$,其中 m_n 是整数,$|\varepsilon_n|<\frac{1}{4}$把这代入第 2 个不等式,得

$$|m_{n+1}-m_n-1|<|\log_{n+1}(n+1)!-\log_n n!-1|+|\varepsilon_{n+1}-\varepsilon_n|<\frac{3}{4}$$

因为左边是整数,所以对所有 $n\geqslant N$ 断定 $m_{n+1}=m_n+1$,因此对某常数 c 与 $n\geqslant N$,有 $m_n=n-c$. 但是这表示

$$\frac{n}{\log n}-\frac{1}{2}+O(1)=n-\log_n n!=c-\alpha-\varepsilon_n<c+1$$

是上有界,矛盾. 因此$\{\log_n n!\}$不能收敛.

U230 令$(a_n)_{n\geqslant 0}$是正实数数列,使得对于所有 $n\geqslant 1$,

$$a_n^2\geqslant a_{n-1}a_{n+1}$$

证明$\lim\limits_{n\to\infty}\sqrt[n]{a_n}$存在.

美国 Massachusetts 理工学院 Ivan Borsenco 提供

证　因为数列各项是正实数,所以可以考虑数列 $x_n=\log(a_n)$. 由假设 $2x_n\geqslant x_{n+1}+x_{n-1}$,它等价于 $x_{n+1}-x_n\leqslant x_n-x_{n-1}$,即数列 $x_{n+1}-x_n$ 不是递增的,因此存在极限

$$\lim_{n\to\infty}\frac{x_{n+1}-x_n}{n+1-n}=\lim_{n\to\infty}(x_{n+1}-x_n)=l\in[-\infty,+\infty)$$

由 Stolz - Cesaro 定理,存在极限

$$\lim_{n\to\infty}\sqrt[n]{a_n}=\lim_{n\to\infty}\mathrm{e}^{\frac{x_n}{n}}=\lim_{n\to\infty}\mathrm{e}^{\frac{x_{n+1}-x_n}{n+1-n}}=\mathrm{e}^l$$

U231　在[0,1]上的映射序列定义为 $f_0(x)=0$ 与

$$f_{n+1}(x)=f_n(x)+\frac{x-f_n(x)^2}{2}$$

众所周知 f_n 一致收敛于[0,1]上的函数 $x\to\sqrt{x}$. 证明:存在 $c\in(0,\infty)$,使

$$\lim_{n\to\infty}n\cdot\max_{x\in[0,1]}|f_n(x)-\sqrt{x}|=c$$

法国 Ecole 综合工科大学 Gabriel Dospinescu 提供

证　对 $x\in[0,1]$ 与 $n\geqslant0$ 定义 $g_n(x)=x-f_n(x^2)$,则 $g_0(x)=x$,简单的计算证明了

$$g_{n+1}(x)=g_n(x)\left(1-x+\frac{g_n(x)}{2}\right)$$

直接的归纳法明了,对所有 $x\in(0,1]$ 与 $n\geqslant0$,$x\geqslant g_n(x)>0$. 我们将需要少数的估计,其中的一些估计是以下引理的对象:

引理 1　(a)对所有 $t>0$,有 $\frac{\mathrm{e}^t+1}{2}\geqslant\frac{\mathrm{e}^t-1}{t}$.

(b)对所有 $t\in(0,1)$,有 $\frac{\mathrm{e}^{\frac{t}{1-t}}-1}{t}\geqslant\mathrm{e}^{\frac{t}{1-t}}$

引理 1 的证明　对第 1 个不等式,只用 Taylor 展开式

$$\mathrm{e}^t=1+\frac{t}{1!}+\frac{t^2}{2!}+\cdots$$

与事实:对所有 $n\geqslant2$,$2(n-1)!\leqslant n!$,对第 2 个不等式,令 $x=\frac{t}{1-t}>0$,于是 $t=\frac{x}{1+x}$,不等式变为 $(x+1)\frac{\mathrm{e}^x-1}{x}\geqslant\mathrm{e}^x$,这也直接从 Taylor 公式推出.

关键的估计包含在以下引理 2 中:

引理 2　对所有 $t\in[0,1)$ 与 $n\geqslant0$,有

$$\frac{2t}{1+\mathrm{e}^{\frac{nt}{1-t}}}\leqslant g_n(t)\leqslant\frac{2t}{\mathrm{e}^{nt}+1}$$

引理 2 的证明　对 n 用归纳法证明这个不等式. 当 $n=0$ 时不等式是显然的,设它们对 n 成立,只要检验

$$\frac{1}{e^{nt}+1}\left(1-t+\frac{t}{e^{nt}+1}\right)\leqslant\frac{1}{e^{(n+1)t}+1}$$

与

$$\frac{1}{1+e^{\frac{nt}{1-t}}}\left(1-t+\frac{t}{1+e^{\frac{nt}{1-t}}}\right)\geqslant\frac{1}{1+e^{\frac{(n+1)t}{1-t}}}$$

即可. 在简单的代数运算后,这些不等式等价于

$$\frac{e^{t}-1}{t}\leqslant\frac{e^{(n+1)t}+1}{e^{nt}+1}与\frac{1+e^{(n+1)\frac{t}{1-t}}}{1+e^{n\frac{t}{1-t}}}\leqslant\frac{e^{\frac{t}{1-t}}-1}{t}$$

其次,Cauchy - Schwarz 不等式蕴含,当 $u>1$ 时数列 $\frac{u^{n+1}+1}{u^{n}+1}$ 递增,因此对所有 n 有

$$\frac{u+1}{2}\leqslant\frac{u^{n+1}+1}{u^{n}+1}\leqslant u$$

利用这个讨论结果,要求的不等式由上述引理推出.

回到本题的解答,令 u 是方程 $1+e^{-x}=x$ 的唯一正解. 易见 $1<u<2$ 与当 $x=u$ 时达到

$$\max_{x>0}\frac{2x}{1+e^{x}}=2e^{-u}=2(u-1)$$

由此得出,当 $n>2$ 时有

$$\max_{t\in[0,1]}\frac{2t}{1+e^{nt}}=\frac{2}{n}(u-1)$$

从而

$$\max_{x\in[0,1]}g_{n}(x)\leqslant\frac{2}{n}(n-1)$$

另一方面,简单的计算证明了

$$\sup_{t\in(0,1)}\frac{2t}{1+e^{\frac{nt}{1-t}}}=\sup_{x>0}\frac{2x}{(1+x)(1+e^{nx})}=\frac{2}{n}e^{-nx_n}(1+x_n)^2$$

其中 x_n 是以下方程的唯一正解:

$$1+e^{-nx}=nx(1+x)$$

把上述结果联合起来,只要对 $n\to\infty$ 检验 $nx_n\to u$ 即可. 但是容易得出 $0<nx_n<2$,于是数列 $y_n=nx_n$ 有界,另一方面,关系式 $1+e^{-y_n}=y_n\left(1+\frac{y_n}{n}\right)$ 证明了,$(y_n)_n$ 的唯一极限点是 u. 因此数列 $(y_n)_n$ 收敛于 u,这完成了证明.

U232 令 $\alpha>0$ 是任何非代数数. 证明:有周期为 1 的函数 f 与可数集 A,使得对于所有 $x\in\mathbf{R}\backslash A$ 有

$$x=f(\alpha x)-f(x)$$

波兰 Poznan 市 Adam Mickiewicz 大学 Jedrzej Garnek 提供

证　已知固定的非代数数 α，定义 A_α 为可以写成下式的所有实数的集合：

$$n_{-u}\alpha^{-u}+n_{-u+1}\alpha^{-u+1}+\cdots+n_v\alpha^v$$

其中 u,v 为非负整数，n_i 是整数. 对于每个非代数数 $\beta\notin A_\alpha$，把 A_β 定义为在 A_α 中取任何数得出的集合，并加上形如 $\beta\alpha^i$ 的一项，设 $\gamma\in A_\beta$，则

$$\gamma=n_{-n}\alpha^{-u}+n_{-u+1}\alpha^{-u+1}+\cdots+n_v\alpha^v+\beta\alpha^i$$

$$\beta=\gamma\alpha^{-i}-n_{-u}\alpha^{-u-i}-n_{-u-i+1}\alpha^{-u-1}-\cdots-n_v\alpha^{v-i}$$

$\beta\in A_\gamma$. 由此得出，可以在非代数数中建立等价关系式，使得 $\beta\equiv\gamma$，当且仅当 $\beta\in A_\gamma$，当且仅当 $\gamma\in A_\beta$，我们断定，至少包含所有非代数数的实数子集是 A_α 与所有 A_β 的不相交并集，其中 $\beta\in B$，B 是每个 A_β 中恰好一个代表组成的集合，使 $\beta\notin A_\alpha$，因为代数数是可数的，所以显然有

$$A_\alpha\cup(\bigcup_\beta \alpha_\beta)=\mathbf{R}-A$$

其中 A 是代数数的子集，因此是可数的实数子集.

今设 2 个实数 $x\in A_\beta$ 与 $y\in A_r$ 相差一个整数，则

$$x-y=n_{-u}\alpha^{-u}+\cdots+\beta\alpha^i+\cdots+\gamma\alpha^j+\cdots+n_v\alpha^v=n\in\mathbf{Z}$$

$$\beta=n\alpha^{-i}-n_{-u}\alpha^{-u-i}-\cdots-\gamma\alpha^{j-i}-\cdots-n_v\alpha^{v-i}$$

$\beta\in A_\gamma$，此外，如果 $x\in A_\beta$，那么对于任何 β，显然有 $\alpha x\in A_\beta$，或者只要定义函数 f 为周期函数，且在 A_α 内部满足 $x=f(\alpha x)-f(x)$，在每个 A_β 内部，因为在以下意义上这些集合不相交：任何 2 个不同集合既没有一个元素使它们的差是 f 的周期，也没有一个元素使它们的比是 α.

现在注意，对每个整数 0，规定 $f(n)=0$，并取

$$f(n_{-u}\alpha^{-u}+\cdots+n_v\alpha^v)=n_{-u}\frac{\alpha^{-u}-1}{\alpha-1}+n_{-u+1}\frac{\alpha^{-u+1}-1}{\alpha-1}+\cdots+n_v\frac{\alpha^v-1}{\alpha-1}$$

在 A_α 内以相容与周期的形式定义 f(容易对于 u,v 用归纳法证明)，类似地

$$\begin{aligned}&f(n_{-u}\alpha^{-u}+\cdots+n_v\alpha^v+\beta\alpha^i)\\&=n_{-u}\frac{\alpha^{-u}-1}{\alpha-1}+n_{-u+1}\frac{\alpha^{-u+1}-1}{\alpha-1}+\cdots+n_v\frac{\alpha^v-1}{\alpha-1}+\beta\frac{\alpha^i-1}{\alpha-1}+f(\beta)\end{aligned}$$

容许把 f 扩张到每个 A_β 中去(容易对于 u,v,i 用归纳法证明). 因为对任何 $\gamma\neq\beta$(包含 $\gamma=\alpha$)，$\beta+n\notin A_\gamma$，所以对于每个 $\beta\in B$，可以对 $f(\beta)$ 指定我们要求的任意 1 个值. 推出结论.

U233　令 X 是具有均值 μ，方差 σ^2 与中位数 m 的随机变量，以 $MAD=\text{median}|X-m|$ 表示 X 的中位数绝对偏差的中位数. 证明：$MAD\leqslant 2\sigma$.

美国 Massachusetts 理工学院 Ivan Borsenco 提供

证 Markov 不等式指出

$$Pr(g(X)\leqslant\Delta)\geqslant 1-\frac{E[g(X)]}{\Delta}$$

其中 $g(X)$ 是随机变量 X 的非负函数, $\Delta>0$, $E[Y]$ 表示随机变量 Y 的期望值. 把这个不等式应用于 $g(X)=|X-m|$ 及 $\Delta=2\sigma$, 或得出

$$Pr(|X-m|\leqslant 2\sigma)\geqslant 1-\frac{E[|X-m|]}{2\sigma}$$

设这个概率小于$\frac{1}{2}$,则

$$E[|X-m|]>\sigma=\sqrt{E[|X^2-\mu^2|]}=\sqrt{E[(X-\mu)^2]}$$
$$\geqslant E[|X-\mu|]\geqslant E[|X-m|]$$

不合理,注意,第 1 个不等式是假设,第 2 个不等式是算术平均 - 平方平均不等式的推论,第 3 个不等式是中位数著名性质的推论,即中位数是这样一个值,使变量的绝对离差关于上述的值的期望值最小. 可见

$$Pr(|X-m|\leqslant 2\sigma)\geqslant\frac{1}{2}=Pr(|X-m|\leqslant MAD)$$

其中等式来自中位数的定义与最小绝对离差的定义,推出结论.

U234 考虑矩阵 $\boldsymbol{A}\in M_n(\mathbf{R})$ 集合,它的系数是 -1 或 1. 当 $\boldsymbol{A}$ 取遍这个集合的元素时, $\det\boldsymbol{A}^2$ 的平均值是多少?

法国 Ecole 综合工科大学 Gabriel Dospinescu 提供

解 令 K_n 表示所有 $n\times n$ 矩阵集合,矩阵具有 $\{-1,1\}$ 中的元素,用以下方式定义函数 $F:K_n\times S_n\mapsto\{-1,1\}$:

$$F([a_{ij}],\sigma)=a_{1\sigma(1)}a_{2\sigma(2)}\cdots a_{n\sigma(n)}$$

显然对于任何 $A\in K_n$:

$$\det\boldsymbol{A}^2=(\det\boldsymbol{A})^2=\Big(\sum_{\sigma\in S_n}sgn(\sigma)\cdot F(\boldsymbol{A},\sigma)\Big)^2$$

利用恒等式: $\left(\sum_i a_i\right)^2=\sum_i a_i^2+\sum_{i\neq j}a_ia_j$ 得出

$$\begin{aligned}\det\boldsymbol{A}^2&=\sum_{\sigma\in S_n}(sgn(\sigma)\cdot F(\boldsymbol{A},\sigma))^2+\sum_{\sigma\neq\tau}sgn(\sigma)sgn(\tau)\cdot F(\boldsymbol{A},\sigma)F(\boldsymbol{A},\tau)\\&=\sum_{\sigma\in S_n}1+\sum_{\sigma\neq\tau}sgn(\sigma)sgn(\tau)\cdot F(\boldsymbol{A},\sigma)D(\boldsymbol{A},\tau)\\&=n!+\sum_{\sigma\neq\tau}sgn(\sigma)sgn(\tau)\cdot F(\boldsymbol{A},\sigma)F(\boldsymbol{A},\tau)\end{aligned}$$

因此

$$\sum_{\boldsymbol{A}\in K_n}\det\boldsymbol{A}^2=|K_n|\cdot n!+\sum_{A\in K_n}\sum_{\sigma\neq\tau}sgn(\sigma)sgn(\tau)\cdot F(\boldsymbol{A},\sigma)F(\boldsymbol{A},\tau)$$

$$=|K_n|\cdot n!+\sum_{\sigma\neq\tau}sgn(\sigma)sgn(\tau)\cdot\left(\sum_{A\in K_n}F(\boldsymbol{A},\sigma)F(\boldsymbol{A},\tau)\right)$$

现在我们证明,如果 $\sigma\neq\tau$,那么

$$\sum_{A\in K_n}F(\boldsymbol{A},\sigma)F(\boldsymbol{A},\tau)=0$$

实际上,对某些 $m\in\{1,2,\cdots,n\}$,设 $\sigma(m)\neq\tau(m)$. 令函数 $g:K_n\to K_n$ 定义如下:

$$g(\boldsymbol{A})=[b_{ij}]$$

其中

$$b_{ij}=\begin{cases}-a_{ij} & 若\ i=m,j=\sigma(m)\\ a_{ij} & 其他情形\end{cases}$$

容易检验,对于任何 $\boldsymbol{A}\in K_n$, $F(g(\boldsymbol{A}),\sigma)=-F(\boldsymbol{A},\sigma)$, $F(g(\boldsymbol{A}),\tau)=F(\boldsymbol{A},\tau)$. 此外 g 是一一映射,因此

$$\begin{aligned}\sum_{A\in K_n}F(\boldsymbol{A},\sigma)F(\boldsymbol{A},\tau)&=\sum_{A\in K_n}F(g(\boldsymbol{A}),\sigma)F(g(\boldsymbol{A}),\tau)\\&=-\sum_{A\in K_n}F(\boldsymbol{A},\sigma)F(\boldsymbol{A},\tau)\end{aligned}$$

这给出等式 $\sum\limits_{A\in K_n}F(\boldsymbol{A},\sigma)F(\boldsymbol{A},\tau)=0$. 因此

$$\frac{\sum\limits_{A\in K_n}\det A^2}{|K_n|}=n!$$

U235　令 $a>b$ 是正实数,n 是正整数,证明

$$\frac{(a^{n+1}-b^{n+1})^{n-1}}{(a^n-b^n)^n}>\frac{n}{(n+1)^2}\cdot\frac{e}{a-b}$$

其中 e 是 Euler 数.

美国 Massachusetts 理工学院 Ivan Borsenco 提供

证　不等式在 a,b 中是齐次的,于是可以从假设(不失一般性)$b=1$ 开始. 令对于 $a\neq1$ 与 $f(1)=\log((n+1)^{n-1}/n^n)$,令

$$f(a)=\log\left(\frac{(a-1)(a^{n+1}-1)^{n-1}}{(a^n-1)^n}\right)=\log\left(\frac{(a^n+\cdots+1)^{n-1}}{(a^{n-1}+\cdots+1)^n}\right)$$

则 f 在 $\mathbf{R}^+$ 上可微. 对于 $a\neq1$,有

$$\begin{aligned}f'(a)&=\frac{1}{a-1}+\frac{(n^2-1)a^n}{a^{n+1}-1}-\frac{n^2a^{n-1}}{a^n-1}\\&=\frac{(a^n-1)(a^n+\cdots+1)-a^{2n}-(n^2-1)a^n+n^2a^{n-1}}{(a^{n+1}-1)(a^n-1)}\\&=\frac{(a^n-1)(a^{n-1}+\cdots+1)-n^2a^{n-1}(a-1)}{(a^{n+1}-1)(a^n-1)}\end{aligned}$$

$$=\frac{(a-1)((a^{n-1}+\cdots+1)^2-n^2a^{n-1})}{(a^{n+1}-1)(a^n-1)}$$

$f'(a)$的所有因子在$(1,\infty)$中是正的,因此f在$[1,\infty)$中严格递增. 由此得出,对于$a>1$,有

$$\frac{(a^{n+1}-1)^{n-1}}{(a^n-1)^n}>\frac{(n+1)^{n-1}}{(a-1)n^n}$$

还需要证明

$$\frac{(n+1)^{n-1}}{n^n}\geqslant\frac{en}{(n+1)^2}$$

它等价于$((n+1)/n)^{n+1}>e$,这在$x=-1/(n+1)$时由著名不等式$e^x\geqslant 1+x$推出. 这完成了证明.

U236 令$f(x)$是$\mathbf{Z}[X]$中不可约多项式,而不是多项式± 1. 证明$f(XY)$在$\mathbf{Z}[X,Y]$中不可约.

罗马尼亚 Bucharest 大学 Mircea Becheanu 提供

证 设$f(XY)$在$\mathbf{Z}[X,Y]$中被分解为$f(XY)=g(X,Y)h(X,Y)$,对于任何非零有理数r,代数$X=X/r$与$Y=r$,得$f(x)=g(X/r,r)h(X/r,r)$. 但是因为f在$\mathbf{Z}[X]$中不可约,所以由 Gauss 引理推出,它在$\mathbf{Z}[X]$上不可约. 因此对于每个r,2 个多项式$g(X/r,r)$与$h(X/r,r)$之一是常数多项式,不失一般性,可设对于r的无限多个值,$h(X/r,r)$是常数多项式. 由此推出,当我们写出

$$h(X,Y)=P_d(Y)X^d+P_{d-1}(Y)X^{d-1}+\cdots+P_1(Y)X+P_0(X)$$

时,多项式$P_1,\cdots,P_d$有无限多个根,因此是零多项式,于是h实际上只是Y中的多项式,类似地,g与h一定只是X中的多项式,于是与Y无关. 如果它又是h,那么h是常数多项式,我们有f的平凡的因子分解. 在其他情形下有$f(XY)=g(X)h(Y)$. 代入$Y=1$,可见$f(X)=g(X)h(1)$. 因此$h(1)=\pm 1$,$g(X)=\pm f(X)$. 对h作类似证明,可见$f(XY)=\pm f(X)f(Y)$. 设f有次数d,下一个非零系数是X^k的系数,即是$f(X)=c_dX^d+c_kX^k+\cdots$. 于是$\pm f(X)f(Y)$在$X^dY^k$与$X^kY^d$单项式上有非零系数,但是$f(XY)$却没有非零系数. 于是得出矛盾. 因此$f$只有单个非零项,即$f(X)=cX^d$. 由不可约性,一定有$f(X)=\pm X$.

U237 令H是具有焦点A,B与中心O的双曲线. 令P是H上任意一点,H上通过P的切线交它的渐近线于M与N. 证明$PA+PB=OM+ON$.

委内瑞拉 Maracaibo 市 Luis Gonzalez 提供

证 令$H:\frac{x^2}{a^2}-\frac{y^2}{b^2}=1$,以致$O=(0,0)$. 由对称性,设$P$在第1象限,则

$$P=\left(k,\frac{b}{a}\sqrt{k^2-a^2}\right)$$

其中$k\geqslant a$是任意实数,H在P上的切线方程是

$$\frac{kx}{a^2}=\frac{\frac{b}{a}\sqrt{k^2-a^2}\,y}{b^2}+1$$

于是这条直线与渐近线 $y=\pm\frac{b}{a}x$ 相交,得出点

$$M=\left(k+\sqrt{k^2-a^2},\frac{b}{a}(k+\sqrt{k^2-a^2})\right)$$

$$N=\left(k-\sqrt{k^2-a^2},-\frac{b}{a}(k-\sqrt{k^2-a^2})\right)$$

因此

$$OM+ON=\frac{2k}{a}\sqrt{a^2+b^2}=2ke$$

其中 $e=\sqrt{a^2+b^2}/a$ 是双曲线的离心率. 因为焦点有坐标 $A=(-c,0)$ 与 $B=(c,0)$,其中 $c=\sqrt{a^2+b^2}$,所以有

$$\begin{aligned}PA^2&=(k+c)^2+\frac{b^2}{a^2}(k^2-a^2)=\frac{(a^2+b^2)k^2+2ka^2c+a^2(c^2-b^2)}{a^2}\\&=\frac{c^2k^2+2ka^2c+a^4}{a^2}=\left(\frac{ck+a^2}{a}\right)^2\end{aligned}$$

与

$$\begin{aligned}PB^2&=(k-c)^2+\frac{b^2}{a^2}(k^2-a^2)=\frac{(a^2+b^2)k^2-2ka^2c+a^2(c^2-b^2)}{a^2}\\&=\frac{c^2k^2-2ka^2c+a^4}{a^2}=\left(\frac{ck-a^2}{a}\right)^2\end{aligned}$$

因此(因为 $c,k>a$ 所以 $ck>a^2$),我们有

$$PA+PB=\frac{ck+a^2}{a}+\frac{ck-a^2}{a}=\frac{2kc}{a}=2ke$$

推出命题.

U238 令 X 是具有中位数 $m=0$,均值 μX,方差 σ_X^2 的随机变量. 以 $\sigma_{|X|}^2$ 表示随机变量 $|X|$ 的方差. 证明

$$|\mu X|\leqslant\sigma_{|X|}$$

美国 Massachusetts 理工学院 Ivan Borsenco 提供

证法 1 因为可以把 X 换为 $-X$ 而不改变问题,所以不妨可设 $\mu X\geqslant 0$. 由要求的结论的连续性,可以设 X 是连续随机变量. 以 $f_X(x)$ 表示 X 的概率密度函数(简记为 PDF). 因为 $m=0$,所以有

$$\int_{-\infty}^{0}f_X(x)\,\mathrm{d}x=\int_{0}^{+\infty}f_X(x)\,\mathrm{d}x=\frac{1}{2}$$

定义随机变量 Y,Z 分别有 PDF 的 $f_Y(y)$, $f_Z(z)$，使得当 $y\geqslant0$ 时 $f_Y(y)=2f_X(y)$，当 $z\geqslant0$ 时 $f_Z(z)=2f_X(-z)$，当所有 $x>0$ 时 $f_Y(-x)=f_Z(x)=0$. 显然

$$\mu_X=\int_{-\infty}^{+\infty}xf_X(x)\,\mathrm{d}x=\frac{1}{2}\int_{-\infty}^{0}xf_Z(-x)\,\mathrm{d}x+\frac{1}{2}\int_{0}^{+\infty}xf_Y(x)\,\mathrm{d}x=\frac{\mu_Y-\mu_Z}{2}$$

而 $f_{|X|}(x)=f_Y(x)+f_Z(x)$，或 $\mu_{|X|}=\dfrac{\mu_Y+\mu_Z}{2}$. 我们计算

$$\begin{aligned}\sigma_{|X|}^2&=\int_{-\infty}^{+\infty}x^2f_{|X|}(x)\,\mathrm{d}x-\mu_{|X|}^2\\&=\frac{1}{2}\int_{-\infty}^{0}x^2f_Z(-x)\,\mathrm{d}x+\frac{1}{2}\int_{0}^{+\infty}x^2f_Y(x)\,\mathrm{d}x-\left(\frac{\mu_Y+\mu_Z}{2}\right)^2\\&=\frac{1}{2}(\sigma_Z^2+\mu_Z^2)+\frac{1}{2}(\sigma_Y^2+\mu_Y^2)-\left(\frac{\mu_Y+\mu_Z}{2}\right)^2\\&=\frac{\sigma_Y^2+\sigma_Z^2}{2}+\mu_X^2\geqslant\mu_X^2\end{aligned}$$

推出结论.

注意：所提出不等式中的等式只有在 $\sigma_Y^2+\sigma_Z^2=0$ 时才可能，除非 X 是取值 $-a,b$ 的离散随机变量，等式是不可能的，其中 $a,b\geqslant0$，取每个值的概率为 $\frac{1}{2}$，因此 $Y=b,Z=-a$，注意在这种情形下，$\mu_X=\dfrac{b-a}{2}$，$\mu_{|X|}=\sigma_X=\dfrac{b+a}{2}$，$\sigma_{|x|}=|\mu_X|=\dfrac{|b-a|}{2}$.

证法 2 中位数使函数 $f(a)=E|X-a|$ 最小，因此 $E|X-0|\leqslant E|X-\mu_X|$.

此外用不等式 $(EY)^2\leqslant EY^2$：

$$(E|X|)^2\leqslant(E|X-\mu_X|)^2\leqslant E(X-\mu_X)^2=\sigma_X^2=EX^2-(EX)^2$$

因此 $\mu_X^2=(EX)^2\leqslant EX^2-(E|X|)^2=\sigma_{|X|}^2$，这给出

$$|\mu_X|\leqslant\sigma_{|X|}.$$

U239 在 $\triangle ABC$ 中，令 P 是它平面上的点，但不在 $\triangle ABC$ 的外接圆 Γ 上. 令 AP,BP,CP 分别交圆 Γ 于点 X,Y,Z. 令从 X 到 $\triangle ABC$ 内切圆的切线交 BC 于 A_1 与 A_2. 类似地定义 B_1,B_2 与 C_1,C_2，证明：点 A_1,A_2,B_1,B_2,C_1,C_2 在一条圆锥曲线上.

美国 Princeton 大学 Cosmin Pohoata 提供

证 我们只考虑 P 在 $\triangle ABC$ 内部的情形. 一般情形用带号距离从相同论证推出. 下面将证明

$$\frac{BA_1\cdot BA_2}{CA_1\cdot CA_2}=\frac{BX\cdot\sin^2C/2}{CX\cdot\sin^2B/2}$$

把这与它的 2 个类似等式相乘，得出

$$\frac{BA_1\cdot BA_2\cdot CB_1\cdot CB_2\cdot AC_1\cdot AC_2}{CA_1\cdot CA_2\cdot AB_1\cdot AB_2\cdot BC_1\cdot BC_2}=\frac{BX\cdot CY\cdot AZ}{CX\cdot AY\cdot BZ}$$

承认 $BX=2R\sin(\angle BAP)$,对其他的长是类似的,由 Ceva 定理的三角形式可见右边是 1. 由圆锥曲线的 Carnot 定理,右边是 1 的结果蕴含 A_1,A_2,B_1,B_2,C_1,C_2 在一条圆锥曲线上,解答了问题.

于是只需要作要求的计算. 为此拟定以 $\triangle ABC$ 外接圆为单位圆与 $A=1$ 的复坐标. 然后就有模为 1 的复数 β,γ,ω,使 β 是 $\widehat{AB}$ 的中点,以致 $B=\beta^2$,γ 是 $\widehat{AC}$ 的中点,以致 $C=\gamma^2$,与 $X=\omega$. 于是 $\triangle ABC$ 的内心 I 是 β 与 γ^2 连成的直线和 γ 与 β^2 连成的直线的交点. 因为 $\dfrac{\beta^{1/2}-\beta^{-1/2}}{\gamma\beta^{-1/2}-\gamma^{-1}\beta^{1/2}}$ 是实数,所以看出内心是

$$I=\beta+\gamma-\beta\gamma=\beta-\frac{\beta^{1/2}-\beta^{-1/2}}{\gamma\beta^{-1/2}-\gamma^{-1}\beta^{1/2}}\cdot(\gamma^2-\beta)$$

此外,内径是

$$r^2=4\sin\frac{A}{2}\sin\frac{B}{2}\sin\frac{C}{2}=\frac{(\beta-1)(\gamma-1)(\beta+\gamma)}{2\beta\gamma}$$

令 $A_k=t_kB+(1-t_k)C$,则 XA_k 与内切圆相切这个事实变换为二次方程 $\| sX+(1-s)A_k-I\|^2-r^2$ 的判别式 $\Delta(t_k)=0$ 的事实. 也就是说 t_1 与 t_2 是方程 $\Delta(t)=0$ 的两根. 因为

$$\frac{BA_1\cdot BA_2}{CA_1\cdot CA_2}=\frac{(1-t_1)(1-t_2)}{t_1t_2}=\frac{\Delta(1)}{\Delta(2)}$$

所以只要在 $t=1$(即对 B)时与在 $t=0$(即对 C)时计算这个判别式即可. 展开二次形式 $\| sX-(1-s)B-I\|^2-r^2$ 给出

$$-\frac{(\beta^2-\omega)^2}{\beta^2\omega}s^2+\frac{(\beta-1)(\beta+\gamma)(\beta^2-\omega)(\gamma+\omega)}{\beta^2\gamma\omega}s$$
$$-\frac{(\beta-1)^2(\gamma+1)^2(\beta+\gamma)^2}{4\beta^2\gamma^2}$$

(注意,s^2 的系数正是 $\|B-X\|^2$,常数项是 $\|B-I\|^2-r^2=r^2\tan^2B/2=-r^2\dfrac{(\gamma+1)^2}{(\gamma-1)^2}$. 因此只有 s 中的线性项需要计算). 于是判别式是

$$\Delta(1)=\frac{(\beta-1)^2(\beta+\gamma)^2(\beta^2-\omega)^2(\gamma^2-\omega)^2(\omega-1)}{\beta^4\gamma^2\omega^2}$$

类似地

$$\Delta(0)=\frac{(\gamma-1)^2(\beta+\gamma)^2(\beta^2-\omega)^2(\gamma^2-\omega)^2(\omega-1)}{\beta^2\gamma^4\omega^2}$$

因此

$$\frac{BA_1\cdot BA_2}{CA_1\cdot CA_2}=\frac{\gamma^2(\beta-1)^2(\beta^2-\omega)}{\beta^2(\gamma-1)^2(\gamma^2-\omega)}$$

承认 $\beta\omega^{-1/2}-\omega^{1/2}\beta^{-1}=i\cdot\|B-X\|=i\cdot BX$,$\beta^{1/2}-\beta^{-1/2}=2i\sin C/2$ 与它们的类似等式,

给

$$\frac{BA_1 \cdot BA_2}{CA_1 \cdot CA_2}=\frac{BX \cdot \sin^2 C/2}{CX \cdot \sin^2 B/2}$$

正是要求的结果.

U240 令 $A \in M_m(\mathbf{Z})$,令 $(a_n)_{n\geqslant 0}$ 定义为 $a_0=1$ 与

$$a_{n+1} = \frac{1}{n+1}\sum_{j=0}^{n} a_{n-j}\operatorname{tr}(A^{j+1}),n \geqslant 0$$

证明:数列 $(a_n)_{n\geqslant 0}$ 的所有项是整数.

法国 Ecole 综合工科大学 Gabriel Dospinescu 提供

证 令 $a(T) = \sum_{k=0}^{\infty} a_k T^k$ 是数列 $(a_n)_{n\geqslant 0}$ 的一般母函数,令

$$p(T) = \sum_{k=0}^{\infty}\operatorname{tr}(A^{k+1})T^k = \operatorname{tr}\left(\sum_{k=0}^{\infty}A^{k+1}T^k\right) = \operatorname{tr}(A(I-TA)^{-1})$$

是迹的一般母函数,则用母函数把已知的递归写成

$$a'(T) = \sum_{n=0}^{\infty}(n+1)a_{n+1}T^n = \sum_{n=0}^{\infty}\sum_{j=0}^{n}a_{n-j}\operatorname{tr}(A^{j+1})T^n = a(T)p(T)$$

求此式的积分,利用 $a(0)=1$ 与迹的直线性,给出

$$\frac{\mathrm{d}}{\mathrm{d}T}\operatorname{tr}(\log(I-TA)) = -\operatorname{tr}(A(I-TA)^{-1}) = -p(T)$$

我们看出

$$\log a(T) = -\operatorname{tr}(\log(I-TA))$$

因此

$$a(T)=\frac{1}{\det(I-TA)}$$

这里利用了著名事实 $\mathrm{e}^{\operatorname{tr}(\log B)}=\det(B)$,它是由迹是含重数的特征值之和及行列式是乘积推出的. 因为 $A \in M_m(\mathbf{Z})$,所以看出 $q(T)=\det(I-TA)$ 是 T 中整系数多项式,且 $q(0)=1$ (直至表面变化的 q 是 A 的特征多项式). 由标准母函数结果推出,$a(T)=\frac{1}{q(T)}$ 是含整系数的幂级数(例如它由公式

$$a(T) = \frac{1}{1-(1-q(T))} = \sum_{k=0}^{\infty}(1-q(T))^k$$

推出. 另外记 $q(T)=1-q_1T-q_2T^2-\cdots-q_mT^m$,并对 $k<0$ 定义 $a_k=0$,这个形如 $a(T)q(T)=1$ 的恒等式给出递归式

$$a_n=q_1a_{n-1}+q_2a_{n-2}+\cdots+q_ma_{n-m},n\geqslant 1$$

因此对 n 用容易的归纳法知 a_n 是整数.)

U241　令 $a>b$ 是正实数. 证明

$$c_n=\frac{\sqrt[n+1]{a^{n+1}-b^{n+1}}}{\sqrt[n]{a^n-b^n}}$$

是递减数列,并求它的极限.

美国 Massachusetts 理工学院 Ivan Borsenco 提供

解　因为

$$\frac{\sqrt[n+1]{a^{n+1}-b^{n+1}}}{\sqrt[n]{a^n-b^n}}=\frac{\sqrt[n+1]{1-\left(\frac{b}{a}\right)^{n+1}}}{\sqrt[n]{1-\left(\frac{b}{a}\right)^{n}}}$$

与 $\frac{b}{a}<1$,所以求出

$$\lim_{n\to\infty}\frac{\sqrt[n+1]{a^{n+1}-b^{n+1}}}{\sqrt[n]{a^n-b^n}}=\frac{\lim\limits_{n\to\infty}\sqrt[n+1]{1-\left(\frac{b}{a}\right)^{n+1}}}{\lim\limits_{n\to\infty}\sqrt[n]{1-\left(\frac{b}{a}\right)^{n}}}=1$$

现在令 $t:=\frac{a}{b}$,则有 $t>1$,注意 $c_n>c_{n+1}$ 等价于

$$\frac{\sqrt[n+1]{t^{n+1}-1}}{\sqrt[n]{t^n-1}}>\frac{\sqrt[n+2]{t^{n+2}-1}}{\sqrt[n+1]{t^{n+1}-1}}$$

即

$$(t^{n+1}-1)^{\frac{2}{n+1}}\geqslant(t^n-1)^{\frac{1}{n}}(t^{n+2}-1)^{\frac{1}{n+2}}$$

它可改写为 $(t^{n+1}-1)^2\geqslant(t^n-1)^{\frac{n+1}{n}}(t^{n+2}-1)^{\frac{n+1}{n+2}}$.

但是 $(t^{n+1}-1)^2\geqslant(t^n-1)(t^{n+2}-1)$,因为它正好与 $t^n+t^{n+2}\geqslant 2t^{n+1}$ 相同,后者在 $(t-1)^2\geqslant 0$ 时显然成立. 于是只要证明

$$(t^n-1)(t^{n+2}-1)\geqslant(t^n-1)^{\frac{n+1}{n}}(t^{n+2}-1)^{\frac{n+1}{n+2}}$$

或等价于证明 $(t^{n+2}-1)^{\frac{1}{n+2}}\geqslant(t^n-1)^{\frac{1}{n}}$,但现在因为当且仅当 $t\geqslant 1$ 时 $\frac{t^{n+1}-1}{t^n-1}\geqslant t$,所以有 $\left(\frac{t^{n+1}-1}{t^n-1}\right)^n\geqslant t^n>t^n-1$,这给出 $(t^{n+1}-1)^n>(t^n-1)^{n+1}$,从而 $(t^{n+1}-1)^{\frac{1}{n+1}}>(t^n-1)^{\frac{1}{n}}$,因此

$$(t^{n+2}-1)^{\frac{1}{n+2}}\geqslant(t^n-1)^{\frac{1}{n}}$$

这完成了证明.

U242　求满足以下条件的所有连续函数 $f:\mathbf{R}\to\mathbf{R}$:每当 $x+y+z$ 是 2π 的整倍数时,

$$f^2(x)+f^2(y)+f^2(z)-2f(x)f(y)f(z)=1$$

美国 Stanford 大学 Iurie Boreico 提供

解 将对一些 $N\in\mathbf{Z}$ 证明

$$f(x)=\cos(Nx)\text{或}f(x)=\cos(Nx-\frac{2\pi}{3})$$

容易检验 $f(x)=\cos x$ 满足已知条件,由它推出这些函数也都满足已知条件.

反之,取 $x=y=z=0$,则得 $3f(0)^2-2f(0)^3=1$,因此 $f(0)=1$ 或 $-1/2$. 如果 f 是常值函数,那么它一定取这两值之一,因此它在以上两公式之中对应于 $N=0$,以后我们设 f 为非常值函数.

取 $x=2t,y=z=-t$,则得

$$0=f(2t)^2-2f(-t)^2f(2t)+2f(-t)^2-1=(f(2t)-1)(f(2t)-2f(t)^2+1)$$

换言之,或者 $f(2t)=1$ 或者 $f(2t)=2f(-1)^2-1$,注意在后一情形下,如果 $f(-t)=\cos\beta$,那么 $f(2t)=\cos(2\beta)$. 因为 f 是连续的非常值函数,所以它的像包括一个区间,特别地,有某个实数 t 与正整数 m,n,使 $f(t)=\cos\frac{m\pi}{2^n}$. 重复以上选择 $n+1$ 次,看出 $f((-2)^{n+1}t)=1$,或者因为 $f((-2)^kt)=\cos\frac{m\pi}{2^{n-k}}$(于是 $f((-2)^{n+1}t)=\cos(2m\pi)=1$),或者因为对某个最小的 k,得出 $f((-2)^kt)=1$.

令 $A=\{t:f(t)=1\}$,则在上段中看出 A 为非空的,如果 $a\in A$,那么 $-2a\in A$. 设 $a,b,c\in A$. 取 $x=a,y=b,z=2m\pi-a-b$,我们断定

$$0=f(2m\pi-a-b)^2-2f(2m\pi-a-b)+1=(f(2m\pi-a-b)-1)^2$$

因此 $f(2m\pi-a-b)=1$ 与 $2m\pi-a-b\in A$. 应用这与 $b=-2a$,可见 $a+2m\pi\in A$,即 A 是周期集合,具有周期 2π,应用这两次(用 $m=0$ 两次),得 $-a-b\in A$,其次得 $-(-a-b)-c=a+b-c\in A$. 因此 A 是 $\mathbf{R}$ 的加法子群的陪集(平移群). 因为 A 是闭的 C 当 f 连续时),f 是非常值函数,所以有最小的 α,使 A 是周期集合,具有周期 α,由上述对某个正整数 N,可记 $\alpha=\frac{2\pi}{N}$. 如果 $f(0)=1$,那么 $0\in A$,A 将由 $\frac{2\pi}{N}$ 所有的倍数组成,它恰好是 $\cos(Nx)=1$ 的点. 如果 $f(0)=-1/2$,那么有最小值的元素 $a\in A$. 因为 $-2a\in A$,所以 A 是周期集合,具有周期 $3|a|$,由 a 的最小性,这一定是最小周期 α,因此 $a=\pm\frac{2\pi}{3N}$,A 由所有的点 $(3m+1)a$ 组成,它恰好是 $\cos(\pm Nx-\frac{2\pi}{3})=1$ 的点.

如果 $b\in A$,那么取 $y=-x-b,z=b$(于是 $f(z)=1$)得出

$$0=f(-x-b)^2-2f(-x-b)f(x)+f(x)^2=(f(-x-b)-f(x))^2$$

于是 $f(-x-b)=f(x)$,在 $f(0)=1$ 的情形下,应用这与 $b=0,b=\alpha$,可见 f 是偶函数与具有周期 α 的周期函数,在 $f(0)=-1/2$ 的情形下,应用这与 $b=a,b=-2a$,可见 f 是具有

周期 $3|a|$ 的周期函数. 下面不讨论这两种情形,注意,在后一种情形下,$3|a|$ 周期性蕴含,$g(x)=f(x+a)$ 满足相同的函数方程,有 $g(a)=1$. 因此可以化为 $f(0)=1$ 的情形. 从而以后将采用这种情形.

因为我们看出 A 是离散的,所以方程 $f(2t)=2f(-t)^2-1$ 对 t 的所有但离散的集合成立. 因此由 f 的连续性,它对所有的 t 成立,因为 f 是偶函数,所以可以省略了负号,改写为

$$f(t)=\pm\sqrt{\frac{f(2t)+1}{2}}$$

注意:这说明,如果 $f(2t)=\cos\beta$,那么 $f(t)=\pm\cos(\beta/2)$. 我们将证明,由对 n 的归纳法,这个公式蕴含,对奇数 m,

$$f\left(\frac{m\alpha}{2^n}\right)=\cos\left(N\frac{m\alpha}{2^n}\right)=\cos\left(\frac{2m\pi}{2^n}\right)$$

对于归纳法的基础情形,将取 $n=0,1,2$,我们将进一步证明,这些基础情形只给出具有 $f=1,-1,0$ 的点,这个归纳法的情形 $n=0$ 及其逆只是具有 $f=1$ 的点,是 A 的正确定义,对于情形 $n=1$,注意,把公式应用于 $t=\dfrac{(2m+1)\alpha}{2}$,看出

$$f\left(\frac{(2m+1)\alpha}{2}\right)=\pm 1$$

但是我们一定有负号,因为 A 是具有 $f=1$ 的所有点,反之,如果 $f(t)=-1$,那么 $f(2t)=2f(t)^2-1=1$,于是 $2t\in A$,因此这些点只是具有 $f=-1$ 的点,再用这个公式,看出

$$f\left(\frac{(4m\pm 1)\alpha}{4}\right)=\pm 0=0$$

注意未知符号在这里是不恰当的. 反之,如果 $f(t)=0$,那么 $f(2t)=2f(t)^2-1=-1$,于是只有 $f=0$ 的点. 注意,我们证明了,当且仅当 $\cos(Nx)=0$ 时 $f(x)=0$,且在这些零点之间,$f(x)$ 与 $\cos(Nx)$ 同号,因此由 f 的连续性,$f(x)$ 总是与 $\cos(Nx)$ 同号.

此时要求的归纳法几乎是平凡的. 假设证明了直到 n 的结果. 应用公式与归纳假设,得出

$$f\left(\frac{m\alpha}{2^{n+1}}\right)=\pm\cos\left(\frac{2m\pi}{2^{n+1}}\right)$$

此外,由以上论证,我们一定有正号.

最后,因为 f 连续,所以一定有,对所有 x,$f(x)=\cos(Nx)$,这正是要求的结果.

U243　令 $f:[a,b]\to\mathbf{R}$ 是可微函数,使 $f'(a)=f'(b)=0$,且有性质:有实值函数 g,使得对于 $\mathbf{R}$ 中所有 x,$g(f'(x))=f(x)$. 证明 f 是常值函数.

罗马尼亚 Bucharest 市 Mihai Piticari 与 Sorin Radulescu 提供

证　为使有 $f'(a)$ 与 $f'(b)$,f 的定义域一定包括 a 与 b 两者. 于是定义 $f:[a,b]\to\mathbf{R}$.

但是注意

$$x\neq y\wedge f'(x)=f'(y)\Rightarrow f(x)=f(y)$$

因为否则,$g(x)$不能定义为函数,由 Rolle 定理,有点 $c\in(a,b)$使$f'(c)=0$,设$f(c)\neq 0$,则有$f'(a)=f'(c)=0$ 而$f(a)\neq f(c)$. 如果设$f(c)=0$,那么可以避免这个矛盾. 对于例如在 $x=d$ 上存在的最小值点会发生相同情形. 因此被迫说$f(d)=f(c)=0$,这蕴含$f(x)$恒等于0.

U244 Jimmy 正在分析具有无限的均值与方差的随机变量 X,他需要为他的近似模型提供推测的均值与方差,Jimmy 知道 X 在 O 旁有对称分布,他决定采用他的推测均值 $\mu_X^*=0$ 与他的推测方差

$$(\sigma_X^*)^2=E_{|X|\leqslant 1}|X^2|+\exp(E_{|X|\geqslant 1}[\ln(X^2)])$$

证明:Jimmy 为标准 Cauchy 随机变量 $C(0,1)$的推测方差是

$$(\sigma_X^*)^2=2\pi-\frac{1}{2}+\frac{1}{\pi}\exp\left(\frac{2\pi^2}{3}\right)$$

美国 Massachusetts 理工学院 Ivan Borsenco 提供

证 回忆 Cuachy 随机变量 $C(0,1)$的密度函数是

$$f_x(x)=\frac{1}{\pi(x^2+1)}$$

对于第1期望值,计算

$$E_{|X|\leqslant 1}[X^2]=\frac{1}{\pi}\int_{-1}^{1}\frac{x^2\mathrm{d}x}{x^2+1}=\frac{2}{\pi}\int_0^1\frac{x^2\mathrm{d}x}{x^2+1}=\frac{2}{\pi}(x-\arctan(x))\Big|_0^1$$

$$=\frac{2}{\pi}\left(1-\frac{\pi}{4}\right)=\frac{2}{\pi}-\frac{1}{2}$$

对于第2期望值,计算

$$E_{|X|\geqslant 1}[\ln(X^2)]=\frac{2}{\pi}\int_1^{\infty}\frac{\ln(x^2)\mathrm{d}x}{x^2+1}=\frac{4}{\pi}\int_1^{\infty}\frac{\ln(x)\mathrm{d}x}{x^2+1}$$

$$=\frac{4}{\pi}\sum_{m=1}^{\infty}(-1)^{m-1}\int_1^{\infty}\frac{\ln x}{x^{2m}}\mathrm{d}x$$

$$=\frac{4}{\pi}\sum_{m=1}^{\infty}\frac{(-1)^{m-1}}{(2m-1)^2}=\frac{4G}{\pi}$$

其中 $G=\sum\limits_{m=1}^{\infty}\frac{(-1)^{m-1}}{(2m-1)^2}$是 Catalan 常数,合在一起,得

$$(\sigma_X^*)^2=\frac{2}{\pi}-\frac{1}{2}+\exp\left(\frac{4G}{\pi}\right)$$

U245 令 K 是特征数 $p>2$ 的有限域,$a\in K-\{0\}$. 令 f 是 K 上任何多项式. 证明以下命题等价:

(ⅰ) $f(X)=f(X+a)$;

(ⅱ) 有 $g\in K[X]$ 使 $f(X)=g(X^p-a^{p-1}x)$.

罗马尼亚 Bucharest 市 Mihai Piticari 与 Sorin Radulescu 提供

证 令 $s(x)=x^p-a^{p-1}x$,则

$$s(x+a)=(x+a)^p-a^{p-1}(x+a)=x^p+a^p-a^{p-1}x-a^p=x^p-a^{p-1}x=s(x)$$

其中利用了事实 K 的特征数 p. 注意 $s(0)=0$,从而对于所有 $n\in\{0,\cdots,p-1\}$,$s(na)=0$ 与

$$s(x)=\prod_{n=0}^{p-1}(x-na)$$

由此立即推出(ⅱ)蕴含(ⅰ):对于任何 $g\in K[x]$,

$$f(x+a)=g(s(x+a))=g(s(x))=f(x)$$

今设相反如果不成立. 令 $f\in k[x]$ 具有最小次数,使 $f(x)=f(x+a)$,f 不是 $s(x)$ 中的多项式(特别地,它不是常数多项式),具有 K 中的系数. 令 $h(x)=f(x)-f(0)$,则它满足 $h(x)=h(x+a)$,$h(0)=0$,于是对于所有 $x\in\{0,\cdots,p-1\}$,$h(na)=0$. 这表示 $s(x)$ 整除 $h(x)$,且对于一些 $q\in K[x]$,$h(x)=s(x)q(x)$,于是

$$s(x)q(x+a)=s(x+a)q(x+a)=h(x+a)=h(x)=s(x)q(x)$$

这给出 $q(x)=q(x+a)$,但是 q 的次数小于 f 的次数,由于 f 的最小性,存在 $g\in K[x]$,使 $q(x)=g(x^p-a^{p-1}x)$. 因此

$$f(x)=h(x)+f(0)=(x^p-a^{p-1}x)g(x^p-a^{p-1}x)+f(0)$$

右边是 $K[x]$ 中多项式,计算结果是 $x^p-a^{p-1}x$ 于是有矛盾.

U246 求所有正整数对 m,n,它们有非 abel 群 G,使映射 $x\to x^m$ 与 $x\to x^n$ 是 G 的自同态.

法国 Ecole 综合工科大学 Gabriel Dospinescu 提供

解 我们将证明,当且仅当 $\gcd(m(m-1),n(n-1))\neq 2$ 时,有映射 $x\to x_m$ 与 $x\to x^n$ 是 G 的自同态.

令 p 是素数,考虑非 abel 群

$$U_p=\left\{\begin{bmatrix}1 & r & s\\ 0 & 1 & t\\ 0 & 0 & 1\end{bmatrix}:r,s,t\in\mathbf{Z}_p\right\}$$

易见对于所有 $x\in U_p$,其中 p 为奇素数时 $a=p$,$p=2$ 时 $a=4$,都有 $x^a=e$,因此对任何 $k\in\mathbf{Z}$,$x\to x^{ka}=e$ 与 $x\to x^{ka+1}=x$ 是 U_p 的自同态.

如果 $m=1,n=1$,那么将作出任何非 abel 群 G. 设 $d=\gcd(m(m-1),n(n-1))>2$,如果 $p\mid d$,其中 p 是奇素数,那么 $m,n\in\{kp+1,kp:k\in\mathbf{Z}\}$,可取 $G=U_p$,否则 $4\mid d$,它蕴含 $m,n\in\{4k+1,4k:k\in\mathbf{Z}\}$,可取 $G=U_2$,现在来证明,如果 $\gcd(m(m-1),n(n-1))=2$,

那么 G 是 abel 群. 令

$$A=\{a\in\mathbf{Z}:x\to x^a \text{ 是 } G \text{ 的自同态}, \forall x\in G, x^a\in Z(G)\}$$

其中 $Z(G)$ 是 G 的中心,注意 $0\in A$.

(1)如果 $a\in A$,那么 $-a\in A$.

如果 $x^a\in Z(G)$,那么 $x^{-a}\in Z(G)$,此外

$$\begin{aligned}(xy)^{-a}&=((xy)^{-1})^a=(y^{-1}x^{-1})^a=(y^{-1})^a(x^{-1})^a\\&=(x^{-1})^a(y^{-1})^a=x^{-a}y^{-a}\end{aligned}$$

(2)如果 $a,b\in A$,那么 $a+b\in A$.

如果 $x^a,x^b\in Z(G)$,那么 $x^{a+b}\in Z(G)$,此外

$$(xy)^{a+b}=(xy)^a(xy)^b=x^ay^ax^by^b=x^ax^by^ay^b=x^{a+b}y^{a+b}$$

(3)$n(n-1)\in A$ 与 $m(m-1)\in A$.

我们将证明第 1 个断言(另一个是类似的).

(3.1)$x\to x^{1-n}$是 G 的自同态.

$$(x^{-1})^n(y^{-1})^n=(x^{-1}y^{-1})^n=x^{-1}(y^{-1}x^{-1})^{n-1}y^{-1}$$

它蕴含

$$(x)^{1-n}(y)^{1-n}=(x^{-1})^{n-1}(y^{-1})^{n-1}=(y^{-1}x^{-1})^{n-1}=(xy)^{1-n}$$

(3.2)由 $x\to x^n$ 与 $x\to x^{1-n}$复合,$x\to x^{n(1-n)}$是 G 的自同态.

(3.3) $\forall x,y\in G$,x^n 与 y^{1-n}交换

$$yx^ny^ny^{-1}=y(xy)^ny^{-1}=(yx)^n=y^nx^n$$

它蕴含 $y^{1-n}x^n=x^ny^{1-n}$.

(3.4) $\forall x\in G$,$x^{n(1-n)}\in Z(G)$.

由(3.3),$x^{n(1-n)}$与 y^n,y^{1-n}交换. 因此 $x^{n(1-n)}$也与 $y^ny^{1-n}=y$ 交换.

(3.5)由(3.2)与(3.4),$n(1-n)\in A$,由(1),$n(n-1)\in A$.

(4)G 是 abel 群.

因为 $\gcd(m(m-1),n(n-1))=2$,所以存在 $p,q\in\mathbf{Z}$,使

$$pm(m-1)+q(n(n-1))=2$$

所以由(1),(2),(3),有 $2\in A$. 因此 $x\to x^2$ 是 G 的自同态,这表示,对所有 $x,y\in\mathbf{Z}$,

$$xyxy=(xy)^2=x^2y^2=xxyy, \text{即 } yx=xy.$$

U247 令 a 是大于 1 的实数,求下式的值

$$\frac{1}{a^2-a+1}-\frac{2a}{a^4-a^2+1}+\frac{4a^3}{a^8-a^4+1}-\frac{8a^7}{a^{16}-a^8+1}+\cdots$$

美国 Dallas 市 Texas 大学 Titu Andreescu 提供

解 令

$$S_n = \sum_{k=1}^{n} (-1)^{k-1} \frac{2^{k-1} a^{2^{k-1}-1}}{a^{2^k} - a^{2^{k-1}} + 1}$$

因为

$$\frac{1}{a^2 - a + 1} - \frac{1}{a^2 + a + 1} = \frac{2a}{a^4 + a^2 + 1}$$

$$-\frac{2a}{a^4 - a^2 + 1} + \frac{2a}{a^4 + a^2 + 1} = -\frac{4a^3}{a^8 + a^4 + 1}$$

……

$$(-1)^{n-1} \frac{2^{n-1} a^{2^{n-1}-1}}{a^{2^n} - a^{2^{n-1}} + 1} + (-1)^n \frac{2^{n-1} a^{2^{n-1}-1}}{a^{2^n} + a^{2^{n-1}} + 1} = (-1)^{n+1} \frac{2^n a^{2^n-1}}{a^{2^{n+1}} + a^{2^n} + 1}$$

求这两列之和,得

$$S_n - \frac{1}{a^2 + a + 1} = (-1)^{n+1} \frac{a^n a^{2^n-1}}{a^{2^{n+1}} + a^{2^n} + 1}$$

现在

$$0 \leqslant \left| (-1)^{n+1} \frac{2^n a^{2^n-1}}{a^{2^{n+1}} + a^{2^n} + 1} \right| \leqslant \frac{2^n a^{2^n}}{a^{2^{n+1}}} = \frac{2^2}{a^{2^n}}$$

当 $n \to \infty$ 时 $\frac{2^n}{a^{2^n}} \to 0$. 因此

$$\sum_{k=1}^{\infty} (-1)^{k-1} \frac{2^{k-1} a^{2^{k-1}-1}}{a^{2^k} - a^{2^{k-1}} + 1} = \lim_{n \to \infty} S_n = \frac{1}{a^2 + a + 1}$$

U248 令 $\boldsymbol{A},\boldsymbol{S},\boldsymbol{X}$ 是 $M_4(\mathbf{R})$ 中的矩阵,使 $\boldsymbol{A}$ 是反称矩阵,$\boldsymbol{S}$ 是可逆矩阵,$\boldsymbol{X} = \boldsymbol{AS}$,如果 $\boldsymbol{X}^4 = \boldsymbol{O}_4$,证明 $\boldsymbol{X}^3 = \boldsymbol{O}_4$.

罗马尼亚 Dorin Andrica 与 Mihai Piticari 提供

证 矩阵 $\boldsymbol{A}$ 是反称的,从而是正规的(即 $\boldsymbol{AA}^* = \boldsymbol{A}^*\boldsymbol{A}$),从而它作为复矩阵,是它的可配对角化矩阵. 因此在 $\mathbf{C}^2$ 的某个基 B 下,矩阵 $\boldsymbol{A}$ 有形式

$$\boldsymbol{A}' = diag(\lambda_1, \lambda_2, \lambda_2, \lambda_4)$$

令 $\boldsymbol{X}'$,$\boldsymbol{S}'$表示在基 B 中的矩阵 $\boldsymbol{X}$,$\boldsymbol{S}$,我们注意,$0 = \det \boldsymbol{X}^4 = (\det \boldsymbol{X})^4$ 蕴含 $A = 0$(因为 $\det \boldsymbol{S} \neq 0$),0 是 $\boldsymbol{A}$ 的特征值,此外,反称矩阵的特征值是纯虚数,从而因为

$$\sum_{i=1}^{4} \lambda_i = \mathrm{tr}(\boldsymbol{A}) \in \mathbf{R}$$

所以 0 一定是含偶重数的特征值,于是不失一般性可设 $\lambda_1 = \lambda_2 = 0$,对一些 $\boldsymbol{D} \in M_2(\boldsymbol{C})$,

$$\boldsymbol{X}' = \boldsymbol{A}'\boldsymbol{S}' = \begin{pmatrix} \boldsymbol{O}_2 & \boldsymbol{O}_2 \\ \boldsymbol{O}_2 & diag(\lambda_3, \lambda_4) \end{pmatrix}, \boldsymbol{S}' = \begin{pmatrix} \boldsymbol{O}_2 & \boldsymbol{O}_2 \\ \boldsymbol{C} & \boldsymbol{D} \end{pmatrix}$$

我们断定,对 $m \geqslant 1$

$$X'^m=\begin{pmatrix} O_2 & O_2 \\ D^{m-1}C & D^m \end{pmatrix}$$

因为 $X'^4=0$,所以有 $D^4=0$,但是在现在论证所用的 Cayley - Hamilton 定理这时给出 $D^2=0$,因此 $X'^3=O_4$,$X^3=O_4$.

U249 令$(a_n)_{n\geqslant1}$是正数的递减数列,对所有 $n\geqslant1$,令

$$S_n=a_1+a_2+\cdots+a_n \text{ 与 } b_n=\frac{1}{a_{n+1}}-\frac{1}{a_n}$$

证明:如果$(S_n)_{n\geqslant1}$收敛,那么$(b_n)_{n\geqslant1}$无界.

罗马尼亚 Buzău 市 B. P. Hasdeu 国立学院 Bogdan Enescu 提供

证 我们将证明逆否命题,即如果(b_n)有界,那么(S_n)发散,为此设对于所有 n,

$$|b_n|=\left|\frac{1}{a_{n+1}}-\frac{1}{a_n}\right|\leqslant M$$

注意,绝对值内各项都是正的,于是可以省略绝对值,把上式求和,得

$$\frac{1}{a_n}=\frac{1}{a_1}+\sum_{k=1}^{n-1}\left(\frac{1}{a_{k+1}}-\frac{1}{a_k}\right)\leqslant\frac{1}{a_1}+(n-1)M$$

因此

$$a_n\geqslant\frac{a_1}{1+(n-1)a_1M}$$

但是此时

$$s_n\geqslant\sum_{k=1}^{n}\frac{a_1}{1+(k-1)a_1M}$$

与调和级数 $\sum\limits_{k=1}^{n}\frac{1}{k}$ 或积分$\int_1^{\infty}\frac{a_1\mathrm{d}x}{1+a_1Mx}$ 比较,可知上式发散.

U250 令 f 是实值函数,在区间 I 上连续,使 f 在 I 中任何点上有连续的非负单侧导数. 证明 f 是非减函数.

罗马尼亚 Dan Marinescu 与 Mihai Piticari 提供

证 只要证明对任何 $a<x_1<x_2<b$ 与任何 $\varepsilon>0$,这时有

$$f(x_2)-f(x_1)\geqslant(-\varepsilon)(x_2-x_1)$$

即可.

考虑集合

$$S=\{x\in[x_1,x_2]:f(x)-f(x_1)\geqslant(-\varepsilon)(x-x_1)\}$$

于是 S 不是空集,因为 $x_1\in S$,由 f 的连续性,$s=\sup S\in S$. 让我们证明 $S=x_2$,实际上,如果 $x<x_2$,那么 $f'_+(s)\geqslant0$ 蕴含有 $s<t\leqslant x_2$,使

$$f(t)-f(s)\geqslant(-\varepsilon)(t-s)$$

因此 $t\in s$,因为

$$f(t)-f(x_1)=f(t)-f(s)+f(s)-f(x_1)$$
$$\geqslant(-\varepsilon)(t-s)+(-\varepsilon)(s-x_1)=(-\varepsilon)(t-x_1)$$

这与 s 的定义矛盾.

U251 在 $\mathbf{Z}[x]$ 中求所有的 n 次多项式 $p(x)=a_nx^n+\cdots+a_1x+a_0$，使得对于所有不同整数 x 与 y，以下条件满足：

$$\frac{p(x)-p(y)}{x-y}=\frac{1}{n}(p'(x)+p'(y)+(n-2)\sqrt{p'(x)p'(y)})$$

其中 $p'(x)$ 是 $p(x)$ 的导数.

美国 Massachusetts 理工学院 Ivan Borsenco 提供

解 这个性质不能应用于常数多项式，因为右边为 0，右边由于$\frac{0}{0}$型是不确定的.

对于 $n=1$，有 $p(x)=a_1x+a_0$，从而对所有 x,y，左边是 a_1，而 $p'(x)=a_1$，或对不同的 x,y，右边也是 a_1，因此在 $\mathbf{Z}[x]$ 中所有一次多项式满足要求的条件（实际上，对任何 2 个不同的实数 x,y，$\mathbf{R}[x]$ 中所有一次多项式都满足条件）.

对 $n=2$，有 $p(x)=a_2x^2+a_2x+a_0$，从而对所有不同的 x,y，左边是 $a_2(x+y)+a_1$，而 $p'(x)=2a_2x+a_1$，或对所有不同的 x,y，右边也是 $a_2(x+y)+a_1$. 因此 $\mathbf{Z}[x]$ 中所有 2 次多项式都满足要求的条件（实际上，对任何 2 个不同实数 x,y，$\mathbf{R}[x]$ 中所有 2 次多项式都满足条件）.

令 $n\geqslant3$，固定 y，取 $x>|y|$ 是可变的. 显然

$$n\frac{p(x)-p(y)}{x-y}-p'(x)-p'(y)=(na_ny+a_{n-1})x^{n-2}+O(x^{n-3})$$

其中用了 Landau 记号，或者取整数 x 的无穷严格递增数列，有

$$\lim_{x\to\infty}(n-2)\sqrt{\frac{p'(y)p'(x)}{x^{2n-4}}}=\lim_{x\to\infty}\left(n\frac{p(x)-p(y)}{x^{n-2}(x-y)}-\frac{p'(x)+p'(y)}{x^{n-2}}\right)$$
$$=na_ny+a_{n-1}$$

因为对我们愿意规定的那样多整数 y，上式成立（只要取 x 比 $|y|$ 充分大），我们求出，对于 $n=3$，$p'(x)$ 一定有次数 $2n-4$ 或 $2n-4=n-1$，对于 $n\geqslant4$，没有多项式可以符合问题中给出的条件.

对于 $n=3$，有

$$p(x)=a_3x^3+a_2x^2+a_1x+a_0 \text{ 与 } p'(x)=3a_3x^2+2a_2x+a_1$$

或者在一些代数运算后，问题给出的条件等价于

$$3a_3xy+a_2(x+y)+a_2=\sqrt{(3a_3x^2+2a_1x+a_1)(3a_3y^2+2a_2y+a_1)}$$

把两边平方得出等价条件 $a_2^2=3a_1a_3$. 如果这成立，那么问题给出的条件对任何实数 x,y 成立. 因为问题特别需要 $p(x)\in\mathbf{Z}[x]$，所以必须有 a_1,a_3 是完全平方数的 3 倍，$a_2=$

$\pm\sqrt{3a_1a_3}$. 我们断定,$\mathbf{Z}[x]$中所有一次多项式,$\mathbf{Z}[x]$中所有二次多项式及所有三次多项式

$$p(x)=a_3x^3\pm\sqrt{3a_1a_3}x^2+a_1x+a_0$$

使 a_0,a_1,a_3 是整数,a_1a_3 是完全平方数的 3 倍,所有这些多项式都满足问题的要求.

U252 求可逆剩余类(mod n)群的自同构个数.

法国 Ecole 综合工科大学 Gabriel Dospinescu 提供

解 第 1 步把可逆元素的乘法群$(\mathbf{Z}/n\mathbf{Z})^*$(mod n)表示为素数幂阶循环群. 设 n 的素因子分解是 $n=p_1^{m_1}p_2^{m_2}\cdots p_r^{m_r}$,则它是中国剩余定理的直接推论

$$(\mathbf{Z}/n\mathbf{Z})^*=\prod_{k=1}^{r}(\mathbf{Z}/p_k^{m_k}\mathbf{Z})^*$$

于是只要考虑 $n=p^m$ 情形即可,如果 $p=2$,那么众所周知

$$(\mathbf{Z}/2^m\mathbf{Z})^*\cong\mathbf{Z}/2\mathbf{Z}\times\mathbf{Z}/2^{m-2}\mathbf{Z}$$

对于奇素数 p,大家知道数的乘法群(mod p^m)是 $\varphi(p^m)=p^{m-1}(p-1)$阶的循环群. 于是把$(\mathbf{Z}/n\mathbf{Z})^*$写成素数幂阶循环群之积时

$$(\mathbf{Z}/n\mathbf{Z})^*\cong\prod_{q\mid\varphi(n)}\prod_{m}(\mathbf{Z}/q^m\mathbf{Z})^{\lambda_{q,m}}$$

对于整除 $\varphi(n)$的每个素数 q,得出一个划分 $\lambda_q=(\lambda_{q,m})$,其构造如下,对每个素数 p_i,有大小 m 的一部分,使 p_i-1 可被 q^m 整除,不被 q 的更高幂整除. 另外,如果 q 是奇素数,且是 p_i 中一个,使 $m_i>1$,那么得出大小 m_i-1 的另外部分,如果 $q=2$,且是 p_i 中一个,使 $m_i>1$,那么得出大小为 1 的另外部分,如果 $m_i>2$,那么得出大小为 m_i-2 的另外部分.

把$(\mathbf{Z}/n\mathbf{Z})^*$分解为素数幂阶循环群之积也是分解为 Sylow q - 子群,这些子群是唯一的,因为$(\mathbf{Z}/n\mathbf{Z})^*$是 abel 群. 因此它们在任何自同构不是不变的. 从而

$$\mathrm{Aut}((\mathbf{Z}/n\mathbf{Z})^*)\cong\prod_{q\mid\varphi(n)}\mathrm{Aut}(\prod_{m}(\mathbf{Z}/q^m\mathbf{Z})^{\lambda_{q,m}})$$

因此只要求出 Sylow q - 子群的自同构群大小即可.

为节省记号,将省略指标 q,把它理解为对一个固定的 q 作研究,需要求出群

$$G_\lambda=\prod_{m}(\mathbf{Z}/q^m\mathbf{Z})^{\lambda_m}$$

的所有自同构. 定义 $s_k=\sum\limits_{m}\min(k,m)\lambda_m$,以致当 G_λ 的子群 H_k 由阶可整除 q^k 的所有元素组成时,G_λ 的子群 H_k 有大小 q^{S_k},对每个 k,被 H_{k-1}与 $G_\lambda\cap H_k$ 中所有 k 次幂所除得出的商给出

$$\pi_k:H_k\rightarrow(\mathbf{Z}/q\mathbf{Z})^{\lambda_k}$$

G_λ 的自同构将决定于它为循环因子寻求被选择生成元的情况. $\mathbf{Z}/q^k\mathbf{Z}$ 因子的生成元一定映到一元素,使它的阶整除 q^k,从而映到 H_k 的元素,其次,$\mathbf{Z}/q^k\mathbf{Z}$ 因子的 λ_k 个生成元一定在 π_k 下映到$(\mathbf{Z}/q\mathbf{Z})^{\lambda_k}$的基(这些条件中的第 1 个条件保证了有群同态,第 2 个条件保证

了它是自身映射）.$(\mathbf{Z}/q\mathbf{Z})^{\lambda_k}$的基数是

$$\prod_{l=0}^{\lambda_k-1}(q^{\lambda_k}-q^l)=q^{\lambda_k(\lambda_k-1)/2}\prod_{l=1}^{\lambda_k}(q^l-1)$$

因为对第 1 个非零基向量有 $q^{\lambda_k}-1$ 种选择，对第 2 个非零基向量有 $q^{\lambda_k}-q$ 种选择，第 2 个向量没有第 1 个向量 q 倍向量中一个向量，等等. 在选择基元后，我们可以对 $\mathbf{Z}/q^k\mathbf{Z}$ 因子每个生成元作独立选择，使 $\ker(\pi_k)$的哪个元素是我们要求的元素. 这给出了 $q^{\lambda_k(s_k-\lambda_k)}$ 种附加选择. 因此

$$|\operatorname{Aut}(G_\lambda)|=\prod_m q^{\lambda_m(s_m-(\lambda_m+1)/2)}\prod_{l=1}^{\lambda_m}(q^l-1)$$

U253 求下式的值

$$\sum_{n>1}\frac{3n^2+1}{(n^3-n)^3}$$

美国 Dallas 市 Texas 大学 Titu Andreescu 提供

解法 1 注意 $2(3n^2+1)=(n+1)^3-(n-1)^3$，于是和变为

$$\sum_{n\geqslant 2}\left[\frac{1}{2(n(n-1))^3}-\frac{1}{2((n+1)n)^3}\right]$$

它等于$\frac{1}{16}$.

解法 2 用部分分式分解

$$\frac{3n^2+1}{(n^3-n)^3}=\frac{1/2}{(n-1)^3}-\frac{1}{n^3}+\frac{1/2}{(n+1)^3}-\frac{3/2}{(n-1)^2}+\frac{3/2}{(n+1)^2}+\frac{3}{n-1}-\frac{6}{n}+\frac{3}{n+1}$$

即已知级数可以写成这些可压缩级数之和，因此

$$\sum_{n>1}\frac{3n^2+1}{(n^3-n)^3}=\frac{1}{2}+\frac{1/2}{8}-\frac{1}{8}-\frac{3}{2}-\frac{3/2}{4}+3+\frac{3}{2}-\frac{6}{2}=\frac{1}{16}$$

U254 令 A 是具有元素 $a_{i,j}\in\mathbf{R}$ 的 $n\times n$ 矩阵. 令 σ_i^2 与 σ_j^2 分别为 i 行与 j 列中元素的方差. 以 σ_A^2 表示 A 中所有元素的方差，令 $B=\frac{1}{n}\sum_{i=1}^{n}\sigma_i^2$，$C=\frac{1}{n}\sum_{j=1}^{n}\tau_j^2$，证明

$$\max(B,C)\leqslant\sigma_A^2\leqslant B+C$$

美国 Massachusetts 理工学院 Ivan Borsenco 提供

证 令 $\mu_i=\frac{1}{n}\sum_{j=1}^{n}a_{ij}$ 是第 i 行元素的平均值，$v_j=\frac{1}{n}\sum_{i=1}^{n}a_{ij}$ 是第 j 列元素的平均值.

$$\bar{a}=\frac{1}{n^2}\sum_{i=1}^{n}\sum_{j=1}^{n}a_{ij}=\frac{1}{n}\sum_{i=1}^{n}\mu_i=\frac{1}{n}\sum_{j=1}^{n}v_j$$

是所有元素的平均值. 我们将利用的基本公式是，如果$(x_i)_{i=1}^{N}$ 是具有均值 $\bar{x}=\frac{1}{N}\sum_{i=1}^{N}x_i$ 的

数列,那么

$$\sigma_X^2 = \frac{1}{N}\sum_{i=1}^{N}(x_i - \bar{x})^2 = \frac{1}{N}\sum_{i=1}^{N}x_i^2 - \bar{x}^2$$

把这个公式应用于所有的 a_{ij},给出

$$\sigma_A^2 = \frac{1}{n^2}\sum_{i=1}^{n}\sum_{j=1}^{n}a_{ij}^2 - \bar{a}^2$$

在行内应用它,求和,反之亦然,给出了

$$B = \frac{1}{n^2}\sum_{i=1}^{n}\sum_{j=1}^{n}(a_{ij} - \mu_i)^2 = \frac{1}{n^2}\sum_{i=1}^{n}\sum_{j=1}^{n}a_{ij}^2 - \frac{1}{n}\sum_{i=1}^{n}\mu_i^2$$

和

$$C = \frac{1}{n^2}\sum_{i=1}^{n}\sum_{j=1}^{n}(a_{ij} - \nu_j)^2 = \frac{1}{n^2}\sum_{i=1}^{n}\sum_{j=1}^{n}a_{ij}^2 - \frac{1}{n}\sum_{j=1}^{n}\nu_j^2$$

把以上 B 的公式应用于数 $a_{ij} - \nu_j$ 的矩阵,它具有行平均值 $\mu_i - \bar{a}$,然后再应用它就给出

$$\begin{aligned}\frac{1}{n^2}\sum_{i=1}^{n}\sum_{j=1}^{n}(a_{ij} - \nu_j - \mu_i + \bar{a})^2 &= \frac{1}{n^2}\sum_{i=1}^{n}\sum_{j=1}^{n}(a_{ij} - \nu_j)^2 - \frac{1}{n}\sum_{i=1}^{n}(\mu_i - \bar{a})^2 \\ &= \frac{1}{n^2}\sum_{i=1}^{n}\sum_{j=1}^{n}a_{ij}^2 - \frac{1}{n}\sum_{i=1}^{n}\mu_i^2 - \frac{1}{n}\sum_{j=1}^{n}\nu_j^2 + \bar{a}^2\end{aligned}$$

把这些公式综合在一起,我们看出

$$A - B = \frac{1}{n}\sum_{i=1}^{n}\mu_i^2 - \bar{a}^2 = \frac{1}{n}\sum_{i=1}^{n}(\mu_i - \bar{a})^2 \geqslant 0$$

$$A - C = \frac{1}{n}\sum_{j=1}^{n}\nu_j^2 - \bar{a}^2 = \frac{1}{n}\sum_{j=1}^{n}(\nu_j - \bar{a})^2 \geqslant 0$$

与

$$\begin{aligned}B + C - A &= \frac{1}{n^2}\sum_{i=1}^{n}\sum_{j=1}^{n}a_{ij}^2 - \frac{1}{n}\sum_{i=1}^{n}\mu_i^2 - \frac{1}{n}\sum_{j=1}^{n}\nu_j^2 + \bar{a}^2 \\ &= \frac{1}{n^2}\sum_{i=1}^{n}\sum_{j=1}^{n}(a_{ij} - \nu_j - \mu_i + \bar{a})^2 \geqslant 0\end{aligned}$$

由此立即得出要求的不等式.

U255 令 S_n 是 $\{1,2,\cdots,n\}$ 的置换群,如果 $d>1$ 是整数,令 H_d 是这些 $\sigma \in S_n$ 组成的集合,使得有 $k \geqslant 1,\sigma_1,\cdots,\sigma_k \in S_n$ 与 $\sigma = \sigma_1^d \cdots \sigma_k^d$,求 H_2 与 H_3.

罗马尼亚 Mihai Piticari 与 Sorin Radulescu 提供

解 如果 $n=1,2$,那么显然 $H_2 = H_3 = S_n$. 令 $n \geqslant 3$. 首先对所有整数 $d>1$,证明 H_d 是群,实际上,如果 $\sigma,\tau \in H_d$,那么显然 $\sigma\tau \in H_d$. 结合性质由置换积的结合性质推出. 此外,$id \in H_d,\sigma = \sigma_1^d \cdots,\sigma_k^d$,于是对于所有 $d>1$,$id \in H_d$. 最后,如果对于一些 $k \geqslant 1,\sigma_1,\cdots,\sigma_k \in H_d,\sigma = \sigma_1^d \cdots \sigma_k^d$,那么有 $\sigma_1^{-1},\cdots,\sigma_k^{-1} \in S_n,\tau = (\sigma_k^{-1})^d \cdots (\sigma_1^{-1})^d$ 是 σ 之逆,现在令 $d=2$.

显然 H_2 是 A_n 的子群,因为 H_2 中的所有置换都是偶置换之积,于是是偶置换,对于所有 $a_1,a_2,a_3\in\{1,\cdots,n\}$,也有 $(a_1,a_2,a_3)=(a_1,a_3,a_2)^2$,于是所有 3 闭链属于 H_2. 因为 A_n 由 3 – 闭链产生,所以推出 A_n 是 H_2 的子群,由此 $H_2=A_n$. 今令 $d=3$. 显然 H_3 是 S_n 的子群. 此外,对所有 $a_1,a_2\in\{1,\cdots,n\}$,有 $(a_1,a_2)=(a_1,a_2)^3$,于是所有的 2 – 闭链属于 H_3,因为 S_n 由它的 2 – 闭链产生,所以推出 S_n 是 H_3 的子群,它给出 $H_3=S_n$.

S256　令 G 是有限群,H 是 G 的子群,对某一素数 p,G 有指标 p. 设 H 的阶与 $p-1$ 是互素的素数. 证明 H 是正规群.

美国 Princeton 大学 Cosmin Pohoata 提供

证　令 $K\subset G$ 是 Sylow p – 子群. 因为 P 整除 G 的阶(从而 K 的阶),它再次整除 H 的阶,所以 K 不能是 H 的子群. 于是可以选择 $x\in K\cap(G-H)$. 其次对某个 r,x 有阶 p^r,对 H 的(左或右)陪集作非平凡运算(左乘或右乘). 因此在长为 p 的单个闭链中 x 一定置换了它们. 换言之,对 $k=0,\cdots,p-1$,H 的左陪集与右陪集是 x^kH 与 Hx^k.(因为 $K\cap H$ 在 K 中有指标 p,所以 $x^P\in H$,可以把这些指标解释为实际的模 p.)

注视左陪集与右陪集之间的交集 $x^iH\cap Hx^j$,以矩阵 $n_{i,j}=|x^iH\cap Hx^j|$ 给它们的大小编码,显然 $N=(n_{i,j})$ 的所有的行与列合起来为 $|H|$. 第 1 行或第 1 列的唯一非零元素是 $n_{0,0}=|H\cap H|=|H|$. 注意 $n_{i,i}>0$,因为 $x^i\in x^iH\cap Hx^i$. 也注意到,如果 $g=x^ih'=hx^j\in x^iH\cap Hx^j$,那么 $x^jg^{-1}x^i=x^ih'^{-1}=h^{-1}x^i$ 在 $x^kH\cap Hx^i$ 中,因此 $\boldsymbol{N}$ 是对称矩阵. 设 $n_{i,j}>0$,即在 $x^iH\cap Hx^j$ 中有 $g=hx^j=x^ih'$,则左乘 h 变 x^jH 为 $hx^jH=x^ih'H=x^iH$,保持所有的右陪集. 于是给出双射 $L_h:x^jH\cap Hx^K\to x^iH\cap Hx^k$. 尤其是,如果 $n_{i,j}>0,n_{j,k}>0$,那么推出 $n_{i,k}>0$. 最后这 3 个断言证明了,我们可以把关于数 $0,\cdots,p-1$ 的等价关系,定义为当 $n_{i,j}>0$ 时 $i\sim j$. 其次以上双射证明了 $n_{i,j}$ 在等价类上是常数,因为行与列的和是 $|H|$,所以如果等价类有大小 m,那么得出,对所有 $i,j\in A$,$n_{i,j}=\frac{1}{m}|H|$.

今令 A 是最小大小的非零指标等价类. 因为对 $j\in A$,右陪集与 $U_{k\in A}x^KH$ 的唯一非空交集是 Hx^j 的交集,所以有

$$\bigcup_{k\in A}x^kH=\bigcup_{k\in A}Hx^k$$

把并集解释为多重集(即每个元素的重数是其中出现的集合个数),重复这样做,得

$$\bigcup_{k_1,k_2\in A}x^{k_1+k_2}H=\bigcup_{k_1,k_2\in A}x^{k_1}Hx^{k_2}=\bigcup_{k_1,k_2\in A}Hx^{k_1+k_2}$$

更一般地

$$\bigcup_{k_1,k_2,\cdots,k_q\in A}x^{k_1+\cdots+k_q}H=\bigcup_{k_1,k_2,\cdots,k_q\in A}Hx^{k_1+\cdots+k_q}$$

令 B 是另一个任意等价类. 对 $m\in B$,每个陪集 x^mH 与有相同元素数(0 或 $\frac{|H|}{|B|}$)的右陪集 $Hx^{k_1+\cdots+k_q}$ 相交. 于是对 $m\in B$,每个陪集 x^mH 出现次数与左边并集相同. 因此 B 的每

个元素可以用相同方法数写成 A 的 q 个元素之和. 今取 q 为与 r 同余的素数(mod p),A 的 q 个元素的每个和以对称因子形式出现在置换项中. 这些和是多项式系数,都是 q 的倍数,除了对应于 q 个相等项的 1 个系数外,于是以与 1 同余(mod q)的重数出现在仅有指标是 $qA=\{qa\mid a\in A\}=\{ra\mid a\in A\}=rA$ 中的指标. 这些集合一定是等价类的并集. 但是因为 A 有最小的大小,所以这些集合一定都是等价类. 因为可以在任何等价类(mod p)中来选择素数 q,所以可见等价类被乘以非零数 mod p 所置换,因此是非零数模 p 乘法群的子群陪集$(\mathbf{Z}/p\mathbf{Z})^*$. 尤其是,等价类的大小都相等,且整除 $p-1$.

但是我们上面已看出,等价类的大小整除 $|H|$. 因此由假设,它们一定都有大小 1. 但这表示 1 对所有 i,$x^iH=Hx^i$,或者等价地,对所有 i,$x^iHx^{-i}=H$. 于是 H 是正规的.

U257 (a)令 p 与 q 是不同素数,G 是具有 pq 个元素的非交换群,证明 G 的中心是平凡的.

(b)令 p,q,r 是两两不同的素数,G 是具有 pqr 个元素的非交换群,证明:G 的中心元素个数是 1 或 1 个素数.

罗马尼亚 Campulung Moldovenesc 市 Mihai Piticari 提供

证 令 $Z(G)$ 是 G 的中心. 中心显然是 G 的正规群. 关键的观察是商 $G/Z(G)$ 不能是非平凡循环群,实际上,如果 $G/Z(G)$ 是循环群,说是由 $g\in G$ 产生,那么 G 由 $\{g\}\cup Z(G)$ 产生,但其中任何 2 个元素可交换,这使 G 可交换,但这时 $Z(G)=G$,$G/Z(G)$ 是平凡的.

因为素数阶的群总是循环的,所以得出 $|G/Z(G)|$ 不能是素数,于是在情形(a)中一定有 $|G/Z(G)|=pq$,$Z(G)$ 是平凡的,在情形(b)中一定有 $|G/Z(G)|$ 至少是 2 个素数之积,因此 $|Z(G)|$ 是 1 或素数.

U258 求所有函数 $f:\mathbf{R}\to\mathbf{R}$,使它们有中间值性质且对于所有 $x,y\in\mathbf{R}$,满足

$$f(xy)=f(x)f(y)$$

罗马尼亚 Bucharest 市 Marius 与 Sorin Radulescu 提供

解 令 $y=0$,可见对所有 x,有 $f(0)=f(x)f(0)$. 因此 f 是常值函数 1 或 $f(0)=0$,令 $y=1$,可见对所有 x,$f(x)=f(x)f(1)$. 因此,如果 f 不是常值函数 0,那么有一些 x 使 $f(x)\neq 0$ 与 $f(1)=1$. 由此设 f 是常值函数,因此 $f(0)=0$ 与 $f(1)=1$.

令 $x=y=-1$,得 $f(-1)^2=f(1)$,因此 $f(-1)=\pm 1$,也设 $y=-1$ 给出 $f(-x)=f(-1)f(x)=\pm f(x)$,反之,如果对 $x,y>0$,f 满足函数方程,那么用这 2 种方法把 f 扩张到负自变量,可以产生 2 个方程,使得对所有 x,y,满足前一个方程,如果对 $x>0$,f 满足中间值性质,那么当 $x<0$ 时,最后得出的扩张满足它,但是需要在 $x=0$ 时分别检验中间值性质. 更要注视刚才求出的函数,它对 $x,y>0$ 满足函数方程与中间值性质.

在这种情形下,令 $h(x)=\log f(e^x)$,则 $h:\mathbf{R}\to\mathbf{R}$ 有中间值性质,并对所有 $x,y\in\mathbf{R}$,满足 $h(x+y)=h(x)+h(y)$(反之,设 $f(x)=e^{h(\log x)}$,这样的 h 给出 f).

众所周知,这个 Cauchy 函数方程的任一解是 $\mathbf{Q}$ 线性映射 $h:\mathbf{R}\to\mathbf{R}$. 如果 h 是连续的,

那么对一些实数 α,有形式 $h(x)=\alpha x$,它给出$f(x)=x^{\alpha}$. 这向负 x 的 2 个扩张是函数 $f(x)=|x|^{\alpha}$(如果取 $f(-1)=1$)与 $f(x)=x|x|^{\alpha-1}$(对于 $f(-1)=-1$). 因为一定有 $f(0)=0$,所以这些函数在 0 上连续,从而当 $\alpha>0$ 时有中间值性质,如果 $\alpha\leqslant 0$,那么易见它在 0 旁,中间值性质不成立,因为 $\lim\limits_{x\to 0^+}f(x)=1$(对于 $\alpha=0$)或∞(对于 $\alpha<0$).

如果 h 不连续,那么 h 有一个众所周知事实是,h 的图像在平面上是稠密的. 如果 h 也有中间值性质,那么这表示 h 一定在任何开区间中取所有实值. 尤其是,h 一定无限多次取值 0,于是 h 有非平凡核,反之,设 $h:\mathbf{R}\to\mathbf{R}$ 是 $\mathbf{Q}$ 线性满射,并且有非平凡核. 于是有某个 $a\in\mathbf{R}-\{0\}$ 使 $h(a)=0$. 因为 h 是满射,所以对任何 $u\in\mathbf{R}$,有 x 使 $h(x)=u$,因此对所有有理数 r,$h(x+ra)=u$,因为数$\{x+ra:r\in\mathbf{Q}\}$在 $\mathbf{R}$ 中是稠密的,所以在具有 $h=u$ 的所有开区间中有点. 于是 h 有中间值性质. 易见以下 2 个函数中任何一个有中间值性质:

$$f(x)=\begin{cases}e^{h(\log x)} & x>0\\ 0 & x=0\\ \pm e^{h(\log|x|)} & x<0\end{cases}$$

因为f在任何正区间中取任何正值,在任何负区间中取与$f(-1)=\pm 1$ 同号的任何值.

于是我们看出,连续解是常值函数$f=0$,$f=1$,函数$f(x)=|x|^{\alpha}$ 与$f(x)=x|x|^{\alpha-1}$,其中 $\alpha>0$,不连续解是

$$f(x)=\begin{cases}e^{h(\log x)} & x>0\\ 0 & x=0\\ \pm e^{h(\log|x|)} & x<0\end{cases}$$

其中任何不连续 $\mathbf{Q}$ 线性函数 $h:\mathbf{R}\to\mathbf{R}$ 是满射,但是有非平凡核与符号的任何选择.

U259 计算$\lim\limits_{n\to\infty}\dfrac{\left(1+\dfrac{1}{n(n+a)}\right)^{n^3}}{\left(1+\dfrac{1}{n(n+b)}\right)^{n^3}}$

美国 San Jose 市 Arkady Alt 提供

解 我们注意

$$\begin{aligned}n^3\ln\left(1+\frac{1}{n(n+a)}\right)&=n^3\left(\frac{1}{n(n+a)}+O(1/n^4)\right)\\&=n\left(\frac{1}{1+a/n}+O(1/n^2)\right)\\&=n\left(1-\frac{a}{n}+O(1/n^2)\right)\\&=n-a+O(1/n)\end{aligned}$$

因此

$$\frac{\left(1+\frac{1}{n(n+a)}\right)^{n^3}}{\left(1+\frac{1}{n(n+b)}\right)^{n^3}}=\exp\left(n^3\ln\left(1+\frac{1}{n(n+a)}\right)-n^3\ln\left(1+\frac{1}{n(n+b)}\right)\right)$$

$$=\exp(n-a+O(1/n)-n+b+O(1/n))\to\exp(b-a)=\mathrm{e}^{b-a}$$

U260 求所有的函数 $f:\mathbf{R}\to\mathbf{R}$,使它是可求导数且有性质:$f^2$ 是 f 的原函数.

罗马尼亚 Campulung Moldovenesc 市 Mihai Piticari 提供

解 令 $F(x)=f(x)^2$,注意 $F\geqslant 0$,因为 F 是 f 的原函数,所以它可微且连续. 从而 $f(x)=\sqrt{F(x)}$ 是连续的,F 是连续可微的,对 F 是 f 的原函数这个事实求微分,得 $F=(F')^2$,或者因为 $F\geqslant 0$,所以 $F'=\sqrt{F}$.

我们看出 $F=0$ 是这个微分方程的一解,如果在区间 I 上 $F>0$,那么求 $\frac{F'}{\sqrt{F}}=1$ 的积分,得 $2\sqrt{F}=x+C$,或 $F=\left(\frac{x+C}{2}\right)^2$. 因为 F 连续,所以这些解合在一起给出

$$F(x)=\begin{cases}\left(\frac{x-b}{2}\right)^2 & x\geqslant b\\ 0 & a\leqslant x\leqslant b\\ \left(\frac{x-a}{2}\right)^2 & x\leqslant a\end{cases}$$

其中可以有 $a=b$ 或 a 可以是 $-\infty$ 或 b 可以是 ∞,求导数,得

$$f(x)=\begin{cases}\frac{x-b}{2} & x\geqslant b\\ 0 & a\leqslant x\leqslant b\\ \frac{x-a}{2} & x\leqslant a\end{cases}$$

U261 令 $T_n(x)$ 是第一种 Chebyshev 多项式,定义为

$$T_0(x)=1,T_1(x)=x,T_{n+1}=2xT_n(x)-T_{n-1}(x),n\geqslant 1$$

证明:对于所有 $x\geqslant 1$ 与所有正整数 n,

$$x\leqslant\sqrt{T_n(x)}\leqslant 1+n(x-1)$$

美国 San Jose 市 Arkady Alt 提供

证 一个众所周知的事实是,可以用归纳法容易检验,Chebyshev 不等式满足 $T_n(\cosh u)=\cosh nu$. 因为幂平均不等式给出

$$\cosh nu=\frac{\mathrm{e}^{nu}+\mathrm{e}^{-nu}}{2}\geqslant\left(\frac{\mathrm{e}^{u}+\mathrm{e}^{-u}}{2}\right)^n=\cosh^n u,$$

所以设 $x=\cosh u$,得出 $T_n(x)\geqslant x^n$ 或 $\sqrt[n]{T_n(x)}\geqslant x$.

对上界,我们计算

$$\frac{\mathrm{d}}{\mathrm{d}x}T_n(x)^{1/n}=\frac{1}{\sinh u}\frac{\mathrm{d}(\cosh nu)^{1/n}}{\mathrm{d}u}=\frac{(\cosh nu)^{1/n-1}\sinh nu}{\sinh u}$$

从而当 $u\to 0$ 时取极限给出

$$\frac{\mathrm{d}}{\mathrm{d}x}T_n(x)^{1/n}\bigg|_{x=1}=n$$

令

$$g(u)=\log\left(\frac{\mathrm{d}}{\mathrm{d}x}T_n(x)^{1/n}\right)=\frac{1-n}{n}\log\cosh nu+\log\sinh nu-\log\sinh u$$

我们计算

$$\begin{aligned}g'(u)&=\frac{((1-n)\sinh^2 nu+n\cosh^2 nu)\sinh u-\cosh u\sinh nu\cosh nu}{\sinh n\sinh nu\cosh nu}\\&=\frac{(\sinh^2 nu+n)\sinh u-\cosh u\sinh nu\cosh nu}{\sinh n\sinh nu\cosh nu}\\&=\frac{n\sinh u-\sinh nu\cosh(n-1)u}{\sinh n\sinh nu\cosh nu}\end{aligned}$$

因为 $\cosh(n-1)u\geqslant 1$ 与算术-几何不等式给出

$$\frac{\sinh nu}{\sinh u}=\frac{e^{nu}-e^{-nu}}{e^{u}-e^{-u}}=e^{(n-1)u}+e^{(n-3)u}+\cdots+e^{-(n-1)u}\geqslant n$$

所以看出 $g'(u)\leqslant 0$,从而$\frac{\mathrm{d}}{\mathrm{d}x}T_n(x)^{1/n}$是 x 的减函数,于是 $T_n(x)^{1/n}$凹向下,因此在 $x=1$ 上它的切线下方,即

$$\sqrt[n]{T_n(x)}\leqslant 1+n(x-1)$$

U262 令 a 与 b 是正实数,求

$$\lim_{n\to\infty}\sqrt[n]{\prod_{i=1}^{n}\left(a+\frac{b}{i}\right)}$$

美国 Massachusetts 理工学院 Ivan Borsenco 提供

解 令 $x_n=\prod\limits_{i=1}^{n}\left(a+\frac{b}{i}\right)$,则

$$\lim_{n\to\infty}\frac{x_{n+1}}{x_n}=\lim_{n\to\infty}\left(1+\frac{b}{n+1}\right)=a$$

这蕴含数列$\sqrt[n]{x_n}$ 有相同极限.

U263 令 $n\geqslant 2$ 是整数,一般的 $n\times n$ 幻方是矩阵 $\boldsymbol{A}\in M_n(\mathbf{R})$,使 $\boldsymbol{A}$ 每行元素之和相同. 证明:一般的 $n\times n$ 幻方集合是 $\mathbf{R}$ 向量空间,并求它的维数.

美国 Princeton 大学 Cosmin Pohoata 提供

解 以 $S_n(\mathbf{R})$ 表示一般的 $n\times n$ 幻方集合,显然 $S_n(\mathbf{R})\subset M_n(\mathbf{R})$,大家知道 $M_n(\mathbf{R})$

是 $\mathbf{R}$ 向量空间,令 $\boldsymbol{A},\boldsymbol{B}\in S_n(\mathbf{R})$,$\lambda,\rho\in\mathbf{R}$,则 $\lambda\boldsymbol{A}+\rho\boldsymbol{B}\in S_n(\mathbf{R})$,因为 $\lambda\boldsymbol{A}+\rho\boldsymbol{B}$ 的每行元素之和都等于 $\lambda s+\rho t$,其中 s,t 分别是 $\boldsymbol{A},\boldsymbol{B}$ 每行元素之和的值. 我们断定,$S_n(\mathbf{R})$ 是 $M_n(\mathbf{R})$ 的 $\mathbf{R}$ 向量子空间,它只要求出它的维数.

考虑任一 $n\times(n-1)$ 矩阵 $\boldsymbol{A}'$ 与任一实数 s. 显然可以产生矩阵 $\boldsymbol{A}\in S_n(\mathbf{R})$ 如下:$\boldsymbol{A}$ 的第 i 行中前 $n-1$ 个元素是 $\boldsymbol{A}'$ 的第 i 行中元素,第 n 个元素是 s 减去前 $n-1$ 个元素之和. 反之,已知矩阵 $\boldsymbol{A}\in S_n(\mathbf{R})$,使它各行元素之和是 s,恰有一个 $n\times(n-1)$ 矩阵 $\boldsymbol{A}'$ 是删去 $\boldsymbol{A}$ 中最后一列得出的,此外注意,2 个不同矩阵 $\boldsymbol{A}\in S_n(\mathbf{R})$,或它们第 1 列 $n-1$ 个值中的 1 个值不同,或它们每行之和不同,或它们相同,而 2 个不同的 $n\times(n-1)$ 矩阵与/或每行和 s 的 2 个不同值,要 $S_n(\mathbf{R})$ 中产生不同的矩阵,由此可见,我们可以在集合 $S_n(\mathbf{R})$ 与由 1 个实数 s 构成的数偶集合之间建立了双射,并建立了一个 $n\times(n-1)$ 个矩阵,或 $S_n(\mathbf{R})$ 的维数是 $n(n-1)+1=n^2-n+1$.

U264 令 A 是有限环,使 $1+1=0$. 证明:方程 $x^2=0$ 与 $x^2=1$ 在 A 中有相同的解数.

罗马尼亚 Campulung Moldovenesc 市 Mihai Piticari 提供

证 令 $Z=\{x\in A:x^2=0\}$,$U=\{x\in A:x^2=1\}$,对任何 $x\in A$,以 $f(x)=x+1$ 定义映射 $f:A\to A$. 我们要求 f 是从 Z 到 U 上的双射,实际上,如果 $x\in Z$,那么 $f(x)\in U$,因为

$$f(x)^2=(x+1)^2=x^2+(1+1)x+1=x^2+1=1$$

如果 $x_1,x_2\in Z$,$f(x_1)=f(x_2)$,那么

$$x_1=x_1+1+1=f(x_1)+1=f(x_2)+1=x_2+1+1=x_2$$

可见 f 是 Z 上的双射,如果 $y\in U$,那么 $y^2=1$.

令 $x=y+1$,则有

$$x^2=(y+1)^2=y^2+(1+1)y+1=y^2+1=1+1=0$$

因此 $x\in Z$,$f(x)=y+1+1=y$,即 $F(Z)=U$.

U265 令 $a>1$ 是实数,$f:[1,a]\to\mathbf{R}$ 是二次可微函数. 证明:如果映射 $x\mapsto xf'(x)$ 是递增的,那么

$$f(\sqrt{a})\leqslant\frac{1}{\ln a}\int_1^a\frac{f(t)}{t}\mathrm{d}t$$

罗马尼亚 Bucharest 市 Marcel Chirita 提供

证 我们有

$$f(\sqrt{a})\ln a=\int_1^a(f(\sqrt{x})\ln x)'\mathrm{d}x=\int_1^a\left(\frac{f'(\sqrt{x})\ \ln x}{2\sqrt{x}}+\frac{f(\sqrt{x})}{x}\right)\mathrm{d}x$$

另一方面,对 $x\geqslant1$,我们有

$$f(x)-f(\sqrt{x})=\int_{\sqrt{x}}^{x}f'(x)\mathrm{d}x=\int_{\sqrt{x}}^{x}tf'(t)\cdot\frac{1}{t}\mathrm{d}x$$
$$\geqslant\sqrt{x}f'(\sqrt{x})\cdot\int_{\sqrt{x}}^{x}\frac{1}{t}\mathrm{d}t=\sqrt{x}f'(\sqrt{x})\cdot\frac{\ln x}{2}$$

因为函数 $xf'(x)$ 递增,所以得

$$f(x)-f(\sqrt{x})\geqslant\sqrt{x}f'(\sqrt{x})\cdot\frac{\ln x}{2}$$
$$\Rightarrow\frac{f(x)}{x}\geqslant\frac{f(\sqrt{x})}{x}+f'(\sqrt{x})\cdot\frac{\ln x}{2\sqrt{x}}$$
$$\Rightarrow f(\sqrt{a})\ln a=\int_1^a\left(\frac{f'(\sqrt{x}\ln x)}{2\sqrt{x}}+\frac{f(\sqrt{x})}{x}\right)\mathrm{d}x\leqslant\int_1^a\frac{f(x)}{x}\mathrm{d}x$$

推出结论.

U266　令 $\boldsymbol{A},\boldsymbol{B}\in M_n(\mathbf{R})$ 是对称的正定矩阵. 证明

$$\mathrm{tr}[(\boldsymbol{A}^2+\boldsymbol{A}\boldsymbol{B}^2\boldsymbol{A})^{-1}]\geqslant\mathrm{tr}[(\boldsymbol{A}^2+\boldsymbol{B}\boldsymbol{A}^2\boldsymbol{B})^{-1}]$$

美国 Princeton 大学 Cosmin Pohoata 提供

证　首先注意$(\boldsymbol{A}+\mathrm{i}\boldsymbol{A}\boldsymbol{B})(\boldsymbol{A}-\mathrm{i}\boldsymbol{B}\boldsymbol{A})=\boldsymbol{A}^2+\boldsymbol{A}\boldsymbol{B}^2\boldsymbol{A}$,另外反向乘积等于

$$(\boldsymbol{A}-\mathrm{i}\boldsymbol{B}\boldsymbol{A})(\boldsymbol{A}+\mathrm{i}\boldsymbol{A}\boldsymbol{B})=\underbrace{\boldsymbol{A}^2+\boldsymbol{B}\boldsymbol{A}^2\boldsymbol{B}}_{\boldsymbol{M}}-\mathrm{i}\underbrace{(\boldsymbol{B}\boldsymbol{A}^2-\boldsymbol{A}^2\boldsymbol{B})}_{\boldsymbol{N}}$$

注意自伴复矩阵 $\boldsymbol{M}-\mathrm{i}\boldsymbol{N}$ 是正定的,因为它只是可逆算子与它的伴随矩阵的积. 因此已知不等式等价于

$$\begin{aligned}\mathrm{tr}(\boldsymbol{A}^2+\boldsymbol{A}\boldsymbol{B}^2\boldsymbol{A})^{-1}&=\mathrm{tr}(\boldsymbol{M}-\mathrm{i}\boldsymbol{N})^{-1}\\&\geqslant\mathrm{tr}(\boldsymbol{A}^2+\boldsymbol{B}\boldsymbol{A}^2\boldsymbol{B})^{-1}\\&=\mathrm{tr}(\boldsymbol{M})^{-1}\end{aligned}\tag{1}$$

也注意到$(\boldsymbol{A}-\mathrm{i}\boldsymbol{A}\boldsymbol{B})(\boldsymbol{A}+\mathrm{i}\boldsymbol{A}\boldsymbol{B})=\boldsymbol{A}^2+\boldsymbol{A}\boldsymbol{B}^2\boldsymbol{A}$,反向乘积等于

$$(\boldsymbol{A}+\mathrm{i}\boldsymbol{B}\boldsymbol{A})(\boldsymbol{A}-\mathrm{i}\boldsymbol{A}\boldsymbol{B})=\underbrace{\boldsymbol{A}^2+\boldsymbol{B}\boldsymbol{A}^2\boldsymbol{B}}_{\boldsymbol{M}}+\mathrm{i}\underbrace{(\boldsymbol{B}\boldsymbol{A}^2-\boldsymbol{A}^2\boldsymbol{B})}_{\boldsymbol{N}}$$

已知不等式可以改写为

$$\begin{aligned}\mathrm{tr}(\boldsymbol{A}^2+\boldsymbol{A}\boldsymbol{B}^2\boldsymbol{A})^{-1}&=\mathrm{tr}(\boldsymbol{M}+\mathrm{i}\boldsymbol{N})^{-1}\\&\geqslant\mathrm{tr}(\boldsymbol{A}^2+\boldsymbol{B}\boldsymbol{A}^2\boldsymbol{B})^{-1}\\&=\mathrm{tr}(\boldsymbol{M})^{-1}\end{aligned}\tag{2}$$

把(1)与(2)相加,由于函数的单调性,我们看出 $\boldsymbol{M}\to\mathrm{tr}(\boldsymbol{M})$,只需证明

$$(\boldsymbol{M}-\mathrm{i}\boldsymbol{N})^{-1}+(\boldsymbol{M}+\mathrm{i}\boldsymbol{N})^{-1}\geqslant2\boldsymbol{M}^{-1}$$

两边乘以 $\boldsymbol{N}^{\frac{1}{2}}$,最后的不等式可以化为

$$(\boldsymbol{I}-\mathrm{i}\underbrace{\boldsymbol{N}^{-\frac{1}{2}}\boldsymbol{M}\boldsymbol{N}^{\frac{1}{2}}}_{\boldsymbol{P}})^{-1}+(\boldsymbol{I}+\mathrm{i}\underbrace{\boldsymbol{N}^{-\frac{1}{2}}\boldsymbol{M}\boldsymbol{N}^{\frac{1}{2}}}_{\boldsymbol{P}})^{-1}\geqslant2\boldsymbol{I}$$

再注意到左边 2 个矩阵是正定的.

把自伴算子 ip 对角线化,可见最后的不等式等价于证明,当 $p\in(-1,1)$ 时

$$(1+p)^{-1}+(1-p)^{-1}=\frac{2}{1-p^2}\geqslant 2$$

这显然成立.

U267 连续映射 $f:[0,1]\to[-\frac{1}{3},\frac{2}{3}]$ 是满射,满足

$$\int_0^1 f(x)\mathrm{d}x=0$$

证明

$$\int_0^1 f(x)^3\mathrm{d}x\leqslant\frac{1}{9}$$

罗马尼亚 Compulung Moldovenesc 市 Mihai Piticari 提供

证法1 对 $-1/3\leqslant y\leqslant 2/3$ 有

$$\frac{4y^3}{3}=y^3+\frac{y^3}{3}\leqslant y^3+\frac{y^2}{3}=\left(y+\frac{1}{3}\right)y^2\leqslant\left(y+\frac{1}{3}\right)\frac{4}{9}=\frac{4y}{9}+\frac{4}{27}$$

这蕴含,对 $x\in[0,1]$

$$\frac{4f(x)^3}{3}\leqslant\frac{4f(x)}{9}+\frac{4}{27}$$

现在关于 x 求积分,得

$$\frac{4}{3}\int_0^1 f(x)^3\mathrm{d}x\leqslant\frac{4}{9}\int_0^1 f(x)\mathrm{d}x+\frac{4}{27}=\frac{4}{27}$$

这化简为

$$\int_0^1 f(x)^3\mathrm{d}x\leqslant\frac{1}{9}$$

证法2 注意,对 $y\leqslant 2/3$,有

$$27y^3-9y-2=(3y-2)(3y+1)^2\leqslant 0$$

这蕴含,对 $x\in[0,1]$

$$f(x)^3\leqslant\frac{f(x)}{3}+\frac{2}{27}$$

现在关于 x 求积分,得

$$\int_0^1 f(x)^3\mathrm{d}x\leqslant\frac{1}{3}\int_0^1 f(x)\mathrm{d}x+\frac{2}{27}=\frac{2}{27}<\frac{1}{9}$$

因此不等式以较小常数 $2/27$ 成立,只要设 $f:[0,1]\to(-\infty,\frac{2}{3}]$.

U268 求下式的值:

$$\lim_{n\to\infty}\frac{1}{n^2}\sum_{k=2}^{n^2-1}\left\{\frac{n}{\sqrt{k}}\right\}$$

其中$\{x\}$是x的小数部分.

罗马尼亚 Campulung Moldovenesc 市 Mihai Piticari 提供

解　把极限内表达式看作$\int_0^1\left\{\frac{1}{\sqrt{x}}\right\}\mathrm{d}x$的 Riemann 和,其中区间被分为$n^2$个相等的子区间,函数$f(x)=\left\{\frac{1}{\sqrt{x}}\right\}$是连续的,除了可数多个点以外,从而是 Riemann 可积的,因此要求的极正是这个积分,为了求这个积分,我们计算

$$\begin{aligned}\int_0^1\left\{\frac{1}{\sqrt{x}}\right\}\mathrm{d}x &= \sum_{n=1}^{\infty}\int_{1/(n+1)^2}^{1/n^2}\left\{\frac{1}{\sqrt{x}}\right\}\mathrm{d}x = \sum_{n=1}^{\infty}\int_{1/(n+1)^2}^{1/n^2}\left(\frac{1}{\sqrt{x}}-n\right)\mathrm{d}x\\ &= \sum_{n=1}^{\infty}(2\sqrt{x}-nx)\Big|_{1/(n+1)^2}^{1/n^2} = \sum_{n=1}^{\infty}\left(\frac{1}{n}-\frac{2}{n+1}+\frac{n}{(n+1)^2}\right)\\ &= \sum_{n=1}^{\infty}\left(\frac{1}{n(n+1)}-\frac{1}{(n+1)^2}\right)=1-\left(\frac{\pi^2}{6}-1\right)=2-\frac{\pi^2}{6}\end{aligned}$$

U269　令$a_1,\cdots,a_k$与$b_1,\cdots,b_k$是正实数,且对于$i=1,\cdots,k$,有$a_i>b_i$. 如果$\Delta_i=a_i-b_i$,证明

$$\prod_{i=1}^{k}a_i-\prod_{i=1}^{k}b_i\geqslant k\sqrt[k]{\Delta_1\cdots\Delta_k}\left(\prod_{i=1}^{k}a_i\right)^{\frac{k-1}{2k}}\left(\prod_{i=1}^{k}b_i\right)^{\frac{k-1}{2k}}$$

瑞士 Herrliberg 市 Albert Stadler 提供

证　对凹函数

$$f(x)=\ln(\mathrm{e}^{kx}-1)$$

用 Jensen 不等式(因为$f''(x)=\frac{-k^2\cdot\mathrm{e}^{kx}}{(\mathrm{e}^{kx}-1)^2}<0$),得不等式

$$f\left(\sum_{i=1}^{k}\frac{1}{k}x_i\right)\geqslant\sum_{i=1}^{k}\frac{1}{k}f(x_i)\Leftrightarrow\ln(\mathrm{e}^{\sum_{i=1}^{k}x_i}-1)\geqslant\sum_{i=1}^{k}\frac{1}{k}\ln(\mathrm{e}^{kx_i}-1)$$

或等价地,化为指数式

$$\prod_{i=1}^{k}\mathrm{e}^{x_i}-1\geqslant\sqrt[k]{\prod_{i=1}^{k}(\mathrm{e}^{kx_i}-1)}$$

作代换$x_i=\ln\frac{a_i}{b_i}$,然后两边乘以$\prod_{i=1}^{k}b_i$,得

$$\prod_{i=1}^{k}\frac{a_i}{b_i}-1\geqslant\sqrt[k]{\prod_{i=1}^{k}\left(\left(\frac{a_i}{b_i}\right)^k-1\right)}$$

$$\prod_{i=1}^{k}a_i-\prod_{i=1}^{k}b_i\geqslant\sqrt[k]{\prod_{i=1}^{k}(a_i^k-b_i^k)}$$

利用算术平均 - 几何平均不等式,得

$$\frac{a_i^{k-1}+a_i^{k-2}b_i+\cdots+a_ib_i^{k-2}+b_i^{k-1}}{k}$$
$$\geqslant \sqrt[k]{a_i^{k-1}\cdot a_i^{k-2}b_i\cdot \cdots \cdot a_ib_i^{k-2}\cdot b_i^{k-1}}=a_i^{(k-1)/2}b_i^{(k-1)/2}$$

因此

$$\prod_{i=1}^k a_i-\prod_{i=1}^k b_i\geqslant \sqrt[k]{\prod_{i=1}^k k(a_i-b_i)(a_i^{k-1}+a_i^{k-2}b_i+\cdots+a_ib_i^{k-2}+b_i^{k-1})}$$
$$\geqslant k\cdot \sqrt[k]{\prod_{i=1}^k (a_i-b_i)}\cdot \left(\prod_{i=1}^k a_i\right)^{\frac{k-1}{2k}}\cdot \left(\prod_{i=1}^k b_i\right)^{\frac{k-1}{2k}}$$

U270 令 x_1 与 x_2 是正实数,对 $n\geqslant 2$ 定义

$$x_{n+1}=\sqrt[n]{x_1}+\sqrt[n]{x_2}+\cdots+\sqrt[n]{x_n}$$

求 $\lim\limits_{n\to\infty}\dfrac{x_n-n}{\ln n}$.

法国 Ecole 综合工科大学 Gabriel Dospinescu 提供

解 令 $c=\max(1,x_1,x_2,x_3^2/4)$,$d=\min(1,x_1,x_2,x_3^2/4)$. 用归纳法证明,当 $n\geqslant 2$ 时

$$\sqrt[n!]{d}\left(n+\frac{\log(n-1)!}{n}\right)\leqslant x_{n+1}\leqslant n\cdot \sqrt[n]{n-1}\cdot \sqrt[n]{c}$$

当 $n=2$ 时 2 个不等式成立.

利用算术平均 - 几何平均不等式,不等式 $\sqrt[k-1]{k-2}\leqslant 2$(容易从 $2^x\geqslant 1+x$ 推出)与归纳假设

$$x_{n+1}=\sum_{k=1}^n \sqrt[n]{x_k}=\sqrt[n]{x_1}+\sqrt[n]{x_2}+\sum_{k=3}^n \sqrt[n]{x_k}$$
$$\overset{(IH)}{\leqslant}\sqrt[n]{c}+\sqrt[n]{c}+\sum_{k=3}^n \sqrt[n]{(k-1)\cdot \sqrt[k-1]{k-2}\cdot \sqrt[k-1]{c}}$$
$$\leqslant \sqrt[n]{c}\left(1+1+\sum_{k=3}^n \sqrt[n]{(k-1)\cdot \sqrt[k-1]{k-2}}\right)$$
$$\overset{\text{AM-GM}}{\leqslant}\sqrt[n]{c}\cdot n\cdot \sqrt[n]{\frac{1^n+1^n+\sum\limits_{k=3}^n (k-1)\cdot \sqrt[k-1]{k-2}}{n}}$$
$$\leqslant \sqrt[n]{c}n\cdot \sqrt[n]{\frac{1^n+1^n+\sum\limits_{k=3}^n (k-1)\cdot 2}{n}}=n\sqrt[n]{n-1}\cdot \sqrt[n]{c}$$

为了证明第 2 个不等式,利用不等式

$$\sqrt[n]{x}=\mathrm{e}^{\frac{\ln x}{n}}\geqslant 1+\frac{\ln x}{n}$$

与归纳假设

$$
\begin{aligned}
x_{n+1} &= \sum_{k=1}^{n} \sqrt[n]{x_k} = \sqrt[n]{x_1} + \sqrt[n]{x_2} + \sum_{k=3}^{n} \sqrt[n]{x_k} \\
&\overset{(IH)}{\geqslant} \sqrt[n]{d} + \sqrt[n]{d} + \sum_{k=3}^{n} \sqrt[n]{\sqrt[(k-1)!]{d} \cdot \left((k-1) + \frac{\log(k-2)!}{k-1}\right)} \\
&\geqslant \sqrt[n]{d} + \sqrt[n]{d} + \sum_{k=3}^{n} \sqrt[n]{\sqrt[(k-1)!]{d} \cdot (k-1)} \geqslant \sqrt[n!]{d} \cdot \left(1 + 1 + \sum_{k=3}^{n} \sqrt[n]{k-1}\right) \\
&\geqslant \sqrt[n!]{d}\left(1 + 1 + \sum_{k=3}^{n} \left(1 + \frac{\log(k-1)}{n}\right)\right) = \sqrt[n!]{d} \cdot \left(n + \frac{\log(n-1)!}{n}\right)
\end{aligned}
$$

于是有

$$
\begin{aligned}
\frac{\sqrt[n!]{d} \cdot \left(n + \frac{\log(n-1)!}{n}\right) - (n+1)}{\ln(n+1)} &\leqslant \frac{x_{n+1} - (n+1)}{\ln(n+1)} \\
&\leqslant \frac{n \cdot \sqrt[n]{n-1} \cdot \sqrt[n]{c} - (n+1)}{\ln(n+1)}
\end{aligned}
$$

利用 Stirling 公式与极限$\lim\limits_{x \to 0} \frac{e^x - 1}{x} = 1$

$$
\begin{aligned}
&\lim_{n \to \infty} \frac{\sqrt[n!]{d}\left(n + \frac{\log(n-1)!}{n}\right) - (n+1)}{\ln(n+1)} \\
&= \lim_{n \to \infty} \left(\frac{n \cdot (\sqrt[n!]{d} - 1)}{\ln(n+1)} + \frac{\sqrt[n!]{d} \log(n-1)!}{n \ln(n+1)}\right) \\
&= \lim_{n \to \infty} \left(\frac{n \cdot \frac{\ln d}{n!}}{\ln(n+1)} \cdot \frac{\exp\left(\frac{\ln d}{n!}\right) - 1}{\frac{\ln d}{n!}} + \frac{\sqrt[n!]{d} \log \sqrt[n]{(n-1)!}}{\ln(n+1)}\right) \\
&= \lim_{n \to \infty} \left(\frac{n \cdot \frac{\ln d}{n!}}{\ln(n+1)} + \frac{\sqrt[n!]{d} \log\left(\sqrt[n]{(2\pi(n-1))^{1/2} \cdot ((n-1)/e)^{n-1}}\right) \cdot \delta_n}{\ln(n+1)}\right) \\
&= 0 + 1
\end{aligned}
$$

注意$\lim\limits_{n \to \infty} \delta_n = 1$,此外

$$
\begin{aligned}
\lim_{n \to \infty} \frac{n \cdot \sqrt[n]{n-1} \cdot \sqrt[n]{c} - n}{\ln(n+1)} &= \lim_{n \to \infty} \frac{n \cdot (\exp(\ln(c(n-1))/n) - 1)}{\ln(n+1)} \\
&= \lim_{n \to \infty} \frac{n \cdot \ln(c(n-1))/n) - 1)}{\ln(n+1)} \cdot \frac{\exp(\ln(c(n-1))/n) - 1}{\ln(c(n-1))/n} \\
&= \lim_{n \to \infty} \frac{n \cdot \ln(c(n-1))/n) - 1)}{\ln(n+1)} = 1
\end{aligned}
$$

因此由挤压性定理,要求的极限为 1.

U271 令 $a>b$ 是正实数,n 是正整数. 证明

$$\frac{(a^{n+1}-b^{n+1})^{n-1}}{(a^n-b^n)^n}>\frac{n}{(n+1)^2}\cdot\frac{e}{a-b}$$

其中 e 是 Euler 数.

美国 Massachusetts 理工学院 Ivan Borsenco 提供

证 见问题 U235.

U272 令 a 是正实数,$(a_n)_{n\geqslant 0}$ 是数列,对所有正整数 n 定义为 $a_0=\sqrt{a}$,$a_{n+1}=\sqrt{a_n+a}$. 证明:在数列的各项中有无限多个无理数.

罗马尼亚 Constanta 市 Marius Cavachi 提供

证 设这个结果不成立,则或者数列中所有的项都是有理数,或者有最后无理数项 a_N,而 $a_{N+1},a_{N+2},\cdots$,都是有理数. 如果相邻两项 a_{N+1},a_{N+2}是有理数,那么 $a=a_{N+2}^2-a_{N+1}$ 显然一定是有理数. 因此,如果 a_N 是无理数,那么 $a_{N+1}^2=a_N+a$ 是无理数,a_{N+1} 也是无理数,或者,如果提出的结果不成立,那么 a 是有理数,于是数列中所有的项是有理数. 由以上的论证,设提出的结果不成立,则存在正有理数 a,使得对所有 $n\geqslant 0$,每个 a_n 是有理数,显然 $a_1=\sqrt{a+\sqrt{a}}>\sqrt{a}=a_0$,如果 $a_n>a_{n-1}$,那么 $a_{n+1}=\sqrt{a+a_n}>\sqrt{a+a_{n-1}}=a_n$,由平凡的归纳法知数列严格递增. 此外,如果对互素的 $u,v,\sqrt{a}=\frac{u}{v}$,那么存在递增的整数 u_n 数列,使 $u_0=u,u_{n+1}=\sqrt{u^2+u_nv}$,实际上,由这样的定义推出,如果 $a_n=\frac{u_n}{v}$,那么 $a_{n+1}=\frac{u_{n+1}}{v}$,此外,因为 a_{n+1}是有理数,所以如果 u_n 是整数,那么 u_{n+1}是有理数,同时是整数的平方根,因此也是整数,或者因为 u_0 是整数,于是由平凡的归纳法知,所有的 $u_n=va_n$ 是整数,或者各个 u_n 是正整数的严格递增数列,因此是无界的. 或者对充分大的 n,u_n 将有我们要求的那样大,在某点上有 $a_n=vu_n>\frac{1+\sqrt{1+4a}}{2}$,于是 $a<\frac{(2a_n-1)^2-1}{4}=a_n^2-a_n$,$a_{n+1}=\sqrt{a+a_n}<\sqrt{a_n^2}=a_n$,数列是递减的,矛盾,因此提出的结果不能不成立. 推出结论.

U273 令 Φ_n 是第 n 个分圆多项式,定义为

$$\Phi_n(X)=\prod_{1\leqslant m\leqslant n,\gcd(m,n)=1}(X-e^{\frac{2i\pi m}{n}})$$

(a) 令 k 与 n 是正整数,其中 k 是偶数,$n>1$,证明

$$\pi^{k_{\varphi}(n)}\cdot\prod_p\Phi_n\left(\frac{1}{p^k}\right)\in\mathbf{Q}$$

其中对所有素数求积,φ 是 Euler φ 函数.

(b) 证明

$$\prod_p\left(1-\frac{1}{p^2}+\frac{1}{p^6}-\frac{1}{p^8}+\frac{1}{p^{10}}-\frac{1}{p^{14}}+\frac{1}{p^{16}}\right)=\frac{192\ 090\ 682\ 746\ 473\ 135\ 625}{3\ 446\ 336\ 510\ 402\pi^{16}}$$

瑞士 Herrliberg 市 Albert Stadler 提供

证　(a) 用归纳法,首先利用以下公式

$$\zeta(2n)=(-1)^{n+1}\frac{B_{2n}(2\pi)^{2n}}{2(2n)!}$$

其中 ζ 表示 Riemann 函数,B_{2n} 是第 $2n$ 个 Bernoulli 数.

众所周知,对于分圆多项式有

$$\begin{aligned}\Phi_n(X)&=(-1)^{\sum_{d\mid n}\mu(n/d)}\prod_{d\mid n}(1-X^d)^{\mu(n/d)}\\&=\prod_{d\mid n}(1-X^d)^{\mu(n/d)}\prod_{d\mid n}(1-X^d)^{\mu(n/d)}\end{aligned}$$

也有

$$n=\sum_{d\mid n}\phi(d)$$

从而由 Möbius 反演公式

$$\phi(n)=\sum_{d\mid n}\mu\left(\frac{n}{d}\right)d$$

于是

$$\begin{aligned}\pi^{k\phi(n)}\prod_p\Phi_n(p^{-k})&=\pi^{k\phi(n)}\prod_{d\mid n}\left(\prod_p\left(1-\frac{1}{p^{kd}}\right)\right)^{\mu(n/d)}\\&=\prod_{d\mid n}\left(\pi^{kd}\prod_p\left(1-\frac{1}{p^{kd}}\right)\right)^{\mu(n/d)}\\&=\prod_{d\mid n}\left(\frac{(kd)!}{(-1)^{kd/2+1}B_{kd}2^{kd-1}}\right)^{\mu(n/d)}\quad\in\mathbf{Q}\end{aligned}$$

(b) 我们注意到

$$\Phi_{15}(p^{-2})\frac{(1-p^{-30})(1-p^{-2})}{(1-p^{-6})(1-p^{-10})}$$

最后有

$$\pi^{16}\prod_p\Phi_{15}(p^{-2})=\frac{\zeta(10)\zeta(6)}{\zeta(2)\zeta(30)}$$

这是要求的数.

U274　令 $A_1,\cdots,A_m\in M_n(\mathbf{C})$ 满足 $A_1+\cdots+A_m=mI_n$,$A_1^2=\cdots=A_m^2=I_n$,证明:$A_1=\cdots=A_m$.

罗马尼亚 Constanta 市 Marius Cavachi 提供

证　注意,因为 $A_i^2=I_n$,所以 A_i 的特征值满足方程 $\lambda^2=1$,即 A_i 的所有特征值都等于 ±1. 于是,因为矩阵的迹是它的特征值之和,$\operatorname{tr}A_i\leqslant n$,当且仅当所有特征值等于1时等

式成立. 另一方面:

$$mn = \operatorname{tr} mI_n = \operatorname{tr}(A_1 + \cdots + A_m) = \operatorname{tr} A_1 + \cdots \operatorname{tr} A_m$$
$$\leqslant n + \cdots + n = mn$$

于是对所有 i,A_i 的所有特征值等于 1.

最后,因为 $A_i^2 - I_n = 0$,所以 A_i 的最小多项式整除 $x^2 - 1$,没有重根,以致 A_i 是可对角化的,但是只有所有特征值为 1 的可对角化的 $n \times n$ 矩阵是单位矩阵,因此对所有 i,$A_i = I_n$.

U275 令 m 与 n 是正整数,$(a_k)_{k\geqslant 1}$ 是实数,证明

$$\sum_{d\mid m, e\mid n, g\mid \gcd(d,e)} \frac{\mu(g)}{g} de \cdot a_{de/g} = \sum_{k\mid mn} k a_k$$

这里 μ 是普通的 Möbius 函数.

美国 Massachusetts 理工学院 Darij Grinberg 提供

证 因为这个结果是对任何实数数列提出的,a_k 只出现在左边的和中,其中 $\frac{de}{g} = k$,于是提出的结果等价表述如下:已知任何整数 k,对任何一对正整数 m,n,使 mn 是 k 的倍数,我们有

$$\sum_{d\mid m, e\mid n, \frac{de}{k}\mid \gcd(d,e)} \mu\left(\frac{de}{k}\right) = 1$$

我们用对不同素数的个数作归纳法,这些素数同时整除 m 与 n,来证明上式表示的要求的结果.

如果 m,n 互素,那么 α,e 也互素,$\gcd(d,e) = 1$ 或 $\frac{de}{k} = 1$,即和中恰有一项出现在 $d = \gcd(k,m)$ 与 $e = \gcd(k,n)$ 时,且使 $\mu\left(\frac{de}{k}\right) = \mu(1) = 1$,在这种情形下显然推出了结果.

令 p 是素数,可整除 m,n;m,n 分别有重数 $U,V \geqslant 1$,p 整除 k,d,e,令 t,u,v 分别为 k,d,e 的重数,其中显然 $u \in \{0,1,\cdots,V\}$,$v \in \{0,1,\cdots,V\}$. $\frac{de}{k}$ 中 ρ 的重数与 $\gcd(d,e)$ 的重数分别为 $u+v-t$ 与 $\min(u,v)$. 因为 k 一定整除 de,但同时为使数对和的非零贡献发生,当且仅当 $\frac{de}{k}$ 不是平方数,对和的所有非零贡献,一定有 $u+v-t \in \{0,1\}$,而同时,因为 $\frac{de}{k}$ 整除 $\gcd(d,e)$,所以一定有 $u+v-t \leqslant \min(u,v)$,或等价地 $t \geqslant \max(u,v)$,因此可取数对 (u,v) 的值集满足 $\max(0,t-V) \leqslant u \leqslant \min(t,U)$ 与 $v = t-u$ 或 $\max(1,t+1-V) \leqslant u \leqslant \min(t,U)$ 与 $u = t+1-V$. 因此注意到,除了使 $u+v-t = 1$ 的对 (u,v) 外,经常恰好还有一对 (u,v) 使 $u+v-t = 0$.

现在以 m',n',d',e',k' 分别表示从 m,n,d,e,k 中消去所有因子 p 后的结果. 对每个集

合(m',n',d',e',k')，把所有可能的数对看作上述数对，对第1类数对，有

$$\mu\left(\frac{de}{k}\right)=\mu\left(\frac{d'e'}{k'}\right)$$

因为p不出现在$\frac{de}{k}$中，而对第2类数对，有

$$\mu\left(\frac{de}{k}\right)=\mu\left(\frac{d'e'}{k'}\right)=-\mu\left(\frac{d'e'}{k'}\right)$$

因为p以重数1出现在$\frac{de}{k}$中，但不出现在$\frac{d'e'}{k'}$中，因此已知的m',n',d',e',k'贡献给所有可能数对(u,v)的净值是$\mu\left(\frac{d'e'}{k'}\right)$. 换言之，把还有1个不同素因子加到$m,n,k$，不改变和的值，或在平凡的归纳后，推出要求的结果.

U276　令K是有限域，求所有的多项式$f\in K[X]$，使得对于所有$a\in K^*$，$f(X)=f(aX)$.

罗马尼亚 Compulung Moldovenesc 市 Mihai Piticari 提供

解　令$q=|K|$，则众所周知，K中非零元素的乘法群K^*是$q-1$阶循环群. 尤其是，对所有非零的$a\in K$，$a^{q-1}=1$，为使有非零元素$g\in K$，使$g^m=1$，当且仅当$q-1$整除m.

今设$f(X)=c_0+c_1X+\cdots+c_dX^d$是这样的多项式，则$f(gX)=c_0+c_1gX+\cdots+c_dg^dX^d$，并使系数适合恒等式$f(X)=f(gX)$，可见$c_m=0$，除了$m$是$q-1$的倍数以外，因此对某个多项式$h$，$f(X)=h(X^{q-1})$. 反之，对这样的$f$，我们计算$f(aX)=h(a^{q-1}X^{q-1})=h(X^{q-1})=f(X)$.

U277　对于$n\in\mathbf{N}$，$n\geqslant 2$，求小于

$$2\left(e^{\frac{1}{n+1}}+\cdots+e^{\frac{1}{n+n}}\right)$$

的最大整数.

罗马尼亚 Constanta 市 Marius Cavachi 提供

解　我们有

$$2\sum_{k=n+1}^{2n}e^{1/k}\leqslant 2\sum_{k=n+1}^{2n}\int_{k-1}^{k}e^{1/x}dx=2\int_{n}^{2n}e^{1/x}dx$$

并且

$$2\int_{n}^{2n}e^{1/x}dx=2n+2\ln 2+\sum_{k=2}^{\infty}\frac{2}{(k-1)k!}\left(\frac{1}{n^{k-1}}-\frac{1}{(2n)^{k-1}}\right)$$

$$\sum_{k=2}^{\infty}\frac{2}{(k-1)k!}\left(\frac{1}{n^{k-1}}-\frac{1}{(2n)^{k-1}}\right)\leqslant\sum_{k=2}^{\infty}\frac{4}{k!2^k}=4(e^{1/2}-3/2)$$

更进一步有

$$2\ln 2+4(e^{1/2}-3/2)<2$$

这给出

$$2n+1 \leqslant 2\int_n^{2n} e^{1/x} dx < 2n+2 \Rightarrow \left[2\int_n^{2n} e^{1/x} dx\right] = 2n+1 \tag{1}$$

我们也注意到,用不等式 $e^x \geqslant x+1, x>0$ 与 Cauchy - Schwarz 不等式,有

$$2\sum_{k=n+1}^{2n} e^{1/k} \geqslant 2n + 2\sum_{k=n+1}^{2n} \frac{1}{k} \geqslant C.S \quad 2n + \frac{2n^2}{n^2 + \frac{n^2+n}{2}} \geqslant 2n+1$$

这蕴含

$$\left[2\sum_{k=n+1}^{2n} e^{1/k}\right] \geqslant 2n+1$$

利用(1),我们断定

$$\left[2\sum_{k=n+1}^{2n} e^{1/k}\right] = 2n+1$$

U278 求下式的值:

$$\lim_{n\to\infty} \sum_{k=0}^{\infty} \frac{1}{(kn+1)k!}$$

罗马尼亚 Cluj-Napoca 市 Bades-Bolyai 大学 Dorin Andrica 提供

解 注意:只用 $k=0$ 项作为下界,并用所有其他项,比如说 $\frac{1}{kn+1} \leqslant \frac{1}{n+1}$,作为上界,给出

$$1 \leqslant \sum_{k=0}^{\infty} \frac{1}{(kn+1)k!} \leqslant 1 + \frac{1}{n+1}\sum_{k=1}^{\infty} \frac{1}{k!} = 1 + \frac{e-1}{n+1}$$

因此由挤压定理,要求的极限为 1.

U279 令 $f:\mathbf{R}\to\mathbf{R}$ 是有界函数,它在所有的点上都有侧极限. 证明:有某个实数 x_0,使

$$\lim_{x\to x_0, x>x_0} f(x) \leqslant x_0 \leqslant \lim_{x\to x_0, x<x_0} f(x)$$

罗马尼亚 Campulung Moldovenesc 市 Mahai Piticari 提供

证 令 $A=\{x\in\mathbf{R}: f(x)\geqslant x\}$. 因为 f 有界,所以 A 是非空集合,有以上界限,因此 $x_0=\sup A$ 存在,且是有限的,如果 $x>x_0$,那么 $f(x)<x$,于是 $\lim\limits_{x\to x_0^+} f(x) \leqslant \lim\limits_{x\to x_0^+} x = x_0$. 因为 x_0 是 A 的上确界,所以有数列 $x_k\in A$ 递增到 x_0,因此

$$\lim_{x\to x_0^-} f(x) = \lim_{k\to\infty} f(x_k) \geqslant \lim_{k\to\infty} x_k = x_0$$

U280 令 S 是平面上不可数圆集合,证明:有 S 的不可数子集 S',使 S' 中所有圆都有公共内点.

罗马尼亚 Constanta 市 Marius Cavachi 提供

证 考虑有 2 个有理坐标的所有点可数稠密子集 $\mathbf{Q}^2\subset\mathbf{R}^2$. S 中每个圆在它内部一定至少包含这些有理点之一,因此有这些有理点之一包含在 S 的不可数的许多元素内部.

U281　令 G 是在 n 个顶点上的图,以致对于 G 的所有连通子图 H,图 $G-H$ 是连通的. 证明:G 是一圈或完全图.

美国 Princeton 大学 Cosmin Pohoata 提供

证　我们来证明,如果 G 不是完全图,那么它是一圈. 如果它不是完全图,那么有不同顶点 v_1,v_2 不相邻,于是从假设推出,$G/\{v_1,v_2\}$ 是不连通的. 令 $H_1,\cdots,H_k$ 是它的连通分支,其中 $k>1$,因为有 1 个顶点的平凡图是连通的,所以除去 v_1 或 v_2 推出,v_1 与 v_2 二者至少连通到每个 H_i 的 1 个顶点. 今设 $k>2$,则 $\{v_1,v_2\}\cup H_1$ 是连通的,至少还有 $k-1>2$,$H_2,\cdots,H_k$ 是连通分支,这与假设矛盾. 因此 $k=2$.

现在因为 $\{v_1,v_2\}\cup H_1$ 与 $\{v_1,v_2\}\cup H_2$ 是连通的,所以令 $P_k,k=1$ 或 2,是 $\{v_1,v_2\}\cup H_k$ 中联结 v_1 与 v_2 有最小长度的路. 因为这些路有最小长度,所以它们一定是简单路(没有重复顶点). 如果 P_1 不利用 H_1 中所有顶点,那么在 $G-P_1$ 中,H_1 的剩余顶点将与 H_2 不连通,因为 H_1 与 H_2 只通过 v_1 与 v_2 连通. 类似地,P_2 利用 H_2 的所有顶点,但此时由 P_1 的最小性,P_1 的边一定只是 $\{v_1,v_2\}\cup H_1$ 中的边,因为任一附加的边允许我们向前跳过,产生较短的路,类似地,P_2 的边只是 $\{v_1,v_2\}\cup H_2$ 中的边,因此 G 恰是一圈.

U282　令 $P=\{2,3,5,7,11,\cdots\}$ 表示小于 2^{100} 的所有素数组成的集合. 证明

$$\sum_{p\in P}\frac{1}{p}<8$$

罗马尼亚 Constanta 市 Marius Cavachi 提供

证　令 $P^*=P\cup\{1\}$. 注意形式 $p_0p_1\cdots p_5$ 的乘积(其中 p_i 取遍 P^* 中的值,服从 $p_0\leqslant p_1\leqslant\cdots\leqslant p_5$)是数范围 $1,2,\cdots,2^{600}-1$ 的两两不同整数.

回忆

$$\sum_{k=1}^{2^n-1}\frac{1}{k}<n,n\geqslant 2\Rightarrow$$

$$\left(1+\sum_{p\in P}\frac{1}{p}\right)^6=\left(\sum_{p\in P^*}\frac{1}{p}\right)^6<6!\sum_{p_0\leqslant p_1\leqslant\cdots\leqslant p_5}\frac{1}{p_0p_1\cdots p_5}$$

$$<6!\sum_{k=1}^{2^{600}-1}\frac{1}{k}<6!\times 600=2^7\times 3^3\times 5^3<3^{12}$$

推出结论.

附注:由 Rosser 与 Schoenfeld 命名为《素数一些函数的近似公式》基本论文定理5,有

$$\log\log x+B-\frac{1}{2\log^2 x}<\sum_{p\leqslant x}\frac{1}{p}<\log\log x+B+\frac{1}{2\log^2 x}$$

$x>286$,其中 $B=0.261\ 497\ 212\ 847\ 643$. 设 $x=2^{100}$,得

$$4.500\ 05<\sum_{p\in P}\frac{1}{p}<4.500\ 26$$

U283　令 a,b,c,d 是非负实数,使 $a+b+c+d=2$. 证明:对于任何正整数 n,

$$\frac{a^n+b^n+c^n+d^n+2^{3-n}}{3} \geqslant \left(\frac{2-a}{3}\right)^n+\left(\frac{2-b}{3}\right)^n+\left(\frac{2-c}{3}\right)^n+\left(\frac{2-d}{3}\right)^n$$

美国 Dallas 市 Texas 大学 Titu Andreescu 提供

证法1 回忆,强化不等式(Karamata 不等式)表明:

Karamata 不等式 令 $x_1 \geqslant x_2 \geqslant \cdots \geqslant x_n, y_1 \geqslant y_2 \geqslant \cdots \geqslant y_n$ 是递减的实数数列,使得对于 $j=1,\cdots,n-1, x_1+\cdots+x_j \geqslant y_1+\cdots+y_j, x_1+\cdots+x_n=y_1+\cdots+y_n$. 设 f 是在包含所有 x_i 与 y_i 的区间上的凸函数,则

$$f(x_1)+f(x_2)+\cdots+f(x_n) \geqslant f(y_1)+f(y_2)+\cdots+f(y_n)$$

已知不等式由 Karamata 不等式应用于函数 $f(x)=x^n$ 就将会立即得出,(x_i) 是数 a, b, c, d 与 $1/2$ 的 8 个复制品,(y_i) 是 $(2-a)/3,(2-b)/3,(2-c)/3$ 与 $(2-d)/3$ 每个数的 3 个复制品,两者按递减顺序分类,因此我们只需要检验 Karamata 不等式的假设.

不失一般性,设 $a \geqslant b \geqslant c \geqslant d$,则 $y_1=y_2=y_3=\frac{2-d}{3}, y_4=y_5=y_6=\frac{2-c}{3}, y_7=y_8=y_9=\frac{2-b}{3}, y_{10}=y_{11}=y_{12}=\frac{2-a}{3}$. 我们检验

$$x_1+x_2+x_3 \geqslant a+b+c=2-d=y_1+y_2+y_3$$

$$x_1+\cdots+x_6 \geqslant a+b+4 \cdot \frac{1}{2}=a+b+2=4-c-d=y_1+\cdots+y_6$$

$$x_1+\cdots+x_9 \geqslant a+8 \cdot \frac{1}{2}=a+4=6-b-c-d=y_1+\cdots+y_9$$

与

$$x_1+\cdots+x_{12}=a+b+c+d+8 \cdot \frac{1}{2}=6=8-a-b-c-d=y_1+\cdots+y_{12}$$

由这 4 个等式推出剩余的假设. 因此可应用 Karamata 不等式,证毕.

证法2 定义

$$f(a,b,c,d)=\frac{a^n+b^n+c^n+d^n+2^{3-n}}{3}-\left(\frac{2-a}{3}\right)^n-\left(\frac{2-b}{3}\right)^n-\left(\frac{2-c}{3}\right)^n-\left(\frac{2-d}{3}\right)^n$$

令 R 是 4 维空间中的区域,它属于超平面 $a+b+c+d=2$,并满足 $a,b,c,d \geqslant 0$. 本题等价于证明 f 在 R 中的最小值为 0,因为可以交换任何 2 个变量而不改变问题,所以不妨可设 $a \geqslant b \geqslant c \geqslant d$.

如果 $a \geqslant b \geqslant c \geqslant d>0$,那么我们在 R 内部,对 $g(a,b,c,d)=a+b+c+d$,R 满足 $g(a,b,c,d)=2$,其中对任何变量,常值导数等于 1. 由 Lagrange 乘数法推出,f 对任何 2 个变量的偏导数在 R 内部任一极值上一定相等,等价地,使 a,b,c,d 都是正值的任何最小值一定发生在 $h(a)=h(b)=h(c)=h(d)$ 上,其中

$$h(x)=x^{n-1}+\left(\frac{2-x}{3}\right)^{n-1}$$

如果 $n=1$,那么 $h(x)=2$ 是常数,于是 $f(a,b,c,d)=0$ 也是常数. 如果 $n=2$,那么 $h(x)=2\frac{1+x}{3}$,为使 $h(a)=h(b)=h(c)=h(d)$,当且仅当 $a=b=c=d$,在此情形下 $f(a,b,c,d)=0$,对 $n\geqslant 3$,注意到

$$h''(x)=(n-1)(n-2)\left(x^{n-3}+\frac{1}{9}\left(\frac{2-x}{3}\right)^{n-3}\right)$$

是严格正的,或者对所有 $a>\frac{1}{2}$,至多有一值 $d<\frac{1}{2}$ 使 $h(a)=h(d)$. 于是在 a,b,c,d 都不相等时,有 3 种可能情形:

· $a>\frac{1}{2}>b=c=d$,或 $2-a=3d$,与

$$3f(a,d,d,d)=(2-3d)^n+8\left(\frac{1}{2}\right)^n-9\left(\frac{2-d}{3}\right)^n$$

由算术平均 - 幂平均不等式,前 2 项之和至少是

$$9\left(\frac{2-3d+8\cdot\frac{1}{2}}{9}\right)^n=9\left(\frac{2-d}{3}\right)^n$$

为使等式成立,当且仅当 $2-3d=\frac{1}{2}$,即当且仅当 $d=\frac{1}{2}$,这不能发生,由此得出,当 $a>d$ 时 $f(a,d,d,d>0)$.

· $a=b=c>\frac{1}{2}>d$,这可类似地处理,且有相同结果,即当 $a>d$ 时 $f(a,a,a,d)>0$.

· $a=b>\frac{1}{2}>c=d$,或 $d=1-a$,与

$$\frac{1}{2}f(a,a,d,d)=\frac{a^n+2\left(\frac{1}{2}\right)^n}{3}+\frac{d^n+2\left(\frac{1}{2}\right)^n}{3}-\left(\frac{1+a}{3}\right)^n-\left(\frac{1+d}{3}\right)^n$$

但又由幂平均 - 算术平均不等式推出

$$\left(\frac{a+2\frac{1}{2}}{3}\right)^n=\left(\frac{1+a}{3}\right)^n$$

对第 2 项是类似的,为使在 2 种情形下等式成立,当且仅当 $a=d=\frac{1}{2}$,这不能发生. 我们断定,当 $a>d$ 时 $f(a,a,d,d)>0$. 我们断定,f 在 R 内部的唯一可能最小值发生在 $a=$

$b=c=d=\dfrac{1}{2}$ 时,在此情形下 $f=0$.

推出结论,为使等式成立,当且仅当对任何 a,b,c,d 有 $n=1$ 或对任何 n,有 $a=b=c=d$.

U284 令 $a_n=\{\sqrt{n^2+1}\}$ 是实数数列,其中 $\{x\}$ 表示 x 的小数部分,求 $\lim\limits_{n\to\infty} na_n$.

美国 Massachusetts 理工学院 Ivan Borsenco 提供

解 因为 $n^2<n^2+1<(n+1)^2$,所以有 $\lfloor\sqrt{n^2+1}\rfloor=n$;因此

$$a_n=\sqrt{n^2+1}-n=\frac{1}{\sqrt{n^2+1}+n}$$

这给出

$$\lim_{n\to\infty} na_n=\lim_{n\to\infty}\frac{n}{\sqrt{n^2+1}+n}=\frac{1}{2}$$

U285 令 $(a_n)_{n>0}$ 是数列,定义为

$$a_n=\frac{e^{\frac{1}{n+1}}}{n+1}+\frac{e^{\frac{1}{n+2}}}{n+2}+\cdots+\frac{e^{\frac{1}{2n}}}{2n}$$

证明数列 $(a_n)_{n>0}$ 是递减的,并求出它的极限.

西班牙 Gran Cauaria 岛 Angel Plaza 提供

解 因为对所有 x,$e^x\geqslant 1+x$,只有当 $x=0$ 时才有等式,所以有

$$\frac{e^{1/(n+1)}}{e^{1/(2n+1)}}=e^{n/((n+1)(2n+1))}>1+\frac{n}{(n+1)(2n+1)}$$

因此

$$\begin{aligned}\frac{e^{1/(n+1)}}{n+1}&>e^{1/(2n+1)}\cdot\left(\frac{1}{n+1}+\frac{n}{(n+1)^2(2n+1)}\right)\\&=e^{1/(2n+1)}\cdot\left(\frac{1}{2n+1}+\frac{1}{2n+2}+\frac{n-1}{2(n+1)^2(2n+1)}\right)\\&\geqslant e^{1/(2n+1)}\cdot\left(\frac{1}{2n+1}+\frac{1}{2n+2}\right)\\&\geqslant\frac{e^{1/(2n+1)}}{2n+1}+\frac{e^{1/(2n+2)}}{2n+2}\end{aligned}$$

于是

$$a_n-a_{n+1}=\frac{e^{1/(n+1)}}{n+1}-\frac{e^{1/(2n+1)}}{2n+1}-\frac{e^{1/(2n+2)}}{2n+2}>0$$

$(a_n)_{n>0}$ 是递减的. 为求极限,令

$$H_n=1+\frac{1}{2}+\cdots+\frac{1}{n}$$

是调和数,则众所周知

$$H_n = \log n + \gamma + O\left(\frac{1}{n}\right)$$

尤其是 $H_{2n} - H_n \to \log 2$. 于是易见

$$H_{2n} - H_n \leqslant a_n \leqslant \mathrm{e}^{1/(n+1)}(H_{2n} - H_n)$$

因此由挤压定理, $\lim\limits_{n\to\infty} a_n = \log 2$.

U286 令 $(x_n)_{n\geqslant 1}$ 是正实数数列,使得对于所有的 n,

$$(x_{n+1} - x_n)(x_{n+1}x_n - 1) \leqslant 0$$

与 $\lim\limits_{n\to\infty} \frac{x_{n+1}}{x_n} = 1$. 证明 $(x_n)_{n\geqslant 1}$ 收敛.

罗马尼亚 Campulung Moldovenesc 市 Mihai Piticari 提供

证 假设的不等式可以改写为比如说 x_{n+1} 在 x_n^{-1} 与 x_n 之间,因此数列 $|\log x_n|$ 是非增正实数数列,从而 $\lim\limits_{n\to\infty} |\log x_n| = C \geqslant 0$ 存在. 如果 $\lim\limits_{n\to\infty} \log x_n$ 不存在,那么一定有 $C > 0$, $\log x_n$ 一定是无限多个正值与负值. 但这表示有无限多个 n 使 $x_n < 1 < x_{n+1}$,对这样指标的数列 (n_k),有 $x_{n_k} \to e^{-C}$, $x_{n_{k+1}} \to e^C$,因此 $\frac{x_{n_{k+1}}}{x_{n_k}} \to e^{2C}$,与假设 $\frac{x_{n+1}}{x_n} \to 1$ 矛盾. 于是或因为 $C = 0$ 与符号不恰当组合,或因为符号最后是固定的,所以 $\lim\limits_{n\to\infty} \log x_n = \pm C$ 一定存在. 因此 $\lim\limits_{n\to\infty} x_n = e^{\pm C}$ 也存在.

U287 令 $u, v: [0, +\infty) \to (0, +\infty)$ 是可微函数,使

$$u' = v^v \text{ 与 } v' = u^u$$

证明 $\lim\limits_{x\to\infty}(u(x) - v(x)) = 0$.

美国 Berkeley 市 California 大学 Aaron Doman 提供

证 因为函数 $g(x) = x^x$ 有 $\mathrm{e}^{-1/\mathrm{e}}$ 在 $(0, \infty)$ 上的正最小值,所以有 $u', v' \geqslant \mathrm{e}^{-1/\mathrm{e}}$,因此 u 与 v 趋于无穷大.

令 $F(x) = \int_0^x t^t \mathrm{d}t$,则计算

$$\frac{\mathrm{d}}{\mathrm{d}x}(F(u) - F(v)) = F'(u)u' - F'(v)v' = u^u v^v - v^v u^u = 0$$

因此对所有 x, $F(u) - F(v) = K$ 是常数. 由中值定理,对于在 u 与 v 之间的某个 ξ, $F(u) - F(v) = F'(\xi)(u - v) = \xi^\xi(u - v)$. 因此 ξ 也趋于无穷大, $u - v = \frac{K}{\xi^\xi} \to 0$.

U288 令 $f: [a, b] \to \mathbf{R}$ 是原函数与可积函数,使得对于每个区间 $(m, n) \subset [a, b]$,有一区间 (m', n') 包含在 (m, n) 中,以致于对于所有 $x \in (m', n')$, $f(x) \geqslant 0$. 证明:对所有 $x \in [a, b]$, $f(x) \geqslant 0$.

罗马尼亚 Mihai Piticari 与 Sorin Radulescu 提供

证 本题的陈述是正确的. 用反证法讨论,设在某处 $f(x) < 0$,显然,使 $f(x) < 0$ 的各点,比方说 D_- 是不连续点,因为由定义,集合 $\{x \in [a,b]: f(x) \geq 0\}$ 是处处稠密的. 这时 D_- 的 Lebesgue 测度为 0,于是

$$F(x) = \int_a^x f(y)\mathrm{d}y = \int_{[a,x]-D_-} f(y)\mathrm{d}y$$

因为

$$F'(x) = \lim_{h\to 0}\frac{1}{h}\int_x^{x+h} f(y)\mathrm{d}y, y \in ([a,b] - D_-) \cap [x, x+h]$$

与在 $[a,b] - D_-$ 中 $f \geq 0$,对任何 $x \in [a,b]$,$F'(x) = f(x)$,所以推出,对任何 $x \in [a,b]$,$f(x) \geq 0$,产生了矛盾. 这完成了证明.

2.4 奥林匹克问题解答

O217 在凸四边形 $ABCD$ 的对角线上作出等边的 $\triangle ACB'$ 与 BDC',以致 B 与 B' 在 AC 的同侧,C 与 C' 在 BD 的同侧,如果 $B'C' = AB + CD$,求 $\angle BAD + \angle CDA$.

爱美尼亚 Yerevan 市 Nairi Sedrakyan 提供

解法 1 利用复数,首先设 $A = 0, B = z, C = w, D = 1$(其中 $\mathrm{Im}(z), \mathrm{Im}(w) > 0$),则 $B' = we^{i\pi/3}$,$C' = 1 + (z-1)e^{-i\pi/3} = e^{i\pi/3} + ze^{-i\pi/3}$. 已知条件 $AB + CD = B'C'$ 变为 $|z| + |w-1| = |(w-1)e^{i\pi/3} - ze^{-i\pi/3}|$,为使它成立,当且仅当 $(w-1)e^{i\pi/3}$ 与 $ze^{-i\pi/3}$ 有相反方向,因此 $\angle BAD + \angle CDA = 2\pi/3$.

解法 2 作点 E,使 $\triangle BCE$ 是等边的,E 与 AD 在 BC 的不同侧,于是 $\triangle B'EC$ 是 $\triangle ABC$ 的旋转,因此这两个三角形全等. 同样,$\triangle C'EB \cong \triangle DCB$,由此得出,$B'C' = AB + CD$ 蕴含 $B'C' = B'E + EC'$,即 B', E, C' 共线,因此 $\angle ABC + \angle BCD = \angle B'EC + \angle BEC' = \pi + \frac{\pi}{3}$,从而 $\angle BAD + \angle CDA = 2\pi/3$.

O218 求所有的整数 n,使 $2^n + 3^n + 13^3 - 14^n$ 是整数的立方.

美国 Dallas 市 Texas 大学 Titu Andreescu 提供

解 首先注意,n 不能是负的,实际上,如果 $n = -m$ 是负整数,那么 $3^m(2^n + 3^n + 13^3 - 14^n)$ 是这样的各项之和,多数项是 3 的倍数,除了其中等于 1 的一项以外,因此这个和不是 3 的倍数,或 $2^n + 3^n + 13^3 - 14^n$ 不是整数. 对 $n = 0$,有 $13^3 < 2^n + 3^n + 13^3 - 14^n = 13^3 + 1 < 14^3$,显然不是一个整数的立方. 对 $n = 1, 2$,有 $13^3 > 2^n + 3^n + 13^3 - 14^n > 13^3 - 14^2 = 2\ 001 > 1\ 728 = 12^3$,显然也不是一个整数的立方,因此对 $n \leq 2$,没有解存在.

对 $n = 3$,有 $2^n + 3^n + 13^3 - 14^n = -512 = (-8)^3$ 或 $n = 3$ 是解,对 3 的倍数 $n = 3m$,不存在其他的解,因为 $14^{3m} > 14^{3m} - 13^3 - 3^{3m} - 2^{3m} > (14^m - 1)^3$,因为对所有 $m \geq 1$,显然有

$14^{2m}=196^m>27^m+8^m+3\cdot 14^m$，而对所有 $m\geqslant 2$，$14^{2m}>14^4>13^3$.

设 $n\geqslant 4$ 是解，其中 3 不整除 n. 首先注意 2^n-14^n 是 8 的倍数，3^n+13^3 是偶数，或它一定是 8 的倍数，但是 $13^3=2\ 197\equiv 5\pmod 8$ 或 $3^n\equiv 3\pmod 8$，n 一定是奇数. 因此 $m\equiv \pm 1\pmod 6$，研究两种情形：

· 如果 $n\equiv 1\pmod 6$，$n\geqslant 4$，那么注意 $13^3=2\ 197\equiv -1\pmod 7$，而 $2^6\equiv 3^6\equiv 1\pmod 7$ 或 $2^n+3^n+13^3-14^n\equiv 4\pmod 7$，但是所有完全立方数的剩余 (mod 7) 一定是 0，1 或 6(容易检验)，矛盾.

· 如果 $n\equiv 5\pmod 6$，那么注意 $13^3=2\ 197\equiv 1\pmod 9$，而 $2^6\equiv 14^6\equiv 1\pmod 9$ 或 $2^n+3^n+13^3-14^n\equiv 32+1-14^5\equiv 4\pmod 9$. 但是所有完全立方数的剩余 (mod 9) 一定是 0，1 或 8(容易检验)，矛盾.

因此只有一解 $n=3$.

O219　令 a,b,c,d 是正实数，满足

$$\frac{1-c}{a}+\frac{1-d}{b}+\frac{1-a}{c}+\frac{1-b}{d}\geqslant 0$$

证明 $a(1-b)+b(1-c)+c(1-d)+d(1-a)\geqslant 0$.

法国 Ecole 综合工科大学 Gabriel Dospinescu 提供

证　注意，提出的不等式可以排列成

$$(a+c)+(b+d)\geqslant ab+bc+cd+da=(a+c)(b+d)$$

或者等价地

$$\frac{1}{a+c}+\frac{1}{b+d}\geqslant 1$$

现在如果 $a+c$ 或 $b+d$ 二者都不大于 1，那么结果显然成立，且有严格不等式. 在其他情形下，注意，可以把已知条件整理成

$$\begin{aligned}0&\leqslant\frac{a+c-a^2-c^2}{ac}+\frac{b+d-b^2-d^2}{bd}\\&=\frac{(a+c)(1-a-c)}{ac}+\frac{(b+d)(1-b-d)}{bd}+4\end{aligned}$$

或等价地

$$\frac{(a+c)(a+c-1)}{4ac}+\frac{(b+d)(b+d-1)}{4bd}\leqslant 1$$

现在由算术平均 - 几何平均不等式，$4ac\leqslant(a+c)^2$，或

$$1\geqslant\frac{a+c-1}{a+c}+\frac{b+d-1}{b+d}=2-\frac{1}{a+c}-\frac{1}{b+d}$$

等价于提出的不等式. 注意，为使等式成立，当且仅当 $a=c$ 与 $b=d$，但是，没有附加条件是必要，因为 $a=c$ 与 $b=d$ 二者是必要的，当它们成立时，本题的已知条件可以改写为

$\frac{1}{a}+\frac{1}{b}\geqslant 2$,而提出的不等式变为 $a+b\geqslant 2ab$,二者显然等价.

O220 令 $A_1,\cdots,A_n$ 是平面上的不同点,G 是它们的重心.考虑平面上的点 F,使 $A_1F+\cdots+A_nF$ 最小.证明

$$\sum_{i=1}^{n}A_iG\leqslant 2\left(1-\frac{1}{n}\right)\sum_{i=1}^{n}A_iF$$

美国 Massachusetts 理工学院 Ivan Borsenco 提供

证 我们需要以下 2 个引理:

引理 1 在 $\triangle ABC$ 中,令 M 是它的内点,则 $AB+AC>MB+MC$.

引理 1 的证明 以 N 表示 BM 与 AC 的交点.由三角形不等式有 $AB+AN>BN=MB+MV$,$MN+NC>MC$.于是求它们的和,得 $AB+AC>MB+MC$.

引理 2 令 $A_1,\cdots,A_n$ 是平面上的点,G 是它们的重心,则对任一点 P,有 $A_1P+\cdots+A_nP\geqslant nGP$.

引理 2 的证明 从点 P 到平面上任一点 X 的距离 $d(X)$ 是凸函数,令 $X=(x_1,y_1)$,$Y=(x_2,y_2)$ 是平面上两点,$M=\left(\frac{x_1+x_2}{2},\frac{y_1+y_2}{2}\right)$ 是它们的中点,则显然有 $d(X)+d(Y)\geqslant 2d(M)$,对任何 X 与 Y,得出 $d(x)$ 一定是凸函数.考虑 $A_i=(x_i,y_i)$,$i\in[1,n]$,则

$$G=\left(\frac{x_1+\cdots+x_n}{n},\frac{y_1+\cdots+y_n}{n}\right)$$

由 Jensen 不等式,有

$$\frac{d(A_1)+\cdots+d(A_n)}{n}\geqslant d(G)$$

正是要求的结果.

回到原来问题,注意 F 与 G 在点 $A_1,\cdots,A_n$ 的凸包内部,于是存在两顶点,比方说 A_{n-1} 与 A_n,使 G 在 $\triangle FA_{n-1}A_n$ 内部,利用引理 1,有 $A_{n-1}G+A_nG\leqslant A_{n-1}F+A_nF$.对剩余的指标集合,$i\in[1,n-2]$,由三角形不等式有 $A_iG\leqslant A_iF+FG$.求它们的和,得

$$A_1G+\cdots+A_nG\leqslant A_1F+\cdots+A_nF+(n-2)FG$$

由引理 2 知道 $A_1F+\cdots+A_nF\geqslant nFG$,我们断定

$$A_1G+\cdots+A_nG\leqslant 2\left(1-\frac{1}{n}\right)(A_1F+\cdots+A_nF)$$

O221 设一只蚂蚁从完全图 K_4 的 1 个顶点上开始,以概率$\frac{1}{3}$在边上移动.求蚂蚁在移动 n 次内回到原来顶点的概率.

美国 Berkeley 大学 Antonio Blanca 与 Florida 州 Roberto Bosch Cabrera 提供

解 首先计算蚂蚁在 n 步内不回到开始顶点的补概率,在它第 1 次移动中,它一定

移到的顶点不是原来顶点,在它不回到原来顶点的所有以后移动中,3 条可用边之一导致回到原来顶点,2 条边导致到别的顶点,因此它以概率$\frac{2}{3}$在那一步中未能回到原来顶点.不同步是独立的,因此它移动 n 次后不回到原来顶点的概率是$\left(\frac{2}{3}\right)^{n-1}$,本题的答案是 $1-\left(\frac{2}{3}\right)^{n-1}$.

O222 令 $a_1,a_2,\cdots,a_n$ 与 $b_1,b_2,\cdots,b_n$ 是非负实数,其中 n 是正整数.令 σ 是$\{1,2,\cdots,n\}$的置换,对所有 $k\in\{1,2,\cdots,n\}$,令

$$c_k=\max(\{a_1b_k,a_2b_k,\cdots,a_kb_k\}\cup\{a_kb_1,a_kb_2,\cdots,a_kb_k\})$$

证明 $a_1b_{\sigma(1)}+a_2b_{\sigma(2)}+\cdots+a_nb_{\sigma(n)}\leqslant c_1+c_2+\cdots+c_n$.

美国 Massachusetts 理工学院 Darij Grinberg 提供

证　断言 对$\{a_1,a_2,\cdots,a_n\}$与$\{b_1,b_2,\cdots,b_n\}$的任一已知值集合,当 $a_1\leqslant a_2\leqslant\cdots\leqslant a_n$ 与$b_1\leqslant b_2\leqslant\cdots\leqslant b_n$ 时,和 $c_1+c_2+\cdots+c_n$ 是最小值.

断言的证明 设 $a_k>a_{k+1}$,记

$$A_k=\{a_kb_1,a_kb_2,\cdots,a_kb_{k-1}\},A_{k+1}=\{a_{k+1}b_1,a_{k+1}b_2,\cdots,a_{k+1}b_{k-1}\}$$

$$B_k=\{a_1b_k,a_2b_k,\cdots,a_{k-1}b_k\},B_{k+1}=\{a_1b_{k+1},a_2b_{k+1},\cdots,a_{k-1}b_{k+1}\}$$

$$c_k=\max(A_k\cup B_k\cup\{a_kb_k\})$$

$$c_{k+1}=\max(A_{k+1}\cup B_{k+1}\cup\{a_kb_{k+1},a_{k+1}b_k,a_{k+1}b_{k+1}\}$$

现在考虑 2 种情形:

情形 1 如果 $b_k\leqslant b_{k+1}$,那么只交换 a_k 与 a_{k+1},从而分别取 c_k,c_{k+1}的新值 d_k,d_{k+1}是 $d_k=\max(A_{k+1}\cup B_k\cup\{a_{k+1},b_k\})$,$d_{k+1}=\max(A_k\cup B_{k+1}\cup\{a_kb_k,a_kb_{k+1},a_{k+1}b_{k+1}\})$,注意 $\max(A_{k+1}\cup\{a_{k+1}b_k\})\leqslant\max(A_k\cup\{a_kb_k\})$,为使等式成立,当且仅当 $b_1=b_2=\cdots=b_n=0$, $\max(B_{k+1}\cup\{a_kb_{k+1}\})\geqslant\max(B_k\cup\{a_kb_k\})$,为使等式成立,当且仅当 $b_k=b_{k+1}$,因为 $a_k>a_{k+1}\geqslant 0$.因此 $c_{k+1}\geqslant c_k$.此外 $c_k\geqslant d_{k+1}$,除非 $c_k\in(B_k\cup\{a_kb_k\})>\max(A_k)\geqslant\max(A_{k+1})$,在此情形下 $d_k\leqslant c_k$,此外,对 $d_{k+1}\leqslant c_{k+1}$,有 $c_{k+1}=\max(B_{k+1}\cup\{a_kb_{k+1},a_{k+1}b_k\})$,$d_{k+1}=\max(B_{k+1}\cup\{a_kb_{k+1}\})$.

情形 2 如果 $b_k>b_{k+1}$,那么交换 a_k 与 a_{k+1},也交换 b_k 与 b_{k+1},从而分别取 c_k,c_{k+1}的新值 d_k,d_{k+1}使 $d_k=\max(A_{k+1}\cup B_{k+1})$与 $d_{k+1}=\max(A_k\cup B_{k+1}\cup\{a_kb_{k+1},a_{k+1}b_{k+1}\})$与情形 1 类似,实际上求出 $c_k+c_{k+1}\geqslant d_k+d_{k+1}$.

设 a_1 不是 $a_1,a_2,\cdots,a_n$ 的最小值,在至多作如上所述的 $n-1$ 次交换后,a_i 的最小值可以移到 a_1,和 $c_1+c_2+\cdots+c_n$ 的值不大于在起点上的值,由对称性,对 $b_1,b_2,\cdots,b_n$ 的最小值做类似处理.今设 a_2 不是 $a_1,a_2,\cdots,a_n$ 的第 2 个最小值,等等.由此推出,用上述的交换,以非递减方式给 a_i 与 b_i 安排次序,而和 $c_1+c_2+\cdots+c_n$ 绝不增加,推出引理.

把各 a_i 与各 b_i 更名,以便把它们以非递减方式排序,或者在重订序后,原来右边至少等于左边,因为各 a_i 与各 b_i 的实际数值保持不变,只是它们的次序改变了,左边是相反,只要选择不同的置换 $\sigma(i)$ 即可. 因此只要证明,在各 a_i 与 b_i 作非递减排序时,这个不等式成立,在此情形下,对所有 $k=1,2,\cdots,n$,显然有 $c_k=a_kb_k$,它只要证明,对$\{1,2,\cdots,n\}$的任一置换 $\sigma(i)$,以下不等式成立

$$a_1b_{\sigma(1)}+a_2b_{\sigma(2)}+\cdots+a_nb_{\sigma(n)}\leqslant a_1b_1+a_2b_2+\cdots+a_nb_n$$

但是因为各 a_i 与各 b_i 是非递减排序的,所以由于重订序不等式和,上式显然成立,推出结论.

O223 求满足下式的所有函数 $f:\mathbf{R}\to\mathbf{R}$:对所有的 $x,y\in\mathbf{R}$,

$$f(x+f(x))=f(x)f(y)+f(f(x))+f(y)-xy \tag{1}$$

泰国 Ramkamhaeng 大学 Preudtanan Sriwongleang 提供

解 对 $y=0$ 有 $f(x)f(0)+f(0)=0$ 或 $f(0)=0$ 或对所有 x,$f(x)=-1$,但由(1)知后者不可能,于是 $f(0)=0$,在(1)中把 y 换为 $f(y)$,这给出

$$f(f(y)+f(x))=f(x)f(f(y))+f(f(x))+f(f(y))-xf(y) \tag{2}$$

再交换 x 与 y 的位置,即

$$f(f(y)+f(x))=f(y)f(f(x))+f(f(y))+f(f(x))-yf(x)$$

把此式减去方程(2),当 $x\neq0$ 时有

$$\frac{f(f(x))+x}{x}=\frac{f(f(y))+y}{y}=k\Rightarrow f(f(x))=kf(x)-x$$

当 $x=0$ 时这个方程也满足,现在方程(1)变为

$$f(y+f(x))=f(x)f(y)+kf(x)-x+f(y)-xy \tag{3}$$

令 $b=f(-1)$,把 $y=-1$ 代入方程(3),有

$$f(f(x)-1)=(b+k)f(x)+b \tag{4}$$

现在把 $y\to f(y)-1$ 代入方程(3),并利用方程(4),有

$$\begin{aligned}&f(f(x)+f(y)-1)\\&=((k+b)f(y)+b)f(x)+kf(x)-x+(k+b)f(y)+b-xf(y)+x\\&=(k+b)(f(x)f(y)+f(x)+f(y))+b-xf(y)\end{aligned}$$

其次在以上方程中改变 x 与 y 的位置,得

$$f(f(x)+f(y)-1)=(k+b)(f(x)f(y)+f(x)+f(y))+b-yf(x)$$

把两方程相减,当 $x,y\neq0$ 时得

$$yf(x)=xf(y)\Rightarrow\frac{f(x)}{x}=\frac{f(y)}{y}=c\Rightarrow f(x)=cx$$

当 $x=y=0$ 时也成立. 现在把 $f(x)=cx$ 代入方程(1),易得 $c=\pm1$. 因此 $f(x)=-x$ 与 $f(x)=x$ 是唯一解.

O224 令 a,b,c 是正实数. 证明

$$\frac{3(a^3+b^3+c^3)}{2(a+b+c)(a^2+b^2+c^2)}\leqslant\frac{a}{b+c}+\frac{b}{c+a}+\frac{c}{a+b}-1$$
$$\leqslant\frac{3(a^3+b^3+c^3)}{2(a+b+c)(ab+bc+ca)}$$

美国 Pittsburgh 大学 Cezar Lupu 与澳大利亚 Duc Huu Pham 提供

证 定义 $S:=[2,1,0]=a^2b+a^2c+b^2a+b^2c+c^2a+c^2b$,则

$$\frac{a}{b+c}+\frac{b}{c+a}+\frac{c}{a+b}-1=\frac{a^3+b^3+c^3+abc}{S+2abc}$$

因为$(a+b+c)(a^2+b^2+c^2)=a^3+b^3+c^3+S$,所以第 1 个不等式变为

$$3(a^3+b^3+c^3)(S+2abc)\leqslant 2(a^3+b^3+c^3+S)(a^3+b^3+c^3+abc)$$

即

$$([3,0,0]-[2,1,0])\left([3,0,0]-\frac{2}{3}[1,1,1]\right)$$
$$=(2(a^3+b^3+c^3)-S)(2(a^3+b^3+c^3)-4abc)\geqslant 0$$

由 Muirhead 不等式,上式成立.

注意到$(a+b+c)(ab+bc+ca)=S+3abc$,第 2 个不等式变为

$$2(a^3+b^3+c^3+abc)(S+3abc)\leqslant 3(a^3+b^3+c^3)(S+2abc)$$

即

$$[5,1,0]+[4,2,0]+[3,2,1]=S(a^3+b^3+c^3)$$
$$\geqslant 2Sabc+6a^2b^2c^2=2[3,2,1]+[2,2,2]$$

由 Muirhead 不等式,上式成立.

O225 对于任何素数 $p>3$,证明

$$p\sum_{j=0}^{p-1}\frac{(-3)^j}{2j+1}\equiv\left(\frac{p}{3}\right)\pmod{p^2}$$

其中$\left(\frac{p}{3}\right)$是 Legendre 符号.

美国 Princeton 大学 Cosmin Pohoata 提供

证 我们有

$$(1\pm \mathrm{i}\sqrt{3})^p=2^p\mathrm{e}^{\pm \mathrm{i}\pi p/3}=2^p(\cos(\pi p/3)\pm \mathrm{i}\sin(\pi p/3))$$
$$=2^{p-1}\left(1\pm \mathrm{i}\left(\frac{p}{3}\right)\sqrt{3}\right)$$

另一方面

$$(1\pm \mathrm{i}\sqrt{3})^p=\sum_{k=0}^{p}\binom{p}{k}(\pm \mathrm{i}\sqrt{3})^k\equiv 1\pm(\mathrm{i}\sqrt{3})^p-p\sum_{k=1}^{p-1}\frac{(\mp \mathrm{i}\sqrt{3})^k}{k}$$

$$\equiv 1 \pm \mathrm{i}\sqrt{3}(-3)^{(p-1)/2} - S_0 \pm \mathrm{i}\sqrt{3}S_1 \pmod{p^2}$$

其中

$$S_0 = p\sum_{j=1}^{(p-1)/2}\frac{(-3)^j}{2j} \text{ and } S_1 = p\sum_{j=0}^{(p-3)/2}\frac{(-3)^j}{2j+1}$$

因此

$$S_0 \equiv 1 - 2^{p-1} \pmod{p^2} \text{ and } S_1 \equiv 2^{p-1}\left(\frac{p}{3}\right) - (-3)^{(p-1)/2} \pmod{p^2}$$

最后

$$\begin{aligned} p\sum_{j=0}^{p-1}\frac{(-3)^j}{2j+1} &= p\sum_{j=0}^{(p-3)/2}\frac{(-3)^j}{2j+1} + (-3)^{(p-1)/2} + (-3)^{(p-1)/2}p\sum_{j=1}^{(p-1)/2}\frac{(-3)^j}{p+2j} \\ &\equiv S_1 + (-3)^{(p-1)/2} + (-3)^{(p-1)/2}S_0 \\ &\equiv (2^{p-1}-1)\left(\left(\frac{p}{3}\right) - (-3)^{(p-1)/2}\right) + \left(\frac{p}{3}\right) \equiv \left(\frac{p}{3}\right) \pmod{p^2} \end{aligned}$$

因为 p 整除 $(2^{p-1}-1)$ 与 $\left(\left(\frac{p}{3}\right) - (-3)^{(p-1)/2}\right)$.

O226 令 $n > 1$ 是奇整数,$A_1\cdots A_n$ 是正多边形,在置换包含 n 边形的中心范围内,求 $\triangle A_iA_jA_k$ 的个数.

美国 Massachusetts 理工学院 Ivan Borsenco 提供

解法1 首先计算 $\triangle A_1A_jA_k$ 的个数,其中 $1 < j < k$,此三角形位于对角线 $A_1A_{\frac{n+1}{2}}$ 关于 n 边形中心的对边上,$k \in \{3,4,\cdots,\frac{n+1}{2}\}$,然后取 $j \in \{2,3,\cdots,k-1\}$. 因此它们的个数是

$$\sum_{k=3}^{\frac{n+1}{2}}(k-2) = \frac{(n-3)(n-1)}{8}$$

对所有其他顶点重复相同的论证,得出不包含 n 边形中心的三角形总数

$$\frac{n(n-3)(n-1)}{8}$$

因此包含 n 边形中心的三角形个数是

$$t_n = \binom{n}{3} - \frac{n(n-3)(n-1)}{8} = \frac{n(n-1)}{2}\left(\frac{n-2}{3} - \frac{n-3}{4}\right) = \frac{1}{4}\binom{n+1}{3}$$

对 $n = 3,5,7,9,11,13$,数列 t_n 的首项是 1,5,14,30,55,91.

解法2 考虑 n 边形的外接圆. 因为 n 是奇数,所以没有直角三角形可以由 n 边形任何 3 个顶点构成(n 边形没有 2 个顶点是对径点). 由此推出,$\binom{n}{3}$是所有锐角三角形与所有钝角三角形的和,它们的顶点也是 n 边形的顶点,也注意到,所有这些三角形的外接圆

心显然也是n边形的中心,为使它在1个三角形内,当且仅当它是锐角三角形,为使它在1个三角形外,当且仅当它是钝角三角形.我们来求钝角三角形个数.记$m=\frac{n-1}{2}$.显然,如果$\triangle A_iA_jA_k$是钝角三角形,但不在A_i上,那么它通过A_i的外接圆直径使A_j,A_k留在同一侧上.可见利用这条直径每一侧上n边形$m=\frac{n-1}{2}$个顶点,可以恰好构成$2\binom{m}{2}=m(m-1)$个钝角三角形,使它们不在A_i上是钝角,因为可以对n边形n个顶点的每个顶点这样做,于是每个三角形总是被算过2次(对它的每个锐角顶点只算一次),所以求出,钝角三角形顶点是n边形顶点时,钝角三角形总数是

$$\frac{mn(m-1)}{2}=\frac{n(n-1)(n-3)}{8}$$

于是锐角三角形个数是

$$\binom{n}{3}-\frac{n(n-1)(n-3)}{8}=\frac{(n+1)n(n-1)}{24}$$

这也是包含n边形中心的$\triangle A_iA_jA_k$的个数.注意,这个数事实上是整数,因为当n是奇数时,$n^2\equiv 1(\bmod 8)$或8整除n^2-1,因为$n-1,n,n+1$是相继整数,所以其中恰有一个是3的倍数.

O227 确定是否有多项式$f\in\mathbf{Q}[x]$,使$f(\mathbf{Z})\subset\mathbf{Z}$与

(a) 没有$g\in\mathbf{Z}[x]$使$f(\mathbf{Z})=g(\mathbf{Z})$;

(b) 有$h\in\mathbf{Z}[X,Y]$使$f[\mathbf{Z}]=h(\mathbf{Z}\times\mathbf{Z})$.

法国 Ecole 综合工科大学 Gabriel Dospinescu 提供

解 为解答这个问题需要许多事实,首先是以下众所周知的结果:

引理1 设$f\in\mathbf{R}[X]$是一个多项式,它有无限多个不同整数对(m,n),使$f(m)=f(n)$,则有一整数K使$f(X)=f(K-X)$.

证 记$f(X)=c_dX^d-c_{d-1}X^{d-1}-\cdots-c_1X-c_0$,其中$c_d\neq 0$.因为有无限多个这样的数对,但每个整数至多包含在$d-1$个这样的数对中,所以一定有一个数列使$m$与$n$二者趋于$\pm\infty$.因为在$m$与$n$之间一定有导数$f'(X)=0$,所以它们二者不能趋于$\infty$或$-\infty$.因此可以选择一个数列,使$m_k\to-\infty$,$n_k\to\infty$,$f(m_k)=f(n_k)$,尤其是,$d=2r$一定是偶数.

因为

$$0=\frac{f(n_k)-f(m_k)}{n_k-m_k}=c_{2r}(n_k+m_k)\frac{n_k^{2r}-m_k^{2r}}{n_k^2-m_k^2}-\sum_{j=0}^{2r-1}c_j\frac{n_k^j-m_k^j}{n_k-m_k}$$

可以重新排列以得出

$$n_k+m_k=\sum_{j=0}^{2r-1}\frac{c_j}{c_{2r}}\cdot\frac{n_k^{j-1}+n_k^{j-2}m_k+\cdots+m_k^{j-1}}{n_k^{2r-2}+m_k^2n_k^{2r-4}+\cdots+m_k^{2r-2}}$$

由此显然知,n_k+m_k 是有界的. 因此一定有整数 K 使 $n_k+m_k=K$ 无限经常出现. 所以对 X 的无限经常的选择,多项式 $f(X)$ 与 $f(K-X)$ 相同,可见作为多项式,$f(X)=f(K-X)$.

第 2 个与最主要的事实是需要以下的定理,设 $f,g\in\mathbf{Q}[x]$ 是非常数多项式,使 $g(\mathbf{Z})\subset f(\mathbf{Z})$,则有多项式 $P\in\mathbf{Q}[x]$ 使 $g(X)=f(h(X))$,此外 P 是唯一的,对整数 X 取整数值,除非对某个有理数 r,$f(X)=f(r-X)$. 在这个例外情形下,P 取整数值,值与 r 同余(mod 1),且有 2 个这样的多项式,第 2 个多项式是 $r-P(X)$.

证 设 $f(X)=a_dX^d+\cdots+a_0$ 与 $g(X)=b_rX^r+\cdots+b_0$,其中 a_d 与 b_r 不为 0. 对整数 m,固定整数 n_m,使 $f(n_k)=g(m)$(由假设知这存在).

情形 1 d 是奇数,则对充分大的 m,$f(X)=g(m)$ 有唯一实数解,可以作为 $m^{-\gamma/d}$ 的幂级数来解它(其中 $\gamma=\gcd(r,d)$)

$$n_m=f^{-1}(g(m))=\left(\frac{b_r}{a_d}\right)^{1/d}m^{r/d}\left(1+\frac{c_1}{m^{\gamma/d}}+\frac{c_2}{m^{2\gamma/d}}+\cdots\right)$$

其中 c_k 在 $\mathbf{Q}[(b_r/a_d)^{1/d}]$ 中,因为

$$(m+1)^\beta-m^\beta=\beta m^{\beta-1}\left(1+\frac{\beta-1}{2m}+\cdots\right)$$

可见取$\frac{1}{m}$的幂级数有限差分所有最低项(与引入低次附加项). 尤其是,取 $s=\lceil r/d\rceil$拆有限差分,给出

$$\begin{aligned}&\sum_{k=0}^{s}(-1)^{s-k}\binom{s}{k}n_{m+k}\\&=\left(\frac{b_r}{a_d}\right)^{1/d}\frac{r(r-d)\cdots(r-(s-1)d)}{d^s}m^{r/d-s}+O(m^{(r-\gamma)/d-s})\end{aligned}$$

但是此式左边是整数. 于是一定有 $s=r/d$(否则右边不为 0 但趋于 0,对整数值数列是不可能的),$\left(\frac{b_r}{a_d}\right)^{1/d}$ 是有理数,因此对所有 k 与 $\gamma=d$,$c_k\in\mathbf{Q}$,于是幂级数变为 $1/m$ 的幂级数,这样对某个多项式 $P\in\mathbf{Q}[x]$,有

$$n_m=P(m)+O\left(\frac{1}{m}\right)$$

设 N 是整数,使 $NP(X)\in\mathbf{Z}[X]$,于是 $n_m-P(m)$ 是有理数,其分母至多为 N,从而当 $m\to\infty$ 时,$n_m-P(m)=O(1/m)\to 0$,事实上对所有充分大的 m,它一定为 0. 因此对 X 的无限多种选择,$g(X)=f(P(X))$,于是它们作为多项式是相等的. 对所有充分大的 m,我们有唯一确定的整数多项式 $P(m)=n_m$,从而 P 是唯一的,在所有整数上取整数值(如果 s 次多项式在 $s+1$ 个相继整数上取整数值,那么它在所有整数上取整数值).

情形 2 d 是偶数,在这种情形下,论证大致相同,对大的 m,有 2 个幂级数解,其主要特点是符号不同:

$$n_m = f^{-1}(g(m)) = \pm \left(\frac{b_r}{a_d}\right)^{1/d} m^{r/d}\left(1 + \frac{c_{1,\pm}}{m^{\gamma/d}} + \frac{c_{2,\pm}}{m^{2\gamma/d}} + \cdots\right)$$

(注意,在这种情形下 b_r/a_d 一定是正的). 由 Van der Waerden 定理,有无限多个等差数列,它们有长为 $s+1$ 的相同公差 δ(其中又有 $s=\lceil r/d\rceil$),使得对数列中所有项,n_m 对应于相同符号,于是可以构成 s 拆有限差分以得出

$$\sum_{k=0}^{s}(-1)^{s-k}\binom{s}{k}n_{m+k\delta} = \pm\left(\frac{b_r}{a_d}\right)^{1/d}\frac{r(r-d)\cdots(r-(s-1)d)}{d^s}\delta^s m^{r/d-s} + O(m^{(r-\gamma)/d-s})$$

于是用与以上情形相同的论证,证明了 $s=r/d$ 是整数,$\left(\frac{b_r}{a_d}\right)^{1/d}$ 是有理数. 对任一符号,得多项式 $P_\pm \in \mathbf{Q}[x]$ 具有 $n_m = P_\pm(m) + O(1/m)$. 同上讨论,如果1种符号无限经常地出现,那么事实上,对所有充分大的 m,$n_m = P_\pm(m)$,从而作为多项式 $g(X) = f(P_\pm(X))$.

如果2种符号中只有1种无限经常地出现,那么同上,$P(X)$ 是唯一的,在整数上取整数值,否则 P 有2种可能性,即 $P_\pm$,把上述引理应用于 $f(X/N)$,其中 N 是整数使 $NP_\pm(X) \in \mathbf{Z}[x]$,可见有整数 r 使 $f(X) = f(r-X)$,从而 $P_-(X) = r - P_+(X)$. 因为对所有 m,$P_-(m)$ 或 $P_+(m)$ 一定是整数,所以可见 $P_\pm(x)$ 中每一个取整数值,且值只与 r 同余(mod 1).

我们需要上述定理的以下推论,其中允许有二元的第2个多项式. 当然在这种情形下的论证只适用于固定 X 与固定 Y 的定理. 它被 $f^{-1}(m)$ 可以不唯一这个事实所复杂化.

推论　$f(X) \in \mathbf{Q}[X]$ 与 $h(X,Y) \in \mathbf{Q}[X,Y]$ 是非常数多项式,使 $h(\mathbf{Z}\times\mathbf{Z}) \subset f(\mathbf{Z})$,则有多项式 $P(X,Y) \in \mathbf{Q}[X,Y]$,使 $h(X,Y) = f(P(X,Y))$. 此外,P 是唯一的,对整数 (X,Y) 取整数值,除非对某个有理数 r,$f(X) = f(r-X)$. 在这种例外情形下,P 取整数值,值与 r 同余(mod 1),有2个这样的多项式,第2个是 $r-P(X,Y)$.

证　令 d 是 $h(X,Y)$ 的次数最大值,$h(X,Y)$ 被认为是 X 中的多项式或 Y 中的多项式. 注意,可以设 h 依赖于 X 与 Y 二者,否则只能直接应用上述定理.

有2种情形需要讨论,即一般情形与例外情形,我们只对较困难的例外情形给出论证. 把它用于一般情形是容易的. 于是对某个有理数 r,设 $f(X) = f(r-X)$. 至多比如说有 M 对整数 m 与 $f(X) = f(m)$ 的1个有理解,而不是 m 与 $r-m$.

此外至多有 Y 的 d 个值,对这样的 Y,$h(X,Y)$ 是常数多项式,与 X 的多项式相同,选取 Y 的一组 $Md+2d+1$ 个相继数,避免比如这样的数 $y_0,\cdots,y_{Md+2d} = y_0 + Md + 2d$. 对于每个数,利用 Y 固定时的上述定理,求出2个多项式 $P_{y_i},\pm(X)$,使 $h(X,y_i) = f(P_{y_i,\pm}(X))$,因为这些多项式都是非常数多项式,所以如果约定对某个大的 R 考虑 $X \geqslant R$,那么这些多项式只对 $f^{-1}(h(X,y_i))$ 才可能,现在对每个 $X \geqslant R$,应用 X 固定时的上述定量,求出多项式 $Q_X(Y)$,使 $h(X,Y) = f(Q_X(Y))$,有2个这样的多项式但只有确定1个多项式,对每个

X,得出一串 $Md+2d+1$ 种符号,取这样符号的 $P_{y_i,\pm}(X)$ 与 $Q_X(y_i)$ 相同,因为有无限多个 $X \geqslant R$,而无限经常出现1种符号的可能性只有有限种. 令 A 是所有这样的 X_S 组成的集合,$P_{y_i}(X)$ 是有它选取符号的 $P_{y_i,\pm}(X)$ 之一. 固定 A 中 X 的任何 $d+1$ 个值,比方说 $\{x_0,\cdots,x_d\}$,则记 $P_{y_i}(X)=\sum_{k=0}^{d}c_{k,y_i}X^k$,可见系数 c_{k,y_i} 是 $P_{y_i}(x_j)=Q_{x_j}(y_i)$ 的线性函数,因此在 Y 中有1个多项式,即以 $Q_{x_j}(Y)$ 代替这个线性组合中 $Q_{x_j}(y_i)$ 的1个多项式,当 $Y=y_i$ 时,$Q_{x_j}(Y)=c_{k,y_i}$,于是在 X,Y 中得出至多 d 次多项式 $P(X,Y)$,使 $P(X,y_i)=P_{y_i}(X)$ 与 $P(x_j,Y)=Q_{x_j}(Y)$. 如果 $x\in A$,那么当 $Y=y_i$ 时 $Q_x(Y)=P(x,Y)$. 因此在多于 $d+1$ 个输入数据时它与 $P(x,Y)$ 相同,从而对所有 Y,它们相同. 今设选择 $x\notin A$ 任何其他一值,如果 $h(x,Y)$ 是常数多项式,那么 $P(x,Y)$ 至多取 $M+2$ 个值,因为 $f(X)=h(x,Y)$ 至多有这么多有理解. 于是由鸽笼原理,$P(x,Y)$ 至少 $d+1$ 次取这些值之一,因此,因为它的次数至多为 d,所以 $P(x,Y)$ 一定是常数多项式,对所有 y 一定有 $h(x,Y)=f(P(x,Y))$. 如果 h 不是常数多项式,那么应用上述定理,得出2个多项式 $Q_{x,\pm}(Y)$,使 $h(x,Y)=f(Q_{x,\pm}(Y))$. m 至多有 m 个值,使 $f(X)=f(m)$ 有附加解. 这些解中每1个解与 $O_{x,\pm}(Y)$ 一样地出现,其中 y 至多有 d 个值. 因此至少有 $2d+1$ 个 y_i 没有这种形式,由鸽笼原理,对这些多项式中的 $d+1$ 个多项式,2个多项式 $Q_{x,\pm}(Y)$ 中之一一定与 $P(x,Y)$ 相同. 因此,由于它们是 Y 中至多 d 次多项式,所以对所有 y,$Q_{x,\pm}(Y)=P(x,Y)$. 于是对所有 (X,Y),有 $h(X,Y)=f(P(X,Y))$.

推论的可积性与唯一性部分,直接由定理的相应结果推出.

我们还需要1个附加结果. 对任何变量个数的多项式 p,定义多项式的容度 $c(p)$ 定义为系数的最大公因子,其中如果素数整除 p 的系数的分母,那么把得数当作具有负重数的因子,因此至少如同经常一样,它一定整除 $c(p)$ 的分母(另一方面,定义 $c(p)=c(Np)/N$,其中 N 是整数,使 Np 是整数系数). 回忆,Gauss 引理指出 $c(p,q)=c(p)c(q)$.

引理2 设 $f\in\mathbf{Q}[x]$ 与 $P\in\mathbf{Q}[X,Y]$ 是多项式,使 $f(P(X,Y))$ 有整数系数,则整除 $c(f)$ 分母的任一素数也整除 $c(P(X,Y)-P(0,0))$.

引理2的证明 因为 $f(X)$ 与 $f(X+P(0,0))$ 有相同容度(因为一个多项式的系数可由另一个多项式的系数用上三角形矩阵得出,此矩阵含整数元素,且在对角线上元素为1),所以可设 $P(0,0)=0$.

我们将对 f 的次数用归纳法来证明这个结果,基础情形(0 次 f)是显然的,因为在这种情形下,假设 $f(P(X,Y))$ 有整数系数,说明了 f 有整数常数值,没有1个素数整除它的分母.

对归纳步骤,注意 $f(0)=f(P(0,0))$ 是 $f(P(X,Y))$ 的常数系数,因此是整数. 所以整除 $f(X)$ 容度分母的素数 P 也整除 $f(X)-f(0)$ 容度分母,从而整除 $F(X)=$

$\dfrac{f(X)-f(0)}{X}$ 容度分母,但是此时看出$f(P(X,Y))-f(0)=P(X,Y)F(P(X,Y))$,这个公式的左边有整数系数,因此它的容度是整数. 因此由 Gauss 引理,$c(p)C(F\circ P)\in\mathbf{Z}$,如果 p 整除 $c(P)$,证毕. 否则 p 不能整除 $c(F\circ P)$ 的分母 D,从而 $D\cdot F(x)$ 是次数小于f的多项式,使 p 又整除它的容度的分母,并使 $D\cdot F(P(X,Y))$ 有整数系数,因此由归纳假设,p 整除 $c(P)$.

现在最后转向本题,如果f有整数系数,那么假设(a) 不成立,因为我们可以只取 $g=f$. 于是一定有素数 p 可以整除 $c(f)$ 的分母,设 $h\in\mathbf{Z}[X,Y]$ 是多项式,使$f(\mathbf{Z})=h(\mathbf{Z}\times\mathbf{Z})$,则由推论,对某些 $P\in\mathbf{Q}[X,Y]$ 有 $h(X,Y)=f(P(X,Y))$. 因此由引理2,p 一定整除 $c(P(X,Y)-P(0,0))$,令 q 是 $c(P(X,Y)-P(0,0))$ 的分子,刚才证明了它至少是2,于是与 $P(0,0)$ 一样,$P(X,Y)$ 的所有值在相同同余类中(mod q). 因此$f(X)$ 所的有值也是 $h(X,Y)=f(P(X,Y))$ 的值这个事实说明了,对所有整数 $m\not\equiv P(0,0)\pmod q$,有整数 $n\equiv P(0,0)\pmod p$,使$f(m)=f(n)$. 这给出无限多对(m,n),使$f(m)=f(n)$,因此由引理 1,可见对某个整数 K,$f(X)=f(K-X)$. 其次所有但有限多对(m,n) 一定有 $m+n=K$. 从而 $m\equiv K-P(0,0)\pmod q$. 如果 $q\neq2$,那么对 m 一定有同余类(mod q),不满足这个等价性,我们有矛盾. 因此一定有 $q=2$,K 是奇数,但在这种情形下 $g(X)=f(2X)$ 是具有 $g(\mathbf{Z})=f(\mathbf{Z})$ 的多项式,因为$f(2m+1)=f(K-2m-1)=g\left(\dfrac{K-2m-1}{2}\right)$. 如果$g$ 有整数系数,那么假设(a) 不成立. 如果g没有整数系数,那么有素数p整除$c(g)$ 的分母,再次把引理2应用于g与$\dfrac{1}{2}P(X,Y)$,我们断定p整除$c\left(\dfrac{1}{2}(P(X,Y)-P(0,0))\right)$,因此$2p$整除 $q=2=c(P(X,Y)-P(0,0))$. 但这是矛盾.

O228　令 Γ 是已知 $\triangle ABC$ 平面上任意一圆,令 K'_A 与 K'_B 是通过 B 与 C 的圆,分别与 $\odot\Gamma$ 相切于 X' 与 X'',类似地定义 K'_B,K''_B,K'_C,K''_C,它们分别与 $\odot\Gamma$ 的切点为 Y',Y'',Z',Z'',证明:$\triangle AX'X''$,$\triangle BY'Y''$,$\triangle CZ'Z''$ 的外接圆是共轴圆.

美国 Princeton 大学 Cosmin Pohoata 与美国 Florida 州 Atlantic 大学 Panl Yiu 提供

证　注意,我们一定有A,B,C都在$\odot\Gamma$外或都在$\odot\Gamma$内,否则各圆$K'_A,\cdots,K''_C$都是不确定的. 我们将证明 $\triangle AX'X''$,$\triangle BY'Y''$,$\triangle CZ'Z''$ 的 3 个外接圆有 2 个公共点,从而通过它们的一直线是这三圆的公共根轴.

因为本题的假设与结论在射影变换下是不变的,所以可以设 $\triangle ABC$ 的外接圆与 $\odot\Gamma$ 是同心圆,则由对称性,点 X' 与 X'' 是 BC 的中垂线与 $\odot\Gamma$ 的交点.

以 $\odot\Gamma$ 为单位圆建立复坐标系,则有范数 1 与正实数 r 的复数 α,β,γ,使

$$A=r\alpha^2,B=r\beta^2,C=r\gamma^2$$

$$X',X''=\pm\beta\gamma,Y',Y''=\pm\alpha\gamma,Z',Z''=\pm\alpha\beta$$

通过复数 x,y,z 的圆有圆心

$$\text{圆心}=\frac{x(\|y\|^2-\|z\|^2)+y(\|z\|^2-\|x\|^2)+z(\|x\|^2-\|y\|^2)}{x(\overline{y}-\overline{z})+y(\overline{z}-\overline{x})+z(\overline{x}-\overline{y})}$$

与平方半径

$$R^2=\frac{\|x-y\|^2\|y-z\|^2\|z-x\|^2}{(x(\overline{y}-\overline{z})+y(\overline{z}-\overline{x})+z(\overline{x}-\overline{y}))^2}$$

因此 $\triangle AX'X''$ 的外接圆有

$$\text{圆心}=\frac{\alpha^2\beta^2\gamma^2(1-r^2)}{(\alpha^4-\beta^2\gamma^2)r}$$

与平方的外接圆半径

$$R^2=\frac{(\beta^2\gamma^2-r^2\alpha^4)(\beta^2\gamma^2r^2-\alpha^4)}{(\beta^2\gamma^2-\alpha^4)^2r^2}$$

由此推出,在少数代数运算后,如果 $\triangle ABC$ 在Euler线被参数化为 $s(\alpha^2+\beta^2+\gamma^2)$,其中 s 为实数,那么这个外接圆与这条Euler线相交于

$$\|\alpha^2+\beta^2+\gamma^2\|^2s^2+\frac{1-r^2}{r}s-1=0$$

(这个计算被少许简化,如果你注意到,弦 $X'X''$ 表明原点有关于 $\triangle AX'X''$ 外接圆的幂1. 因此

$$\left|\frac{\alpha^2\beta^2\gamma^2(1-r^2)}{(\alpha^4-\beta^2r^2)r}\right|=R^2-1$$

不用计算. 从而只要求检验 s 的线性项). 这个2次式在 α,β,γ 中是对称的,因此交点在所有3个外接圆上.

O229 是否有有理数 a,b,c,使

$$a^2b+b^2c+c^2a=ab^2+bc^2+ca^2=20.11?$$

美国Dallas市Texas大学Titu Andreescu提供

解 注意,假设 $a^2b+b^2c+c^2a=ab^2+bc^2+ca^2$ 等价于 $(a-b)(b-c)(c-a)=0$. 设 $b=c=1$,则只要求 $a\in\mathbf{Q}$ 使

$$0=a^2+a+1-20.11=a^2+a-\frac{1\ 911}{100}$$

即可. 这给出2个有理解 $a=39/10$ 与 $a=-49/10$.

O230 令 $\triangle ABC$ 的内心为 I,X,Y,Z 是在内角平分线 AI,BI,CI 上的点,此外,令 M,N,P 是边 BC,CA,AB 的中点,D,E,F 是 $\triangle ABC$ 内切圆与这些边的切点. 证明:如果 $MX\parallel NY\parallel PZ$,那么 DX,EY,FZ 在 $\triangle ABC$ 内切圆上共点.

这从以前的结果推广了问题S228.

委内瑞拉Maracaibo市Luis Gonzalez与美国Princeton大学Cosmin Pohoata提供

证　设在 A 的内角平分线上给出点 X，这恰好确定了 MX 与内切圆的 2 个交点，选出其中一点，把它表示为 T，作直线 ET，FT 分别交 $\angle B$，$\angle C$ 的内角平分线于 2 个点，它们由 T 唯一确定，称为 Y，Z，如果 NY，PZ 平行于 MX，那么提出的结果显然成立，因为向后走，可以通过 N，P 作出 MX 的平行线，它们确定了相同点 Y，Z，且 DX，EY，FZ 共点于内切圆上的点 T，或者本题可以改述如下：已在内切圆上任一点 T，作直线 DT，ET，FT 分别交 $\angle A$，$\angle B$，$\angle C$ 的内角平分线于 X，Y，Z，证明 $MX /\!/ NY /\!/ PZ$. 这是本题的变形，解答如下.

已知 $\triangle ABC$ 与内切圆上一点 T，选择直角坐标系，使 $I \equiv (0,0)$，内切圆有方程 $x^2 + y^2 = 1$，$T \equiv (1,0)$，令角 α,β,γ 使

$$D \equiv (\cos(2\alpha),\sin(2\alpha)),E \equiv (\cos(2\beta),\sin(2\beta)),F \equiv (\cos(2\gamma),\sin(2\gamma))$$

显然 α,β,γ 是不同的，其中没有 2 个角相差 90°（否则 $\triangle ABC$ 是退化三角形），不妨设 $0^\circ < \alpha,\beta,\gamma < 180^\circ$，因为如果其中 1 个角是 0°，那么 T 与 D,E,F 之一重合，问题不能完全确定，边 BC 的斜率显然是 $-\dfrac{1}{\tan(2\alpha)}$. 因为 $D \in BC$，所以能容易求出直线 BC 的方程. 解由这个方程与它的循环置换构成的方程组，得

$$A \equiv \left(\frac{\cos(\beta+\gamma)}{\cos(\beta-\gamma)},\frac{\sin(\beta+\gamma)}{\sin(\beta-\gamma)}\right),AI \equiv y = x\tan(\beta+\gamma),DT \equiv y = \frac{1-x}{\tan\alpha}$$

解由最后 2 个方程构成的方程组

$$X \equiv \left(\frac{\cos\alpha\cos(\beta+\gamma)}{\cos(\beta+\gamma-\alpha)},\frac{\cos\alpha\sin(\beta+\gamma)}{\cos(\beta+\gamma-\alpha)}\right)$$

最后，因为 B，C 的坐标容易在 A 的坐标中，用 α,β,γ 的循环置换求出，所以也有

$$M \equiv \left(\frac{\cos(\alpha+\gamma)\cos(\alpha-\beta)+\cos(\alpha+\beta)\cos(\alpha-\gamma)}{2\cos(\alpha-\gamma)\cos(\alpha-\beta)},\right.$$
$$\left.\frac{\sin(\alpha+\gamma)\cos(\alpha-\beta)+\sin(\alpha+\beta)\cos(\alpha-\gamma)}{2\cos(\alpha-\gamma)\cos(\alpha-\beta)}\right)$$

于是可求出 MX 的斜率 m 是 $\dfrac{y_M - y_X}{x_M - x_X}$，其中 $M \equiv (x_M,y_M)$，$X \equiv (x_X,y_X)$，代换给出 $m = \dfrac{n}{d}$，其中分子与分母可以记作

$$n = (\sin(\alpha+\gamma)\cos(\alpha-\beta)+\sin(\alpha+\beta)\cos(\alpha-\gamma))\cos(\beta+\gamma-\alpha) - 2\cos(\alpha-\gamma)\cos(\alpha-\beta)\cos\alpha\sin(\beta+\gamma)$$
$$d = (\cos(\alpha+\gamma)\cos(\alpha-\beta)+\cos(\alpha+\beta)\cos(\alpha-\gamma))\cos(\beta+\gamma-\alpha) - 2\cos(\alpha-\gamma)\cos(\alpha-\beta)\cos\alpha\cos(\beta+\gamma)$$

作某种代数运算后，求出

$$n = \sin(\beta+\gamma-2\alpha)(\cos(\alpha+\beta+\gamma) - 2\cos\alpha\cos\beta\cos\gamma)$$
$$d = 2\sin\alpha\sin\beta\sin\gamma\sin(\beta+\gamma-2\alpha)$$

注意,为使 $\beta+\gamma-2\alpha=0$,当且仅当 $\triangle ABC$ 在 A 中是等腰的,在这种情形下,问题不能确定,因为 $M=D$,$AI=MX$ 是 $\angle A$ 的内角平分线,因此可以化简,断定 MX 的斜率是

$$m=\frac{\cos(\alpha+\beta+\gamma)-2\cos\alpha\cos\beta\cos\gamma}{2\sin\alpha\sin\beta\sin\gamma}$$

因为这个表达式在 α,β,γ 循环置换下是不变的,所以这也是直线 NY,PZ 的斜率.

O231 令 a,b,c,d 是实数,使 $a+b+c+d=2$. 证明

$$\frac{a}{a^2-a+1}+\frac{b}{b^2-b+1}+\frac{c}{c^2-c+1}+\frac{d}{d^2-d+1}\leqslant\frac{8}{3}$$

美国 Dallas 市 Texas 大学 Titu Andreescu 提供

证 代入 $x=a-\frac{1}{2}$,$y=b-\frac{1}{2}$,$z=c-\frac{1}{2}$,$w=d-\frac{1}{2}$,不等式变为

$$\frac{x+2}{4x^2+3}+\frac{4y+2}{4y^2+3}+\frac{4z+2}{4z^2+3}+\frac{4w+2}{4w^2+3}\leqslant\frac{8}{3}$$

其中 $x+y+z+w=0$,上式等价于

$$\frac{(2x-1)^2}{4x^2+3}+\frac{(2y-1)^2}{4y^2+3}+\frac{(2z-1)^2}{4z^2+3}+\frac{(2w-1)^2}{4w^2+3}\geqslant\frac{4}{3}$$

但是,$4x^2=3x^2+(y+z+w)^2\leqslant 3x^2+3(y^2+z^2+w^2)$,于是有

$$\frac{(2x-1)^2}{4x^2+3}\geqslant\frac{(2x-1)^2}{3(x^2+y^2+z^2+w^2+1)}$$

为使等式成立,当且仅当 $x=\frac{1}{2}$ 或 $y=z=w$,与类似各不等式相加,推出结论.

为使等式成立,当且仅当 $x=y=z=w=0$ 或 $x=y=z=\frac{1}{2}$,$w=-\frac{3}{2}$,直到置换.

这表示 $a=b=c=d=\frac{1}{2}$ 或数 a,b,c,d 中 3 个数为 1,另一数为 -1.

O232 令 $ABCDE$ 是面积为 S 的凸五边形. 由它的对角线各交点构成五边形面积为 S',考虑命题 $S'<cS$,其中 c 是常数. 证明:这个命题在 $c=\frac{1}{2}$ 时成立. 试求出你可以达到的最佳常数,例如可以证明,这个命题在 $c=2-\sqrt{3}$ 时将成立.

美国 Massachusetts 理工学院 Ivan Borsenco 提供

证 考虑具有单位面积的 $\triangle ACD$,对分别在边 AC,AD 上的任何点 P,Q,记 $p=\frac{AP}{AC}$,$q=\frac{AQ}{AD}$,设 C,Q,E 与 D,P,B 共线,使 $x=\frac{DP}{BD}$,$y=\frac{CQ}{CE}$,令 BE 分别交 AC,AD 于 U,V;BD,CD 相交于 W,则 $S'=[PUVQW]$,$S=[ABCDE]$,注意 $[ABCD]=\frac{BD}{PD}$,$[ACDE]=\frac{CE}{CQ}$,或

$$S=[ABCDE]=[ABCD]+[ACDE]-1=\frac{x+y}{xy}-1=\frac{1-a}{xy}$$

其中 $a=(1-x)(1-y)$. 注意,当 $x=y$ 时,对固定的 a,S 是最小值,记 $u=\frac{AU}{AC}$,$v=\frac{AV}{AD}$,由 Menelaus 定理

$$\frac{u(1-x)(1-v)}{v(p-u)}=\frac{AU}{UP}\cdot\frac{PB}{BD}\cdot\frac{DV}{VA}=1=\frac{AV}{VQ}\cdot\frac{QE}{EC}\cdot\frac{CU}{UA}=\frac{v(1-y)(1-u)}{u(q-v)}$$

或作一些代数运算后

$$u=\frac{pq-a}{qx+y(1-x)},v=\frac{pq-a}{py+x(1-y)}$$

类似地,规定 $w=\frac{CW}{CE}$ 与 $t=\frac{DW}{DB}$,或由 Menelaus 定理

$$\frac{p(1-q)w}{(1-p)(y-w)}=\frac{CQ}{WQ}\cdot\frac{QD}{DA}\cdot\frac{AP}{PC}=1=\frac{DW}{WP}\cdot\frac{PC}{CA}\cdot\frac{AQ}{QD}=\frac{q(1-p)t}{(1-q)(x-t)}$$

得出

$$w=\frac{(1-p)y}{1-pq},t=\frac{(1-q)x}{1-pq}$$

现在,$[PQVU]=[APQ]-[AUV]=pq-uv$ 与

$$\begin{aligned}[PQW]&=\frac{PW\cdot QW}{CQ\cdot DP}=[CDQP]\\&=\frac{(DP-DW)(CQ-CW)}{CQ\cdot DP}(1-[APQ])\\&=\frac{(x-t)(y-w)(1-pq)}{xy}=\frac{pq(1-p)(1-q)}{1-pq}\end{aligned}$$

由此得出

$$S'=\frac{pq(2-p-q)}{1-pq}-\frac{(pq-a)^2}{(py+x(1-y))(qx+y(1-x))}$$

现在用算术平均 - 几何平均不等式,有

$$(py+x(1-y))(qx+y(1-x))\leqslant\frac{xy}{4}\left(p+q-2+\frac{(1-a)(1+xy-a)}{xy}\right)^2$$

为使等式成立,当且仅当 $py+x(1-y)=qx+y(1-x)$,此式例如当 $x=y,p=q$ 时成立.记 $K=pq,L=2-p-q,M=1-a,N=xy$,或

$$S=\frac{M}{N},S'\leqslant T=\frac{KL}{1-K}-\frac{4(K+M-1)^2}{(M^2+MN-LN)^2}$$

注意,当 $p=q$ 时,已知的 K,L 是最大值,且已知

$$M=x+y-xy\geqslant 2\sqrt{N}-N\text{ 或 }N\leqslant(1-\sqrt{1-M})^2$$

或当 $x=y$ 时,已知的 M,N,L 是最大值.

注意$\frac{S'}{S}$至多是$\frac{T}{S}$,于是我们将力求使$\frac{T}{S}$最大,然后检验$\frac{S'}{S}$能否达到这个上界. 求$\frac{T}{S}$关于L的导数,而保持K为常数,我们可以有不同情形:

·在L的容许值域内,导数不为0,在这种情形下,$\frac{T}{S}$的最大值发生在$L=0$或$p=q$时.

·在L的容许值域内,导数为0,但它发生在局部极小值上或局部极大值上,此时它不大于$L=0$或$p=q$时的值.

·在L的容许值域内,导数为0,它使局部极大值大于$L=0$与$p=q$时的值.

也注意到,对$L=0$,一定有$p=q=1$,在这种情形下$P=C,Q=D$或$S'=0$,显然不是$\frac{T}{S}$的最大值,或者$\frac{T}{S}$的任何一个最大值发生,它是这样发生的:对已知的K,M,N,在$\frac{T}{S}$关于L的一阶导数为0时,同时

$$py+x(1-y)=qx+y(1-x)$$

或在$p=q$时,类似地,$\frac{T}{S}$的最大值发生,它是这样发生的:对已知的K,L,M,在$\frac{T}{S}$关于N的一阶导数为0时或在$x=y$时.

当

$$\frac{K}{1-K}=\frac{8N(K+M-1)^2}{(M^2+MN-LN)^3}$$

时,$\frac{T}{S}$关于L的一阶导数为0,在这种情形下

$$\frac{T}{S}=\frac{K}{1-K}(M+N)-3\frac{\sqrt[3]{N}}{M}\sqrt[3]{\frac{(K+M-1)^2K^2}{(1-K)^2}}$$

现在注意,$\frac{T}{S}$关于N的二阶导数总是

$$\frac{2}{3MN\sqrt[3]{N^2}}\sqrt[3]{\frac{(K+M-1)^2K^2}{(1-K)^2}}$$

显然是正的,或者,如果在$p\neq q$时发生$x=y$,那么$\frac{T}{S}$的最大值总会发生,类似地,当

$$(M^2+MN-LN)^3=\frac{4(K+M-1)^2(1-K)}{KL}(M^2-MN+LN)$$

时,对于

$$\frac{T}{S}=\frac{KLN^2(L-M)}{M(1-K)(MN-(M-N)(L-M))}$$

$\frac{T}{S}$ 关于 N 的一阶导数为0. 现在 $M-N \geqslant 2\sqrt{N}(1-\sqrt{N})$ 显然是正的,或 $L-M$ 一定是正的,且 $\frac{T}{S}$ 的最大值是最大的,即如果在 $x \neq y$ 时 $\frac{T}{S}$ 的最大值发生,那么它在 $p=q$ 时发生.

于是证明了当 $x=y$ 或 $p=q$ 时,$\frac{T}{S}$ 的最大值发生,此外,在条件为 $py+x(1-y)=qx+y(1-x)$ 时,S' 只达到它的最大值 T. 当且仅当 $p=q$ 时 $x=y$,与当且仅当 $(x-y)\cdot(1-p)=0$ 时 $p=q$,上述条件是满足的. 因为 $p=q=1$ 产生 $S'=0$,所以 $S'=T$,那时为 $p=q$ 或 $x=y$,当且仅当 $p=q$ 与 $x=y$,这似乎指出当 $x=y$ 与 $p=q$ 时,$\frac{S'}{S}$ 将是最大值.

较长(且有点难处理)的计算(这个解答的作者在这里拒绝重述这个计算),或者我们在 $x=y$ 与 $p=q$ 时"仅仅"把表达式 $R=\frac{S'}{S}$ 最大化,或需要关于 x,p 把下式最大化:

$$R=\frac{2p^2x^2-(1+p)(p-1+x)^2}{(1-p)x(2-x)}$$

首先注意,当 $x=p=\frac{\sqrt{5}-1}{2}$ 时,得出 $R=\frac{7-3\sqrt{5}}{2}$,因此这是我们"追求的目标",显然当 $x=0$ 或 $p=0$ 时表达式为非正的. 如果 $p=1$,那么得 $R=0$,而如果 $x=1$,那么求出

$$R=\frac{p^2(1-p)}{1+p}$$

可以用关于 p 求导数来求出它的最大值,为使一阶导数为0(排除了 $p=0$ 情形,它不导致好结果),当且仅当 $p^2+p=1$,其中 $p=\frac{\sqrt{5}-1}{2}$(在本题中负根无意义)与

$$R=\frac{5\sqrt{5}-11}{2}$$

为使这大于我们的目标,当且仅当 $\sqrt{80}=4\sqrt{5}>9=\sqrt{81}$,显然不成立. 由此得出,只有当 R 关于 x 与 p 的导数同时为0时,或

$$p(2+p)x^2-(1+p)^2x+(1+p)^2(1-p)=0$$
$$px^2+(1+p)(1-p)x-(1+p)(1-p)=0$$

时最大值才能发生,联立这些方程消去 x 就得出

$$(3-p^2)x=(1-p)(3+2p)$$

或

$$0=6-3p-10p^2-2p^3+p^4=(1-p-p^2)(6+3p-p^2)$$

因为当 $p \in (0,1)$ 时,$6+3p-p^2$ 显然不能为0,我们实际上求出 p 满足 $p^2+p-1=0$,

或 $p=\frac{\sqrt{5}-1}{2}$,因为

$$x=\frac{(1-p)(3+2p)}{3-p^2}=\frac{(3-\sqrt{5})^2(2+\sqrt{5})}{4}=\frac{\sqrt{5}-1}{2}$$

或者我们不能达到目标,当 $x=y=p=q=\frac{\sqrt{5}-1}{2}$ 时$\frac{S'}{S}$的最大值发生. 我们断定 $S'\leqslant\frac{7-3\sqrt{5}}{2}S$,或对任何 $c>\frac{7-3\sqrt{5}}{2}$,$S'<cS$.

O233 在 $\triangle ABC$ 中,令 $\angle BAC=90°$,令 D 是斜边 BC 上的点,过 D 作直线平行于直角边 AC 与 AB,分别与直径为 DC,DB 的圆相交(第 2 次)于 U,V. 此外,如果 P 是 AD 与 $\triangle ABC$ 的外接圆的第 2 个交点,证明 $\angle UPV=90°$.

委内瑞拉 Maracaibo 市 Luis Gonzalez 提供

证 令 A' 是直径为 BC 的圆上 A 的对径点,显然 $\angle DUC=90°$,因为 U 在直径为 CD 的圆上,或 U 也在通过 C 的 AC 的垂线上,此垂线显然是 CA',因为 AA' 是 $\triangle ABC$ 外接圆的直径,此圆也是直径为 BC 的圆. 可见 U 是垂线 CA' 与 DU 的交点,类似地,V 是垂线 DV 与 DU 的交点. 但是 $BA'\perp CA'$,因为 A' 在直径为 BC 的圆上. 因此 $DUA'V$ 是矩形,它的外接圆有直径 UV 与 DA'. 令 Q 是矩形 $DUA'V$ 的外接圆与 $\triangle ABC$ 的外接圆的交点,显然,$\angle A'QD=\angle A'QA=90°$,或 A,D,Q 共线,与 $Q=P$. 但这时 $P=Q$ 在直径为 UV 的圆上,推出结论.

O234 令 f 是 4 次整系数多项式,证明:有无限多个正整数 n,使 2^n-1 不能整除 $f(n!)$,如果除去条件 $\deg(f)=4$,这个结果成立吗?

法国 Ecole 综合工科大学 Gabriel Dospinescu 提供

证 设对充分大的所有 n,2^n-1 整除 $f(n!)$,再得出矛盾. 首先断言 $f(0)=0$. 实际上,固定 $k\geqslant 1$,注意到,对充分大的 n,$2^{2^k}+1$ 整除 $2^{2^n}-1$,于是它也整除 $f((2^n)!)$. 对充分大的 n(与 k 相比),$2^{2^k}+1$ 也整除$(2^n)!$,把这两点注意放在一起,就推导出 $2^{2^k}+1$ 整除 $f(0)$,当 k 为任意值时,一定有 $f(0)=0$.

其次证明 $f(-1)=0$. 实际上,对大素数 p,有 $p\mid 2^{p-1}-1$,以致 p 也整除 $f((p-1)!)$. 但是因为 $(p-1)!\equiv-1\pmod p$(由 Wilson 定理),因为对任何整数 a,b,$a-b$ 整除 $f(a)-f(b)$,所以也有 $f((p-1)!)\equiv f(-1)\pmod p$. 我们推导出 p 整除 $f(-1)$. 因为 p 是任意的(充分大),所以一定有 $f(-1)=0$.

以上两段证明了对于一些整数 a,b,c 及 $a\neq 0$,我们可以记

$$f(X)=X(X+1)(aX^2+bX+c)$$

我们知道有无限多个素数 $p\equiv 1\pmod 4$,使 $2^{\frac{p-1}{2}}\equiv 1\pmod p$,实际上,利用事实:Legendre

符号$\left(\frac{2}{p}\right)=(-1)^{\frac{p^2-1}{8}}$,我们可以取任何 $p=1(\bmod 8)$,众所周知有无限多个这样的 p(Dirichlet 定理的弱形式),但是也可以用许多更初等的方法来证明这一点:定义 $a_k=2(k^2-k+1)$,选择由不同素数 p_j 组成的 1 个数列,使每个 p_i 整除某个 a_k^2-2(易见能够做到这一点),于是由以上构造知 $2^{\frac{p_j-1}{2}}=a_k^{p_j-1}=1(\bmod p_j)$,$p_j$ 也整除 $a_j^2-2=(a_j-1)^2+(2k-1)^2$. 因此一定有 $p_j=1(\bmod 4)$. 这说明,固定这样一个大素数 p,令 $x=\left(\frac{p-1}{2}\right)!$,则 Wilson 定理与事实 $p=1(\bmod 4)$ 结合一起证明了,$p\mid x^2+1$,但是因为 p 整除 $2^{\frac{p-1}{2}}-1$,$2^{\frac{p-1}{2}}-1$ 整除 $f(x)$,所以也有 $p\mid f(x)$,当 $p\mid x^2+1$ 时,显然不能有 $p\mid x$ 或 $p\mid x+1$,于是必定有 $p\mid ax^2+bx+c$,从而有 $p\mid bx+c-a$,于是 $bx=a-c(\bmod p)$,因为 $x^2=-1(\bmod p)$,所以也有 $b^2+(a-c)^2=0(\bmod p)$. 因为这对无限多个这样的 p 发生,所以一定有 $b=0,a=c$.

于是可以记 $f(X)=aX(X+1)(X^2+1)$. 现在来到这个解答的最困难的部分,要依据以下

引理　有无限多个素数 q,对于这样的 q,$\frac{2^q+1}{3}$ 有素因子 $p=-1(\bmod 4)$,使 $p>3q+1$.

引理的证明　有无限多个素数 $q=1(\bmod q)$,选任何这样的素数,注意$\frac{2^q+1}{3}=-1(\bmod 4)$,$\frac{2^q+1}{3}$ 不是 3 的倍数,于是$\frac{2^q+1}{3}$ 有素因子 $p>3$ 与 -1 同余($\bmod 4$),我们断言 $p\geqslant 3q+1$. 但是因为 p 整除 $2^{2q}-1$,所以 2 的次数整除 $p-1(\bmod p)$,也整除 $2q$,但是这次数不能是 q(当 p 整除 2^q+1 时),不是 1 或 2,以致次数实际上是 $2q$. 因为不能有 $2q=p-1$(否则当 $q=1(\bmod 6)$ 时,p 是 3 的倍数),因为 $2q$ 整除 $p-1$,所以必然有 $p\geqslant 3q+1$(实际上还有 $4q+1$),这结束了这个引理的证明.

回到本题,与以上引理一样选择大素数 p,q,当 p 整除 2^q+1 时,p 也整除 $2^{2q}-1$,于是它整除 $f((2q)!)$. 回忆 $f(X)=aX(X+1)(X^2+1)$,当 $p=-1(\bmod 4)$ 时不能有 $p\mid (2q)!^2+1$. 也有 $p>2q$,以致 p 不能整除 $(2q)!$. 于是 p 一定整除 $a((2q)!+1)$. 注意,当 q 大时,$p-1-2q\geqslant q$ 是大的,p 也整除 $2^{p-1-2q}-1$(因为 p 整除 $2^{p-1}-1$,也整除 $2^{2q}-1$),于是 p 也整除 $f((p-1-2q)!)$. 与上述相同的论证证明了 p 整除 $a((p-1-2q)!+1)$,令 $x=(2q)!$,$y=(p-1-2q)!$. 我们知道 $p\mid a(x+1)$,$p\mid a(y+1)$,此外,由 Wilson 定理有

$$-1=(p-1)!=y(p-2q)\cdots(p-1)=xy(\bmod p)$$

于是 $p\mid xa(y+1)=a(xy+1)+xa-a$,$p\mid xa+a$,最后有 $p\mid xy+1$. 因此 p 整除 $2a$,但

是记住 p 是任意大的,所以必然有 $a=0$,从而是要求的矛盾!

附注:几乎必然有这样的情形,即使无条件 $\deg(f)=4$,也没有这样的多项式 f,但是这可以很难证明,这里是这个命题的某种论据,设这样的多项式 f 存在,令 $d=\deg(f)$,$c(f)$ 是 f 的系数的最大公因子(通常称为 f 的容度),令 p 是整除 2^m-1 的素数,设 m 是这样最小的整数,也设 p 不整除 $c(f)$,因为 p 整除 $2^{p-1}-1$,所以 m 一定整除 $p-1$,从而当 $k=1,2,\cdots,(p-1)/m$ 时,p 整除 $2^{km}-1$. 于是由假设知 p 整除 $f(m!)$,$f((2m)!)$,$\cdots$,$f((p-1)!)$. 这给出 f 的 $(p-1)/m$ 个根(mod p). 因为 f 不是零多项式(mod p)(p 不整除 $c(f)$),有次数 d,所以在这些根中至多有 d 个不同值. 因此对于数对 $((km)!,(k+1)m!)\pmod p$ 至多有 d^2 种可能性. 尤其是,这表示

$$\frac{((k+1)m)!}{(km)!}=(km+1)(km+2)\cdots(km+m)$$

至多取 d^2 个不同值,因此由鸽笼原理,一定有一值(比方说 K)取$\lceil (p-1)/(md^2)\rceil$次. 这说明多项式 $g(x)=(x+1)(x+2)\cdots(x+m)-K$ 至少有这么多根(mod). 因为 m 次非零多项式至多有 m 个根(mod p),所以看出 $(p-1)/(md^2)\leqslant m$ 或 $p\leqslant d^2m^2+1\leqslant 2d^2m^2$. 令 $C=\max(cf(f),2d^2)$,则断定,如果 p 是整除 2^m-1 的任一素数,那么 $p\leqslant Cm^2$.

这个结论必然不成立,几乎必然没有通用常数 C,使 2^m-1 的所有素因子至多是 Cm^2. 例如看来它与 Lenstra - Pomerance - Wagstaff 猜想有很大矛盾,有无限多个 Mersenne 素数,但是要证明它不成立似乎很复杂.

O235 求方程 $xy-7\sqrt{x^2+y^2}=1$ 的整数解.

美国 Dallas 市 Texas 大学 Titu Andreescu 提供

解 显然 $xy\geqslant 1$,由对称性,我们简化为 $x,y>0$. 把方程改写为 $(xy-1)^2=49(x^2+y^2)$,设 $xy=7t+1$,$t\geqslant 0$,以致 $x^2+y^2=t^2$,则有

$$(x+y)^2=x^2+y^2+2xy=t^2+2(7t+1)=(t+7)^2-47$$

这给出

$$(t+7-x-y)(t+7+x+y)=47$$

从而必须解方程组

$$\begin{cases}t+7-x-y=1\\t+7+x+y=47\end{cases}\quad\begin{cases}t+7-x-y=-47\\t+7+x+y=-1\end{cases}$$

解第 1 个方程组,得 $t=17$,$x+y=23$. 解第 2 个方程组,得 $t=-31<0$,即无解. 从而有 $x+y=23$,$xy=120$,这给出 $x=15$,$y=8$ 与 $x=8$,$y=15$. 最后解是 $(15,8)$,$(8,15)$,$(-15,-8)$,$(-8,-15)$.

O236 令 a,b,c 是正实数,证明

$$\frac{a}{(b+c)^2}+\frac{b}{(c+a)^2}+\frac{c}{(a+b)^2}+\frac{2(ab+bc+ca)}{(a+b)(b+c)(c+a)}\geqslant\frac{3(a+b+c)}{2(ab+bc+ca)}$$

罗马尼亚 Zalau 市 Mircea Lascu 与 Marius Stanean 提供

证　去分母,在一些代数运算后,我们看出,不等式等价于

$$\sum_{\text{sym}}(2a^6b+a^5b^2+2a^5bc-3a^4b^3-a^4b^2c-2a^3b^3c+a^3b^2c^2)\geqslant 0$$

这又可以看出等价于

$$\sum_{\text{cyc}}(a^2-b^2)(a^2-c^2)(a(2ab+2ac+b^2+c^2+4bc))\geqslant 0$$

令 $g(a,b,c)=a(2ab+2ac+b^2+c^2+4bc)$,容易检验

$$g(a,b,c)-g(b,c,a)=(a-b)(ab+2ac+2bc+c^2)$$

于是数 $g(a,b,c),g(b,c,a),g(c,a,b)$ 与 a,b,c 有相同次数,从而与 a^2,b^2,c^2 有相同次数,由 Schur 不等式的 Vornicu 推广推出

$$\sum_{\text{cyc}}(a^2-b^2)(a^2-c^2)g(a,b,c)\geqslant 0$$

为使等式成立,当且仅当 $a=b=c$,正是要求的结果.

O237　令 x,y,z 是正实数,使

$$(2x^4+3y^4)(2y^4+3z^4)(2z^4+3x^4)\leqslant(3x+2y)(3y+2z)(3z+2x)$$

证明 $xyz\leqslant 1$.

美国 Dallas 市 Texas 大学 Titu Andreescu 提供

证　我们将证明逆否命题,即如果 $xyz\geqslant 1$,那么

$$(2x^4+3y^4)(2y^4+3z^4)(2z^4+3x^4)\geqslant(2x+2y)(3y+2z)(3z+2x)$$

我们很想得出以下形式的不等式

$$(2x^4+3y^4)^a(2y^4+3z^4)^b(2z^4+3x^4)^c\geqslant x^\alpha y^\beta z^\gamma(3x+2y)$$

设 $a+b+c=1$ 并用 Hölder 不等式,则有

$$(2x^4+3y^4)^a(2y^4+3z^4)^b(2z^4+3x^4)^c\geqslant 3x^{4c}y^{4a}z^{4b}+2x^{4a}y^{4b}z^{4c}$$

为了得出同前的表达式,可取 $b=c$,使

$$\begin{aligned}3x^{4c}y^{4a}z^{4b}+2x^{4a}y^{4b}z^{4c}&=3x^{4b}y^{4a}z^{4b}+2x^{4a}y^{4b}z^{4b}\\&=3x^{4a}y^{4a}z^{4b}(3x^{4(b-a)}+2y^{4(b-a)})\end{aligned}$$

设 $b-a=1/4$,则得 $a=1/b,b=c=5/12$. 由此断定

$$(2x^4+3y^4)^{1/6}(2y^4+3z^4)^{5/12}(2z^4+3x^4)^{5/12}\geqslant(x^{2/3}y^{2/3}z^{5/3}(3x+2y))$$

把这个不等式与另外 2 个表达式相乘,得出结果.

O238　考虑实数 $a_1,a_2,\cdots,a_n$ 与 $b_1,b_2,\cdots,b_n$. 已知对于所有实数 X,有数偶(a_i,b_i) 使

$$a_ix+b_i\geqslant 0$$

证明:有指标 $i,j\in\{1,2,\cdots,n\}$,使每个实数 X 至少满足不等式 $a_ix+b_i\geqslant 0,a_jx+b_j\geqslant 0$ 中之一.

美国 Harvard 大学 Andrei Ciupan 提供

证 对某个数偶(a_k,b_k),设$a_k=0$,现在如果$b_k\geqslant 0$,那么对所有实数X,$a_kX+b_k=b_k\geqslant 0$,取$i=k$与任何j,则有要求的指标,反之,如果$b_k<0$,那么对所有实数X,$a_kX+b_k=b_k<0$,数偶(a_k,b_k)完全无用,或者它可以从数偶清单中除去.于是只需要考虑所有$a_i\neq 0$的情形.因为今后将设$a_i\neq 0$,所以可以对每个$i=1,2,\cdots,n$定义$c_i=-\frac{b_i}{a_i}$.

我们将说,为使数偶包括实数X,当且仅当$a_iX+b_i\geqslant 0$,如果$a_i>0$,那么说数偶(a_i,b_i)是正的,(a_i,b_i)显然恰好包括所有实数X,使$X\geqslant -\frac{b_i}{a_i}=c_i$,反之,如果$a_i<0$,那么说数偶$(a_i,b_i)$是负的,$(a_j,b_j)$显然恰好包括所有实数$X$,使$X\leqslant -\frac{b_i}{a_i}=c_i$.换言之,正数偶$(a_i,b_i)$包括$[c_i,\infty)$中的所有实数,负数偶$(a_j,b_j)$包括$(-\infty,c_j]$中的所有实数,现在对所有正数偶$(a_i,b_i)$定义$C_+=\min\{c_i\}$,对所有负数偶$(a_j,b_j)$定义$C_-=\max\{c_j\}$.显然指标$i,j$存在,使$(a_i,b_i)$包括$[C_+,\infty)$,$(a_j,b_j)$包括$(-\infty,C_-]$.设$C_+>C_-$,取任一实数$X\in(C_-,C_+)$,对任何一个正数偶$(a_i,b_i)$,有$X<C_+$在$[c_i,\infty)$外,$a_iX+b_i<0$,反之,对任何一个负数偶$(a_j,b_j)$,有$X>C_-$在$(-\infty,c_j]$外,$a_jX+b_j<0$.这与本题中已知条件矛盾,因此$C_-\geqslant C_+$,或者任一实数$X$至多是任何一个$C_-$(从而被负数偶$(a_j,b_j)$所包含)或至少是任何一个$C_+$(从而被正数偶$(a_i,b_i)$所包含),或是2个(从而被2个数偶所包含),推出结论.

注意,这个解答也提供了求这些数偶的方法,只要取具有c_i最小值的正数偶(a_i,b_i)与具有c_j最大值的负数偶(a_j,b_j)即可.

O239 在$\triangle ABC$中,令D,E,F分别为它的内切圆与边BC,CA,AB的切点.令U是AD与$\triangle ABC$外接圆C的第2个交点,X是A伪内切圆与$\odot C$的切点,此外,令V,W是线段DE与DF的中点.证明VW,UX,BX共点.

美国 Princeton 大学 Cosmin Pohoata 提供

证 **引理** 在三线坐标系中,A-伪内切圆与外接圆的切点,是直线$c(s-b)\beta=b(s-c)\gamma$与$\triangle ABC$外接圆的第2个交点,第1个交点显然是$A\equiv(1,0,0)$.

引理的证明 外接圆有方程$a\beta\gamma+b\gamma\alpha+c\alpha\beta=0$.相对地公认(或可以用三线坐标系求出),$A$-伪内切圆半径是$\frac{2r}{1+\cos A}$,$r$是$\triangle ABC$的内径,由内切圆与$A$-伪内切圆之间的相似性,如果后者分别与边$AB,AC$相切于点$P,Q$,那么求出

$$AP=AQ=\frac{b+c-a}{1+\cos A},\text{ for } BP=a\frac{1-\cos C}{1+\cos A}\text{ and } CQ=a\frac{1-\cos B}{1+\cos A}$$

于是在一些三角运算后

$$P\equiv\left(\sin\frac{C}{2}\cos\frac{B}{2},\cos\frac{A}{2},0\right),Q\equiv\left(\sin\frac{B}{2}\cos\frac{C}{2},0,\cos\frac{A}{2}\right)$$

因此由 A - 伪内切圆方程构成的方程组

$$a\beta\gamma+b\gamma\alpha+c\alpha\beta-(l\alpha+m\beta+n\gamma)(a\alpha+b\beta+c\gamma)=0$$

一定分别恰有一解 P,Q,其中 l,m,n 是实参数,2 个方程中任何一个方程有 $\beta=0,\gamma=0$. 在一些代数运算后,得出

$$m=\left(\frac{\sin\frac{C}{2}\cos\frac{B}{2}}{\cos\frac{A}{2}}\right)^2\frac{al}{b},n=\left(\frac{\sin\frac{B}{2}\cos\frac{C}{2}}{\cos\frac{A}{2}}\right)^2\frac{al}{c}$$

因此外接圆与 A - 伪内切圆的切点满足 $\alpha+\frac{m}{l}\beta+\frac{n}{l}\gamma=0$,同时有 $(b\gamma+c\beta)\alpha=-\alpha\beta\gamma$,或在一些代数运算后,

$$\sin\frac{C}{2}\cos\frac{B}{2}c\beta=\pm\sin\frac{B}{2}\cos\frac{C}{2}b\gamma$$

其中显然一定选出这样的解,使 β,γ 同号,因为 A - 伪内切圆与外接圆相切于 $\overset{\frown}{BC}$ 上,$\overset{\frown}{BC}$ 不包含 A,这个引理于是等价于

$$\sin\frac{C}{2}\cos\frac{B}{2}(s-c)=\sin\frac{B}{2}\cos\frac{C}{2}(s-b)$$

或因为 $s-b=4R\cos\frac{B}{2}\sin\frac{C}{2}\sin\frac{A}{2}$,对 $s-c$ 是类似的,显然推出这个引理.

因为 $BD=s-b,CD=s-c$,所以在精确的三线坐标系中,有

$$D\equiv(0,(s-c)\sin C,(s-b)\sin B)$$

对 E,F 是类似的,或在三线(不一定是精确的)坐标系中

$$V\equiv(c(s-c),c(s-c),a(s-a)+b(s-b))$$

$$W\equiv(b(s-b),c(s-c)+a(s-a),b(s-b))$$

由此得出点 $Y=BC\cap VW$ 有三线坐标 $(0,\beta,\gamma)$,使由这 3 组三线坐标构成的向量是线性相关的,或在一些代数运算后

$$Y\equiv(0,c(s-c)^2,-b(s-b)^2)$$

现在直线 AD 上具有(不一定精确的)三线坐标 (α,β,γ) 的所有点显然满足 $(s-b)b\beta=(s-c)c\gamma$,而 $\triangle ABC$ 外接圆的方程是

$$a\beta\gamma+b\gamma\alpha+c\alpha\beta=0$$

或在一些代数运算后,U 有(不一定精确的)三线坐标

$$U\equiv(-abc(s-b)(s-c),c(s-c)L,b(s-b)L)$$

其中 $L=b^2(s-b)+c^2(s-c)$,因此直线 UY 有方程

$$(b^2(s-b)+c^2(s-c))\alpha+b(s-b)^2\beta+c(s-c)^2\gamma=0$$

现在 $\triangle ABC$ 外接圆有方程 $a\beta\gamma+b\gamma\alpha+c\alpha\beta=0$,或在

$$0=bc(s-b)^2\beta^2+bc(s-c)^2\gamma^2-(b^2+c^2)(s-b)(s-c)\beta\gamma$$
$$=(b(s-b)\beta-c(s-c)\gamma)(c(s-b)\beta-b(s-c)\gamma)$$

时,UY与外接圆发生相交,其中第1个因子显然对应于U,或UY与$\triangle ABC$外接圆的第2个交点满足

$$c(s-b)\beta=b(s-c)\gamma$$

因为Z在这条直线与$\triangle ABC$的外接圆上,不与A重合,所以由引理直接推出结论.

O240 令m与n是正整数,$x=(x_1,\cdots,x_m)$是正实数向量,使$\sum_{i=1}^{m}x_i=1$. 考虑集合Y,定义为

$$Y=\{y=(y_1,\cdots,y_m)\mid y_i\in\{0,\frac{1}{n},\cdots,\frac{n-1}{n},1\},\sum_{i=1}^{m}y_i=1\}$$

证明:有$y^*=(y_1^*,\cdots,y_m^*)\in Y$,使$\sum_{i=1}^{m}|y_i^*-x_i|\leqslant\frac{m}{2n}$.

美国 Massachusetts 理工学院 Ivan Borsenco 提供

证 记$nx_k=a_k+\varepsilon_k$,其中$a_k=\lfloor nx_k\rfloor$是整数,$\varepsilon_k=\{nx_k\}\in[0,1)$,因为问题在置换坐标下是对称的,所以可以设$\varepsilon_1\leqslant\varepsilon_2\leqslant\cdots\leqslant\varepsilon_m$,令$r=\sum_{k=1}^{m}\varepsilon_k$,则$0\leqslant r<m$是整数(因为有$r=n-\sum_{k=1}^{m}a_k$),定义$y^*$为

$$y_k^*=\begin{cases}\frac{a_k}{n} & 1\leqslant k\leqslant m-r\\ \frac{a_{k+1}}{n} & m-1+1\leqslant k\leqslant m\end{cases}$$

不难看出这个y^*是Y中最接近x的点,但是不需要这个事实. 注意,因为(ε_k)是排序的,所以有

$$\frac{1}{m-r}\sum_{k=1}^{m-r}\varepsilon_k\leqslant\frac{1}{m}\sum_{k=1}^{m}\varepsilon_k=\frac{r}{m}\leqslant\frac{1}{r}\sum_{k=m-r+1}^{m}\varepsilon_k$$

因此计算

$$\sum_{k=1}^{m}|y_k^*-x_k|=\sum_{k=1}^{m-r}\frac{\varepsilon_k}{n}+\sum_{k=m-r+1}^{m}\frac{1-\varepsilon_k}{n}\leqslant\frac{(m-r)r}{mn}+\frac{r}{n}-\frac{r^2}{mn}$$
$$=\frac{2r(m-r)}{mn}\leqslant\frac{m}{2}$$

附注:把我们的格点直接扩张到$\mathbf{R}^m$,就得出要求的估计. 于是格点m-立方体的中心有到格点要求的距离. 当然必须检验,最小(或任何充分小)的距离已经在Y上得到.

O241 令a与b是实数,使$3\leqslant a^2+ab+b^2\leqslant b$,证明

$$2\leqslant a^4+b^4\leqslant 72$$

美国 Dallas 市 Texas 大学 Titu Andreescu 提供

证 记 $S=(a+b)^2, D=(a-b)^2$,于是问题等价于证明,如果 $12 \leqslant 3S+D \leqslant 24$,其中 S,D 是非负实数,那么 $16 \leqslant S^2+6SD+D^2 \leqslant 576$,现在

$$S^2+6SD+D^2=\frac{(3S+D)^2}{9}+\frac{8D}{9}(3S+D)+\frac{8DS}{3}$$

$$\geqslant 16+\frac{32D}{3}+\frac{8DS}{3} \geqslant 16$$

为使等式成立,当且仅当 $D=0,S=4$,即当且仅当 $a=b=\pm 1$. 同时

$$S^2+6SD+D^2 \leqslant (3S+D)^2-8S^2 \leqslant 576-8S^2 \leqslant 576$$

为使等式成立,当且仅当 $S=0,D=24$,即当且仅当 $a=-b=\pm\sqrt{6}$.

O242 令 $n \geqslant 3$ 是奇整数,考虑正 n 边形 $A=A_1A_2\cdots A_n$,求 $\mathscr{A}$ 中点 P 的轨迹,使得对于某个整数 K,

$$\angle PA_1A_2+\angle PA_2A_3+\cdots+\angle PA_nA_1=90^\circ+180^\circ\cdot k$$

其中各角都是有向角.

美国 Berkeley 市 California 大学 Alex Anderson 提供

解 可设 $A_k=z^k$,其中 $z=\mathrm{e}^{\frac{2\pi i}{n}}$ 与 $P=p$ 表示复平面上的点,则

$$\frac{p-z^k}{z^{k+1}-z^k}=r\cdot \mathrm{e}^{\angle PA_kA_{k+1}}$$

其中 r 是实数,使两边共轭,用新关系式除以老关系式,给出:

$$\frac{\dfrac{p-z^k}{z^{k+1}-z^k}}{\overline{\left(\dfrac{p-z^k}{z^{k+1}-z^k}\right)}}=\mathrm{e}^{2\angle PA_kA_{k+1}}$$

把 2 个关系式相乘,得出

$$\frac{R}{\overline{R}}=\exp\left(\sum_{k=1}^{n}2\angle PA_kP_{k+1}\right) \quad 其中 \quad R=\prod_{k=1}^{n}\frac{p-z^k}{z^{k+1}-z^k}$$

容易求出 R 的值:

$$R=\frac{p^n-1}{(z-1)^n\cdot z^{1+2+\cdots+n}}=\frac{p^n-1}{(z-1)n\cdot z^{(n)(n-1)/2}}$$

于是

$$\frac{R}{\overline{R}}=\frac{p^n-1}{\overline{p}^n-1}\cdot\frac{(\overline{z}-1)^n}{(z-1)^n}\cdot\frac{\overline{z}^{(n)(n-1)/2}}{z^{(n)(n-1)/2}}$$

利用事实 $\overline{z}=z^{-1}$ 与 $z^n=1$,得出

$$\frac{R}{\overline{R}}=\frac{p^n-1}{\overline{p}^n-1}\cdot(-1)^n$$

因此得出重要关系式

$$\frac{p^n-1}{\bar{p}^n-1}\cdot(-1)^n=\exp\left(\sum_{k=1}^{n}2\angle PA_kA_{k+1}\right)$$

现在问题剩下的部分是简单的，为使对于某个整数 $k,\theta=90+180k$，当且仅当 $2^{2i\theta}=-1$，因此为使 P 在轨迹上，当且仅当$\frac{p^n-1}{\bar{p}^n-1}=1$，因为 n 是奇数，化简，得 $p=z^i\bar{p}$，其中 $i=1,2,\cdots,n$. 因此易见轨迹是 $\mathscr{A}$ 的各边的中垂线.

O243 令 m,n 是正整数，$n>m$. 证明

$$\sum_{k=0}^{n}(-1)^k\binom{n}{k}\binom{m+n-2k}{n-1}=\binom{n}{m+1}$$

美国 Stanford 大学 Iurie Boreico 提供

证 注意，在具有 $2k>m+1$ 的和中所有的项等于0，因此要求的公式由以下母函数计算中匹配系数推出，其中令 $M=m+1=2k+r$.

$$\begin{aligned}&\sum_{M=0}^{\infty}\sum_{2k\leqslant M}(-1)^k\binom{n}{k}\binom{M+n-2k-1}{n-1}X^M\\=&\sum_{k=0}^{\infty}\sum_{r=0}^{\infty}(-1)^k\binom{n}{k}\binom{n+r-1}{n-1}X^{2k+r}\\=&\sum_{k=0}^{\infty}(-1)^k\binom{n}{k}X^{2k}\cdot\sum_{r=0}^{\infty}\binom{n+r-1}{n-1}X^r\\=&(1-X^2)^n\cdot\frac{1}{(1-X)^n}=(1+X)^n=\sum_{M=0}^{n}\binom{n}{M}X^M\end{aligned}$$

O244 在 $\triangle ABC$ 中，令 D,E,F 分别是内切圆与 BC,CA,AB 的切点，令 EF 交 $\triangle ABC$ 外接圆 Γ 于 X 与 Y，此外，令 T 是 $\triangle DXY$ 外接圆与内切圆的第2个交点. 证明：AT 通过 A - 伪内切圆与 $\odot\Gamma$ 的切点 A'.

美国 Sammy Luo 与美国 Princeton 大学 Cosmin Pohoata 提供

证 以 O_a 表示伪内切圆圆心，众所周知，伪内切圆内径是

$$\rho_a=\frac{r}{\cos^2\frac{A}{2}}$$

或 O_a 的精确三线坐标是

$$O_a\equiv\left(\rho_0\frac{1+\cos A-\cos B-\cos C}{2},\rho_a,\rho_a\right)$$

现在考虑直线

$$c(s-b)\beta=b(s-c)\gamma$$

与 $\triangle ABC$ 外接圆的第2个交点 Z'，不同于 A. 因为外接圆方程是

$$a\beta\gamma + b\gamma\alpha + c\alpha\beta = 0$$

所以 Z' 的坐标满足 $c(s-b)\beta = b(s-c)\gamma = -bc\alpha$，或在不精确三线坐标系中，在一些代数运算后，求出

$$Z' \equiv \left(-\frac{r}{2R}, 1-\cos B, 1-\cos C\right)$$

此外，在一些代数运算后，可以检验 $(1+\cos A-\cos B-\cos C, 2, 2)$，$(\cos A, \cos B, \cos C)$ 与 $\left(-\frac{r}{2R}, 1-\cos B, 1-\cos C\right)$ 是线性相关的，或 Z' 在外接圆上，在直线 OO_a 上，在由射线 AB，AC 确定的扇形上，即 $Z' = A'$ 是伪内切圆与外接圆的切点上，实际上，线性相关等价于

$$\cos A + \cos B + \cos C = 1 + \frac{r}{R}$$

由 Carnot 定理，上式成立. 于是问题化为证明直线 $c(s-b)\beta = b(s-c)\gamma$ 与内切圆的交点（离 A 最远处）在 $\triangle DXY$ 外接圆上，其中 Z 显然是 Z' 关于 A 与比例因子 $\cos^2\frac{A}{2}$ 换算的结果（即相同比例换算把 A - 伪内切圆变换为内切圆）.

现在用 $c(s-c) = 4Rr\cos^2\frac{C}{2}$，可以在三线坐标系中把内切圆方程改写成

$$\begin{aligned}&a^2(s-a)^2\alpha^2 + b^2(s-b)^2\beta^2 + c^2(s-c)^2\gamma^2\\&= 2bc(s-b)(s-c)\beta\gamma + 2ca(s-c)(s-a)\gamma\alpha + 2ab(s-a)(s-b)\alpha\beta\end{aligned}$$

在一些代数运算后，与最接近边 BC（因此离 A 最远）的直线 $c(s-b)\beta = b(s-c)\gamma$ 的交点满足

$$abc(s-a)a = (b-c)^2c(s-b)\beta = (b-c)^2b(s-c)\gamma$$

对精确三线坐标的 α,β,γ，我们需要 $a\alpha + b\beta + c\gamma = 2s$，或等价地，在精确三线坐标系中

$$Z \equiv \left(\frac{(b-c)^2(s-b)(s-c)}{2R(a(s-a)+(b-c)^2)}, \frac{ab(s-c)(s-a)}{2R(a(s-a)+(b-c)^2)}, \frac{ca(s-a)(s-b)}{2R(a(s-a)+(b-c)^2)}\right)$$

现在只要证明，这个点与 D,X,Y 共圆，现在已知关于参考 $\triangle ABC$，具有精确三线坐标 (α,β,γ) 的四点，众所周知，为使它们共圆，当且仅当形如 $(a\beta\gamma + b\gamma\alpha + c\alpha\gamma, \alpha, \beta, \gamma)$ 的四个 4 - 向量共线. 以 $\boldsymbol{u},\boldsymbol{v}$ 分别表示 D,Z 的 4 - 向量. 与 2 个非零系数 ρ,k 的线性组合使 $\rho\boldsymbol{u} + k\boldsymbol{v} \equiv (0, \alpha', \beta', \gamma')$，显然对 X,Y，$a\beta\gamma + b\gamma\alpha + c\alpha\gamma = 0$，因为 X,Y 二者在外接圆上，由于它们二者也在直线 EF 上，所以只要证明 $(\alpha', \beta', \gamma')$ 满足直线 EF 的方程.

注意，在精确三线坐标系中

$$D \equiv (0, (s-c)\sin c, (s-b)\sin B)$$

对 E,F 是类似的，可见 D 的 4 - 向量是

$$u \equiv (a(s-b)(s-c)\sin B\sin C, 0, (s-c)\sin c, (s-b)\sin B)$$

而直线 EF 的方程是

$$EF \equiv a(s-a)\alpha = b(s-b)\beta + c(s-c)\gamma$$

从以上结果在少数计算后并用 Heron 公式,求出 Z 的 4 - 向量:

$$v \equiv \left(\frac{arS^2}{KR}, \frac{(b-c)^2(s-b)(s-c)}{2KR}, \frac{ab(s-c)(s-a)}{2KR}, \frac{ca(s-a)(s-b)}{2KR}\right)$$

其中 $K = a(s-a) + (b-c)^2$.

由此得出,$k = KRbc, \rho = -4R^2rs(s-a) = -abcR(s-a)$ 给出了要求的线性组合,使

$$(\alpha', \beta', \gamma') \equiv \left(K' \frac{(b-c)(s-b)(s-c)}{a}, (s-c)(s-a), -(s-a)(s-b)\right)$$

其中 $K' = \frac{abc(b-c)}{2}$,于是只要证明

$$(s-a)(b-c)(s-b)(s-c) = b(s-b)(s-c)(s-a) - c(s-c)(s-a)(s-b)$$

它显然成立,推出结论.

O245 证明:不能在 $(1+\sqrt{2}) \times (1+\sqrt{2})$ 正方形中无重叠地放入 5 个 1×1 正方形,但可以在 $\left(2+\frac{1}{\sqrt{2}}\right) \times \left(2 \cdot \frac{1}{\sqrt{2}}\right)$ 正方形中无重叠地放入它们.

美国 Massachusetts 理工大学 Ivan Borsenco 提供

证 首先证明不能在正方形

$$Q = [0, 1+\sqrt{2}]^2$$

中,无重叠地放入 5 个 1×1 正方形,我们的主要要求如下:如果 1×1 正方形 U 在 Q 内,那么以下 4 个点中至少有一点属于 U:

$$p_1 = \left(\frac{2+\sqrt{2}}{4}, \frac{2+3\sqrt{2}}{4}\right), \quad p_2 = \left(\frac{2+3\sqrt{2}}{4}, \frac{2+3\sqrt{2}}{4}\right)$$

$$p_3 = \left(\frac{2+\sqrt{2}}{4}, \frac{2+\sqrt{2}}{4}\right), \quad p_4 = \left(\frac{2+\sqrt{2}}{4}, \frac{2+3\sqrt{2}}{4}\right)$$

实际上,令 c 是 U 的中心,那么它到 Q 各边的距离大于或等于 1/2,这蕴含

$$c \in [1/2, 1/2+\sqrt{2}]^2 \subset \bigcup_{i=1}^{4} B(p_i/1, 2)$$

因为 U 包含闭圆盘 $B(c, 1/2)$,所以它至少包含 4 点 P_i 之一. 实际上容易验证它严格在 U 内,只有一个例外,即 U 各边中点恰好是 P_1, P_2, P_3, P_4 时.

现在如果设在 Q 内有 5 个 1×1 正方形,那么有 2 种情形,如果 5 个正方形在它们内部至少有 4 点 P_1, P_2, P_3, P_4 之一,那么由抽屉原理,其中至少有 2 个正方形重叠,否则 5 个正方形之一在例外位置中,必须与其他 4 个正方形重叠.

另一方面,5 个 1×1 正方形可以用以下方式无重叠地放入 $\left(2+\frac{1}{\sqrt{2}}\right) \times \left(2+\frac{1}{\sqrt{2}}\right)$ 正方

形中.

O246　令 P 是凸多边形 $A_1A_2\cdots A_n$ 内部或边界上的点. 证明:当 P 是 $A_1A_2\cdots A_n$ 的顶点时,达到 $\sum_{i=1}^{n} PA_i$ 的最大值.

美国 Princeton 大学 Cosmin Pohoata 提供

证　令 $\mathscr{C}$ 是凸多边形的内部或边界上的点集,首先注意映射 $P \to f(P)$ 是凸的:如果 $\alpha,\beta \geqslant 0$,且 $\alpha+\beta=1$,那么对任何 $P,Q \in \mathscr{C}$,有 $\alpha P+\beta Q \in \mathscr{C}$ 与

$$\begin{aligned} f(\alpha P+\beta Q) &= \sum_{i=1}^{n} | \alpha(P-A_i)+\beta(Q-A_i) | \\ &\leqslant \alpha\sum_{i=1}^{n} | P-A_i | + \beta\sum_{i=1}^{n} | P-A_i | \\ &= \alpha f(P)+\beta f(Q) \end{aligned}$$

此外,对 $\mathscr{C}$ 中任一点 P,$\mathscr{C}$ 是顶点 $A_1,A_2,\cdots,A_n$ 的凸集合,即存在 $\alpha_1,\alpha_2,\cdots,\alpha_n$,使

$$\sum_{i=1}^{n}\alpha_i = 1 \text{ 与 } P = \sum_{i=1}^{n}\alpha_i A_i$$

因此由 f 的凸性

$$f(P) = f\left(\sum_{i=1}^{n}\alpha_i A_i\right) \leqslant \sum_{i=1}^{n}\alpha_i f(A_i) \leqslant \sum_{i=1}^{n}\alpha_i \max_{i=1,\cdots,n} f(A_i) = \max_{i=1,\cdots,n} f(A_i)$$

这表示当 P 是 $\mathscr{C}$ 的顶点时,$f(P)$ 达到最大值.

O247　求以下方程的正整数解

$$xy+yz+zx-5\sqrt{x^2+y^2+z^2}=1$$

美国 Dallas 市 Texas 大学 Titu Andreescu 提供

解　显然 $xy+yz+zx \geqslant 3$,把方程改写成形式

$$(xy+yz+zx-1)^2 = 25(x^2+y^2+z^2)$$

设 $xy+yz+zx=5t+1$,$t>0$,以致 $x^2+y^2+z^2=t^2$,于是

$$\begin{aligned} (x+y+z)^2 &= x^2+y^2+z^2+2(xy+yz+zx) \\ &= t^2+2(5t+1) = (t+5)^2-23 \end{aligned}$$

这给出

$$(t+5-x-y-z)(t+5+x+y+z)=23$$

因为 x,y,z 是正整数,所以一定有

$$\begin{cases}t+5-x-y-z=1\\t+5+x+y+z=23\end{cases}$$

把这2个方程相加,得 $t=7$,于是 $x+y+z=11$,$xy+yz+zx=36$,不失一般性设 $x\leqslant y\leqslant z$,显然 $x\leqslant 3$. 于是有 3 种情形.

(ⅰ)$x=1$,因此 $y+z=10$,$yz=26$,于是无解.

(ⅱ)$x=2$,因此 $y+z=9$,$yz=18$,于是 $y=3$,$z=6$.

(ⅲ)$x=3$,因此 $y+z=8$,$yz=12$,于是无解.

最后得出正整数解

$$(2,3,6),(2,6,3),(3,2,6),(3,6,2),(6,2,3),(6,3,2)$$

O248 从集合 $\{1,2,\cdots,31\}$ 中可以选出的元素最大个数是什么,使任何 2 个元素之和不是完全平方数?

亚美尼亚 Yerevan 市 Nairi Sedrakyan 提供

解 令 T 是 $\{1,2,\cdots,31\}$ 的子集,使 T 中没有 2 个元素和为完全平方数,把数 $\{1,\cdots,31\}$ 分成以下 3 个闭链:

$$(6,19,30),(7,9,16,20,29),(1,3,13,23,26,10,15)$$

与 8 个数偶

$$\{2,14\},\{4,5\},\{8,17\},\{11,25\},\{12,24\},\{18,31\},\{21,28\},\{22,27\}$$

注意,每个闭链有奇数长度,闭链的任何 2 个相继元素之和是完全平方数(包括第 1 个元素与最后元素),于是 T 至多包含第 1 个闭链的 1 个元素,至多包含第 2 个闭链的 2 个元素,至多包含第 3 个闭链的 3 个元素,也注意到,每个数偶之和是完全平方数,因此 T 至多有每个数偶的 1 个元素,于是 $|T|\leqslant 1+2+3+8=14$. 反之,不难求出大小为 14 的集合 T,例如 $\{2,4,11,13,15,16,17,22,24,26,28,29,30,31\}$.

O249 求所有的正整数三元组 (x,y,z),使

$$\frac{x}{y}+\frac{y}{z+1}+\frac{z}{x}=\frac{5}{2}$$

美国 Dallas 市 Texas 大学 Titu Andreescu 提供

解 应用算术平均 - 几何平均不等式,有

$$\frac{2}{3}>\left(\frac{5}{6}\right)^3=\left(\frac{1}{3}\left(\frac{x}{y}+\frac{y}{z+1}+\frac{z}{x}\right)\right)^3\geqslant\frac{z}{z+1}$$

从而 $z=1$,因此再次用算术平均 - 几何平均不等式,得

$$\frac{5}{2}+\frac{1}{x}=\frac{x}{y}+\frac{y}{2}+\frac{2}{x}\geqslant 3\sqrt[3]{\frac{x}{y}\cdot\frac{y}{2}\cdot\frac{2}{x}}=3$$

于是得$\frac{1}{x} \geqslant \frac{1}{2}$或$x \leqslant 2$.

如果$x = 2$,那么在以上算术平均 - 几何平均不等式中一定有等式,从而$y = 2$,这给出解$(x,y,z) = (2,2,1)$.

如果$x = 1$,那么等式变为$\frac{1}{y} + \frac{y}{2} = \frac{3}{2}$或$0 = y^2 - 3y + 2 = (y-1)(y-2)$.

因此得出还有2个解$(x,y,z) = (1,1,1)$与$(1,2,1)$.

O250　已知$\triangle ABC$,把A - 伪旁切圆定义为与$\triangle ABC$外接圆外切的圆,且与射线AB,AC相切,求A - 伪旁切圆半径公式,并给出A - 伪旁切圆的尺规作图规则.

西班牙国立 Navarra 大学 Daniel Tkadles 提供

解　以J_a表示伪旁切圆圆心,ρ_a表示伪旁切圆半径,因为伪旁切圆与射线AB,AC相切,所以存在关于中心A的伸缩比例,把内切圆变为伪旁切圆,或$\frac{AJ_a}{\rho_a} = \frac{AI}{r}$,其中$r$,$I$是$\triangle ABC$的内径与内心.应用余弦定理于$\triangle IAO$,$\triangle J_aAO$,其中$O$是$\triangle ABC$的外心,因为$\angle OAI = \angle OAJ_a$,由于$I$,$J_a$二者显然在$\angle BAC$的角平分线上,从而与$A$共线,我们求出

$$\frac{AO^2 + AJ_a^a - OJ_a^2}{2AO \cdot AJ_a} = \cos\angle OAJ_a = \cos\angle OAI = \frac{AO^2 + AI^2 - OI^2}{2AO \cdot AI}$$

其中$AO = R$是$\triangle ABC$的外接圆半径,众所周知$OI^2 = R^2 - 2Rr$.此外,$OJ_a = R + \rho_0$,因为外接圆与伪旁切圆外切,作这些代换,利用伪旁切圆与内切圆之间的比例性质,求出

$$\rho_a = r\frac{AI^2 + 4Rr}{AI^2 - r^2}$$

现在$r = AI\sin\frac{A}{2}$,众所周知(或用$\triangle ABC$面积不同表达式容易求出)

$$r = 4R\sin\frac{A}{2}\sin\frac{B}{2}\sin\frac{C}{2}$$

由此得

$$\rho_a = \frac{1}{\cos^2\frac{A}{2}} \cdot \frac{r}{\tan\frac{B}{2}\tan\frac{C}{2}} = \frac{1}{\cos^2\frac{A}{2}} \cdot \frac{(s-b)(s-c)}{r} = \frac{1}{\cos^2\frac{A}{2}} \cdot \frac{rs}{s-a}$$

其中利用了$\sin\frac{A}{2} = \cos\frac{B+C}{2}$与$\triangle ABC$面积$S = rs$的 Heron 公式,我们将用$\rho_a$这个最后表达式来证明伪旁切圆尺规作图的正确性,要始终记住内切圆、A - 旁切圆与A - 伪旁切圆中每一个可由另一个关于中心A按比例换算且适当选择比例因子的结果.

众所周知(或考虑角平分线旁的对称性容易求出),内切圆与边AB,AC相切的点到A的距离为$s-a$,而A - 旁切圆与射线AB,AC相切的点到A的距离为s.可见$\frac{rs}{s-a}$实际上

是 A - 旁切圆半径,现在以 I_a 表示 A - 旁切圆圆心,以 U 表示 I_a 在 AB 上的投影,以 V 表示 AB 与 AI_a 的垂线的交点,此垂线是通过 I_a 作出的. 显然 $\triangle AI_aU \backsim \triangle AVI_a$,分别在 U,I_a 上是直角,且有 $\angle I_aAU = \angle VAI_a = \frac{A}{2}$,或

$$\frac{AV}{AU} = \frac{AI_a^2}{AU^2} = \frac{1}{\cos^2 \frac{A}{2}}$$

换言之,与射线 AB,AC 相切于到 A 距离为 AV 的圆,是 A - 旁切圆关于中心 A 按比例换算且用比例因子 $\frac{1}{\cos 2\frac{A}{2}}$ 的结果,因此是 A - 伪旁切圆. 这个 A - 伪旁切圆的作法如下:

(1) 作 $\angle BAC$ 的内角平分线与 $\angle ABC$ 的外角平分线,它们相交于 I_a.

(2) 通过 I_a 作 AI_a 的垂线,它交射线 AB,AC 于 V,V'.

(3) 分别通过 V,V' 作 AB,AC 的垂线,它们相交于 $\angle BAC$ 角平分线上的点 J_a.

(4) 通过 V,V' 以 J_a 为圆心作圆,这是 A - 伪旁切圆.

O251 在 $\triangle ABC$ 中,求不同于 A,B,C 的点 P 在它平面上的轨迹,使它有以下性质:如果 A',B',C' 分别在射线 PA,PB,PC 上,使 $\triangle A'B'C' \backsim \triangle ABC$,那么这些三角形是位似三角形.

捷克共和国 Charles 大学 Josef Tkadlec 提供

解 设 $\triangle A'B'C' \backsim \triangle ABC$,但不与它位似,则由 $\triangle A'B'C' \backsim \triangle ABC$ 把点 P 映射为点 Q,使从 Q 看到的线段 AB,BC,CA 所对的角,等于从 P 看到的相同的角,注意,2 个三角形不位似这个命题恰好变为 $Q \neq P$. 反之,如果有点 $Q \neq P$,使从 Q 看到的线段 AB,BC,CA 所对的角,等于从 P 看到的相同的角,那么取射线 QA,QB,QC 与取射线 PA,PB,PC 的平面距离相等. 在这种映射下,$\triangle ABC$ 的像是 $\triangle A'B'C'$,$\triangle A'B'C'$ 的顶点在射线 PA,PB,PC 上,$\triangle A'B'C' \backsim \triangle ABC$,但不是位似,因此只要分析这样的点 Q 是否存在.

要记住一个重要观点,虽然我们需要从 Q 看到的角等于从 P 看到的角,但是不需要带号角相同. 因此可能有 2 种情形. 在第 1 种情形下,带号角被保持,$\triangle A'B'C'$ 与 $\triangle ABC$ 之间的相似性的定向被保持,在第 2 种情形下,带号角是相反的,相似性的定向是相反的.

首先设 P 在 $\triangle ABC$ 内部或边上,则 3 条线段所对的角之和为 $360°$,因为 Q 有相同的角,它一定也在 $\triangle ABC$ 内部,带号角一定被保持,但是 P 所对的带号角确定了分别通过 AB,BC,CA 的三圆的弧,因此 Q 一定在相同的三圆上,$P = Q$.

其次设 P 在 $\triangle ABC$ 外部,但是相似性的定向被保持,不失一般性,可设 A 在 P 看到的 B 与 C 之间,线段 AB 与 AC 所对的带号角确定了通过 P 的圆弧,因为 Q 一定看到 A 在 B 与 C 之间,有相同的带号角,所以它也一定在这些弧上,这迫使 $P = Q$,除非 2 条圆弧重合,即 P 与 Q 在 $\triangle ABC$ 外接圆上,反之,标准情形是,如果 P 与 Q 在 $\triangle ABC$ 外接圆的同一弧上,

那么从 P 与 Q 对线段 AB,BC,CA 所张相同的角.

最后设 P 在 $\triangle ABC$ 外部,但相似性的定向相反. 不失一般性又设 A 在从 P 看到的 B 与 C 之间. 现在,Q 所对的带号角是负的 P 所对带号角. 因此 Q 在 $\overset{\frown}{APB}$ 与 $\overset{\frown}{APC}$ 分别通过 AB 与 AC 的反射弧交点上,这两圆相交于 A 上,于是它们将有第 2 个交点 Q,从 Q 看 AB 与 AC 所对角之和小于 $180°$,于是 Q 确实在 $\triangle ABC$ 外部(于是 C 至少一般地在这两圆弧不重合时),这样的点 Q 是唯一的.

因此我们看出本题的答案是,在 $\triangle ABC$ 内部或边上的点 P 有要求的性质. 如果加上附加条件:相似性的定向一定相反,那么不在 $\triangle ABC$ 外接圆上的所有点 P 有极美妙的性质.

O252　考虑 $N \times N$ 单位正方形网格,它们原来都涂上白色,网格正方形上的直线指的是正方形的行或列. 2 个游戏者 A 与 B 在网格上玩以下游戏,从 A 开始,他们轮流进行,第 1 步 A 选择任一直线 l,第 2 步 B 应当在直线 l 上选择 1 个正方形,并把它涂成黑色,然后 B 应当选择 1 条直线,使它不通过这个黑色正方形,在以后各步中,1 人首先应当在与以前方向相反的直线上选择 1 个正方形,把它涂成黑色,其次选择 1 条新直线,使它不包含任一黑正方形,失败者是不能在黑正方形外选择一直线的第 1 个游戏者. 有没有某游戏者获胜的策略?如果有,请求出它.

美国 Princeton 大学 Cosmin Pohoata 提供

解　当 N 不是 3 的倍数时有 A 获胜的策略,当 N 是 3 的倍数时有 B 获胜的策略.

用 2 个参数 m 与 n 来描述游戏的中间状态,第 1 个参数 m 是与现有选出的一直线同方向的直线数,它不包含被选出的一直线且不包含黑正方形. 第 2 个参数 n 是在垂直方向上的直线数,它不包含黑正方形,注意,在 A 第 1 步后状态是 $(m,n) = (N-1,N)$,在 B 第 1 步后状态是 $(m,n) = (N-2,N-1)$.

在以后任何一步中,如果在开始那一步的状态是 (m,n),那么游戏者可以在网格板上留下状态 $(m-1,n)$,$(m-1,n-1)$,$(n-1,m)$ 或 $(n-2,m)$ 中任何一种,它有非负表值,为看出这一点,为不失一般性,设现有选出的 1 条直线是网格的一行,为了达到 $(m-1,n)$,我们在这一行与一列上选出一个正方形,它已经被涂黑了(比方说它包含正是第 1 个被涂黑正方形),于是可以选出 m 行中任 1 行,为了达到 $(m-1,n-1)$,把 n 列之一上的正方形涂黑,这些列已经不包含黑正方形,然后选出可用的 m 行中任一行,其他 2 种状态是类似的,除了在涂黑一个正方形后我们选出一列,注意这些选择包含所有可用的选择,因此它们只是可能状态,注意,没有可用的一步时唯一状态是 $(m,n) = (0,0)$,因此剩下状态 $(0,0)$ 就获胜了.

现在将称状态是"好的",如果 m 是偶数,$2n \leqslant m$ 或 $\frac{m+1}{2} < n \leqslant 2m$,$n \equiv 2m \pmod 3$. 注意获胜状态 $(m,n) = (0,0)$ 是好的,我们将证明,好状态恰好是为第 2 个游戏者获胜的

状态,这等于证明 2 个事实:

(1) 不可能在一步中从一个好状态到达另一个好状态.

(2) 对任一坏(即不是好) 状态,可以在一步中到达好状态.

这些条件蕴含这个状态使第 2 个游戏者获胜这个事实是显然的,如果第 2 个游戏者使游戏留在好状态,那么他已经获胜,或由(1),第 1 个游戏者一定使它留在坏状态. 因此第 1 个游戏者不能获胜,由(2),第 2 个游戏者又回到好状态,如果 $N \equiv 0 \pmod 3$,那么状态 $(m,n) = (N-2, N-1)$ 是好的,从而 B 有获胜策略,否则状态 $(m,n) = (N-2, N-1)$ 是坏的,A 有获胜策略,在任何一种情形下,获胜策略总是把游戏留在好状态,要如何做到这一点,请见以下(2) 的证明.

为了证明(1),首先设我们在好状态 $(m,n) = (2r,s)$,$s \leqslant r$. 如果移到 $(m',n') = (2r-1,s)$ 或 $(2r-1,s-1)$,那么第 1 个坐标 m' 是奇数,第 2 个坐标是小的 $n' \leqslant s \leqslant \frac{m'+1}{2}$. 因此我们在坏状态,如果移到 $(m',n') = (s-1,2r)$ 或 $(s-2,2r)$,那第 2 个坐标是大的 $n' = 2r > 2(s-1) \geqslant 2n'$,于是我们又在坏状态. 其次设当 $0 \leqslant s < r/2$ 时,我们在好状态 $(m,n) = (r,2r-3s)$,如果移到 $(m',n') = (r-1,2r-3s)$ 或 $(r-1,2r-3s-1)$,那么第 2 个坐标也是大的 $n' \geqslant 2r-3s-1 \geqslant 2r-3\frac{r-1}{2} = \frac{r+2}{2} > \frac{m'}{2}$,对模 3 的同余是错的 $n'-2m' \equiv 2$ 或 $1 \pmod 3$. 因此我们在坏状态,如果移到 $(m',n') = (2r-3s-1,r)$ 或 $(2r-3s-2,r)$,那么 $2n' = 2r > m'$,$n'-2m'$ 也不是 3 的倍数,因此我们又在坏状态.

为了证明(2),注意坏状态 (m,n) 满足以下条件之一:$n \geqslant 2m+1$;$m/2 < n < 2m$ 与 $n-2m$ 不是 3 的倍数;或 m 是奇数,$n \leqslant m/2$. 在第 1 种情形下,移到 $(m',n') = (n-1,m)$ 或 $(n-2,m)$,随便那个给出 m' 是偶数,于是有 $2n' = 2m \leqslant n-1$. 如果有等式,那么 $n-1 = m'$ 是偶数,于是 $2n' \leqslant m'$,如果不是等式,那么 $2n' = 2m \leqslant n-2 \leqslant m'$,在第 2 种情形下,移到 $(m',n') = (m-1,n)$ 或 $(m-1,n-1)$,随便那个给出 $n'-2m'$ 是 3 的倍数,对这样的状态有

$$\frac{m'}{2} = \frac{m-1}{2} \leqslant n-1 \leqslant n' \leqslant 2m-1 = 2m'+1$$

下界不完全与上述好状态定义第 2 种情形一致,但是等式情形适合好状态第 1 种情形. 上界也不一致,但是等式给出 $n'-2m' = 1$,没有 mod 3 条件,因此我们一定有要求的不等式 $n' \leqslant 2m'$,于是我们在好状态,在第 3 种情形下,移到 $(m',n') = (m-1,n)$,则 $m' = m-1$ 是偶数,$2n' = 2n \leqslant m-1 = m'$,因此我们在好状态.

O253 求 2 013 的最小倍数,使方程组

$$(x^2+y^2)(y^2+z^2)(z^2+x^2) = x^6+y^6+z^6+4n^2, xyz = n$$

有整数解.

美国 Dallas 市 Texas 大学 Titu Andreescu 提供

解　我们有

$$0 = x^6 + y^6 + z^6 + 4(xyz)^2 - (x^2 + y^2)(y^2 + z^2)(z^2 + x^2)$$
$$= (x^2 - y^2 - z^2)(x^2 + y^2 - z^2)(x^2 - y^2 + z^2)$$

于是导出 $x^2 - y^2 - z^2 = 0$ 或 $x^2 + y^2 - z^2 = 0$ 或 $x^2 - y^2 + z^2 = 0$.

这展示 (x,y,z) 是勾股弦三数组,因此对某些整数 u 与 u,有形式 $(u^2 - v^2, 2uv, u^2 + v^2)$,于是

$$xyz = n = k \cdot 2\,013 = k \cdot 3 \cdot 11 \cdot 61 = 2uv(u - v)(u + v)(u^2 + v^2)$$

容易验证,使以上方程成立的 2 013 最小倍数是 $n = 20 \cdot 2\,013$. 于是有 $u = 6, v = 5$.

O254　考虑 2 个平行四边形,它们恰好相交于 8 个点. 证明:这些平行四边形的公共面积大于或等于它们中一个面积的一半.

亚美尼亚 Yerevan 市 Nairi Sedrakyan 提供

证

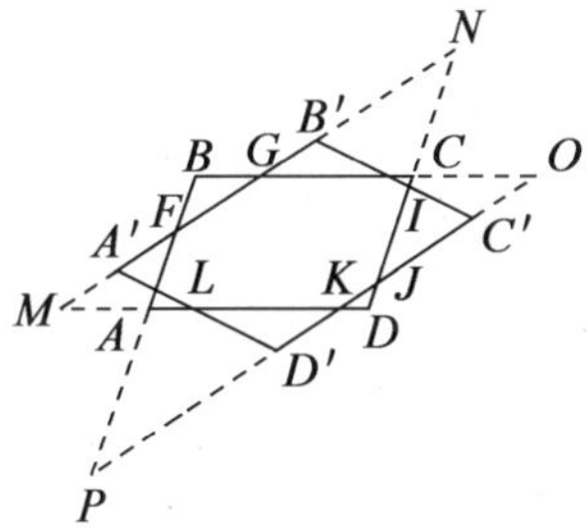

在上图中,$ABCD$ 与 $A'B'C'D'$ 是 2 个平行四边形,设 $[ABCD] \leqslant [A'B'C'D']$,其中 $[\cdot]$ 表示面积.

首先把 A'' 与 B'' 安排在 MN 上,以致 $A''A \parallel A'D' \parallel B''C$. 于是存在 $t \in (0,1)$ 使 $A'' = tM + (1-t)F, B'' = tG + (1-t)N$. 从而

$$A'B' < A''B'' \leqslant tMG + (1-t)FN \leqslant \max\{MG, FN\}$$

因此 $[A'B'C'D'] < \max\{[MGOK], [FNJP]\}$.

其次找出矛盾,设 $FB + DJ > AB$ 与 $BG + KD > BC$,则 $[FBG] > [JCO]$,因为 $FB > JC$,与 $[FBG] > [PAK]$,因为 $BG > AK$. 同样,$[KJD] > [MFA]$,$[KJD] > [GNC]$. 从而 $[ABCD] > \max\{[MGOK], [FNJP]\} > [A'B'C'D']$,矛盾. 因此 $FB + DJ \leqslant AB$ 或 $BG + KD \leqslant BC$. 从而 $\triangle FBG$ 通过 FG 的反射图与 $\triangle KJD$ 通过 KJ 的反射图不能重叠,类似地,$\triangle AEL$ 通过 EL 的反射图与 $\triangle CIH$ 通过 IH 的反射图不能重叠.

因此 $[EFGHIJKL] > \dfrac{1}{2}[ABCD]$.

O255　正整数集合称为好集合,如果对于该集合中每对不同元素 a 与 b,$ab + 1$ 是平方数,好集合 S 称为最大好集合,如果对于所有正整数 n,$S \cup \{n\}$ 不是好集合.

(a) 证明:没有基数为 1,2,3 的最大好集合.

(b) 证明:能求出基数为 4 的无限多个最大好集合.

美国 Florida 州 Roberto Bosch Cabrera 提供

证 (a) 如果$\{a\}$是容量为1的好集合,那么易见$\{a,a+2\}$是容量为2的好集合. 从而没有容量为1的最大集合. 如果$\{a,b\}$是好集合,那么定义$c=a+b+2\sqrt{ab+1}$(这是整数,因为$\{a,b\}$是好集合). 于是计算

$$ac+1=a^2+2a\sqrt{ab+1}+ab+1=(a+\sqrt{ab+1})^2$$

是完全平方数,对$bc+1$是类似的. 因此$\{a,b,c\}$是好集合,没有最大集合有容量 2.

如果$\{a,b,c\}$是好集合,那么定义

$$d=2abc+a+b+c+2\sqrt{(ab+1)(bc+1)(ca+1)}$$

(这是整数,因为$\{a,b,c\}$是好集合),于是计算

$$\begin{aligned}ad+1&=a^2(bc+1)+2a\sqrt{(ab+1)(bc+1)(ca+1)}+a^2bc+ab+ac+1\\&=(a\sqrt{bc+1}+\sqrt{(ab+1)(ac+1)})^2\end{aligned}$$

是完全平方数,对$bd+1$与$cd+1$是类似的. 因此$\{a,b,c,d\}$是好集合,没有最大集合有容量 3.

(b) 固定好的三元组$\{a,b,c\}$,考虑求所有d的问题,d把这个三元组扩大为好的四元组,任意这样的d有性质

$$s^2=(ad+1)(bd+1)(cd+1)$$

是完全平方数,对固定的a,b,c,这个关于d与s的方程定义了一条椭圆曲线,它有一个著名结果(Siegel 定理),这样的曲线只有有限多个整数解. 因此只有有限多个d来扩大$\{a,b,c\}$. 此外,对任何固定的a,b,c,有求所有整数的明显(但复杂)的算法. 这使它可能求出特殊三元组的所有扩大. 例如对$\{1,3,8\}$,唯一扩大是 120,对$\{2,4,12\}$,唯一扩大是 420,因此四元组$\{1,3,8,120\}$与$\{2,4,12,420\}$是好集合与最大集合,但是用这种方法证明有无限多个了,似乎需要技巧.

O256 令$A_1\cdots A_n$是正多边形,M是它内部的点. 证明

$$\sin\angle A_1MA_2+\sin\angle A_2MA_3+\cdots+\sin\angle A_nMA_1>\sin\frac{2\pi}{n}+(n-2)\sin\frac{\pi}{n}$$

亚美尼亚 Yerevan 市 Nairi Sedrakyan 提供

证 我们从$\angle A_iMA_{i+1}=\alpha_i>\frac{\cup A_iA_{i+1}}{2}=\frac{\pi}{n},i=1,2,\cdots,n,A_{n+1}\equiv A_1$与$\alpha_1+\alpha_2+\cdots+\alpha_n=2\pi$开始.

我们将证明,如果$\frac{\pi}{n}<\alpha_i<\pi,i=1,2,\cdots,n$与$\alpha_1+\alpha_2+\cdots+\alpha_n=2\pi$,那么

$$\sin\alpha_1+\sin\alpha_2+\cdots+\sin\alpha_n>\sin\frac{2\pi}{n}+(n-2)\sin\frac{\pi}{n}$$

只要注意到,如果 $\alpha>\frac{\pi}{n},\beta>\frac{\pi}{n},\alpha+\beta<2\pi$,那么推出

$$\sin\alpha+\sin\beta>\sin\frac{\pi}{n}+\sin\left(\alpha+\beta-\frac{\pi}{n}\right)$$

令 $\alpha_n=\max(\alpha_1,\alpha_2,\cdots,\alpha_n)$,我们有

$$\begin{aligned}&\sin\alpha_1+\sin\alpha_2+\cdots+\sin\alpha_{n-1}\\&>(n-2)\sin\frac{\pi}{n}+\sin\left(\alpha_1+\alpha_2+\cdots+\alpha_{n-1}-(n-2)\frac{\pi}{n}\right)\end{aligned}$$

因此,注意到

$$\sin\left(\alpha_1+\alpha_2+\cdots+\alpha_{n-1}-(n-2)\frac{\pi}{n}\right)+\sin\alpha_n>\sin\frac{2\pi}{n}+\sin\pi=\sin\frac{2\pi}{n}$$

推出结论.

O257　令 p 是奇素数,$N_k=\sum\limits_{j=1}^{\frac{p-1}{2}}\tan^{2k}\frac{j\pi}{p}$,证明以下命题:

(a) N_k 是整数.

(b) N_k 可被 $p^{1+\lfloor 2\frac{k-1}{p-1}\rfloor}$ 整除.

(c) $N_{\frac{p-1}{2}k}$ 不可被 p^{k+1} 整除.

瑞士 Herrliberg 市 Albert Stadler 提供

解法 1　(a) 对 $1\leqslant j\leqslant(p-1)/2$ 有

$$\left(\frac{-1+\tan\left(\frac{\pi j}{p}\right)}{-1-\tan\left(\frac{\pi j}{p}\right)}\right)^p=\left(\frac{\cos\left(\frac{\pi j}{p}\right)+\mathrm{i}\sin\left(\frac{\pi j}{p}\right)}{\cos\left(\frac{\pi j}{p}\right)-\mathrm{i}\sin\left(\frac{\pi j}{p}\right)}\right)^p=\left(\frac{\mathrm{e}^{\frac{\mathrm{i}\pi j}{p}}}{\mathrm{e}^{-\frac{\mathrm{i}\pi j}{p}}}\right)^p=1$$

于是

$$\begin{aligned}0&=\left(-\mathrm{i}+\tan\left(\frac{\pi j}{p}\right)\right)^p-\left(-\mathrm{i}-\tan\left(\frac{\pi j}{p}\right)\right)^p\\&=\left(\mathrm{i}+\tan\left(\frac{\pi j}{p}\right)\right)^p+\left(-\mathrm{i}+\tan\left(\frac{\pi j}{p}\right)\right)^p\\&=\sum_{k=0}^{p}\binom{p}{k}\tan^{p-k}\left(\frac{\pi j}{p}\right)(\mathrm{i}^k+(-\mathrm{i})^k)+\\&=2\tan\left(\frac{\pi j}{p}\right)\sum_{k=0}^{\frac{p-1}{2}}(-1)^k\binom{p}{2k}\tan^{p-2k-1}\left(\frac{\pi j}{p}\right)\end{aligned}$$

设 $x:=\tan^2\left(\frac{\pi j}{p}\right),1\leqslant j\leqslant(p-1)/2$. 我们断定 $x_j,1\leqslant j\leqslant(p-1)/2$,是以下方程的根

$$\sum_{k=0}^{\frac{p-1}{2}}(-1)^k\binom{p}{2k}x^{-\frac{p-1}{2}-k}=0$$

于是

$$\sum_{k=0}^{\frac{p-1}{2}}(-1)^k\binom{p}{2k}x^{\frac{p-1}{2}-k}=\prod_{j=1}^{\frac{p-1}{2}}(x-x_j)$$

$$=\sum_{k=0}^{\frac{p-1}{2}}(-1)^k e_k(x_1,x_2,\cdots,x_{\frac{p-1}{2}})x^{\frac{p-1}{2}-k} \qquad (1)$$

其中对于 $k\geqslant 0, e_k=e_k(x_1,x_2,\cdots,x_{\frac{p-1}{2}})$ 表示第 k 个初等对称多项式如下:

$$e_k(x_1,x_2,\cdots,x_{\frac{p-1}{2}})=\sum_{1\leqslant j_1<\cdots<j_k\leqslant\frac{p-1}{2}}x_{j_1},x_{j_2},\cdots,.x_{j_k}$$

尤其是

$$e_0(x_1,x_2,\cdots,x_{\frac{p-1}{2}})=1$$

$$e_1(x_1,x_2,\cdots,x_{\frac{p-1}{2}})=x_1+x_2+\cdots+x_{\frac{p-1}{2}}$$

$$e_2(x_1,x_2,\cdots,x_{\frac{p-1}{2}})=\sum_{1\leqslant j<k\leqslant\frac{p-1}{2}}x_jx_k$$

$$\cdots\cdots$$

$$e_{\frac{p-1}{2}}(x_1,x_2,\cdots,x_{\frac{p-1}{2}})=x_1\cdot x_2\cdot x_{\frac{p-1}{2}}$$

$$e_k(x_1,x_2,\cdots,x_{\frac{p-1}{2}})=0,\text{for } k>(p-1)/2$$

计算(1) 中的系数,得

$$e_j(x_1,x_2,\cdots,x_{\frac{p-1}{2}})=\binom{p}{2j},0\leqslant j\leqslant (p-1)/2 \qquad (2)$$

显然

$$N_k=\sum_{j=1}^{\frac{p-1}{2}}\tan^{2k}\left(\frac{j\pi}{p}\right)=\sum_{j=1}^{\frac{p-1}{2}}x_j^k$$

是 k 次幂的和.

注意

$$ke_k=\sum_{j=1}^{k}(-1)^{j-1}e_{k-j}N_j$$

对所有 $k\geqslant 1$ 成立,由此推出

$$N_k=(-1)^{k-1}ke_k-\sum_{j=1}^{k-1}(-1)^j e_jN_{k-j}$$

$$=(-1)^{k-1}k\binom{p}{2k}-\sum_{j=1}^{k-1}(-1)^j\binom{p}{2j}N_{k-j} \qquad (3)$$

尤其是由(2) 与(3)

$$N_1 = \sum_{j=1}^{\frac{p-1}{2}} \tan^2\left(\frac{j\pi}{p}\right) = e_1 = \binom{p}{2} = \frac{p(p-1)}{2}$$

$$N_2 = \sum_{j=1}^{\frac{p-1}{2}} \tan^4\left(\frac{j\pi}{p}\right) = -2e_2 + e_2N_1 = -2\binom{p}{4} + \binom{p}{2}^2$$

$$= \frac{p(p-1)(p^2+p-3)}{6}$$

$$N_3 = \sum_{j=1}^{\frac{p-1}{2}} \tan^6\left(\frac{j\pi}{p}\right) = 3e_3 + e_1N_2 - e_2N_1$$

$$= 3\binom{p}{6} + \binom{p}{2}\frac{p(p-1)(p^2+p-3)}{6} - \binom{p}{4}\frac{p(p-1)}{2}$$

$$= \frac{p(p-1)(2p^4+2p^3-9p^2-8p+15)}{30}$$

由公式 $N_1 = \binom{p}{2}$ 与递推关系式(3) 看出所有的数 N_k 是整数.

(b) 我们要求 $p^{1+\left[2\frac{k-1}{p-1}\right]}$ 整除 N_k, (4)

用归纳法证明. 由(3), 命题(4) 对 $k = 1,2,\cdots,(p-1)/2$ 成立, 因为对 $1 \leqslant j \leqslant (p-1)/2$, p 整除 $\binom{p}{2j}$, 设 $n \geqslant (p-1)/2$, 命题(4) 对所有 $k \leqslant n$ 成立, 如果 $k = n+1$, 那么 $k \geqslant (p+1)/2$, 由(3),

$$N_k = -\sum_{j=1}^{\frac{p-1}{2}} (-1)^j \binom{p}{2j} N_{k-j}$$

由归纳假设, 这个数可被

$$p^{1+1+\left[2\frac{k-\frac{k-1}{2}-1}{p-1}\right]} = p^{1+\left[2\frac{k-1}{p}-1\right]}$$

整除. 因此命题对 $k = n+1$ 成立, 正是要求的结果.

(c) 我们要求 p^{k+1} 不整除 $N_{\frac{p-1}{2}k}$. (5)

为了证明, 同前用归纳法进行, 由(2)

$$N_{\frac{p-1}{2}} = (-1)^{\frac{p-1}{2}-1}\frac{p-1}{2}\binom{p}{p-1} - \sum_{j=1}^{\frac{p-1}{2}-1} (-1)^j \binom{p}{2j} N_{\frac{p-1}{2}-j}$$

$$\equiv (-1)^{\frac{p+1}{2}}\binom{p}{2} \pmod{p^2}$$

因此命题(5) 对 $k=1$ 成立,设命题对 $k=n$ 成立,则对 $k=n+1\geqslant 2$ 有

$$\begin{aligned}N_{\frac{p-1}{2}k} &= \sum_{j=1}^{\frac{p-1}{2}}(-1)^{j-1}\binom{p}{2j}N_{\frac{p-1}{2}k-j}\\&=(-1)^{\frac{p-1}{2}}pN_{\frac{p-1}{2}(k-1)}+\sum_{j=1}^{\frac{p-1}{2}-1}(-1)^{j-1}\binom{p}{2j}N_{\frac{p-1}{2}k-j}\\&\equiv(-1)^{\frac{p+1}{2}}pN_{\frac{p-1}{2}(k-1)}\pmod{p^{k+1}}\end{aligned}$$

由归纳假设,$N_{\frac{p-1}{2}(k-1)}$ 不可被 p^k 整除,因此 $N_{\frac{p-1}{2}k}$ 不可被 p^{k+1} 整除,结束了证明.

解法2 我们也可以用更复杂的代数方法给出解答. 令 $\omega=e^{2\pi i/p}$ 是 p 次单位根. 我们将利用数环 $\mathbf{Z}[\omega]$ 来讨论,需要关于这个环的几个主要事实:

(1)$\mathbf{Z}[\omega]\cap\mathbf{Q}=\mathbf{Z}$.

(2) 有 $\mathbf{Q}[\omega]$ 的域同态(从而有 Galois 群的元素),对 $1\leqslant a\leqslant p-1$,$\sigma_a$ 由 $\sigma_a:\omega\to\omega^a$ 确定,为使元素 $\alpha\in\mathbf{Q}[\omega]$ 是有理数,当且仅当它在所有这些映射下是不变的.

(3) 有理想$(\omega-1)\subset\mathbf{Z}[\omega]$,它是在$(p)$ 上的唯一素理想(于是$(\omega-1)\cap\mathbf{Z}=(p)$). 商 $\mathbf{Z}[\omega]/(\omega-1)\cong\mathbf{Z}/p\mathbf{Z}$ 是 p 次循环的,$(\omega-1)^{p-1}=(p)$.

特别地从(3) 得出,如果 $\alpha\in\mathbf{Z}\subset\mathbf{Z}[\omega]$ 是$(\omega-1)^k$ 的倍数,那么 α 是 $p^{\lceil k/(p-1)\rceil}$ 的倍数.

为了利用这些事实解答问题,注意

$$\tan\frac{j\pi}{p}=\frac{(\omega^{j/2}-\omega^{-j/2})/(2i)}{(\omega^{j/2}+\omega^{-j/2})/2}=-i\cdot\frac{\omega^j-1}{\omega^j+1}$$

因为

$$\begin{aligned}0=\frac{\omega^{jp}-1}{\omega^j-1}&=1+\omega^j+\omega^{2j}+\cdots+\omega^{(p-1)j}\\&=1+(1+\omega^j)(\omega^j+\omega^{3j}+\cdots+\omega^{(p-2)j})\end{aligned}$$

所以有

$$\frac{1}{\omega^j+1}=-(\omega^j+\omega^{3j}+\cdots+\omega^{(p-2)j})$$

于是

$$\tan^2\frac{j\pi}{p}=-(\omega^j-1)^2(\omega^j+\omega^{3j}+\cdots+\omega^{(p-2)j})\in\mathbf{Z}[\omega]$$

由此得 $N_k\in\mathbf{Z}[\omega]$. 注意

$$\sigma_a\left(\tan^2\frac{j\pi}{p}\right)=-\left(\frac{\omega^{aj}-1}{\omega^{aj}+1}\right)=\tan^2\frac{aj\pi}{p}$$

于是 σ_a 交换了和 N_k 中的各项,从而在应用它们之一时 N_k 不变. 于是由以上(2) 有 $N_k\in$

Q,由(1) 知 N_k 是整数,这证明了(a).

对于(b),只要注意 $\tan^2\dfrac{j\pi}{p}$ 是$(\omega-1)^2$ 的倍数,因为

$$\omega^j-1=(\omega-1)(\omega^{j-1}+\omega^{j-2}+\cdots+1)$$

于是 N_k 是$(\omega-1)^{2k}$ 的倍数,从而 N_k 是 $p^{\lceil 2k/(p-1)\rceil}$ 的倍数,因此只要注意到

$$\lceil 2k/(p-1)\rceil=1+\lfloor 2(k-1)/(p-1)\rfloor$$

就推出(b) 部分.

对于(c) 部分,我们计算

$$\begin{aligned}\tan^2\frac{j\pi}{p}&=-(\omega-1)^2(\omega^{j-1}+\cdots+1)^2(\omega^j+\omega^{3j}+\cdots+\omega^{(p-2)j})\\&\equiv-j^2\left(\frac{p-1}{2}\right)^2(\omega-1)^2\pmod{(\omega-1)^3}\end{aligned}$$

以致

$$\begin{aligned}\tan^{k(p-1)}\frac{j\pi}{p}&\equiv(-1)^{k(p-1)/2}j^{k(p-1)}\left(\frac{p-1}{2}\right)^{k(p-1)}(\omega-1)^{k(p-1)}\\&\equiv(-1)^{k(p-1)/2}(\omega-1)^{k(p-1)}\pmod{(\omega-1)^{k(p-1)+1}}\end{aligned}$$

其中利用了 Fermat 小定理与事实:在 $\mathbf{Z}[\omega]$ 中 $p\equiv 0(\bmod\ \omega-1)$. 于是

$$\begin{aligned}N_{k(p-1)/2}&=\sum_{j=1}^{(p-1)/2}\tan^{k(p-1)}\frac{j\pi}{p}\\&\equiv(-1)^{k(p-1)/2}\frac{p-1}{2}(\omega-1)^{k(p-1)}\pmod{(\omega-1)^{k(p-1)+1}}\end{aligned}$$

因此 $N_{k(p-1)/2}$ 不是 p^{k+1} 的倍数(因为在 $\mathbf{Z}[\omega]$ 中 p^{k+1} 的倍数对模$(\omega-1)^{(k+1)(p-1)}$ 同余于 0).

O258　令 $\sigma(n)$ 是 n 的所有正因子之和,证明:对所有 $n>1$

$$\sum_{k=0}^{n-1}(-1)^k(2k+1)\sigma\left(\frac{n^2+n}{2}-\frac{k^2+k}{2}\right)=(-1)^{n-1}\frac{n(n+1)(2n+1)}{6}$$

法国 Ecole 综合工科大学 Gabriel Dospinescu 提供

证　由 Jocobi 定理(例如见 K. Chandra - sekharan, *Elliptic Functions*, Grundlehren de mathematischen Wissenschaften, Vol. 281, Springer Verlag, Chapter Ⅷ, p. 125, Corollary4),

$$\prod_{n=1}^{\infty}(1-x^n)^3=\sum_{n=0}^{\infty}(-1)^n(2n+1)x^{\frac{1}{2}n(n+1)},\ |x|<1$$

此外

$$\sum_{n=1}^{\infty}\sigma(n)x^n=\sum_{n=1}^{\infty}\sum_{m\mid n}mx^n=\sum_{n=1}^{\infty}\sum_{m=1}^{\infty}mx^{mn}=\sum_{m=1}^{\infty}m\frac{x^m}{1-x^m}$$

$$= -x\frac{\mathrm{d}}{\mathrm{d}x}\sum_{m=1}^{\infty}\log(1-x^m) = -x\frac{\mathrm{d}}{\mathrm{d}x}\log\prod_{m=1}^{\infty}(1-x^m)$$

$$= -x\frac{\frac{\mathrm{d}}{\mathrm{d}x}\prod_{m=1}^{\infty}(1-x^m)}{\prod_{m=1}^{\infty}(1-x^m)}$$

于是

$$\sum_{n=1}^{\infty}\sigma(n)x^n\sum_{n=0}^{\infty}(-1)^n(2n+1)x^{\frac{1}{2}n(n+1)} = -x\prod_{m=1}^{\infty}(1-x^m)^2\frac{\mathrm{d}}{\mathrm{d}x}\prod_{m=1}^{\infty}(1-x^m)$$

$$= -\frac{x}{3}\frac{\mathrm{d}}{\mathrm{d}x}\prod_{m=1}^{\infty}(1-x^m)^3$$

$$= -\frac{1}{6}\sum_{n=0}^{\infty}(-1)^n n(n+1)(2n+1)x^{\frac{1}{2}n(n+1)}$$

我们计算了方程两边中 $x^{\frac{1}{2}n(n+1)}$ 的系数,就推出要求的命题.

O259 求方程 $x^5+15xy+y^5=1$ 的整数解.

美国 Dallas 市 Texas 大学 Titu Andreescu 提供

解 由方程的对称性可设 $x \geqslant y$,因为在 $x=y$ 情形下得方程 $2x^5+15x^2=1$,显然没有整数解,于是进一步也可设 $x>y$.

考虑 3 种情形.

(1) $xy=0$,于是得解 $(x,y)=(1,0)$.

(2) $xy<0$,于是由假设 $x>y$,我们有 $x>0,y>0$,在方程中把 y 换为 $-y$,得方程 $x^5-15xy-y^5=1$,其中 $x,y\geqslant 1$(因为现在 x,y 是正整数).

因为 $x^5-y^5=15xy+1>0$,于是 $x-y>0 \Leftrightarrow x \geqslant y+1$ 得出

$$x^5-y^5=(x-y)(x^4+y^4+xy(x^2+y^2)+x^2y^2) \geqslant 5(x-y)x^2y^2$$

与 $xy \geqslant 2$,因此

$$15xy+1 \geqslant 5(x-y)x^2y^2 \Leftrightarrow$$

$$3xy+\frac{1}{3} \geqslant (x-y)x^2y^2 \Rightarrow 3 \geqslant (x-y)xy \Leftrightarrow \frac{3}{xy} \geqslant x-y$$

因为 $1 \leqslant x-y$,于是 $x-y=1$ 与 $xy \leqslant 3$,但是方程组

$$\begin{cases}x-y=1\\xy=3\end{cases}$$

无整数解,于是剩下方程组

$$\begin{cases}x-y=1\\xy=2\end{cases}$$

给出解 $x=2,y=1$.

因为 $(x,y)=(2,1)$ 满足 $x^5-15xy-y^5=1$，于是在 $xy<0$ 情形下，$(x,y)=(2,-1),(-1,2)$ 是原方程的解.

(3) 令 $xy>0$，它在 $x,y<0$ 时是可能，于是在原方程中把 (x,y) 换为 $(-x,-y)$，得方程 $x^5+y^5=15xy-1$，其中 $1\leqslant x<y$，从而 $xy>2$，$x+y\geqslant 2x+1\geqslant 3$. 因为

$$\begin{aligned}x^5+y^5&=(x+y)(x^4+y^4-xy(x^2+y^2)+x^2y^2)\\&=(x+y)((xy+x^2+y^2)(x-y)^2+x^2y^2)\\&\geqslant(x+y)((xy+x^2+y^2)+x^2y^2)\geqslant(x+y)(3xy+x^2y^2)\\&=(x+y)(3+xy)xy\geqslant 3(3+2)xy=15xy\end{aligned}$$

于是 $15xy-1=x^5+y^5\geqslant 15xy$，这是矛盾.

因此原方程的所有解是 $(x,y)=(1,0),(0,1),(2,-1),(-1,2)$.

O260　令 p 是正实数，定义数列 $(a_n)_{n\geqslant 1}$ 为

$$a_1=0 \text{ 与 } a_n=\left\lfloor\frac{n+1}{2}\right\rfloor^p+a_{\lfloor\frac{n}{2}\rfloor},n\geqslant 2$$

求 $\frac{a_n}{n^p-1}$ 在所有正整数 n 上的最小值.

美国 San Jose 市 Arkady Alt 提供

解　我们需要 1 个标准事实：

引理　令 $a<b<c<d$ 是正实数，且 $a+d=b+c$，如果 $p>1$，那么 $a^p-b^p-c^p+d^p\geqslant 0$，如果 $0<p\leqslant 1$，那么 $a^p-b^p-c^p+d^p\leqslant 0$.

引理的证明　这例如可由写成下式推出：

$$a^p-b^p-c^p+d^p=p(p-1)\int_0^{b-a}\int_0^{c-a}(a+s+t)^{p-2}\mathrm{d}s\mathrm{d}t.$$

首先设 $p\geqslant 1$，定义

$$b_n=(2^p-1)a_n-(n^p-1)$$

其次计算

$$b_{2n}=(2^p-1)(n^p+a_n)-((2n)^p-1)=(2^p-1)a_n-(n^p-1)=b_n$$

引用以上引理

$$\begin{aligned}b_{2n+1}&=(2^p-1)((n+1)^p+a_n)-((2n+1)^p-1)\\&=[(2n+2)^p-(2n+1)^p-(n+1)^p+n^p]+b_n\geqslant b_n\end{aligned}$$

于是普通的归纳法证明了 $b_n\geqslant 0$，对某个 r 当 $n=2^r$ 时等式成立. 因此 $\frac{a_n}{n^p-1}\geqslant\frac{1}{2^p-1}$，在这种情形下等式成立，$\frac{1}{2^p-1}$ 是要求的最小值.

其次设 $0<p<1$. 定义

$$c_n = (3^p - 1)a_n - 2^p(n^p - 1)$$

于是同上计算

$$c_{2n} - c_n = -(4n)^p + (3n)^p + (2n)^p - n^p > 0$$

与

$$c_{2n+1} - c_n = -(4n+2)^p + (3n+3)^p + (2n)^p - (n+1)^p \geqslant 0$$

(在最后情形下,等式仅对 $n = 1$ 成立,否则引理给出严格不等式),因此普通归纳法证明了当 $n \neq 1,3$ 时,$n > 0$,$\frac{a_n}{n^p - 1} > \frac{2^p}{3^p - 1} = \frac{a_3}{3^p - 1}$,所以仅当 $n = 3$ 时达到最小值$\frac{2^p}{3^p - 1}$.

O261 求所有正整数 n,使

$$\sigma(n) - \varphi(n) \leqslant 4\sqrt{n}$$

其中 $\sigma(n)$ 是 n 的正因子之和,φ 是 Euler φ 函数.

瑞士 Herrliberg 市 Albert Stadler 提供

解 我们将证明,为使不等式成立,当且仅当

$$n \in \{1,8,p,p^2 : p \text{ 是素数}\}$$

对 $n = 1$,这是显然的,如果 $n = p$,那么

$$\sigma(p) - \varphi(p) = 1 + p - (p-1) = 2 \leqslant 4\sqrt{p}$$

这对任何素数 p 成立,如果 $n = p^2$,那么

$$\sigma(p) - \varphi(p) = 1 + p + p^2 - (p^2 - p) = 1 + 2p \leqslant 4\sqrt{p^2} = 4p$$

这对任何素数 p 成立. 现在注意到

$$\sigma(n) - \varphi(n) = n\left(\sum_{d|n} \frac{1}{d} - \sum_{d|n} \frac{\mu(d)}{d}\right) \geqslant 2n \sum_{p|n} \frac{1}{p}$$

如果 $n = p^k$,$k \geqslant 3$,那么由以上不等式

$$4p^{k/2} \geqslant \sigma(p^k) - \varphi(p^k) \geqslant 2p^{k-1}$$

即 $4 \geqslant p^{k-2}$,为使它成立,当且仅当 $n \in \{2^3, 2^4, 3^3\}$,容易检验要求的不等式仅当 $n = 8$ 时成立.

最后,如果 n 可被不同素数 $r \geqslant 2$ 整除,那么由算术平均 - 几何平均不等式

$$\sigma(n) - \varphi(n) \geqslant 2n \sum_{p|n} \frac{1}{p} > \frac{2nr}{\left(\prod_{p|n} p\right)^{1/r}} \geqslant 2rn^{1-\frac{1}{r}} \geqslant 4n^{1-\frac{1}{2}} = 4\sqrt{n}$$

要求的不等式不成立.

O262 令 $n \geqslant 3$ 是整数,考虑凸 n 边形 $A_1 \cdots A_n$,它内部有点 P,使得对于所有 $i \in [1, n-1]$,$\angle A_i P A_{i+1} = \frac{2\pi}{n}$,证明:$P$ 是到 n 边形各顶点距离之和最小的点.

美国 Massachusetts 理工学院 Ivan Borsenco 提供

证 考虑中心在 P 上的坐标系,并使正水平半轴沿着射线 OA_n 方向,或以 r_i 表示距离 OA_i,我们有

$$A_i \equiv (r_i\cos(i\alpha), r_i\sin(i\alpha)), i = 1,2,\cdots,n$$

今令 Q 是平面上任一点,表示为

$$Q \equiv (r\cos\beta, r\sin\beta)$$

显然

$$\begin{aligned} QA_i &= \sqrt{r^2 + r_i^2 - 2rr_i\cos(\beta - i\alpha)} \\ &= \sqrt{(r_i - r\cos(\beta - i\alpha))^2 + r^2\sin^2(\beta - i\alpha)} \\ &\geqslant r_i - r\cos(\beta - i\alpha) \end{aligned}$$

为使等式成立,当且仅当 $r = 0$ 或 $\beta - i\alpha$ 是 π 的整倍数,把所有这样的不等式相加,并减去到 p 的所有距离之和,求出

$$\sum_{i=1}^{n} QA_i - \sum_{i=1}^{n} PA_i \geqslant r_i - r\cos(\beta - i\alpha) = -r\sum_{i=1}^{n}\cos(\beta - i\alpha) = 0$$

其中利用了众所周知的事实:最后的和为0(它等价于命题“存在这样的正 n 边形,使它的一边与一条轴构成角 β”). 注意,因为当 $i = 1,2,\cdots,n$ 时,$\beta - i\alpha$ 不能同时是 π 的倍数(这时多边形至多有 2 个顶点,不合理),我们断定,为使等式成立,当且仅当 $r = 0$,即当且仅当 $Q = P$.

O263 在它顶点上有线性序 $<$ 的竞赛图 T 称为有序竞赛图,以$(T, <)$表示,如果$(T, <)$与$(T', <')$是有序竞赛图,例如说$(T, <)$由$(T', <')$诱导出来,如果有映射 $f:V(T)\to V(T')$,满足

(i) 当且仅当 $u < v$ 时 $f(u) <' f(v)$;

(ii) 当且仅当 $\overrightarrow{uv} \in E(T)$ 时 $\overrightarrow{f(u)f(v)} \in E(T')$.

证明:对于任何有序竞赛图$(T, <)$,存在竞赛图 T',使得对 T' 所有的序 $<'$,$(T, <)$由$(T', <')$诱导出来.

美国 Princeton 大学 Cosmin Pohoata 提供

证 我们将证明更强的事实,即对所有正整数 n,有一个很大的竞赛图 $\mathbf{T}_n$,使得对在 $\mathbf{T}_n$ 上任何有序的 $<'$ 与在 n 个顶点上任何有序的竞赛图$(T, <)$. $(T, <)$由$(\mathbf{T}_n, <')$诱导出来.

我们将对 n 归纳地建立 $\mathbf{T}_n$,基础情形 $n = 1$ 是显然的,只取 $\mathbf{T}_1$ 为单个顶点.

但是为了证明,不需要考虑下一种情形 $n = 2$ 是有益的. 取 $\mathbf{T}_2 = \overrightarrow{C_3}$ 由有序圈上排列的 3 个顶点组成. 固定 $\mathbf{T}_2$ 上的序 $<'$ 与具有 2 个顶点的有序竞赛图$(T, <)$,这二者一定有最大元素(按照它们各自的序),假设最大元素对应于彼此的序,$(\mathbf{T}_3, <')$的最大元素将有 2 个相邻元素,其中 1 个到达弧,另 1 个离开弧,因为这些是$(T, <)$仅有的 2 种可能

性,可见$(T, <)$由$(\mathbf{T}_n, <')$诱导出来.

对归纳步骤,将用以下简单的“设计”:

引理 对任何正整数k与M,存在有限集合X与X的M个元素子集的集合$\mathscr{A} = \{A_\alpha\}$,使

(1)X的所有各对元素至多与A_α的1个元素一起发生.

(2)有代表映射$\phi:\mathscr{A} \to X$(即对所有A_α,有$\phi(A_\alpha) \in A_\alpha$的映射),它是$k$对1的.

引理的证明 选出素数$p \geqslant \max(k,M)$,令$\mathbf{F}_p = \mathbf{Z}/p\mathbf{Z}$是具有$p$个元素的有限域,$X = \mathbf{F}_p^3$是在这个域上的3维向量空间,取$\mathscr{B}$为$X$的所有1维仿射子空间组成的集合,它的第1个坐标不是常数,任何这样的子空间一定包含唯一向量$\boldsymbol{v} = (0,v_2,v_3)$,它的第1个坐标为0,可以选择它的方向向量$\boldsymbol{w} = (1,w_2,w_3)$,它的第1个坐标为1.定义$\mathscr{B}_{v,w} = \{v + tw : t \in \mathbf{F}_p\}$,我们有$\mathscr{B} = \{B_{v,w}\}$.

X中任何一对点确定了唯一的仿射子空间(即它任意两点确定唯一直线),从而X中任何一对点至多与1个集合$B_{v,w}$一起发生(因为我们不取所有的仿射子集,所以它们不能一起发生),因此(1)成立.

定义代表映射$\phi(B_{v,w}) = v + w_2 w$,则容易计算,对$w_3$的任一选择,映射到$x = (x_1,x_2,x_3)$的子空间是具有$v = (0,x_2 - x_1^2,x_3 - x_1 w_3)$与$w = (1,x_1,w_3)$的子空间,因此这个代表映射是$p$对1的.

我们有集合X与子集$\mathscr{B}$的已知构造,$\mathscr{B}$提供了p个元素的子集与p对1的代表映射,微不足道的是,对每个$x \in X$用选择$B_{v,w}$中的k个元素建立要求的$\mathscr{A}$,$B_{v,w}$有它作为代表映射,然后取$B_{v,w}$的M个元素的子集,$B_{v,w}$包含代表映射,这完成了证明.

为了应用这来建立$\mathbf{T}_{n+1}$,令$M = 1 + |\mathbf{T}_n|$是$\mathbf{T}_n$顶点数外还有1个顶点,令$k = 2^{M-1}$,利用这些选择集合X与子集$\mathscr{A}$作为引理承认的条件,我们将建立具有顶点集合X的$\mathbf{T}_{n+1}$.对每个$x \in X$,有$k = 2^{M-1}$个子集A_α,它具有代表元素x,对每个这样的集合,$A_\alpha - \{x\}$中的各有向弧产生了$\mathbf{T}_n$的副本,有$k = 2^{M-1}$个图案,使X外各弧构成$\mathbf{T}_n$的这$k = 2^{M-1}$个副本,选择x外的各弧,以致每个这样的图案恰好发生一次,在对所有$x \in X$做这件事后,任意未指定的有向弧(即X中各对元素之间的弧在任何A_α中不会同时发生)是随机的,注意引理的条件(1)说明,在这个过程中,我们从不用2种不同方法来尝试1条有向弧.

$\mathbf{T}_{n+1}$有要求性质的事实是简单的归纳法,固定$\mathbf{T}_{n+1}$中任一序$<'$与在$n+1$个顶点上的任一有序竞赛图$(T, <)$,这二者一定有1个最大元素(按照它们各自的序),假设T_{n+1}的这样元素x与T中的y对应,由归纳假设,有序竞赛图$(T - \{y\}, <)$由$(\mathbf{T}_n, <')$诱导出来,因此它对应于$\mathbf{T}_n$的n个顶点的某个集合,由以上构造,有集合A_α包含代表元素x,使得这时把A_α的顶点与$\mathbf{T}_n \cap \{x\}$等同,我们看出从x到这n个顶点的弧与从y到$T - \{y\}$的弧有相同图案,因此在$(\mathbf{T}_{n+1}, <')$中求出了$(T, <)$的诱导副本,正是要求的结果.

附注:所讨论问题是 Noga Alon 等人论文中关于以下猜想作为有趣引理而发生的:

Erdös - Hajnal 猜想:对所有的图 H,存在常数 $\delta(H)>0$,使所有 H - 自由图 G(在 G 不包含 H 为诱导的子图意义上)有一团图或有大小至少为 $|V(G)|^{\delta(H)}$ 的稳定集合.

这是结构图论中很活跃的研究问题,关于它的内容,甚至显然容易处理的图分类,都知道得很少,对我们有用的证明包含很复杂的方法,对于现代的研究,我们建议参考 M. Chudnovscky, *The Erdös - Hajnal Conjecture - A Survey*, Journal of Graph Theory(已发表,但可用网络 http://www. Columbia. edu/mc2775/EHsurvey. pdf).

在竞赛图与 H - 自由图的 Ramsey 型定理(可参考 http://www. tan. ac. il/nogaa/PDFS/aps 4. pdf), Noga Alon 等人打开了证明这个猜想大量特殊情形的大门,他们在最明显的可能意义上,把以上图问题变换为一个竞赛图问题.

竞赛图的 Erdös - Hajnal 猜想,对所有竞赛图 T,存在常数 $\varepsilon(T)>0$,使具有 n 个顶点的所有 T - 自由竞赛图有传递子竞赛图(即没有有向圈的子竞赛图),它的大小至少为 $n^{\varepsilon(T)}$.

O264　令 $p>3$ 是素数,证明:当且仅当

$$\frac{1}{2}+\frac{1}{3}\left(1+\frac{1}{2}\right)+\cdots+\frac{1}{\frac{p-1}{2}}\left(1+\frac{1}{2}+\cdots+\frac{1}{\frac{p-3}{2}}\right)$$

的分子是 p 的倍数时,$2^{p-1}\equiv 1 \pmod{p^2}$.

法国 Ecole 综合工科大学 Gabril Dospinescu 提供

证　我们将用一个基本事实来解答这个问题,即 Wolstenholme 定理

$$1+\frac{1}{2}+\frac{1}{3}+\cdots+\frac{1}{p-1}\equiv 0 \pmod{p^2}$$

与

$$1+\frac{1}{2^2}+\frac{1}{3^2}+\cdots+\frac{1}{(p-1)^2}\equiv 0 \pmod{p}$$

为利用这个定理,注意已知和是

$$S=\sum_{m=2}^{(p-1)/2}\frac{1}{m}\sum_{k=1}^{m-1}\frac{1}{k}=\sum_{1\leqslant k<m\leqslant(p-1)/2}\frac{1}{km}$$

从而

$$2S=\left(\sum_{m=1}^{(p-1)/2}\frac{1}{m}\right)^2-\sum_{m=1}^{(p-1)/2}\frac{1}{m^2}$$

因为 $\frac{1}{k^2}\equiv\frac{1}{(p-k)^2}\pmod{p}$,所以 Wolstenholme 定理第 2 半部分证明了

$$2\sum_{m=1}^{(p-1)/2}\frac{1}{m^2}\equiv\sum_{m=1}^{p-1}\frac{1}{m^2}\equiv 0 \pmod{p}$$

因此假设 S 是 p 的倍数等价于

$$\sum_{m=1}^{(p-1)/2}\frac{1}{m}\equiv 0(\bmod p)$$

我们也计算

$$2^p-2=\sum_{k=1}^{p-1}\binom{p}{k}=p\sum_{k=1}^{p-1}\frac{1}{k}\binom{p-1}{k-1}$$

因为易见 $\binom{p-1}{k-1}\equiv(-1)^{k-1}(\bmod p)$,所以这给出

$$\begin{aligned}\frac{2^{p-1}-1}{p}&=\frac{1}{2}\sum_{k=1}^{p-1}\frac{1}{k}\binom{p-1}{k-1}\equiv\frac{1}{2}\sum_{k=1}^{p-1}\frac{(-1)^{k-1}}{k}\\&\equiv-\sum_{k\text{为偶数}}^{p-1}\frac{1}{k}=-\frac{1}{2}\sum_{m=1}^{(p-1)/2}\frac{1}{m}\quad(\bmod p)\end{aligned}$$

这里对第2次同余,利用了事实 $\frac{1}{k}\equiv-\frac{1}{p-k}(\bmod p)$ 把奇数项合并到偶数项,在最后等式中记 $k=2m$.

因此为使 S 是 p 的倍数,当且仅当 $2^{p-1}\equiv 1(\bmod p^2)$,因为二者等价于 $\sum_{m=1}^{(p-1)/2}\frac{1}{m}$ 是 p 的倍数.

O265 求以下方程组的非负实数解:

$$\begin{cases}(x+1)(y+1)(z+1)=5\\(\sqrt{x}+\sqrt{y}+\sqrt{z})^2-\min(x,y,z)=6\end{cases}$$

美国 Dallas 市 Texas 大学 Titu Andreescu 提供

解 因为可以交换 x,y,z 中任何2个而不改变问题,所以不妨可设 $x\geqslant y\geqslant z$,或

$$x+y=-xy-1+\frac{5}{z+1}$$

$$x+y=2z+6-\sqrt{z^2+6z}-2\sqrt{xy}$$

把这2个方程相减,求出

$$(\sqrt{xy}-1)^2=2\sqrt{z^2+6z}+\frac{5}{z+1}-2z-6$$

右边显然一定是非负的,得出

$$z^2+6z\geqslant\left(z+3-\frac{5}{2(z+1)}\right)^2=z^2+6z+9-\frac{5(z+3)}{z+1}+\frac{25}{4(z+1)^2}$$

或 $0\geqslant 16z^2-8z+1=(4z-1)^2$,我们断定一定有 $z=\frac{1}{4}$,因此 $\sqrt{xy}=1$ 或 $xy=1$,当 $x=y=1$ 时最后得出

$$x+y=-1-1+\frac{5}{1+\frac{1}{4}}=2$$

没有其他的解,因此恢复一般性,仅有的解是$(x,y,z)=\left(1,1,\frac{1}{4}\right)$与它的所有置换.

O266　令$a,b,c\geqslant 1$是实数,使$a+b+c=6$. 证明

$$(a^2+2)(b^2+2)(c^2+2)\leqslant 216$$

罗马尼亚 Campulung Moldovenesc 市 Mihai Piticari 提供

证　定义函数

$$f(x)=\frac{2}{3}(x-2)+\log\frac{6}{x^2+2}$$

则容易计算$f(2)=0$与

$$f'(x)=\frac{2}{3}-\frac{2x}{x^2+2}=\frac{2(x-1)(x-2)}{3(x^2+2)}$$

因此在$[1,\infty)$上,f'只在$x=2$上变号,从负变为正,因此$x=2$是f在$[1,\infty)$上的最小值,我们断定在$[1,\infty)$上$f\geqslant 0$,把这应用于$a,b,c\geqslant 1$,得

$$\log\frac{6}{a^2+2}\geqslant\frac{2}{3}(2-a)$$

与对b,c得出类似不等式,把这3个不等式相加,给出

$$\log\frac{216}{(a^2+2)(b^2+2)(c^2+2)}\geqslant\frac{2}{3}(6-a-b-c)=0$$

或

$$(a^2+2)(b^2+2)(c^2+2)\leqslant 216$$

当且仅当$a=b=c=2$时等式成立.

O267　求所有素数p,q,r,使

$$\frac{p^{2q}+q^{2p}}{p^3-pq+q^3}=r$$

美国 Dallas 市 Texas 大学 Titu Andreescu 提供

解　如果p,q都是奇素数,那么左边分子是偶数,分母是奇数,r一定是偶素数,从而$r=2$,因为$p,q\geqslant 2$,所以得

$$p^4+q^4\leqslant p^{2q}+q^{2p}=2p^3-2pq+2q^3<p^4+q^4$$

不合理,因此p,q不能都是奇素数,如果二者都是偶素数,那么二者都等于2,左边是

$$\frac{2^4+2^4}{2^3-2^2+2^3}=\frac{32}{12}$$

它也不是整数,因此p,q中恰有一个是偶素数,从而左边的分子与分母都是奇数,r是奇素数,由p与q之间的对称性,不妨设$q=2$,本题等价于所有的素数对(p,r),使

$$\frac{p^4+2^{2p}}{p^3-2p+8}=r$$

如果 $p=5$,那么有

$$r=\frac{625+1\ 024}{125-10+8}=\frac{1\ 649}{123}$$

不合理,因为 123 是 3 的倍数,但 1 649 不是,因此 $p\neq 5$,所以由 Fermat 小定理有 $p^4\equiv 1(\bmod 5)$,而 $2^{2p}=4^{2p}\equiv(-1)^p\equiv -1(\bmod 5)$,因为 p 是奇数,把 $p=1,2,3,4$ 代入 p^3-2p+8,在被 5 除时得出余数 2,2,4,4,或分母绝不能是 5 的倍数. 因为分子是 5 的数,r 是素数,所以 $r=5$,而 p 一定满足

$$p^4+2^{2p}=5p^3-10p+40$$

如果 $p\geqslant 5$,那么右边显然小于 $5p^3\leqslant p^4$,不合理,因此 $p=3$ 是唯一可能解,代入给出 p 确实满足要求的条件,恢复一般性,容许写出所有可能的解:

$$(p,q,r)=(2,3,5),(p,q,r)=(3,2,5)$$

O268 令 $a_1,\cdots,a_{2n+1}$ 是实数,它们的和为 0,考虑函数

$$f(x)=\sum_{i=1}^{2n+1}|a_i-x|$$

令 y 是使 $f(x)$ 达到它最小值的点,对于 $n\geqslant 1$,证明

$$y\leqslant\frac{1}{2(n+1)}\sum_{i=1}^{2n+1}|a_i|$$

美国 Massachusetts 理工学院 Ivan Borsenco 提供

证 可设 $a_1\leqslant a_2\leqslant\cdots\leqslant a_{2n}\leqslant a_{2n+1}$,$f(x)$ 的图是具有 $2n+2$ 个不同区域的分段直线段,它们的斜率按递增顺序是

$$-(2k+1),-(2k-1),\cdots,-1,1,3,\cdots,(2k+1)$$

于是在斜率从 -1 变为 1 的点上达到最小值,从而 $y=a_{n+1}$,如果 $y\leqslant 0$,那么我们如同平常一样做,从而设 $a_{n+1}>0$,因为 $\sum_{i=1}^{2n+1}a_i=0$,所以有 $m\geqslant n$,使

$$a_1\leqslant a_2\leqslant\cdots\leqslant a_m\leqslant 0<a_{m+1}\leqslant\cdots\leqslant a_{2n+1}$$

这时

$$-(a_1+a_2+\cdots+a_m)=a_{m+1}+\cdots+a_{n+1}+\cdots+a_{2n+1}$$

于是

$$\begin{aligned}\sum_{i=1}^{2n+1}|a_i|&=-(a_1+a_2+\cdots+a_m)+(a_{m+1}+\cdots+a_{n+1}+\cdots+a_{2n+1})\\&=2(a_{m+1}+\cdots+a_{n+1}+\cdots+a_{2n+1})\geqslant 2(a_{n+1}+a_{n+2}+\cdots+a_{2n+1})\\&\geqslant 2\underbrace{(a_{n+1}+a_{n+1}+\cdots+a_{n+1})}_{n+1}=2(n+1)a_{n+1}=2(n+1)y\end{aligned}$$

因此

$$y \leqslant \frac{1}{2(n+1)} \sum_{i=1}^{2n+1} |a_i|$$

O269 已知 $\triangle ABC$,它有外接圆 Γ 与九点圆 γ,令 X 是 $\odot\Gamma$ 上的点,Y,Z 是 $\odot\Gamma$ 上的点,使线段 XY 与 XZ 的中点在 $\odot\gamma$ 上.

(a) 证明 YZ 的中点在 $\odot\gamma$ 上.

(b) 当 X 沿 $\odot\Gamma$ 运动时,求 $\triangle XYZ$ 类似中心的轨迹.

美国 Princeton 大学 Cosmin Pohoata 提供

解 以 O 表示 $\triangle ABC$ 的外心,N 表示 $\triangle ABC$ 的九点圆圆心,U,V,W 分别表示 YZ,ZX,XY 中点,令 γ' 是具有直径 OX 的圆,显然 $\odot\gamma'$ 有直径 R,而众所周知九点圆 γ 也有直径 R,因为 $\odot\gamma'$ 是 $\odot\Gamma$ 对中心 X 伸缩与用尺度比2的结果,所以 V,W 在 $\odot\gamma'$ 上,因为由假设它们也在 $\odot\gamma$ 上,所以 U,V 是 $\odot\gamma$ 与 $\odot\gamma'$ 的2个交点. 注意,因为 $\odot\gamma$ 与 $\odot\gamma'$ 有相同半径,所以它们是通过 UV 相互反射的结果,或者是通过 VW 的中点相互反射的结果,这表示 X 关于 VW 的中点的对称点,显然是 YZ 的中点,在 $\odot\gamma$ 上,推出了(a) 部分.

由(a) 部分,所有 $\triangle XYZ$ 有相同外心 O 与相同九点圆 N,因为 N 是 OH 的中点,其中 H 是垂心,所以所有 $\triangle XYZ$ 有相同垂心 H,以 x,y,z 分别表示 YZ,ZX,XY 的长,大家相对地知道(或容易用计算垂心关于外接圆的幂求出)

$$\begin{aligned} OH &= \sqrt{9R^2-(x^2+y^2+z^2)} \\ &= \frac{\sqrt{x^6+y^6+z^6-x^4y^2-x^4z^2-y^4z^2-y^4x^2-z^4x^2-z^4y^2+3x^2y^2z^2}}{4S} \end{aligned}$$

其中 S 是 $\triangle XYZ$ 的面积,大家也相对地知道,把 KO,KH 表示为 $\triangle XYZ$ 的边长与面积的关系式,例如可以在 http://mathworld. wolfram. com 上寻找项目类似中心中找到. 利用这些关系式,在一些代数运算后,可以求出

$$KO^2 = R^2 - \frac{48R^2S^2}{(x^2+y^2+z^2)^2}$$

$$KH^2 = \frac{8(3R^2-OH^2)S^2}{(x^2+y^2+z^2)^2} - \frac{R^2-OH^2}{2}$$

现在考虑直角坐标系(α,β),使 $O \equiv (0,0)$,$H \equiv (OH,0)$,由此得 K 满足

$$\alpha^2+\beta^2 = KO^2, (\alpha-OH)^2+\beta^2 = KH^2$$

给出

$$\alpha = \frac{OH^2+KO^2-KH^2}{2OH}, \beta^2 = KH^2-(\alpha-OH)^2$$

把以前的 KO,KH 表达式代入,产生了

$$\alpha = \frac{3R^2+OH^2}{4OH} - \frac{4S^2}{(9R^2-OH^2)OH}$$

注意

$$\left(\alpha-\frac{6R^2\cdot OH}{9R^2-OH^2}\right)^2+\beta^2=\frac{(27R^4-18R^2OH^2-OH^4-16S^2)^2}{16(9R^2-OH^2)^2OH^2}+$$
$$KH^2-\frac{(27R^4-30R^2OH^2+3OH^4-16S^2)^2}{16(9R^2-OH^2)^2OH^2}$$
$$=\frac{(27R^4-24R^2OH^2+OH^4)(3R^2-OH^2)}{2(9R^2-OH^2)^2}-\frac{R^2-OH^2}{2}$$
$$=\left(\frac{2R\cdot OH^2}{9R^2-OH^2}\right)^2$$

或显然,类似中心的轨迹是圆,圆心在射线 OH 上,到 O 的距离为$\frac{6R^2\cdot OH}{9R^2-OH^2}$,半径为$\frac{2R\cdot OH^2}{9R^2-OH^2}$.

O270 下图表示 4×4 网格由 16 个 1×1 正方形构成,从一个角点向另一个角点的路线是从网格左下角 1×1 正方形的边到网格右上角 1×1 正方形的边的路线,如下图两例所示,点不能移动到已经有路线之处,使路线不能与自己相交,求下图第 2 条从一个角点向另一个角点的路线数,这条路线是关于一个网格中心对称的,或者换句话说,在路线旋转 180° 时等于它们本身.

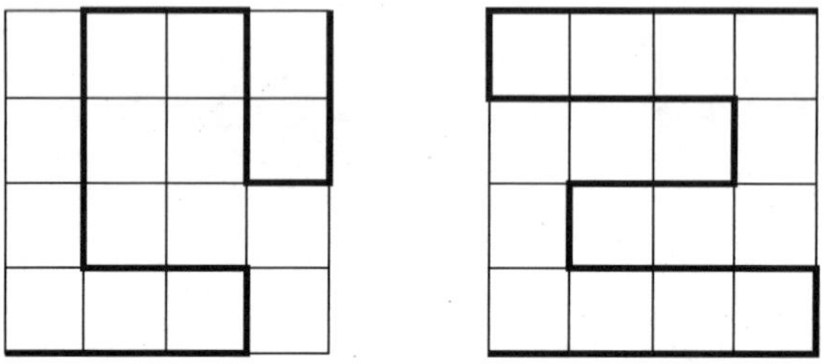

美国 Whitewater 市 Wisconsin 大学 Jonathan Kane 提供

解 对 $0\leqslant i,j\leqslant4$,把左下部顶点(i,j) 标记为$(0,0)$,右顶部顶点(x,y) 标记为$(4,4)$,设有对称路线 $v_0=(0,0),v_1,\cdots,v_n=(4,4)$,则对所有 k,顶点 v_k 与 v_{n-k} 关于中心$(2,2)$ 对称,在网格涂色的普通方格盘上,对称顶点总有相同颜色,因此顶点不能与它的对称顶点相邻,于是 n 一定是偶数,我们一定有 $v_{n/2}(2,2)$,唯一的点等于它自己的对称点,把一对对称顶点(i,j) 与$(4-i,4-j)$ 压缩成单个顶点,作出具有 13 个顶点的新图 G,则原图上的对称路线正是这个新图 G 上从$(0,0)$ 到$(2,2)$ 的简单路线,这样的路线数可以容易用计算机算出,有 120 条这样的路线.

O271 令$(a_n)_{n\geqslant0}$ 是数列,定义为

$$a_0=0,a_1=2,与\ a_{n+2}=6a_{n+1}-a_{n_1},n\geqslant0$$

令 $f(n)$ 是 2 的最大幂,可整除 n,证明:对于所有 $n\geqslant0,f(a_n)=f(2n)$.

瑞士 Herrliberg 市 Albert Stadler 提供

证　首先考虑具有 $a_0=0$ 与 $a_1=2$ 的差分方程

$$a_{n+2}=6a_{n+1}-a_n$$

差分方程的解可以尝试用形式 $a_m=r^m$ 的解得出，为此求出 r 一定满足二次方程 $r^2-6r+1=0$，这给出 $r=3\pm2\sqrt{2}=(1+\sqrt{2})^2$，通解是，对一些常数 A,B，

$$a_n=A(1+\sqrt{2})^{2n}+B(1-\sqrt{2})^{2n}$$

代入初值，得

$$a_n=\frac{1}{2\sqrt{2}}[(1+\sqrt{2})^{2n}-(1-\sqrt{2})^{2n}]$$

利用二项式定理展开上式给出

$$a_n=\sum_{k=0}^{n-1}\binom{2n}{2k+1}2^k=\sum_{k=0}^{n-1}\frac{2n}{2k+1}\binom{2n-1}{2k}2^k$$

在这个和中 $k=0$ 项恰好是 $2n$，第 k 项至少可被 $2^{f(2n)+k}$ 整除，从而 $a_n\equiv 2n(\bmod 2^{f(2n)+1})$，因此 $f(a_n)=f(2n)$.

O272　令 $\triangle ABC$ 是垂心为 H 的锐角三角形，X 是它平面上的点，令 X_a,X_b,X_c 是 X 分别通过 AH,BH,CH 的反射点，证明：$\triangle AHX_a,\triangle BXH_b,\triangle CXH_c$ 的外心共线.

维也纳理工学院 Michael Rolinek 与捷克共和国 Charles 大学 Josef Tkadlec 提供

证　令 V_a,V_b,V_c 分别为 $\triangle AHX_a,\triangle BXH_b,\triangle CXH_c$ 的外心，W_a,W_b,W_c 分别为 V_a,V_b,V_c 通过 AH,BH,CH 的反射点，令 l_a,l_b,l_c 分别为 AH,BH,CH 的中垂线，记 $A_1=l_a\cap l_c$，$B_1=l_a\cap l_c$，$C_1=l_a\cap l_b$，如图所示，注意 $(V_a)\equiv\odot(AHX_a)$，$(V_b)\equiv\odot(BHX_b)$，$(V_c)\equiv\odot(CHX_c)$ 分别全等于 $(W_a)\equiv\odot(AHX)$，$(W_b)\equiv\odot(BHX)$，$(W_c)\equiv\odot(CHX)$.

点 W_a,W_b,W_c 属于 HX 的中垂线，于是把 Menelaus 定理应用于 $\triangle A_1B_1C_1$ 与横截线 $W_aW_bW_c$，得

$$\frac{A_1W_c}{W_cB_1}\cdot\frac{B_1W_a}{W_aC_1}\cdot\frac{C_1W_b}{W_bA_1}=-1\tag{1}$$

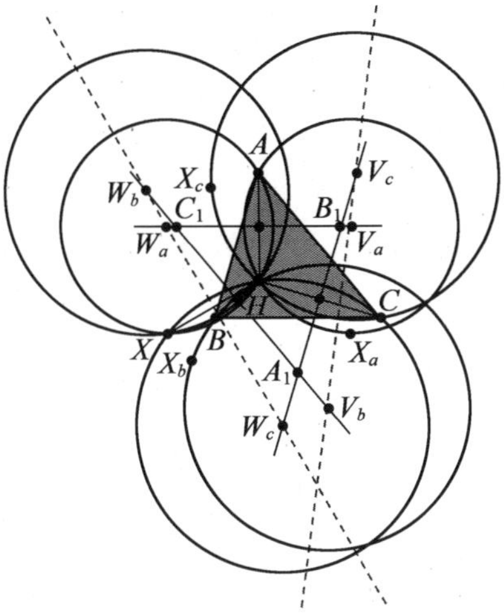

因为对称性,显然有

$$A_1W_c = B_1V_c, B_1W_a = C_1V_a, C_1W_b = A_1V_b \tag{2}$$

$$W_cB_1 = V_cA_1, W_aC_1 = V_aB_1, W_bA_1 = V_bC_1 \tag{3}$$

由(1),(2),(3) 得

$$\frac{A_1V_b}{V_bC_1}\cdot\frac{C_1V_a}{V_aB_1}\cdot\frac{B_1V_c}{V_cA_1} = \frac{A_1W_c}{W_cB_1}\cdot\frac{B_1W_a}{W_aC_1}\cdot\frac{C_1W_b}{W_bA_1} = -1$$

因此由 Menelaus 定理之逆,点 V_a, V_b, V_c 共线,正是要求的结果.

O273 令 P 是周长为 L 的多边形,对于点 X,以 $f(X)$ 表示到 P 各项点距离之和,证明:对于 P 内部任何一点 X,

$$f(X) < \frac{n-1}{2}L$$

美国 Massachusetts 理工学院 Ivan Borsenco 提供

证 回忆,从平面上可变点 X 到任一定点 A 的距离函数 $d_A(X)$ 是凸函数(为了证明,请见 O220 解答中的引理 2 的证明),可见到 P 各顶点距离之和是凸函数,因此在 P 的顶点 V 上达到 f 在 P 内部或边界的最大值,由此从三角形不等式立即推出,从 V 到 P 的另一顶点 V' 的距离严格小于 $L/2$(按照 P 从 V 到 V' 在任何一个方向上的周长,在总长 L 的这些顶点之间给出 2 条路,其中至少一条路不是直线,因此严格大于它们之间的距离 $d_{V'}(V)$,于是 $L > 2d_{V'}(V)$). 因为有 $n-1$ 个这样的顶点 V',所以得 $f(V) < \frac{(n-1)L}{2}$.

O274 令 a,b,c 是正整数,使 a 与 b 是互素素数,求 $D = \{(x,y) \mid x,y \geq 0, bx + ay \leq abc\}$ 中的格点数.

美国 San Jose 市 Arkady Alt 提供

解 令 $X = (ac,0), Y = (0,bc)$. 因为 XY 的方程是

$$y = b\left(c - \frac{x}{a}\right)$$

a,b 是互素素数,所以为使 y 是整数,当且仅当 $a \mid x$. 因此在线段 XY 内部的格点数是 $c-1$. 于是易见在 D 边界上的格点数是 $B = ac + bc + c$,令 I 是 D 内部的格点数,由 Pick 定理,$I + \frac{1}{2}B - 1$ 等于 D 的面积,它是 $\frac{1}{2}abc^2$,因此在 D 中的格点数是

$$I + B = \frac{1}{2}(abc^2 + B) + 1 = \frac{c(abc + a + b + 1)}{2} + 1$$

O275 令 $\triangle ABC$ 有外接圆 $\Gamma(0)$,l 是平面上直线,分别与直线 BC, CA, AB 相交于 X, Y, Z. 令 l_A, l_B, l_C 分别是 l 通过 BC, CA, AB 的反射直线,此外,令 M 是 $\triangle ABC$ 关于直线 l 的 Miquel 点.

(a) 证明:l_A, l_B, l_C 确定的三角形内心在 $\triangle ABC$ 的外接圆上.

(b) 如果 S 是(a) 的内心，O_a，O_b，O_c 分别表示 $\triangle AYZ$，$\triangle BZX$，$\triangle CXY$ 的外心，证明：$\triangle SOO_a$，$\triangle SOO_b$，$\triangle SOO_c$ 的外接圆相交于第 2 个点，它在 $\odot \Gamma$ 上.

美国 Princeton 大学 Cosmin Pohoata 提供

证 (a) 令 $A' = l_B \cap l_C$，$B' = l_C \cap l_A$，$C' = l_A \cap l_B$，首先注意 Y 是 l，l_B，AC 的交点，或因为 l，l_B 在 AC 旁对称，所以它们也在 Y 上 AC 的垂线旁对称，我们有 $\angle ZYA' = 180° - 2\angle AYZ$，类似地 $\angle YZA' = 180° - 2\angle AZY$，从而

$$\angle YA'Z = 2(\angle AYZ + \angle AZY) - 180° = 180° - 2\angle YAZ = 180° - \angle YO_aZ$$

因此 YO_aZA' 是圆外切四边形，此外

$$\angle YO_aA' = \angle YZA' = 180° - 2\angle AZY = 180° - \angle AO_aY$$

从而 A，O_a，A' 共线，最后 $\angle YA'A = \angle YA'O_a = \angle YZO_a$，类似地 $\angle ZA'A = \angle ZYO_a$，从而 AA' 是 $\angle YA'Z$ 的角平分线，从而是 $\angle B'A'C'$ 的角平分线，或者 $\triangle A'B'C'$ 的内心是 AO_a，BO_b，CO_c 的交点.

令 S_a，S_b 是 AO_a，BO_b 与 $\triangle ABC$ 外接圆的第 2 次交点，显然

$$\angle CAS_a = \angle YAO_a = 90° - \frac{1}{2}\angle AO_aY = 90° - \angle AZY$$

类似地 $\angle CBS_b = 90° - \angle BXZ$，但是 $\angle AZY = \angle BZX$，因为它是 l 与 AB 之间的角，或 $S_a = S_b$，类似地 $S_b = S_c$，或 AO_a，BO_b，CO_c 相交于 $\triangle ABC$ 外接圆的点 $S = S_a = S_b = S_c$ 上，它也是 $\triangle A'B'C'$ 的内心，推出(a) 部分的结论.

注 当 $\triangle ABC$ 是钝角三角形时，以上论证被破坏了，因为一些角不能做需要的加或减，实际上，在这种情形下，可作出 $\triangle ABC$ 使(a) 部分提出的命题不成立，$\triangle A'B'C'$ 的内心可能在 $\triangle ABC$ 内，不在它的外接圆上.

(b) 众所周知，对 $X \in BC$，$Y \in CA$，$Z \in AB$，Miquel 点使 X，Y，Z 共线，且在 $\triangle ABC$ 外接圆上，从而 M 在 $\triangle ABC$ 外接圆上，不妨设(因为可以轮换 $\triangle ABC$ 的各顶点而不改变问题) M 在不含 C 的 $\overset{\frown}{AB}$ 上，因为 M 在 $\triangle AYZ$ 外接圆上，所以 AM 的中垂线通过 O，O_a，同时以 T 表示 $\triangle ABC$ 外接圆上 S 的对径点，例如有 $\angle SAM$ 是锐角，$\angle SBM$ 是钝角

$$\begin{aligned}\angle OSM &= 90° - \angle STM = 90° - \angle SAM = 90° - \angle O_aAM \\ &= \frac{1}{2}\angle AO_aM = 180° - \angle MO_aO\end{aligned}$$

M，O，O_a，S 共圆，而同时

$$\begin{aligned}\angle OSM &= 90° - \angle STM = \angle SBM - 90° = 90° - \angle O_bBM \\ &= \frac{1}{2}\angle BO_bM = \angle MO_bO\end{aligned}$$

M，O，O_b，S 又共圆，类似地，因为 $\angle SCM$ 是锐角或钝角，所以有这 2 种情形之一，M，O，O_c，S 也共圆，因此 $\triangle SOO_a$，$\triangle SOO_b$，$\triangle SOO_c$ 都也相交于 M，它是 $\triangle ABC$ 外接圆上的点，推出

(b) 部分的结论.

O276 对于素数 p,令

$$S_1(p) = \{(a,b,c) \in \mathbf{Z}^3, p \mid a^2b^2 + b^2c^2 + c^2a^2 + 1\}$$

与

$$S_2(p) = \{(a,b,c) \in \mathbf{Z}^3, p \mid a^2b^2c^2(a^2 + b^2 + c^2 + a^2b^2c^2)\}$$

求所有的 p,使 $S_1(p) \subset S_2(p)$.

美国 Dallas 市 Texas 大学 Titu Andreescu 与法国 Ecole 综合工科大学 Gabriel Dospinescu 提供

解 答案是2,3,5,13与17.今后我们将在 $\mathbf{Z}/p\mathbf{Z}$ 中研究,考虑

$$X_1(p) = \{(a,b,c) \in (\mathbf{Z}/p\mathbf{Z})^3, a^2b^2 + b^2c^2 + c^2a^2 + 1 = 0\}$$

与

$$X_2(p) = \{(a,b,c) \in (\mathbf{Z}/p\mathbf{Z}^3, a^2b^2c^2(a^2 + b^2 + c^2 + a^2b^2c^2) = 0\}$$

条件 $S_1(p) \subset S_2(p)$ 等价于 $X_1(p) \subset X_2(p)$.

首先证明2,3,5,13,17是问题的解.设 p 是这些素数之一,使 $(a,b,c) \in X_1(p)$ 与 $(a,b,c) \notin X_2(p)$.尤其是 $a^2b^2c^2 \neq 0$,如果 a^2, b^2, c^2 之一等于1或 -1,那么 $a^2b^2 + b^2c^2 + c^2a^2 + 1$ 与 $a^2 + b^2 + c^2 + a^2b^2c^2$ 相等或是相反数,矛盾.因此 $a^2, b^2, c^2 \notin \{0, \pm 1\}$,这已经解决了 $p = 2, p = 3, p = 5$ 的情形,如果 $p = 13$,那么平方$(\bmod p)$是 $0, \pm 1, \pm 3, \pm 4$,从而 $a^2, b^2, c^2 \in \{\pm 3, \pm 4\}$,这表示其中2个数相加得0,比方说 $a^2 + b^2 = 0$,这容易得出 $(a,b,c) \in X_2(p)$,矛盾.最后设 $p = 17$,以致平方$(\bmod p)$是 $0, \pm 1, \pm 2, \pm 4, \pm 8$, $a^2, b^2, c^2 \in \{\pm 2, \pm 4, \pm 8\}$.此外,$a^2, b^2, c^2$ 中没有2个数相加得0(同前论证),其中没有2个数之积为 -1,因此应用置换,有 $(a^2, b^2, c^2) \in \{(2, \pm 4, -8), (-2, \pm 4, 8)\}$,与事实 $(a,b,c) \in X_1(p)$ 矛盾.

其次我们证明,如果 $p > 3$ 有形式 $4k + 3$,那么 $X_1(p)$ 是非空集,与 $X_2(p)$ 不相交,从而 p 不是本题的解,选 $c \in \mathbf{Z}/p\mathbf{Z}$,使 $c^2 \notin \{0, 1\}$(这样的 c 存在,因为 $p > 3$).我们将经常利用事实:如果 $x, y \in \mathbf{Z}/p\mathbf{Z}$ 满足 $x^2 + y^2 = 0$,那么 $x = y = 0$,这蕴含

$$f: \{0, 1, \cdots, \frac{p-1}{2}\} \to \mathbf{Z}/p\mathbf{Z}, f(a) = -\frac{a^2c^2 + 1}{a^2 + c^2}$$

是完全确定的,我们要求 f 是单射的,实际上,如果 $f(a) = f(a_1)$,那么容易计算给出 $(a^2 - a_1^2)(c^4 - 1) = 0$,从而 $a = a_1$(因为 $c^2 \neq \pm 1$).因为 f 是单射的,有 $\frac{p+1}{2}$ 个二次剩余$(\bmod p)$,所以得出,有 $a, b \in \mathbf{Z}/p\mathbf{Z}$ 使 $f(a) = b^2$,它等价于 $(a,b,c) \in X_1(p)$.因此 $X_1(p) \neq \varnothing$.设 $(a,b,c) \in X_1(p) \cap X_2(p)$.因为 $p \equiv 3 (\bmod 4)$,所以有 $abc \neq 0$,从而 $a^2(b^2c^2 + 1) + b^2 + c^2 = 0$, $a^2(b^2 + c^2) + b^2c^2 + 1 = 0$.这给出 $(a^4 - 1)(b^2 + c^2) = 0$,其次 $a^2 = 1$,最后 $(1 + b^2)(1 + c^2) = 0$,矛盾.

今设 $p\equiv 1(\bmod 4)$，$p>17$，我们将建立 $X_1(p)$ 的元素，使它不在 $X_2(p)$ 中，以求出解. 因为 $p\equiv 1(\bmod 4)$，所以存在 $x\in \mathbf{Z}/p\mathbf{Z}$，使 $x^2+1=0$.

我们需要以下：

引理 方程 $a^2+ab+b^2=x$ 至少有 $p-1$ 个解 $(a,b)\in \mathbf{Z}/p\mathbf{Z}\times \mathbf{Z}/p\mathbf{Z}$.

引理的证明 把方程写成 $(2a+b)^2+3b^2=4x$. 于是只要证明，当 $t\neq 0$ 时，方程 $u^2+3v^2=t$ 在 $\mathbf{Z}/p\mathbf{Z}\times \mathbf{Z}/p\mathbf{Z}$ 中至少有 $p-1$ 个解，对每个 $v\in \mathbf{Z}/p\mathbf{Z}$，方程 $u^2=t-3v^2$ 有 $1+\left(\frac{t-3v^2}{p}\right)$ 个解，其中 $\left(\frac{\cdot}{p}\right)$ 是 Legendre 符号，因此解 (u,v) 的个数是 $p+\sum\limits_{v\in \mathbf{Z}/p\mathbf{Z}}\left(\frac{t-3v^2}{p}\right)$，不难根据 -3 是或不是二次剩余 $(\bmod p)$ 检验 $\sum\limits_{v\in \mathbf{Z}/p\mathbf{Z}}\left(\frac{t-3v^2}{p}\right)=\pm 1$. 这完成了引理的证明.

今令 S 是上述方程的解集，对每个 $(a,b)\in S$，有 $X_1(p)$ 的元素 (a,b,c)，其中 $c=-a-b$，实际上

$$a^2b^2+b^2c^2+c^2a^2+1=(ab+bc+ca)^2+1=(a^2+ab+b^2)^2+1=x^2+1=0$$

从而 $(a,b,c)\in X_1(p)$，设 $(a,b,c)\in X_2(p)$. 如果 $a=0$，那么 $b^2=x$，(a,b) 至多取 2 个值，类似地，情形 $b=0$ 与 $c=0$ 每个至多取 (a,b) 的 2 个值，从而我们至今至多失去 6 个解. 设 $a^2+b^2+c^2+a^2b^2c^2=0$. 因为 $a^2+b^2+c^2=2(a^2+b^2+ab)=2x$，$a^2c^2=(a(a+b))^2=(x-b^2)^2$，所以得 $2x+b^2(x-b^2)^2=0$. 这个方程在 $\mathbf{Z}/p\mathbf{Z}$ 中至多有 6 个解，对每个解 b，我们至多放弃 2 个解 (a,b). 因此如果 $a^2+b^2+c^2+a^2b^2c^2=0$，那么至多放弃方程 $a^2+ab+b^2=x$ 的 12 个解，总共至多放弃 18 个解，因为 $p>17$，$p\equiv 1(\bmod 4)$，所以还有 1 个解 (a,b)，这给出 $X_1(p)$ 的 1 个元素，它不在 $X_2(p)$ 中.

O277 令 a,b,c 是正实数，使

$$\frac{1}{a}+\frac{1}{b}+\frac{1}{c}\geqslant 1$$

证明

$$\frac{a+b}{\sqrt{ab+c}}+\frac{b+c}{\sqrt{bc+a}}+\frac{c+a}{\sqrt{ca+b}}\geqslant 3\sqrt[6]{abc}$$

美国 Dallas 市 Texas 大学 Titu Andreescu 提供

证 我们有

$$\frac{a+b}{\sqrt{ab+c}}=\frac{(a+b)\sqrt{c}}{\sqrt{abc+c^2}}\geqslant\frac{(a+b)\sqrt{c}}{\sqrt{ab+bc+ca+c^2}}=\frac{(a+b)\sqrt{c}}{\sqrt{(b+c)(c+a)}}$$

与类似不等式.

现在由算术平均 - 几何平均不等式推出结论.

O278 求所有素数 p,q,r，使 $p\mid 2qr+r$，$q\mid 2rp+p$，$r\mid 2pq+q$.

美国 Florida 州 Roberto Bosch Cabrera 提供

解 设2个素数相等,比方说$p=q$,则由$p\mid(2q+1)r$,看出p整除r,从而$p=q=r$,因此,如果所有3个素数相等,那么得出解.

如果这些素数是不同的,那么得$p\mid 2q+1,q\mid 2r+1,r\mid 2p+1$.不失一般性,设$p$是3个素数中最大者,则$p=2q+1$(因为否则$p\leqslant(2q+1)/3<q$).因此得$q=2r+1$或$q=(2r+1)/3$(因为否则$q\leqslant(2r+1)/5,r\geqslant(5q-1)/2\geqslant 2q+1=p$).

如果$p=2q+1,q=2r+1$,那么r整除$2p+1=4q+3=8r+7$.从而$r=7$.但这给出$q=15$,不是素数,因此这种情形不能算出.

如果$p=2q+1,q=(2r+1)/3$,那么r整除$2p+1=4q+3=(8r+13)/3$,从而$r=13$,但这给出$q=9$,又不是素数,因此这种情形不能算出.

因此唯一解是$p=q=r$.

O279 一百个男孩与一百个女孩去参加舞会,已知每个男孩至多与一个女孩跳舞一次,有1 050对孩子正在跳舞,证明:有2个男孩与2个女孩跟2个男孩跳舞.

罗马尼亚 Constanta 市 Marius Cavachi 提供

证 给女孩编号从1至100,以u_i表示与第i个女孩跳舞的男孩数,各对舞伴数显然是$u_1+u_2+\cdots+u_{100}=C$,与第i个女孩跳舞的男孩对数显然是$\binom{u_i}{2}=\frac{u_i^2-u_i}{2}$,或与任何一个女孩跳舞的男孩对总数是

$$\sum_{i=1}^{100}\binom{u_i}{2}=\frac{1}{2}\sum_{i=1}^{100}u_i^2-\frac{1}{2}\sum_{i=1}^{100}u_i\geqslant 50\left(\frac{1}{100}\sum_{i=1}^{100}u_i\right)^2-\frac{C}{2}$$

$$=\frac{C(C-100)}{200}=\frac{9\ 975}{2}$$

其中应用了算术平均 - 几何平均不等式,现在注意有$\binom{100}{2}=\frac{9\ 900}{2}$可能的男孩对,或由鸽笼原理,至少有一对男孩出现2次,即至少有2个女孩与同一对男孩跳舞,推出结论.

O280 对一些正整数a_k,b_k与一些$k\in\mathbf{N}^*$,求所有可以写成下式的正整数:

$$\frac{(3a_1^2+2a_1-4)(3a_2^2+2a_2-4)\cdots(3a_k^2+2a_k-4)}{(3b_1^2+2b_1-4)(3b_2^2+2b_2-4)\cdots(3b_k^2+2b_k-4)}$$

美国 Madison 市 Wisconsin 大学 Vlad Matei 提供

解 令$f(x)=3x^2+2x-4$.对某正整数a,设p是素数,可整除$f(a)$,则$3f(a)=3(3a^2+2a-4)=(3a+1)^2-13$.从而13是平方数$(\bmod p)$:由二次互反性得出$p=2$或$p$是平方数$(\bmod 13)$,即$p$一定是0,1,3,4,9,10或12$(\bmod 13)$,对素数2,注意,如果$a$是奇数,$f(a)$也是,如果$a=2m$是偶数,那么

$$f(a)=f(2m)=4m(3m+1)-4\equiv 4(\bmod 8)$$

于是任何$f(a)$是奇数或恰好被2的2个因子整除,由此得出,已知形式的任何正整数一定

有素因子分解 $2^{2r}p_1^{r_1}p_2^{r_2}\cdots p_j^{r_j}$，其中 13 是平方数（每个模 p_i）.

反之，我们将证明，所有这样的数可以用这种方法表示. 因为显然可以构成乘积，只要证明 4 与所有素数可以这样表示，使 13 是平方数（mod p）. 首先注意 $f(1)=1$. 因此可以减少问题中的条件，使分子的因子数等于分母的因子数.

对最初的一些素数，注意

$$\frac{f(6)}{f(3)}=\frac{116}{29}=4$$

$$\frac{f(2)f(3)}{f(6)}=\frac{12\cdot 29}{116}=3$$

与

$$\frac{f(3)f(4)}{f(6)}=\frac{29\cdot 52}{116}=13$$

对素数 $p>13$，使 13 是平方数（mod p），对 p 用归纳法进行，只要证明，可以表示 p 的某个倍数，使它小于 p^2，如果这时可以这样做，那么可以表示 pN，其中 N 的所有素因子小于 p. 由归纳假设（与以上第 1 段），这些素数已经是可以表示的，从而 p 也是.

因为 13 是平方数（mod p），所以有某个 $b\leqslant p-1$，使 $b^2\equiv(p-b)^2\equiv 13\pmod p$. 如果需要，变换 b 与 $p-b$，可设 b 不是 3 的倍数，令 $a=\lfloor b/3\rfloor$，以致 $b=3a+1$ 或 $b=3a+c$，在第 1 种情形下，证毕，因为

$$f(a)=\frac{(3a+1)^2-13}{3}=\frac{b^2-13}{3}<p^2$$

是 p 的倍数，在第 2 种情形下，注意

$$f(a+x)=3a^2+6ax+3x^2+2a+2x-4=f(a)+(3x+6a+2)x$$

因此

$$\begin{aligned}\frac{f(a+f(a))}{f(a)}&=3f(a)+6a+3=9a^2+12a-9\\&=(3a+2)^2-13=b^2-13<p^2\end{aligned}$$

是 p 的倍数，又证毕.

O281　令 $a_1,a_2,\cdots,a_n$ 是正实数递减数列，证明

$$\begin{aligned}\sqrt{a_1^2+\cdots+a_n^2}&\leqslant a_1+\frac{a_2}{\sqrt{2}+1}+\cdots+\frac{a_n}{\sqrt{n}+\sqrt{n-1}}\\&\leqslant\sqrt{\left(1+\frac{1}{4}\ln n\right)(a_1^2+\cdots+a_n^2)}\end{aligned}$$

美国 Massachusetts 理工学院 Ivan Borsenco 提供

证　注意

$$\frac{1}{\sqrt{k}+\sqrt{k-1}}=\sqrt{k}-\sqrt{k-1}$$

从而

$$\sum_{k=1}^{m}\frac{1}{\sqrt{k}+\sqrt{k-1}}=\sqrt{m}$$

对下界,当 $1\leqslant k\leqslant n-1$ 时令 $b_k=a_k-a_{k+1}\geqslant 0, b_n=a_n$,则对所有 $k\leqslant n, a_k=b_k+b_{k+1}+\cdots+b_n$. 于是

$$\sum_{k=1}^{n}a_k^2=\sum_{k=1}^{n}\sum_{l=k}^{n}\sum_{m=k}^{n}b_lb_m=\sum_{l=1}^{n}\sum_{m=1}^{n}\sum_{k=1}^{\min(l,m)}b_lb_m$$
$$=\sum_{l=1}^{n}\sum_{m=1}^{n}\min(l,m)b_lb_m$$

也用以上陈述,计算

$$\sum_{k=1}^{n}\frac{a_k}{\sqrt{k}+\sqrt{k-1}}=\sum_{k=1}^{n}\sum_{m=k}^{n}\frac{b_m}{\sqrt{k}+\sqrt{k-1}}=\sum_{m=1}^{n}\sum_{k=1}^{m}\frac{b_m}{\sqrt{k}+\sqrt{k-1}}$$
$$=\sum_{m=1}^{n}\sqrt{m}b_m$$

因此用容易的界限 $\min(l,m)\leqslant\sqrt{lm}$ 得

$$a_1^2+\cdots+a_n^2=\sum_{l=1}^{n}\sum_{m=1}^{n}\min(l,m)b_lb_m\leqslant\sum_{l=1}^{n}\sum_{m=1}^{n}\sqrt{lm}b_lb_m$$
$$=\left(\sum_{m=1}^{n}\sqrt{m}b_m\right)^2=\left(\sum_{k=1}^{n}\frac{a_k}{\sqrt{k}+\sqrt{k-1}}\right)^2$$

对上界,用 Cauchy - Schwarz 不等式与以上陈述,得

$$\left(\sum_{k=1}^{n}\frac{a_k}{\sqrt{k}+\sqrt{k-1}}\right)^2\leqslant\left(\sum_{k=1}^{n}a_k^2\right)\cdot\left(\sum_{k=1}^{n}(\sqrt{k}-\sqrt{k-1})^2\right)$$

为求和的界限,注意 $k=1$ 项正是 1,对 $k>1$,Cauchy - Schwarz 不等式给出

$$(\sqrt{k}-\sqrt{k-1})^2=\left(\int_{k-1}^{k}\frac{1}{2\sqrt{x}}dx\right)^2\leqslant\int_{k-1}^{k}\frac{1}{4x}dx=\frac{1}{4}\log\frac{k}{k-1}$$

因此

$$\sum_{k=1}^{n}(\sqrt{k}-\sqrt{k-1})^2\leqslant 1+\sum_{k=2}^{n}\frac{1}{4}\log\frac{k}{k-1}=1+\frac{1}{4}\log n$$

O282 设在 $\triangle ABC$ 中,令 A_1,B_1,C_1 分别为边 BC,CA,AB 的中点,令 P 是 $\triangle ABC$ 外接圆上的可变点,直线 PA_1,PB_1,PC_1 再分别交外接圆于 A',B',C',X,Y,Z 是 $BB'\cap CC'$, $CC'\cap AA',AA'\cap BB'$ 的交点,通过 A,B,C 向 BC,CA,AB 作出的平行线确定了 $\triangle MNQ,\alpha$, β,γ 分别是 NQ,QM,MN 向 AX,BY,CZ 的反射直线,证明:

(a) α,β,γ 相交于 $\triangle ABC$ 外接圆上一点;

(b) $AX /\!/ BY /\!/ CZ /\!/ PP'$,其中 P' 是(a) 部分中的交点.

美国 Princeton 大学 Cosmin Pohoata 提供

证　从Pascal定理知，$\triangle C_1B_1X$，$\triangle C_1A_1Y$，$\triangle B_1ZA_1$ 在同一条直线上，由 $C_1X \parallel BC$，有

$$\angle C_1XC' = \angle BCC', \angle BCC' + \angle BAC' = 180^\circ$$

于是四边形 AC_1XC' 是联圆四边形.

四边形 $AB_1B'X$ 也是联圆四边形，因为

$$\angle AB'B = \angle ACB = \angle C_1B_1A = \angle B'B_1C = 180^\circ - \angle XB_1A$$

于是得 $\angle AB'B + \angle XB_1A = 180^\circ$.

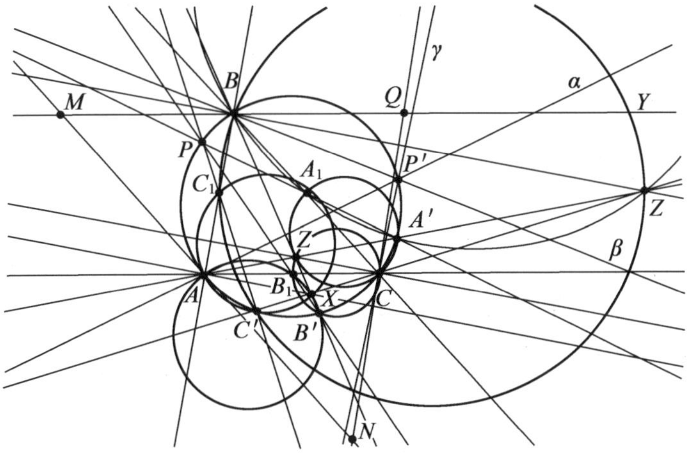

用类似方法可以证明，四边形 $B'B_1ZC$，CZA_1A'，$YA'A_1B$，$YC'C_1B$ 是联圆四边形. 由此得

$$\angle BYC_1 = \angle BC'C_1 = \angle PB'B = \angle B_1CZ = \angle XAB_1$$

线段 $C_1A_1 \parallel AC$，于是这表示线段 AX，BY，CZ 对线段 AC 有相同倾角，因此它们平行，令称 P_1 为直线 α 与直线 β 的交点，我们有

$$\angle CBP_1 = \angle CBY - \angle P_1BY, \angle CAP_1 = \angle XAP_1 - \angle XAC$$

但是 $\angle CBY = \angle NAX = \angle XAP_1$，$\angle P_1BY = \angle YBQ = \angle XAC$，于是得出 $\angle CBP_1 = \angle CAP_1$，它表示

$$\angle ABP_1 = \angle ABC + \angle CBP_1, \angle BAP_1 = \angle BAC - \angle CAP_1$$

于是

$$\angle AP_1B = 180^\circ - \angle ABP_1 - \angle BAP_1 = 180^\circ - \angle ABC - \angle BAC = \angle BCA$$

它表示 P_1 在 $\triangle ABC$ 外接圆上，可以用相同方法证明，直线 α 与直线 γ，直线 β 与直线 γ 相交于 $\triangle ABC$ 外接圆上点 P_2 与 P_3，但是，如果三直线分别通过三角形的一顶点，并且两条两条地相交于外接圆上一点，那么三直线相交于一点，于是 $P_1 = P_2 = P_3 = P'$.

P' 在 $\triangle ABC$ 外接圆上，由此

$$\angle BP'P = \angle BB'P = \angle XAB_1 = \angle YBQ = \angle YBP_1$$

于是 PP' 对线段 BP' 与线段 BY 有相同的倾角,它表示 $PP' /\!/ BY$,这结束了证明.

O283 证明:对所有正实数 $x_1, x_2, \cdots, x_n$,以下不等式成立:

$$\sum_{i=1}^{n} \frac{x_i^3}{x_1^2 + \cdots + x_{i-1}^2 + x_{i+1}^2 + \cdots + x_n^2} \geqslant \frac{x_1 + \cdots + x_n}{n-1}$$

罗马尼亚 Bucharest 大学 Mircea Becheanu 提供

证 令 $S = x_1^2 + \cdots + x_n^2$,不失一般性,设 $x_1 \leqslant x_2 \leqslant \cdots \leqslant x_n$,则 $x_1^3 \leqslant x_2^3 \leqslant \cdots \leqslant x_n^3$,$S - x_1^2 \geqslant S - x_2^2 \geqslant \cdots \geqslant S - x_n^2$,以致$\frac{1}{S - x_1^2} \leqslant \cdots \leqslant \frac{1}{S - x_n^2}$. 因此应用 Chebyshev 不等式后再用算术平均 - 几何平均不等式给出

$$\sum_{i=1}^{n} \frac{x_i^3}{S - x_i^2} \geqslant \frac{1}{n}\left(\sum_{i=1}^{n} x_i^3\right)\left(\sum_{i=1}^{n} \frac{1}{S - x_i^2}\right) \geqslant \frac{1}{n}\left(\sum_{i=1}^{n} x_i^3\right) \frac{n^2}{\sum\limits_{i=1}^{n}(S - x_i^2)}$$

$$= \frac{n \sum\limits_{i=1}^{n} x_i^3}{(n-1)\sum\limits_{i=1}^{n} x_i^2}$$

于是只要证明

$$\frac{1}{n}\sum_{i=1}^{n} x_i^3 \geqslant \left(\frac{1}{n}\sum_{i=1}^{n} x_i^2\right) \cdot \left(\frac{1}{n}\sum_{i=1}^{n} x_i\right)$$

但是这显然由以下幂平均不等式二次的应用得出

$$\left(\frac{1}{n}\sum_{i=1}^{n} x_i^3\right)^{2/3} \geqslant \frac{1}{n}\sum_{i=1}^{n} x_i^2,\ \left(\frac{1}{n}\sum_{i=1}^{n} x_i^3\right)^{1/3} \geqslant \frac{1}{n}\sum_{i=1}^{n} x_i$$

O284 考虑凸六边形 $ABCDEF$,其中 $AB /\!/ DE$,$BC /\!/ EF$,$CD /\!/ FA$. 直线 AB 与 DE 之间的距离等于直线 BC 与 EF 之间的距离,等于直线 CD 与 FA 之间的距离,证明:$AD + BE + CF$ 不大于六边形 $ABCDEF$ 的周长.

亚美尼亚 Yerevan 市 Nairi Sedrakyan 提供

证 延长六边形的边 AB, CD, EF 相交于 $X = CD \cap DE$,$Y = EF \cap AB$,$Z = AB \cap CD$. 我们将在 $\triangle XYZ$ 的重心坐标系中计算,令这个三角形的边长是 $x = v + w$,$y = u + w$,$z = u + v$.

设 $A = (1-s)Y + sZ$,$C = tX + (1-t)Z$,$E = (1-r)X + rY$,则事实 $DE /\!/ AB$,从而 YZ 与它的类似线给出 $D = (1-r)X + rZ$,$F = sX + (1-s)Y$,$B = tY + (1-t)Z$,从 DE 到 AB 的距离将是从 X 到 YZ 的高线长的 $1-r$ 倍,从而与$\frac{1-r}{x}$成比例. 于是条件平行边之间距离相等变为$\frac{1-r}{x} = \frac{1-s}{y} = \frac{1-t}{z}$. 等价地,称这个公比为 α,则有 $r = 1 - \alpha x$,$s =$

$1-\alpha y, t=1-\alpha z$.

容易计算 $AB=(1-s-t)x, DE=rs$,以致 $AB+DE=(1+r-s-t)x=\alpha(y+z-x)x=2\alpha ux$,对其他各对平行边是类似的. 因此周长是

$$p=2\alpha(ux+vy+wz)$$

从重心坐标系有

$$\begin{aligned}AD&=\|(1-r)X-(1-s)Y+(r-s)Z\|\\&=\alpha\|x(Z-X)+y(Y-Z)\|\\&=\alpha xy\left\|\frac{Z-X}{y}+\frac{Y-Z}{x}\right\|\end{aligned}$$

单位向量$\frac{Z-X}{y}$与$\frac{Y-Z}{x}$之间的角是 $180°-\angle Z$,从而长是

$$\left\|\frac{Z-X}{y}+\frac{Y-Z}{x}\right\|=2\sin\frac{Z}{2}=2\sqrt{\frac{uv}{xy}}$$

因此把此式与类似公式放在一起,得

$$AD+BE+CF=2\alpha(\sqrt{uvxy}+\sqrt{vwyz}+\sqrt{wuzx})$$

现在要求的不等式直接由 Cauchy - Schwarz 不等式推出如下:

$$\begin{aligned}AD+BE+CF&=2\alpha(\sqrt{uvxy}+\sqrt{vwyz}+\sqrt{wuzx})\\&\leqslant 2\alpha\sqrt{ux+vy+wz}\cdot\sqrt{vy+wz+ux}\\&=2\alpha(ux+vy+wz)=p\end{aligned}$$

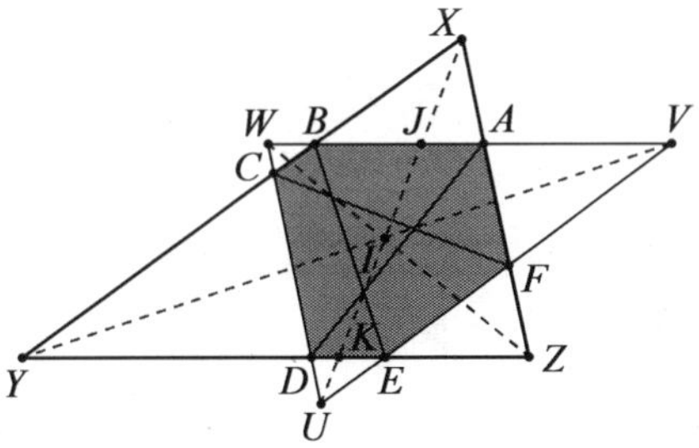

于是

$$CF=XU\tan\frac{X}{2}=\frac{r(1+k)XI}{s-x}=\frac{r(1+k)}{\cos(X/2)}=\frac{(1+k)\sqrt{yz(s-y)(s-z)}}{s}$$

其中最后等式先用半角公式,后用余弦定理得出. 同样

$$BE=\frac{(1+k)\sqrt{zx(s-z)(s-x)}}{s}, AD=\frac{(1+k)\sqrt{xy(s-x)(s-y)}}{s}$$

另一方面

$$\frac{AB}{x}=\frac{XJ}{XK},\frac{DE}{kx}=\frac{DE}{WV}=\frac{KU}{JU}=\frac{KU}{kXK}$$

因此

$$AB + DE = \frac{x(XJ + KU)}{XK} = \frac{x(1+k)(XI - IK)}{XK} = \frac{x(1+k)(s-x)}{s}$$

同样地

$$BC + EF = \frac{z(1+k)(s-z)}{s}, CD + FA = \frac{y(1+k)(s-y)}{s}$$

最后由算术平均 - 几何平均不等式

$$x(s-x) + y(s-y) + z(x-z)$$
$$\geqslant \sqrt{xy(s-x)(s-y)} + \sqrt{yz(s-y)(s-z)} + \sqrt{zx(s-z)(s-x)}$$

完成了证明.

O285 令 a_n 是整数数列,定义为

$$a_1 = 1 \text{ 与 } a_{n+1} = 2^n(2^{a_n} - 1), n \geqslant 1$$

证明:$n!$整除 a_n.

美国 Massachsetts 理工学院 Ivan Borseno 提供

证 令 $v_p(n)$ 表示素数 p 整除整数 n 的次数,回忆

$$v_p(n!) = \left\lfloor \frac{n}{p} \right\rfloor + \left\lfloor \frac{n}{p^2} \right\rfloor + \cdots < \frac{n}{p} + \frac{n}{p^2} + \cdots = \frac{n}{p-1}$$

从而 $v_p(n!) \leqslant \frac{n-1}{p-1}$,也注意到,如果 $p-1 \mid a$,那么 $\varphi(p^{1+v_p(a)}) = p^{v_p(a)}(p-1)$ 整除 a,因此由 Fermat 小定理的 Euler 形式,$p^{1+v_p(a)}$ 整除 $2^a - 1$,即 $v_p(2^a - 1) \geqslant 1 + v_p(a)$.

首先用对 p 与 n 的二重归纳法证明 $v_p(a_n) \geqslant n - p + 1$. 当 $p = 2$ 时这是显然的,因为 $v_2(a_n) = n - 1 = n - p + 1$,且当 $n = 1$ 时因为 $v_p(a_n) \geqslant 0 \geqslant n - p + 1$. 今设 p 是奇素数,要求 $v_p(n)$ 对所有素数 $q \leqslant p$ 成立. 我们要证明 $v_p(n+1) \geqslant (n+1) - p + 1$. 如果 $p \geqslant n + 2$,那么右边为非正的,无需证明. 从而可设 $p \leqslant n + 1$. 设 $p - 1$ 的素因子分解是 $p - 1 = \prod_i q_i^{m_1}$,其中 q_i 是小于 p 的不同素数. 于是由归纳假设

$$v_{q_i}(a_n) \geqslant n - q_i + 1 \geqslant p - q_i \geqslant q_i^{m_i} - q_i + 1 \geqslant m_i$$

从而断定 $p - 1 \mid a_n$,于是有

$$v_p(a_{n+1}) = v_p(2^{a_n} - 1) \geqslant 1 + v_p(a_n) \geqslant 1 + (n - p + 1) = (n+1) - p + 1$$

由这个结果几乎马上得出本题结论,因为对 $p \leqslant n$ 有

$$v_p(n!) \leqslant \frac{n-1}{p-1} \leqslant n - p + 1 \leqslant v_p(a_n)$$

因此 $n!$整除 a_n.

O286 令 $\triangle ABC$ 的垂心为 H,HM 是 $\triangle BHC$ 的中线,HS 是 $\triangle BHC$ 的类似中线,以 P 表示 A 在 HS 上的正投影,证明:$\triangle MPS$ 的外接圆与 $\triangle ABC$ 的外接圆相切.

罗马尼亚 Zalan 市 Marius Stanean 提供

证　令 D 是直线 AA' 与 $\triangle ABC$ 外接圆 ω 的交点，E 是过 D 且平行于 CB 的直线与 $\odot\omega$ 的交点，我们有

$$\angle CHB = 180^\circ - \angle CAB = \angle CDB$$

$$\angle BCH = \angle BAA' = \angle BCD = \angle EBC$$

于是 $CH = CD = EB, EB \parallel CH$.

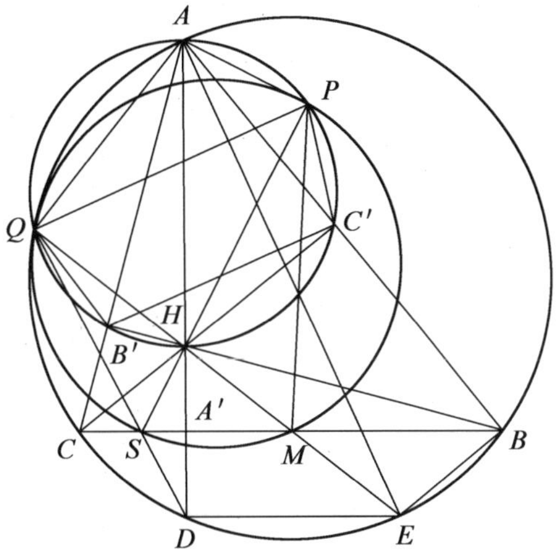

这就是说线段 EH 通过 CB 的中点 M. 令 Q 是直线 MH 与 $\triangle ABC$ 外接圆的另一交点. 因为 $\angle HQA = 90^\circ$，所以 Q 在通过 A, C', H, B' 的 $\odot\gamma$ 上，其中 C' 与 B' 是从 C 与 B 作出的高线足.

由于事实 $\angle APQ = 90^\circ$，所以点 P 在圆 γ 上，

$$\angle A'SH = \angle HAP = \angle HQP$$

于是 $\odot O$ 通过点 M, S, P，也通过 Q，线段 AE 是 $\odot ABC$ 的直径，因为 $\angle ADE = 90^\circ$，由 $\angle EAB = \angle DAC, \angle AC'B' = \angle ABC$ 推出 $AE \perp B'C'$.

因为 $\angle BHE = \angle SHC = \angle PHC' = \angle QHB'$，所以得 $QB' = PC'$，因此 $QP \parallel B'C'$，于是线段 $AE \perp B'C'$，这就是说 $\angle ADQ = \angle AEQ = \angle AQP = \angle AHP = \angle SHA', \angle AEQ = \angle ADS$，但是我们也知道 $\angle SDA' = \angle SHA'$，因为 $A'H = A'D$，由此得 $\angle SDA' = \angle AEQ$，因此点 Q, S, E 共线.

$\odot O$ 通过 $\odot\omega$ 的同一点 Q，且通过点 S 与 M，S 与 M 在 $\triangle QED$ 的边 QD 与 QE 上，$SM \parallel DE$. 可见二圆相切于 Q.

附注：$\odot O$ 也与 $\triangle ABC$ 的九点圆相切. 此外

$$\angle MQP = \angle MSP = \angle DSA' = 180^\circ - \angle MSQ = \angle QPM$$

这说明 $\odot O$ 的圆心在直线 l 上，l 通过点 M 且垂直于 QP，注意 $B'M = MC = MB = MC'$，于是九点圆圆心在直线 l' 上，l' 通过点 M 且垂直于 $B'C'$，但是已知线段 $QP \parallel B'C'$，于是

直线 l 与直线 l' 重合,换言之,$\odot O$ 与九点圆都通过 M,它们的圆心与 M 共线,这说明两圆相切于 M.

O287 已知 6×6 表格包含 36 个单位网格,含 4 个单位网格的 2×2 正方形称为一个分块,如果表格的每个网格至少被分块集合中一个分块的一个网格覆盖,那么分块集合覆盖了这个表格,分块可以相互覆盖,求最大整数 n,使表格被 n 个分块覆盖,但是,如果从覆盖的分块中拿走任何一个分块,那么剩余的分块集合将不再覆盖这个表格.

亚美尼亚 Yerevan 市 Nairi Sedrakyan 提供

解 我们从左上角开始,求行数与列数,可见每个角落上有分块.

如果拿走一个特别的分块,网格仍然未被覆盖,那么称一个网格对应于一个分块,需要求出各对对应分块与对应网格的最大数量.显然,网格(1,1),(1,6),(6,1),(6,6)中每一个对应于覆盖它的一个分块,被特别分块覆盖的其他 4 个网格三元组不对应于任一分块.

此外,如果取如同(3,1),(3,2)与(1,3),(2,3)的网格对与它们关于正方形的中线与对角线对称的网格对,那么有一分块覆盖了它们二者,于是只有这些网格对中一网格可以对应于这个分块.

于是求出 8 个网格对,由此相信,至少有一网格不对应于一分块与同类型 4 个三元组网格,这三元组网格邻接网格(1,1),(6,1),(6,6),(1,6),于是至少有 20 个坏网格(不对应于一分块的网格),恰好 20 个坏网格的例子如下:

(1,1),(1,6),(6,1),(6,6),(3,1),(1,3),(3,3),(4,1),(6,3),(4,3),(1,4),(3,4),(3,6),(4,4),(6,4),(4,6)

它们对应于具有中心的分块,使所有的点不在正方形中线上.

O288 令 $ABCD$ 是在平面 $\mathscr{P}$ 上的正方形,函数 $f:\mathscr{P}\to\mathbf{R}$ 定义为

$$f(P)=\frac{PA+PB}{PC+PD}$$

求这个函数的最小值与最大值.

罗马尼亚 Cluj - Napoca 市 Babes - Bolyai 大学 Dorin Andrica 提供

解 令 $d_A(P)$ 表示从定点 A 到可变点 P 的距离,$v_A(P)$ 是单位向量,指向从 A 到 P 的方向,则 $d_A(P)$ 是 P 的可微函数,除了 $P=A$ 与 $\nabla d_A=v_A$ 以外.

注意,当 P 在任一方向上趋于无穷大时,f 趋于 1,因此 f 的最大值与最小值一定发生在 f 的临界点上,也注意,如果 P 在直线 CD 与 AB 的同侧,那么 P 通过 CD 的反射将固定 $PC+PD$,但是增加 $PA+PB$,于是对最大值,只需要考虑 CD 边上闭半平面上临界点,而不考虑 AB 边上闭半平面上临界点,对最小值是类似的,只需要考虑 AB 边上闭半平面上临界点,而不考虑 CD 边上闭半平面上临界点.

为了求出 $f(P)$ 的临界点,计算

$$\nabla f(P)=\frac{1}{PC+PD}(\nu_A(P)+\nu_B(P))-\frac{PA+PB}{(PC+PD)^2}(\nu_C(P)+\nu_B(P))$$

特别地,我们看出在f的任一临界点上(除了顶点A,B,C,D外,其中f是不可微的),向量$-(\nu_A(P)+\nu_B(P))$与$-(\nu_C(P)+\nu_D(P))$指向相同方向,因为$\nu_A(P)$与$\nu_B(P)$二者是单位向量,$-(\nu_A(P)+\nu_B(P))$的方向是$\angle APB$的平分线,类似地,$-(\nu_C(P)+\nu_D(P))$的方向是$\angle CPD$的平分线,于是在临界点上,相同射线平分这2个角,如果作$\triangle ABZ$与$\triangle CDZ$的外接圆,那么$\angle APB$与$\angle CPD$的角平分线通过$\overset{\frown}{AB}$与$\overset{\frown}{CD}$的中点,不包含Z,但是这2个中点在线段AB与CD的公共中垂线上,于是任一Z也在这条中垂线上,或二弧的中点重合,比如重合在Q上,在后者情形下,$\triangle ABP$与$\triangle CDP$的外心在AB与CD的公共中垂线上,在PQ的中垂线上,因此二圆重合,P在四边形$ABCD$的外接圆上.

如果P在AB与CD的公共中垂线上,那么可以安排坐标为$A=(-1,-1)$,$B(-1,1)$,$C=(1,1)$,$D=(1,-1)$,$P=(0,t)$,在这种情形下有

$$f(P)=\frac{\sqrt{(t-1)^2+1}}{\sqrt{(t+1)^2+1}}$$

计算

$$\frac{\mathrm{d}f(P)}{\mathrm{d}t}=\frac{2(t^2-2)}{((t-1)^2+1)^{1/2}((t+1)^2+1)^{3/2}}$$

因此中垂线上的唯一临界点在与四边形$ABCD$外接圆的交点上.

设P在四边形$ABCD$外接圆的闭劣弧$\overset{\frown}{CD}$上,令$\theta=\angle CAP=\angle CBP$,则$\frac{\pi}{4}-\theta=\angle PAD=\angle PBD$,计算$AP=2R\cos\theta$,$BP=2R\cos\left(\frac{\pi}{4}-\theta\right)$,$CP=2R\sin\theta$,$DP=2R\sin\left(\frac{\pi}{4}-\theta\right)$,于是

$$f(P)=\frac{\cos\theta+\cos\left(\frac{\pi}{4}-\theta\right)}{\sin\theta+\sin\left(\frac{\pi}{4}-\theta\right)}=\frac{(\sqrt{2}+1)\cos\theta+\sin\theta}{\cos\theta+(\sqrt{2}-1)\sin\theta}$$

$$=\sqrt{2}+1$$

因此一定有所有临界点,这是最大值,由对称性推出,在四边形$ABCD$的闭劣弧$\overset{\frown}{AB}$的点上有$f(P)=\frac{1}{\sqrt{2}+1}=\sqrt{2}-1$,一定有所有临界点与最小值.

3 论　　文

3.1 关于伪共轴性

众所周知有 3 个 Apollonius 圆，每个圆都通过一顶点与对应的内角平分线足和外角平分线足，这三圆有 2 个公共点，我们研究具有伪内切圆[1,2] 与外接圆切点的相似图形，而不是与外角平分线足相切的图形.

术语三角形伪内切圆(L. Bankoff)[1])是为三圆命名的，每个圆和两边相切，与外接圆外切，在[2] 中 P. Yiu 建立了关于这些圆的基本结果之一：

定理 1 (Yiu) 如果三直线中每条直线是联结一顶点及外接圆与各自伪内切圆的切点而成，那么这三直线相交于外接圆与内切圆的相似中心.

设内切圆分别与三角形的边 BC，CA，AB 切于点 D，E，F. 令 X，Y，Z 是分别对应于顶点 A，B，C 的内角平分线足，A'，B'，C' 分别是外接圆 O 与每个伪内切圆的切点. 在本文中，我们综合地证明了三圆 AXA'，BYB'，CZC' 共轴，外接圆与内切圆的外相似中心在它们的公共根轴上，我们利用了关于内切圆的反演.

我们从共圆性开始，虽然初看起来与共轴性无关，但是在今后的论证中证明它们是有用的.

定理 2　点 B'，C'，X，D 在同一圆上，类似地，点 C'，A'，Y，E 分别与 A'，B'，Z，F 共圆.

定理 2 的证明　考虑关于中心与幂 r^2 的反演 Ψ，其中 r 是内径的长，点 D，E，F 仍然不变，因为它们在反演圆上，A，B，C 在 Ψ 下的像是边 EF，FD，DE 的中点 A_1，B_1，C_1，因为边界线 BC，CA，AB 与反演圆相切，所以它们的像是直径为 r 的全等圆 Γ_a，Γ_b，Γ_c，X 的像 X_1 是直线 A_1I 与 $\odot\Gamma_a$ 的第2个交点，类似地，点 Y，Z 的像 Y_1，Z_1 分别是直线 B_1I，C_1I 与 $\odot\Gamma_b$，$\odot\Gamma_c$ 的交点，同前建立 A'，B'，C' 的像，我们首先回忆以下结果，虽然它是已知，但是不省略它的简单证明.

引理 1　直线 $A'I$ 平分 $\angle BA'C$.

引理 1 的证明　令 M 是 $\overset{\frown}{BC}$ 的中点，$\overset{\frown}{BC}$ 不包含顶点 A，M' 是 M 关于 $\odot O$ 的对径点，S，T 分别是 $\angle A$ 的伪内切圆与边 AB，AC 的切点，因为 I 是 ST 的中点[1]，不包含 B 的 $\overset{\frown}{CA}$ 的

中点 N 与 A'，T 共线，所以

$$\angle TIC = \angle AIC - 90^\circ = \frac{\angle ABC}{2} = \angle TA'C$$

于是四边形 A_1CTI 是联圆四边形，且

$$\angle IA'C = \angle ITA = 90^\circ - \frac{\angle CAB}{2} = \angle M'A'C$$

因此点 A'，I，M' 共线，这证明了引理 1.

因为 M' 是 M 关于 $\odot O$ 的对径点，所以 $\angle MAM' = 90^\circ (\bmod 180^\circ)$，点 M 在 Ψ 下的像 M_1 是直线 A_1I 与 $\odot O_1$ 的第 2 个交点，因此

$$\angle A_1M_1A'_1 = \angle IM_1A'_1 = \angle MA'I = \angle MA'M' = 90^\circ (\bmod 180^\circ)$$

现在我们断定，点 A'，B'，C' 在 Ψ 下的像 A'_1，B'_1，C'_1 是 A_1，B_1，C_1 在 $\triangle ABC$ 外接圆像 O_1 上的对径点，$\odot O_1$ 也是 $\triangle DEF$ 九点圆，直线 $B'_1C'_1 \parallel C_1B_1$，因为 $B_1B'_1$，$C_1C'_1$ 是 $\odot O_1$ 的直径，因此四边形 $B_1C_1B'_1C'_1$ 是矩形. 因为 ID 是 $\odot \Gamma_a$ 的直径，所以直线 $X_1D \perp A_1I$，也平行于 B_1C_1，直线 B_1C_1 是 $\odot O_1$ 与 $\odot \Gamma_a$ 的根轴，这二圆分别包含平行弦 $B'_1C'_1$，X_1D_1，从而四边形 $B'_1X_1DC'_1$ 是等腰梯形，因此它是联圆四边形，于是四边形 $B'XDC'$ 也是联圆四边形，这证明了定理 2.

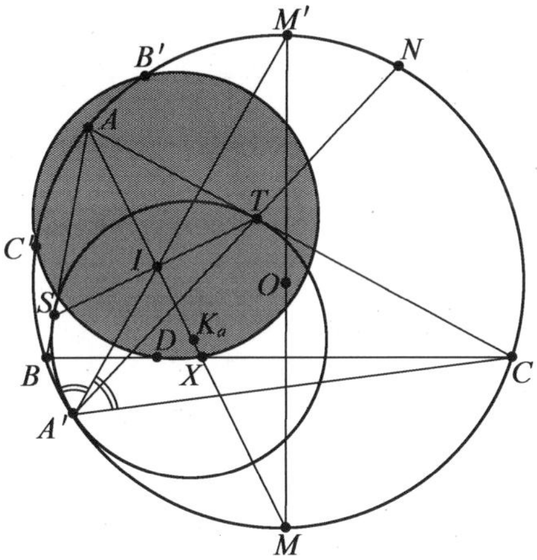

定理 3　令 M，N，P 是 $\overset{\frown}{BC}$，$\overset{\frown}{CA}$，$\overset{\frown}{AB}$ 的中点，这三弧不包含相对顶点，则点 A'，M，X，D 在同一圆上，类似地，点 B'，N，Y，E 分别与 C'，P，Z，F 共圆.

定理 3 的证明　因为 A'_1 是 A 关于 $\odot O_1$ 的对径点，所以直线 $A_1M_1 \perp M_1A'_1$，由于 $A_1I \perp X_1D$，也有直线 $M_1A'_1 \parallel X_1D$. 这得出四边形 $DX_1M_1A'_1$ 是矩形，从而它是联圆四边形，因此四边形 $DXMA'$ 也是联圆四边形，这证明了定理 3.

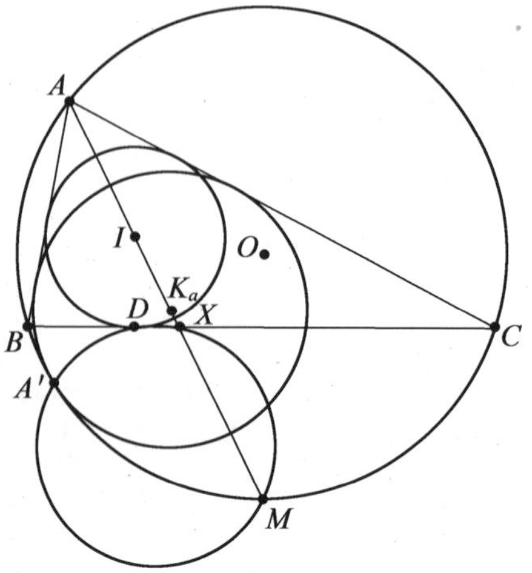

我们现在可以证明主要的结果：

定理 4 三圆 AXA'，BYB'，CZC' 是共轴的. 外接圆与内切圆的相似外心在公共根轴上.

在[3]中，A. P. Hatzipolakis 等人利用三线坐标证明了，$\triangle ABC$，$\triangle IBC$，$\triangle ICA$，$\triangle IAB$ 的 Brocard 轴相交于 Kimberling 中心 X_{58} 上(C. Kimberling[4]). 在[5]中，P. Yiu 利用重心坐标证明了，三圆是共轴的，Kimberling 中心 X_{58} 也在它们的根轴上.

定理 4 的证明 首先证明预备性结果，它部分地由定理 1 与定理 2 推出.

引理 2 直线 $B'C'$，$A'M$，BC 相交于 $\odot AXA'$ 上的点 U，类似地，直线 $C'A'$，$B'N$，CA 与 $A'B'$，$C'P$，AB 分别相交于 $\odot BYB'$，$\odot CZC'$ 上的点 V，W.

引理 2 的证明 由定理 1 与定理 2，直线 $C'B'$，MA'，BC 相交于 $\triangle ABC$ 外接圆，$\odot B'XDC'$ 与 $\odot DXMA'$ 的根心 U，因为 A' 在 Ψ 下的像是 A_1 的对径点 A'_1，所以

$$\angle MA'I = \angle IM_1A'_1 = 90^\circ (\bmod 180^\circ)$$

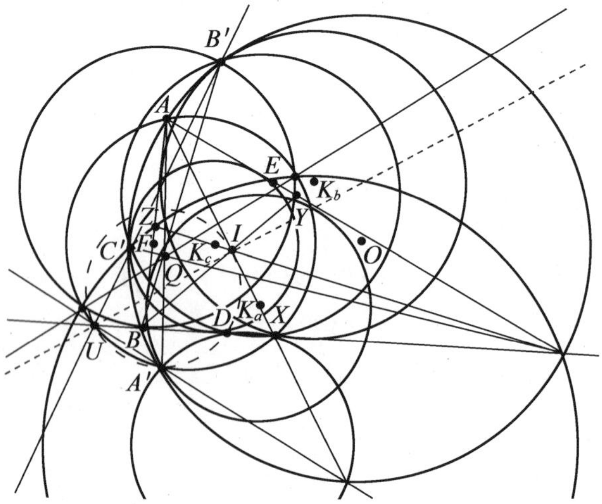

这给出

$$\angle IA'U = \angle IDU = 90°(\bmod 180°)$$

这表示四边形 $IDA'U$ 是联圆四边形，因此 D,A',U 的像 D_1,A'_1,U_1 是共线的. $\odot A_1B_1C_1$ 是 $\triangle DEF$ 的九点圆，从而结点 D 与 A_1 关于九点圆对径点 A'_1 的直线，是 $\triangle DEF$ 中从 D 作出的高线，于是 U_1 在一直线上，此直线通过 D 垂直于直线 EF 且平行于直线 A_1I，因此

$$\angle(DU_1,EF) = 90°$$

与

$$\angle AIU = \angle A_1IU_1 = \angle DU_1I = \angle IDU = 90°(\bmod 180°)$$

因此 U 在直线 AI 通过 I 的垂线上，这表示直线 $EF \,/\!/\, IU_1$，点 U 的像 U_1 是直线 IU 与 $\odot\Gamma_a$ 的第2个交点，由于直线 IU_1,B_1C_1,X_1D 与边界线平行，$\odot O_1$ 与 $\odot\Gamma_a$ 全等，所以四边形 $A_1X_1A'_1U_1$ 是等腰梯形，因此是联圆四边形，于是四边形 $AXA'U$ 也是联圆四边形，这证明了引理2.

另一方面

$$\angle(U_1D,EF) = \angle(V_1E,FD) = \angle(W_1F,DF) = 90°$$

与

$$\angle A_1IU_1 = \angle B_1IV_1 = \angle C_1IW_1 = 90°(\bmod 180°)$$

点 U,V,W 在 Ψ 下的像 U_1,V_1,W_1 是 $\triangle A_1B_1C_1$ 的垂心 I 是在直线 B_1C_1,C_1A_1,A_1B_1 通过 A'_1,B'_1,C'_1 的垂线上的正投影，因此三圆 $A_1X_1A'_1U'_1,B_1YB'_1V_1,C_1ZC'_1W_1$ 的共轴性可以重新陈述如下：

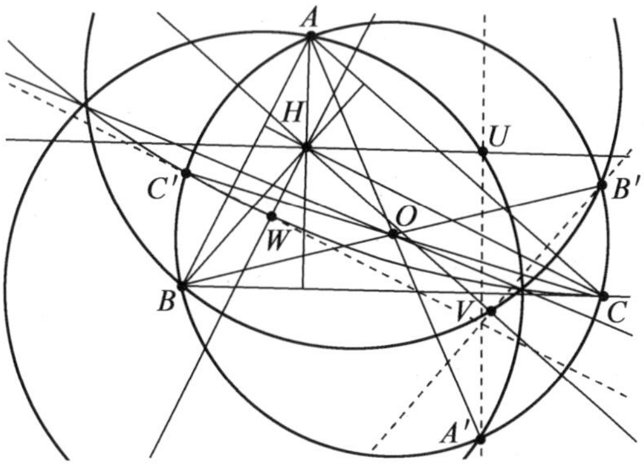

引理3　令点 A',B',C' 是顶点 A,B,C 关于外接圆 O 的对径点，考虑通过 A',B',C' 的直线 d_a,d_b,d_c 分别垂直于边界线 BC,CA,AB，令 U,V,W 是 $\triangle ABC$ 的垂心 H 分别在 d_a,d_b，d_c 上的正投影，则三圆 AUA',BVB',CWC' 是共轴的.

引理3的证明　因为垂心 H 在边线 BC,CA,AB 的反射点在 $\triangle ABC$ 的外接圆上，所以点 U,V,W 是 A',B',C' 在 $\triangle ABC$ 的边上的反射点，因此 $\triangle AUA',\triangle BVB',\triangle CWC'$ 的外心

O_a, O_b, O_c 是外接圆直径 AA', BB', CC' 的中垂线与边界线 BC, CA, AB 的交点. 此外,如果 B_a, C_a 是顶点 B, C 在 AA' 上的正投影,那么

$$\frac{\overline{O_aB}}{\overline{O_aC}} = \frac{\overline{OB_a}}{\overline{OC_a}} = \frac{R\cos\angle AOB}{R\cos\angle COA} = \frac{\cos 2C}{\cos 2B}$$

类似地,如果 C_b, A_b 与 A_c, B_c 分别是顶点 C, A 与 A, B 在直径 BB', CC' 上的投影,那么

$$\frac{\overline{O_bC}}{\overline{O_bA}} = \frac{\overline{OC_b}}{\overline{OA_b}} = \frac{\cos 2A}{\cos 2C}, \frac{\overline{O_cA}}{\overline{O_cB}} = \frac{\overline{OA_c}}{\overline{OB_c}} = \frac{\cos 2B}{\cos 2A}$$

从而

$$\frac{\overline{O_aB}}{\overline{O_aC}} \cdot \frac{\overline{O_bC}}{\overline{O_bA}} \cdot \frac{\overline{O_cA}}{\overline{O_cB}} = 1$$

因此由 Menelaus 定理,点 O_a, O_b, O_c 共线,从而三圆 AUA', BVB', CWC' 的 3 条两两根轴或平行或重合,另一方面,因为

$$\overline{OA} \cdot \overline{OA'} = \overline{OB} \cdot \overline{OB'} = \overline{OC} \cdot \overline{OC'} = -R^2$$

外心 O 在所有 3 条轴上,因此三圆 AUA', BVB', CWC' 是共轴的,这证明了引理 3.

与引理 2 结合,这得出三圆 $A_1X_1A'_1U_1, B_1YB'_1V_1, C_1ZC_1W_1$ 是共轴的,因为这三圆是三圆 $AXA'U, BYB'V, CZC'W$ 在 Ψ 下的像,因为任一反演把圆束或直线束变为圆束或直线束,所以得出,三圆 $AXA'U, BYB'V, CZC'W$ 也是共轴的,按照定理 1,直线 AA', BB', CC' 相交于外接圆与内切圆的相似外心 Q(相似外心 X_{56}[4]). Q 关于外接圆 O 的幂是

$$\overline{QA} \cdot \overline{QA'} = \overline{QB} \cdot \overline{QB'} = \overline{QC} \cdot \overline{QC'}$$

这表示 Q 在共轴圆 AXA', BYB', CZC' 的公共根轴上,这完成了定理 4 的证明.

参考资料

[1] L. Bankoff, *A Mixtilinear Adventure*, *Crux Math.*, 9(1983), 2 - 7.

[2] P. Yiu, *Mixtilinear Incircles*, Amer. Math. Monthly, Vol. 106(1999), No. 10, 952 -955.

[3] A. P. Hatzipolakis, F. Lamoen, B. Wolk, P. Yiu, *Concurrency of Four Euler Lines*, Forum Geom., 1(2001), 59 - 68.

[4] C. Kimberling, *Encyclopedia of Triangle Centers*, available at http://faculty.evansville.edu/ck6/encyclopedia/ETC.html.

[5] C. Pohoata, P. Yiu, *Hyacinthos messages* 15606, 15607, October 6 - 7, 2007.

美国 Cosmin Pohoata 与 Vladimir Zajic

3.2　两个问题及其推广

在本文中，我们利用新颖方法研究数学奥林匹克的两个问题，考虑了它们从符号计算程序得出的推广.

以下问题是第 26 届巴西大学生数学奥林匹克中提出的问题(见[1] 中的解答)：

令

$$S_n = \sum_{k=0}^{\infty} \frac{1}{(nk+1)(nk+2)\cdots(nk+n)}$$

求下式的值：

$$S_3 = \sum_{n=0}^{\infty} \frac{1}{(3n+1)(3n+2)(3n+3)}$$

求 S_4 的问题是2010 年国际数学奥林匹克(IMO) 提出的，它发表在[2] 中，有 2 种解法，我们解答这些问题的方法是新颖的，因为我们包含 Γ 函数，它容许研究包含二项式系数的倒数和，我们将原来的和重写为积分，对 $n \geqslant 5$，这些积分可用符号计算积分程序计算，例如 Maple 软件或 Mathematica 软件.

考虑

$$S_4 = \sum_{n=0}^{\infty} \frac{1}{(4n+1)(4n+2)(4n+3)(4n+4)}$$

我们有

$$\begin{aligned} S_4 &= \sum_{n=0}^{\infty} \frac{(4n)!}{(4n+4)!} \\ &= \frac{1}{6}\sum_{n=0}^{\infty} \frac{\Gamma(4n+1)\Gamma(4)}{\Gamma(4n+5)} \\ &= \frac{1}{6}\sum_{n=0}^{\infty}\beta(4n+1,4) \end{aligned}$$

回忆

$$\Gamma(a) = \int_0^{\infty} x^{a-1}\mathrm{e}^{-x}\mathrm{d}x, a > 0$$

$$\Gamma(n+1) = n!$$

$$\beta(a,b) = \int_0^1 x^{a-1}(1-x)^{b-1}\mathrm{d}x, a > 0, b > 0$$

$$\frac{\Gamma(a)\Gamma(b)}{\Gamma(a+b)} = \beta(a,b)$$

由此得

$$\begin{aligned} S_4 &= \frac{1}{6}\sum_{n=0}^{\infty}\int_0^1 x^{4n}(1-x)^3\mathrm{d}x \\ &= \frac{1}{6}\int_0^1\sum_{n=0}^{\infty}x^{4n}(1-x)^3\mathrm{d}x \\ &= \frac{1}{6}\int_0^1(1-x)^3\sum_{n=0}^{\infty}x^{4n}\mathrm{d}x \end{aligned}$$

但是

$$\sum_{n=0}^{\infty}x^{4n} = \frac{1}{1-x^4}$$

因此

$$S_4 = \frac{1}{6}\int_0^1\frac{(1-x)^3}{1-x^4}\mathrm{d}x = \frac{1}{6}\int_0^1\frac{(1-x)^2}{(1+x)(1+x^2)}\mathrm{d}x$$

因为

$$\frac{(1-x)^2}{(1+x)(1+x^2)} = \frac{2}{1+x} - \frac{1}{1+x^2} - \frac{x}{1+x^2}$$

$$\begin{aligned} \int_0^1\frac{(1-x)^2}{(1+x)(1+x^2)}\mathrm{d}x &= 2\int_0^1\frac{1}{1+x}\mathrm{d}x - \int_0^1\frac{1}{1+x^2}\mathrm{d}x - \frac{1}{2}\int_0^1\frac{2x}{1+x^2}\mathrm{d}x \\ &= 2\ln(1+x)\Big|_0^1 - \arctan(x)\Big|_0^1 - \frac{1}{2}\ln(1+x^2)\Big|_0^1 \\ &= 2\ln 2 - \frac{\pi}{4} - \frac{1}{2}\ln 2 = \frac{3}{2}\ln 2 - \frac{\pi}{4} \end{aligned}$$

于是最后有

$$S_4 = \frac{\ln 2}{4} - \frac{\pi}{24}$$

类似地

$$S_n = \frac{1}{(n-1)!}\int_0^1\frac{(1-x)^{n-1}}{1-x^n}dx$$

不用计算机努力计算这个积分,可以看出“容易”的情形是 $n = 2,3,4$. 用Maple程序看出 S_n 的一些值:

$$S_6 = -\frac{7\sqrt{3}}{4\ 320}\pi - \frac{3}{160}\ln 3 + \frac{2}{45}\ln 2$$

$$S_8\ \frac{17}{6\ 720}\ln 2 + \frac{11}{40\ 320}\pi - \frac{17}{40\ 320}\sqrt{2}\ln(2+\sqrt{2}) +$$

$$\frac{31}{40\ 320}\sqrt{2}\ln(2-\sqrt{2}) - \frac{1}{4\ 032}\sqrt{2}\pi - \frac{1}{5\ 760}\sqrt{2}\ln 2$$

我们请读者求 S_5,S_7,S_9,S_{10} 的值. 最后我们想提出1个未解决的问题:证明,对所有 n,S_n 是无理数.

参考资料

[1] *Eureka* 22, Olimpiada Brasilera de Matemfica.

[2] http://www.imc - math.org.uk/imc2010/imc2010 - day1 - solutions.pdf

美国 Roberto Bosch Cabrera

3.3 回到 Euclidean 几何学:不再神秘的 Droz - Farny 定理

3.3.1 引言

这次几何学旅行的主题是1个定理,它已经成为《数学反思》中新论文的中心点,但是为了它的复杂证明的有趣历史,我们继续回到这个美丽的 Droz - Farny 定理,这些证明使这个定理成为 Euclidean 几何中最受欢迎的珍品,它的陈述如下:

定理 A (Droz - Farny)通过三角形的垂心作2条垂线,它们在每条边界线上截取一线段,这3条线段的中点是共线的.

如下图所示,以 A_1,B_1,C_1 与 A_2,B_2,C_2 分别表示2条垂线 d_1,d_2 与 BC,CA,AB 的交点,Droz - Farny 定理指出,线段 A_1A_2,B_1B_2,C_1C_2 的中点 A_3,B_3,C_3 共线,Arnold Droz - Farny 在[2]中没有证明而指出这一点,尽管这是简单的陈述,但是仅1世纪后,几何学世界在 Sharygin 的经典《几何概率》一书中看到完整证明,几年后,在 Hyacinthos 讨论会上,这个课题重新活跃起来,N. Reingold[6],D. Grinberg[4],M. Stevanovic[8]给出了一些计算证明. 在2004年,J. L. Ayme 最后在某种意义上,把用第1个综合证明(见[1])的这些方法具体化,虽然它是优美的,但是由于它包含某种技巧,所以它的补充结构似乎不完全自然,从那时以来,围绕着简单假设的推广与变化也出现了,例如见[3].

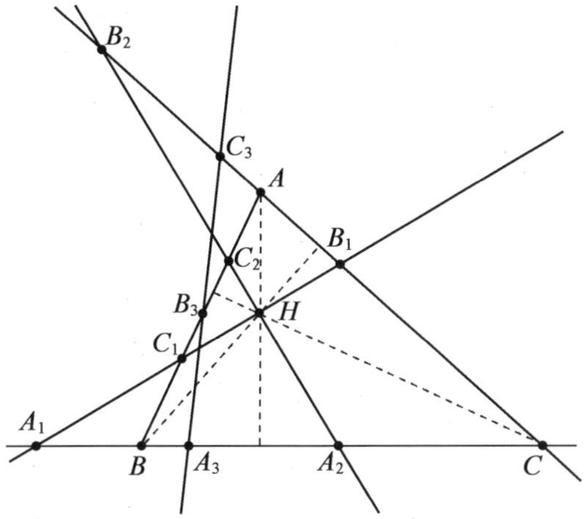

请读者参考 Ayme 关于更详细的历史的论文,参考 Arnold - Farny 本人关于简单的很有趣的参考文献的短文.

现在我们将讨论,给这个定理带来新内容!

3.3.2 主要的结果

在本节中我们将证明以下简单的结果,它推广了 Droz - Farny 定理,我们相信这个定理将留在人们心中.

定理 B 令 P 是已知 $\triangle ABC$ 平面上的点,如果 A',B',C' 是直线 PA,PB,PC 在通过 P 的直线上的反射线与边 BC,CA,AB 的交点,那么 A',B',C' 共线.

意外,意外!这是来自最近美国数学奥林匹克第 5 题(与美国初级数学奥林匹克第 6 题). 于是暂停片刻,努力弄清楚它与 Droz - Farny 定理有什么关系!在任何情形下,我们要再暂停一下,转向讨论这个结果的证明,而在这里不提供更多细节,我们首先需要基本的预备性结果.

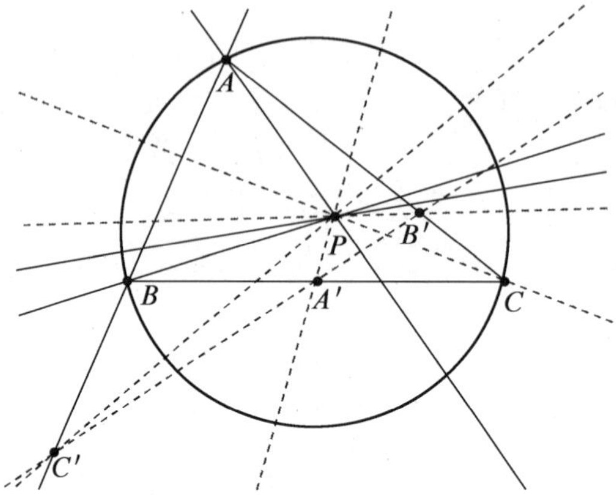

引理 如果三角形是由点 P 通过 $\triangle ABC$ 边界线的反射点确定,那么前一个三角形的外心是点 P 关于 $\triangle ABC$ 的等角共轭点.

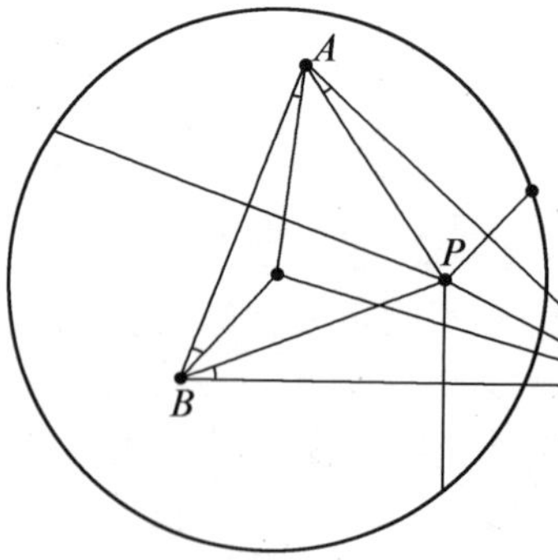

换言之,这个点是 PA,PB,PC 在 $\triangle ABC$ 相应的内角平分线上的反射线交点,证明是

直接的,是以下事实的简单结果:设三角形由 P 在 $\triangle ABC$ 边界线的反射点确定,则原 $\triangle ABC$ 顶点 A,B,C 在前 1 个三角形的角平分线上. 关于更多细节,请读者参考[5].

现在动手证明定理!

定理 B 的证明　根据 P 关于 $\triangle ABC$ 的外接圆的位置,把它分为两部分.

首先,如果 P 在外接圆上,那最主要的事是寻找简单的角!实际上,因为 $\angle A'BC' = \angle CBA = \angle CPA = \angle A'PC'$,所以得出 P,A',B',C' 共圆,对 P,A,B',C' 与 P,A',B',C 是类似的,从而 $\angle CA'B' = \angle CPB' = \angle BPC' = \angle BA'C'$,因此 A',B',C' 共线.

现在,如果 P 不在 $\triangle ABC$ 外接圆上,那么令 Q 是它关于 $\triangle ABC$ 的等角共轭点,令 Q' 是 P 关于 $\triangle AB'C'$ 的等角共轭点,注意 Q 是退化的,即当 P 不在外接圆上时,Q 在无穷远处.

断言　$Q = Q'$.

断言的证明　这表示证明的主要步骤,首先注意

$$\angle BQC = \angle BAC + \angle CPB$$

(因为 P 与 Q 是 $\triangle ABC$ 中的等角共轭点)

$$= \angle C'AB' + \angle B'PC' = \angle C'Q'B'$$

(因为 P 与 Q 是 $\triangle AB'C'$ 中的等角共轭点) 以 X,Y,Z 表示 P 在边 BC,CA,AB 的反射点,X' 表示它在 $\triangle AB'C'$ 的边 $B'C'$ 上的反射点,则 $\angle ZXY = \angle BQC$(因为 QC 与 XY 正交,QB 与 XZ 正交),而 $\angle ZX'Y = \angle C'Q'B'$(因为 $Q'B'$ 与 $X'Y$ 正交,$Q'C'$ 与 $X'Z$ 正交). 于是因为 $\angle C'Q'B' = \angle BQC$,所以得 $\angle ZXY = \angle ZX'Y$. 由此推出 X,Y,Z 与 X' 共圆. 可是 $\odot XYZ$ 的圆心是 Q,而 $\odot X'YZ$ 的圆心是 Q'(由引理). 因此 Q 与 Q' 实际上重合,这证明了我们的引理.

其次我们可用类似方法推导出,Q 也是 P 关于 $\triangle A'BC'$ 与 $\triangle A'B'C$ 的等角点(由循环性). 因此

$$\begin{aligned}\angle BC'A' &= \angle AC'A' = \angle AC'P + \angle PC'Q + \angle QC'A' \\ &= \angle QC'B' + \angle PC'Q + \angle BC'P \\ &= \angle BC'B' = \angle AC'B'\end{aligned}$$

这表示 A',B',C' 共线,于是完成了证明.

3.3.3　最后的评论

十分简单,对吗?利用 Simson 定理的其他综合解法以至用 Menelaus 定理的计算方法是可能的. 但是这又和 Droz - Farny 定理有什么关系呢?让我们看以下的重新陈述,令 r 与 δ 是在 $\triangle ABC$ 平面上通过已知点 P 的直线,令 A',B',C' 与 A'',B'',C'' 分别为 r 与 δ 与 BC, CA,AB 的交点,此外,令 X 是 BC 与 AP 在 $\angle A'PA''$ 内角平分线上反射线的交点,类似地定义 Y 与 Z,则点 X,Y,Z 共线.

现在题目似乎可能更明白!当然,这个新陈述包含 A',B',C',A'',B'',C'' 的冗长定义,

但是它指出值得注意的事实:定理 A 没有什么内容,仅仅是定理 B 的特殊情形,其中我们取 P 为 $\triangle ABC$ 的垂心,取直线 $r \perp \delta$!这为什么正确呢?在这种情形下,直线 AP,BP,CP 在 $\triangle ABC$ 的高线外,分别变为 $\triangle A'PA''$,$\triangle B'PB''$,$\triangle C'PC''$ 的高,因此它在相应内角平分线上的反射线通过 $\triangle A'PA''$,$\triangle B'PB''$,$\triangle C'PC''$ 的外心(因为垂心与外心是等角共轭点;见[5]),即由 Droz - Farny 定理,它们恰好是相交中点!!!

参考资料

[1] J. - L. Ayme, *A synthetic proof of the Droz-Farny line theorem*, Forum Geom., 4(2004),219-224.

[2] A. Droz - Farny, *Question* 14111, Ed. Times, 71(1899), 89-90.

[3] J. - P. Ehrmann, F. v. Lamoen, *A Projective Generalization of the Droz-Farny Line Theorem*, Forum Geom., 4(2004), 225 - 227.

[4] D. Grinberg, *Hyacinthos* messages#6128, #6141, #6245 from December 10th - 11th, 2002, #7384 from July 23rd, 2003, and #9845 from June 2nd, 2004.

[5] R. A. Jonhson, *Advanced Euclidean Geometry*, Dover Publications, 2007.

[6] N. Reingold, *Hyacinthos* Message #7383, July 22nd, 2003.

[7] I. Sharygin, *Problemas de Geometria*(Spanish translation), Mir Edition, 1986.

[8] M. Stevanovic, *Hyacinthos* Message #9130, January 25th, 2004.

美国 Titu Andreescu and Cosmin Pohoata.

3.4 类似重心与 Poncelet 不定性

我们利用相当简单的计算技巧,包括所谓的 Lagrange 恒等式,证明了关于类似重心与 Poncelet 不定性有关的很有趣的结果.

类似重心看来总有想不到的性质,这些性质与在三角形内部(或外部)发生的一切情况有关,在这篇短文中我们证明的结果是另一种这样的情况,我们证明,具有固定的外接圆与内切圆的三角类似重心在固定椭圆上运动,我们以下更明显地叙述这一点.

定理 令 $\triangle ABC$ 有外接圆 $\odot O$ 与内切圆 $\odot I$,A' 是 $\odot O$ 上的点,B',C' 是外接圆 $\odot O$ 与 $\odot I$ 从 A' 作出的切线的交点,则当 A' 在 $\odot O$ 上运动时,$\triangle A'B'C'$ 类似重心的轨迹是一椭圆,它以直线 OI 为它的一轴.

以上2个陈述是等价的,因为 Poncelet 不定性,它指出外接圆与从 A' 作出的切线的交点确定了一直线,此直线与 $\triangle ABC$ 的内切圆相切(与 A' 的位置无关),如果我们不用 Poncelet 不定性来证明我们的断言,那么在这里就不能完成这个定理的证明,但是,请好奇的读者们在[1]中阅读它的更多内容.

我们来证明我们的结果.

定理的证明 令 K 与 K' 分别为 $\triangle ABC$ 与 $\triangle A'B'C'$ 的类似重心,回忆关于 $\triangle ABC$ 的类似重心 K 与内心 I 的 Lagrange 公式;这告诉我们

$$\frac{a^2 \cdot IA^2 + b^2 \cdot IB + c^2 \cdot IC^2}{a^2 + b^2 + c^2} = KI^2 + R^2 - KO^2 \qquad (*)$$

其中 R 照例表示三角形外接圆半径,为了用齐次重心坐标来证明,我们参考[2],第87页.

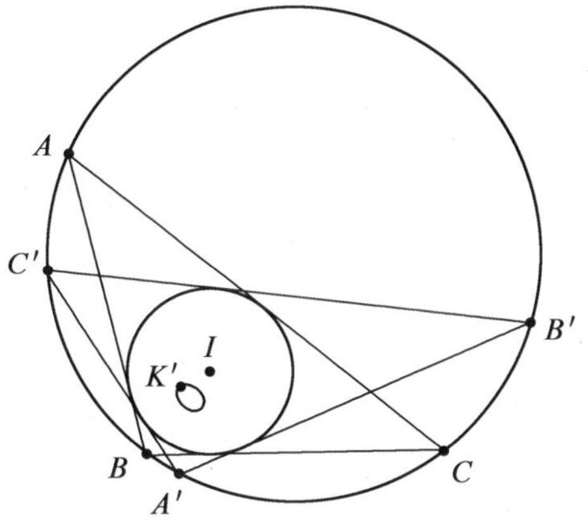

我们这里想要这个公式,因为在动手证明前知道

$$IA = \sqrt{\frac{bc(s-a)}{s}}, IB = \sqrt{\frac{ac(s-b)}{s}}, IC = \sqrt{\frac{ab(s-c)}{s}}$$

其中 s 是 $\triangle ABC$ 的半周长,于是立即把上述公式(*)重新写成

$$\frac{a^2bc(s-a) + b^2ac(s-b) + c^2ab(s-c)}{s(a^2 + b^2 + c^2)} = KI^2 + R^2 - KO^2$$

它化简各项并用以下众所周知的等式

$$a^2 + b^2 + c^2 = 2s^2 - 2r^2 - 8Rr$$

后(其中 r 是 $\triangle ABC$ 的内径),给出了

$$4Rr\left(\frac{r^2 + 4Rr}{s^2 - r^2 - 4Rr}\right) = KI^2 - KO^2 + R^2$$

另一方面,K 与 K' 关于外接圆(O)的幂由下式给出

$$R^2 - KO^2 = \frac{3a^2b^2c^2}{(a^2 + b^2 + c^2)^2} = 3\left(\frac{2Rrs}{s^2 - r^2 - 4Rr}\right)^2$$

与

$$R^2 - K'O^2 = \frac{3u^2v^2w^2}{(u^2 + v^2 + w^2)^2} = 3\left(\frac{2Rrs'}{s'^2 - r^2 - 4Rr}\right)^2$$

其中 u,v,w 是 $\triangle A'B'C'$ 的边长,又关于这一点的最好原始资料是[2],第87－89页,其中

读者可以看见用齐次重心坐标给出结果的计算.

现在为了得到 K' 的轨迹,必须从以上方程中消去 s,因为这不像 R,r 一样是"内部确定"的,我们得

$$\frac{1}{3}(R^2-KO^2)(r^2+4Rr)-Rr(KI^2-KO^2+R^2)=\frac{1}{4}(KI^2-KO^2+R^2)$$

与

$$\frac{1}{3}(R^2-K'O^2)(r^2+4Rr)-Rr(K'I^2-K'O^2+R^2)=\frac{1}{4}(K'I^2-K'O^2+R^2)$$

最后还要选择适当的投影参考系来证明 K 的轨迹,例如用直角坐标系的 x,y,其中对 $s=\overline{IO},O\equiv(0,0),I=(d,0)$. 在这种情形下有

$$UO^2=x^2+y^2,UI^2-UO^2=(x-d)^2+y^2-x^2-y^2=d^2-2dx$$

与

$$\frac{1}{3}(R^2-x^2-y^2)(r^2+4Rr)-Rr(d^2-2xd+R^2)-\frac{1}{4}(d^2-2dx+R^2)^2=0$$

这是2次方程,其中 x^2 与 y^2 的系数不同,有相同符号,此外,没有 xy 项,这表示主轴的旋转或线性的 y 项,于是 k' 的轨迹是椭圆,以 IO 为它的一轴,这就完成了我们的结果的证明.

现在我们可以询问其他的特殊轨迹,它来自包含 Poncelet 不定性的这种构形,值得注意的是,在某些情形下,答案可能更精确!例如,具有固定内切圆与外接圆的三角形垂心轨迹是圆!当然对形心,九点圆圆心(回忆 Euler 直线)或 Nagel 点(回忆 Nagel 直线)同样的结论成立. 利用齐次重心坐标系,十分详细地研究相同的论证,包括用 Lagrange 公式与点关于外接圆的幂表达式,但是纯粹综合方法对这些较精确答案也可以完成适用!

参考资料

[1] R. A. Johnson, *Advanced Euclidean Geometry*, Dover, 2007.

[2] P. Yiu, *Introduction to the Geometry of the Triangle*, available at http://math.fau.edu/yiu/GeometryNotes020402.pdf.

美国 Luis Gonzales, Venezuela Cosmin Pohoata

3.5 指数提升引理

至今大家还不知道这个特殊引理,但是它作为引理还未建立起来,而我发现它对解答许多奥林匹克问题相当有用,因此我想把这当作指数最大公因子引理推导出来,能证明这个引理的问题也可用其他方法证明,但是我找到的这个求解方法更加容易与优美,

更加重要,避免一些反复钻研,这个引理有点类似于具有提升指数引理的性质,但是它们实际上没有很多共同点,但是实际上,提升指数可用这个引理来证明,同样可用这个引理证明 Zsigmondy 定理的很重要情形,这个引理最令人难忘的性质是它的简单性.

3.5.1 主要的引理

在我们介绍引理前,以 $x \perp y$ 表示 x 与 y 互素,即

$$x \perp y \Rightarrow \gcd(x,y) = 1$$

为了简洁起见,设

$$f(x,y,n) = \frac{x^n - y^n}{x - y}$$

其中 $\nu_p(n) = \alpha$ 表示 α 是最大正整数,以致 $p^\alpha \mid n$,用另一种方法,可表示为 $p^\alpha \parallel n$.

引理 1.1 (指数最大公因子引理),如果 $x \perp y$,那么

$$g = \gcd(x - y, f(x,y,n)) \mid n$$

证 回忆恒等式

$$x^n - y^n = (x - y)(x^{n-1} + x^{n-2}y + \cdots + xy^{n-2} + y^{n-1})$$

这给出

$$f(x,y,n) = x^{n-1} + x^{n-2}y + \cdots + xy^{n-2} + y^{n-1}$$

我们知道

$$P(x) = (x - a) \cdot Q(x) + r$$

于是 $r = P(a)$. 从而在这种情形下

$$f(x,y,n) = (x - y) \cdot Q(x,y,n) + r$$

因此 $r = f(y,y,n)$,这里

$$f(y,y,n) = y^{n-1} + y^{n-2}y + \cdots + y^{n-1} = ny^{n-1}$$

从 Euclidean 算法可推导出

$$\gcd(x - y, f(x,y,n)) = \gcd(x - y, f(y,y,n)) = \gcd(x - y, ny^{n-1})$$

较早时设 $x \perp y$,于是 $x - y \perp y^{n-1}$ 变为

$$\gcd(x - y, y) = \gcd(x,y) = 1$$

因此

$$g = \gcd(x - y, f(x,y,n)) = \gcd(x - y, n)$$

这给出 $g \mid n$.

推论 1 下式对所有奇数 n 也可以成立:

$$\gcd\left(x + y, \frac{x^n + y^n}{x + y}\right) \mid n$$

推论 2 对素数 p

$$\gcd(x-y,f(x,y,p))=1\text{ 或 }p$$

3.5.2 应用

问题 1(匈牙利,2000) 求所有正素数 p,对 p 存在正整数 n,x,y,使

$$x^3+y^3=p^n$$

解 对 $p=2,x=y=1$ 是满足的,设 $p>2$,从而是奇数.

如果 $\gcd(x,y)=d$,那么有 $d\mid p^n$. 于是 d 是 p 的幂,但在这种情形下,可以把整个方程除以 d,它仍然是相同形式的方程,因此考虑 $\gcd(x,y)=1$.

$$(x+y)(x^2-xy+y^2)=p^2$$

根据这个引理

$$g=\gcd(x+y,f(x,y,3))\mid\gcd(x+y,3)$$

这表示 $g\mid 3$,如果 $g=3$,那么有 $3\mid p$ 或 $p=3$. 另一方面,$g=1$ 表示 $x+y=1$ 或 $x^2-xy+y^2=1$. 两者都不成立,因为 $x,y>0,x+y>1$ 与 $(x-y)^2+xy>1$.

问题 2(亚太地区奥林匹克 2012,问题 3) 求所有素数对 (n,p),使 $\frac{n^p+1}{p^n+1}$ 是正整数,其中 n 是正整数,p 是素数.

解 可把这个关系式改写为

$$p^n+1\mid n^p+1$$

首先排除了 $p=2$ 的情形,在这种情形下

$$2^n+1\mid n^2+1$$

显然需要

$$n^2+1\geqslant 2^n+1\Rightarrow n^2\geqslant 2^n$$

但是用归纳法,可以容易说,对 $n>4,2^n>n^2$,给出矛盾. 检验 $n=1,2,3,4$,容易得出解

$$(n,p)=(2,2),(4,2)$$

我们留下 p 为奇数,于是 p^n+1 是偶数,从而 n^p+1 也是偶数,这迫使 n 是奇数,比方说 q 是 $p+1$ 的任一素因子,如果 $q=2$,那么 $q\mid n+1$,因为

$$n^p+1=(n+1)(n^{p-1}-\cdots+1)$$

p 是奇数,所以在右边因子中有 p 项,因此是奇数,于是推导出 $2^k\mid n+1$,其中 k 是 $p+1$ 中 2 的最大幂.

我们将不加证明地利用以下众所周知的引理.

引理 2.1 如果 $a\mid b,a\mid c$,那么 $a\mid\gcd(b,c)$.

引理 2.2 如果 $a^x\equiv b^x\pmod n,a^y\equiv b^y\pmod n$,那么

$$a^{\gcd(x,y)}\equiv b^{\gcd(x,y)}\pmod n$$

引理 2.3

$$\lim_{n\to\infty}\left(1+\frac{1}{n}\right)^n = e$$

其中 e 是 Euler 常数.

现在我们证明以下引理.

引理 2.4 如果 x 是最小正整数,使 $a^x \equiv 1(\bmod n)$,那么,当 $a^m \equiv 1(\bmod n)$ 时,m 可被 x 整除.

证 令 $m = xk + r$,其中 $r < x$,则因为 $a^x \equiv 1$,所以

$$a^m \equiv (a^x)^k \cdot a^r \equiv 1$$

这蕴含

$$a^r \equiv 1(\bmod n)$$

但是对最小值 $x > r$,矛盾. 因此一定有 $r = 0$,即 $x \mid m$.

引理 2.5 如果 p 是奇素数,那么当 $p \leqslant n$ 时 $p^n \leqslant n^p$.

证 当 $n = 1$ 时这成立,比方说,这对 n 某些较少值也成立,现在来证明这对 $n+1$ 成立.

因为 $p \leqslant n$,所以

$$(pn+p)^p \leqslant (pn+n)^p$$

因此

$$(n+1)^p = n^p\left(1+\frac{1}{n}\right)^p \leqslant p^n\left(1+\frac{1}{p}\right)^p \leqslant p^n \cdot e < p^{n+1}$$

回到原来问题,设 q 是奇数

$$q \mid p^n + 1 \mid n^p + 1$$

用同余式来写出它们,有

$$n^p \equiv -1(\bmod q) \Rightarrow n^{2p} \equiv 1(\bmod q)$$

设 $e = \mathrm{ord}_q(n)$,即 e 是一最小正整数,使

$$n^e \equiv 1(\bmod q)$$

则由引理 2.4,$e \mid 2p$,$e \mid q-1$,又从 Fermat 定理

$$n^{q-1} \equiv 1(\bmod q)$$

因此

$$n^{\gcd(2p,q-1)} \equiv 1(\bmod q)$$

从 p 是奇数与 $q \mid p+1$ 知 $p > q$,于是 p 与 $q-1$ 是素数,因此

$$\gcd(2p,q-1) = \gcd(2,q-1) = 2$$

由引理 2.1,$e \mid \gcd(2p,q-1)$,于是一定有 $e = 2$. 又因为 p 是奇数,如果 $p = 2r+1$,那么

$$n^{2r+1} \equiv n(\bmod q)$$

因此 $q \mid n+1$. 如果 $q \mid \dfrac{n^p+1}{n+1}$,那么由引理 1.1,得

$$q \mid \gcd(n+1, \frac{n^p+1}{n+1}) \mid p$$

这会蕴含 $q=1$ 或 p,这2种情形是不可能的,于是,如果 s 是 q 的最大幂,使 $q^s \mid p+1$,那么对 $p+1$ 的所有因子 q,有 $q^s \mid n+1$. 这使我们推导出结论 $p+1 \mid n+1$ 或 $p \leqslant n$,由引理2.5,给出 $p^n \geqslant n^p$. 但由已知关系式

$$p^n+1 \leqslant n^p+1 \Rightarrow p^n \leqslant n^p$$

联合这2个不等式知,$p=n$ 是发生的唯一可能性,因此解是

$$(n,p)=(4,2),(p,p)$$

问题3(Masum Billal) 对有理数 a,b 与所有素数 p,a^p-b^p 是整数,证明 a 与 b 一定是整数.

证 因为 a,b 是有理数,所以可设 $a=\frac{m}{d}$,$b=\frac{n}{d}$,其中 $m \perp d$,$n \perp d$. 否则,如果 $m \not\perp d$,那么可以除以公因子,此外可设 $m \perp n$. 实际上,如果不是如此,比方说 r 是 d 的素因子,那么一定有 $r \nmid \gcd(m,n)$,否则,条件 $m \perp d$ 会不成立了. 因此不失一般性,设 $m \perp n$. 令 q 是 d 的素因子,于是对所有 p

$$q^p \mid m^p-n^p$$

e 是最小正整数,使

$$m^e \equiv n^e \pmod q$$

如同引理2.4,可以说对所有素数 p,$e \mid p$. 但这不可能,除非 $e=1$,因此 $q \mid m-n$. 现在取素数 $p \neq q$,从指数最大公因子引理有

$$\gcd(m-n, f(m,n,p)) \mid p \Rightarrow q \nmid f(m,n,p)$$

这给出,对所有素数 $p \neq q$,$q^p \mid m-n$,这留下矛盾,它推出 d 不能有素因子,即一定有 $d=1$,于是 a 与 b 都是整数.

问题4(Zsigmondy定理的特殊情形①) 证明:$x^{p^k}-y^{p^k}$ 有素因子 q,使得对 $0 \leqslant i < k$,$q \mid x^{p^k}-y^{p^k}$,但 $q \nmid p^{p^i}-y^{p^i}$.

问题5(提升指数引理) 如果 p 是奇素数,x,y 是整数,使 $x \perp y$,$p \mid x-y$,其中 $v_p(x-y)=\alpha$,$v_p(n)=\beta$,那么

$$v_p(x^n-y^n)=\alpha+\beta$$

问题6(Masum Billal) 如果 $p > x^2-x+1$ 是素数,$x>2$ 是正整数,证明

$$f(x)=(1+x)^p-(1+x^p)$$

至少有4个不同素因子.

---

① 它是我们在问题中应用的Zsigmondy定理最重要的情形,如果有人把原定理看作复杂工具,那么这个引理在这里将巧妙地解答问题.

Masum, Billal, Dhaka

3.6 用上极限概念解答密度问题

3.6.1 引言

我们把数列$(y_n)_{n\geqslant 1}$与任意有上界的实数数列$(x_n)_{n\geqslant 1}$联系起来,使得对所有$n\geqslant 1$,$y_n=\sup(x_k)_{k\geqslant n}$. 显然数列$y_n$为非增的,于是我们知道它有极限,表示为$\limsup(x_n)$(因为实际上它是数列$(x_n)_{n\geqslant 1}$的上极限),在数列$(x_n)_{n\geqslant 1}$上无界时,我们简记为$\limsup(x_n)=+\infty$.

显然的推论是$\limsup(x_n+y_n)\leqslant\limsup(x_n)+\limsup(y_n)$,其中$(x_n)_{n\geqslant 1}$与$(y_n)_{n\geqslant 1}$是2个实数数列(右边总是确定的,即没有形式$\pm\infty\mp\infty$).

令$S=\{a_1,a_2,\cdots,a_n,\cdots\}$是可数集,$A\subseteq S$. 令

$$x_n=\frac{|A\cap\{a_1,a_2,\cdots,a_n\}|}{n}$$

把Dens(A)定义为$\lim\limits_{n\to+\infty}x_n$,只要这个极限存在,也把Denssup$(A)$定义为$\limsup(x_n)$,它总是存在,显然Denssup$(A)$在区间$[0,1]$上是实数.

3.6.2 诱导

研究Denssup(A)代替研究Den(A)的优越性是因为前者不但总是完全定义的,而且有一些有趣性质.

第1个性质是,当且仅当Denssup$(A)=0$时Dens$(A)=0$. 这容许用反证法讨论问题,要求用假设Denssup$(A)=\varepsilon>0$来证明Dens$(A)=0$.

第2个性质是,对集合$A\subseteq\mathbf{Z}_+^*$,对任一正整数常数k,有Denssup$(A)=$Denssup$(A+k)$.

证

$$\begin{aligned}\operatorname{Denssup}(A+k)&=\limsup_{n\to\infty}\frac{|(A+k)\cap\{1,2,\cdots,n\}}{n}\\&=\limsup_{n\to\infty}\frac{|A\cap\{1,2,\cdots,n-k\}|}{n}\\&=\limsup_{n\to\infty}\frac{n-k}{n}\cdot\frac{|A\cap\{1,2,\cdots,n-k\}|}{n-k}=\operatorname{Denssup}(A)\end{aligned}$$

第3个性质是Denssup$(A\cup B)\leqslant$Denssup$(A)+$Denssup(B).

最后的性质是对无限集合$A\subseteq B\subseteq C$,如果Dens$_B(A)$存在(集合A在B中的密度)与

$\mathrm{Dens}_C(B)$ 存在,那么 $\mathrm{Dens}_C(A)$ 存在,$\mathrm{Dens}_C(A)=\mathrm{Dens}_B(A)\mathrm{Dens}_C(B)$.

证

$$\mathrm{Dens}_C(B)=\lim_{n\to\infty}\frac{|B\cap\{c_1,c_2,\cdots,c_n\}|}{n}$$

$$\begin{aligned}\mathrm{Dens}_B(A)&=\lim_{n\to\infty}\frac{|A\cap\{b_1,b_2,\cdots,b_{|B\cap\{c_1,c_2,\cdots,c_n\}|}\}|}{|B\cap\{c_1,c_2,\cdots,c_n\}|}\\&=\lim_{n\to\infty}\frac{|(A\cap B)\cap\{c_1,c_2,\cdots,c_n\}|}{|B\cap\{c_1,c_2,\cdots,c_n\}|}\\&=\lim_{n\to\infty}\frac{|A\cap\{c_1,c_2,\cdots,c_n\}|}{|B\cap\{c_1,c_2,\cdots,c_n\}|}\end{aligned}$$

于是存在

$$\lim_{n\to\infty}\frac{|A\cap\{c_1,c_2,\cdots,c_n\}|}{|B\cap\{c_1,c_2,\cdots,c_n\}|}\cdot\frac{|B\cap\{c_1,c_2,\cdots,c_n\}|}{n}=\mathrm{Dens}_C(A)$$

关系式 $\mathrm{Dens}_C(A)=\mathrm{Dens}_B(A)\mathrm{Dens}_C(B)$ 成立.

另一个有用的意见是,可用相同方法定义下极限,且有类似性质(也许带有相反符号).

3.6.3 问题的例子

上极限的应用从2004年中国预选问题开始,然后继续是2004年普特南试题,最后是困难的2002年国际奥林匹克试题,先考虑代数问题.

问题1 令 t 是正整数,集合 $A\subseteq\mathbf{Z}$ 称为 k - 集合,如果存在 $x_1,x_2,\cdots,x_k$,使得对任何 $1\leqslant i\neq j\leqslant k,(x+i+A)\cap(x_j+A)=\varnothing$,其中 $x+A=\{x+a\mid a\in A\}$. 证明:如果对 $i=1,2,\cdots,t,A_i$ 是 k_i - 集合,$A_1\cup A_2\cup\cdots\cup A_t=\mathbf{Z}$,那么$\frac{1}{k_1}+\frac{1}{k_2}+\cdots+\frac{1}{k_t}=1$.

证 首先把我们的集合 A_i 限制为 $\mathbf{Z}_+$,则有

$$1=\mathrm{Denssup}(A_1\cup A_2\cup\cdots\cup A_t)\sum_{i=1}^{t}\mathrm{Denssup}(A_i)$$

于是只要证明 $\mathrm{Denssup}(A_i)\leqslant\frac{1}{k_i}$ 即可.

由反证法设 $\mathrm{Denssup}(A_i)=\varepsilon+\frac{1}{k_i}$,这表示,对充分大的 n,有

$$|\{1,2\cdots,n\}\cap A_i|\geqslant\frac{n}{k_i}+n\varepsilon$$

于是,如果与 k_i - 集合 A_i 有关的数是$\{x_1,x_2,\cdots,x_{k_i}\}$,那么对所有 i,有

$$|\{1,2,\cdots,n+x_i\}\cap(A_i+x_i)|\geqslant\frac{n}{k_i}+n\varepsilon$$

因此
$$|\{1,2,\cdots,n\}\cap(A_i+x_i)|\geqslant\frac{n}{k_i}+n\varepsilon-x_i$$

求这些方程之和,有
$$n\geqslant k_i\frac{n}{k_i}+k_in\varepsilon-\sum_{i=1}^{k_i}x_i$$

上式对充分大的 n,显然不成立,因此,Denssup $A_i\leqslant\frac{1}{k_i}$.

问题 2　令 A 是非空正整数集合,$N(x)$ 表示不大于 x 的 A 的元素数,令 B 表示正整数 b 集合,它可记作形式 $b=x-y$,其中 $x\in A,y\in A$,令 $b_1<b_2<\cdots$ 是 B 中元素,写成递增顺序,证明:如果数列 $b_{i+1}-b_i$ 是无界的,那么
$$\lim_{x\to\infty}\frac{N(x)}{x}=0$$

证　用反证法证明,设 $b_{i+1}-b_i$ 是无界的,Denssup$(A)=\varepsilon>\frac{1}{k}$.

想法是求许多常数 $x_1,\cdots,x_j,\cdots$,使集合 $A_j=A+x_j$ 不相交,证明:如同上例,有 Denssup$(A)\leqslant\frac{1}{j}$(在我们有所构造的数 $x_1,\cdots,x_j$ 情形下),用上题的语言说:对尽可能大的 j,证明 A 是 j 集合.

令 $x_1=0,x_2$ 是不在 B 中的任一整数,对某 m,令 $x_j=b_m-1$,使 $b_m-b_{m-1}>x_{j-1}+1$,于是,如果对某 $a_x,A_l\cap A_j=n\Rightarrow a_x+x_l=a_y+x_j$,那么 $a_y\subseteq A\Rightarrow x_l-x_j\subseteq B$(在 $x_l>x_j$ 情形下),这显然与 x 的选择矛盾. 因此 M 个集合 $A_k=A+x_k$ 不相交,因此由上题的结果,有 Denssup$(A)\leqslant\frac{1}{k}$,这是明显的矛盾.

问题 3　2002 年国际奥林匹克试题:令 A 是非空正整数集合,设有正整数 $b_1,\cdots,b_n$ 与 $c_1,\cdots,c_n$,使得对每个 i,集合 $B_i=b_iA+c_i=\{b_ia+c_i:a\in A\}$ 是 A 的子集,当 $i\neq j$ 时集合 b_iA+c_i 与 b_jA+c_j 不相交.

证明:$\frac{1}{b_1}+\frac{1}{b_n}\leqslant 1$.

证　令 $b=\max_ib_i,c=\max_ic_i$,由反证法设对某 $\varepsilon>0,\frac{1}{b_1}+\cdots+\frac{1}{b_n}=1+\varepsilon$,又令 a 是 A 的最小元素,定义 $N_A(K)=|A\cap\{1,2,\cdots,K\}|$,注意
$$|B_i\cap\{1,2,\cdots,K\}|=N_A\left(\left\lfloor\frac{K-c_i}{b_i}\right\rfloor\right)$$

因为集合 B_i 不相交,所以这给出
$$N_A(K)\geqslant\sum_{i=1}^{n}N_A\left(\left\lfloor\frac{K-c_i}{b_i}\right\rfloor\right)$$

现在定义

$$K_0 = \min\left(ba + c, \frac{1}{\varepsilon}\sum_{i=1}^{n}\frac{b_i + c_i}{b_i}\right)$$

因为对所有 $a \leqslant k \leqslant K_0$, $N_A(k) > 0$,所以可以定义

$$\beta = \min_{a \leqslant k \leqslant K_0}\frac{N_A(k)}{k} > 0$$

我们将用对 K 的容易归纳法证明,对所的有 $K \geqslant a$,事实上有 $\frac{N_A(K)}{K} \geqslant \beta$,基础情形正是 β 的定义,设 $K > K_0$,则 $\frac{K - c_i}{b_i} \geqslant \frac{K - c}{b} \geqslant \frac{K_0 - c}{b} \geqslant a$,于是由归纳假设

$$N_A\left(\left\lfloor\frac{K - c_i}{b_i}\right\rfloor\right) \geqslant \beta\left\lfloor\frac{K - c_i}{b_i}\right\rfloor \geqslant \beta \cdot \frac{K - c_i - b_i}{b_i}$$

对 i 求上式的和,利用以上的界限,得出

$$N_A(K) \geqslant \sum_{i=1}^{n}\beta \cdot \frac{K - c_i - b_i}{b_i} = \beta K\sum_{i=1}^{n}\frac{1}{b_i} - \beta\sum_{i=1}^{n}\frac{b_i + c_i}{b_i} \geqslant \beta K(1 + \varepsilon) - \beta\varepsilon K_0$$
$$= \beta K + \beta\varepsilon(K - K_0) \geqslant \beta K$$

因此归纳完成,注意,这说明 $\mathrm{Densinf}(A) \geqslant \beta > 0$,今令 $\alpha = \mathrm{Densinf}(A)$,固定 $\delta > 0$,使 $\frac{\alpha\varepsilon}{1 + \varepsilon} > \delta$,则存在 $M > 0$,使得对所有 $K \geqslant M$ 有 $\frac{N_A(K)}{K} \geqslant \alpha - \delta$,因此,如果 $K \geqslant bM + c$,那么有

$$N_A(K) \geqslant \sum_{i=1}^{n}N_A\left(\left\lfloor\frac{K - c_i}{b_i}\right\rfloor\right) \geqslant \sum_{i=1}^{n}(\alpha - \delta)\left\lfloor\frac{K - c_i}{b_i}\right\rfloor$$
$$\geqslant \sum_{i=1}^{n}(\alpha - \delta)\frac{K - c_i - b_i}{b_i} = (\alpha - \delta)K\sum_{i=1}^{n}\frac{1}{b_i} - (\alpha - \delta)\sum_{i=1}^{n}\frac{b_i + c_i}{b_i}$$
$$\geqslant (\alpha - \delta)K(1 + \varepsilon) - (\alpha - \delta)\varepsilon K_0$$

于是重排后,得

$$\frac{N_A(K)}{K} \geqslant (\alpha - \delta)(1 + \varepsilon) - \frac{(\alpha - \delta)\varepsilon K_0}{K}$$

因此

$$\alpha = \mathrm{Densinf}(A) = \lim\inf_{K\to\infty}\frac{N_A(K)}{K} \geqslant (\alpha - \delta)(1 + \varepsilon)$$

但是重排上式给出 $\delta \geqslant \frac{\alpha\varepsilon}{1 + \varepsilon}$,与 δ 的选择矛盾. 因此我们有我们的矛盾,问题解答了.

罗马尼亚 Paul Musca

英国 Marius Tiba

3.7 Cauchy - Schwarz 不等式的出乎意外的应用

这篇评述性论文的目的是提出 Cauchy - Schwarz 不等式在数论中的出色应用,更确切地说,遵循[1](它稍微扩充了[3]中提出的证明方式),我们将提出以下定理1的初等的、独立的证明.

定理1 令$a,b>1$是整数,使得对所有素数幂q,有$k\geqslant 1$(依赖于q),使$b\equiv a^k(\bmod q)$,则b是a的整数幂.

在深入研究以上定理的证明之前,我们注意到,如果代替素数幂q,我们把它们限制为素数,那么以上结果就不成立.实际上我们有以下经典结果,为读者方便起见,我们给出了它的证明:

命题2 对所有素数p,可以求出整数x,使$x^8\equiv 16(\text{mop } p)$.

换言之,16是对所有素数模的8次幂,但它显然不是整数的8次幂.

证 注意,由 Sophie Germain 恒等式

$$\begin{aligned}x^8-16&=(x^4-4)(x^4+4)\\&=(x^2-2)(x^2+2)(x^2-2x+2)(x^2+2x+2)\end{aligned}$$

这可改写为

$$x^8-16=(x^2-2)(x^2+2)((x-1)^2+1)((x+1)^2+1)$$

但是我们需要证明,对所有素数p,数$-1,1,-2,2$之一是$\bmod p$的二次剩余,这可由事实$(-1)(-2)2=2^2$是$\bmod p$的平方与由 Legendre 符号可乘性推出.

最后我们讲到,利用 Chebotarev 密度定理,可以证明以下一般定理(关于它,我们参考优美的论文[4]与[2]或[1]中定理9. B. 60).

定理3 令$n>1$是整数,a是整数,使得对任何充分大①素数模,a是n次幂,则a是整数的n次幂或$8\mid n$,并且对某整数b,$a=2^{\frac{n}{2}}b^n$.

在抓住定理1证明的要点前,我们做预先的简化:

命题4 设a,b满足定理1的条件,$\log a$与$\log b$在$\mathbf{Q}$上线性相关,则b是a的整数幂.

我们讲到,线性相关条件只表示,对不为0的一些有理数i,j,a^ib^j-1.

证 利用唯一因子分解定理,从$\log a$与$\log b$线性相关推出,对某整数$c>1$与一些互素正整数i,j,可以记$a=c^i,b=c^j$,如果q是素数幂,可整除c^i-1,那么由假设可求出$k\geqslant 1$(依赖于q),使q整除c^j-c^{ki}.于是q整除c^j-1.于是再用唯一因子分解定理,c^i-1整除c^j-1,基于 Euclidean 除法的标准论证证明了,这迫使$i\mid j$,因此b是a的整数幂.

① 这个证明表明,只要假设这对 Dirichlet 密度1的素数集合成立即可.

于是证明定理 1 留给证明 $\log a$ 与 $\log b$ 线性相关,这个结果的证明利用了 Cauchy - Schwarz 不等式的很巧妙应用,这个不等式称为 Gallagher 筛法,筛法是解析数论极强大的方法,有关于改进与应用的大量参考文献,例如见[3,5,6,7,8](关于基本事实的初等说明,可以见[1]中第 2 章的附录),一般说来,筛法理论是回答以下问题的强大方法:设 A 是整除集合,使得对有限集合 P 中的所有素数 p,$A(\bmod p) = \{x(\bmod) \mid x \in A\}$ 是相对小的. 关于 A 的大小有无不平凡界限?

在叙述 Gallagher 定理前,我们需要做少数准备工作,回忆 von Mangoldt 函数 Λ 定义为 $\Lambda(p^n) = \log p$,其中 p 是素数,$n \geqslant 1$,且对任一其他整数 x,$\Lambda(x) = 0$. Λ 的关键性质是,对所有 n

$$\sum_{d \mid n} \Lambda(d) = \log n$$

它直接由定义与唯一因子分解定理推出.

定理 5 (Gallagher 大筛法) 令 S 是非空有限整数集合,P 是素数幂有限集合,设对于每个 $q \in P$,可求出实数 $u(q) \geqslant \mid \{x(\bmod) \mid s \in S\}$,使

$$\sum_{q \in P} \frac{\Lambda(q)}{u(q)} > \log 2X$$

其中 $X = \max_{s \in S} \mid s \mid$,则

$$\mid S \mid \leqslant \frac{\sum_{q \in P} \Lambda(q) - \log 2X}{\sum_{q \in P} \frac{\Lambda(q)}{u(q)} - \log 2X}$$

证 令 $q \in P$,$s(r,q)$ 是 S 的元素数,此数对 q 同余于 r,则由 Cauchy - Schwarz 不等式与事实

$$u(q) \geqslant \mid \{s(\bmod q) \mid s \in S\}$$

有

$$\mid S \mid^2 = \left(\sum_{r=0}^{q-1} s(r,q)\right)^2 \leqslant u(q) \sum_{r=0}^{q-1} s(r,q)^2$$

于是

$$\frac{\mid S \mid^2}{u(q)} \leqslant \sum_{r=0}^{q-1} \sum_{\substack{s_2, s_2 \in S \\ s_1 \equiv s_2 \equiv r \ (\bmod q)}} 1 \leqslant \mid S \mid + \sum_{s_1 \neq s_2 \in S} 1_{q \mid s_1 - s_2}$$

上式乘以 $\Lambda(q)$,并对所有 $q \in P$ 求和,得

$$\mid S \mid^2 \sum_{q \in P} \frac{\Lambda(q)}{u(q)} \leqslant \mid S \mid \sum_{q \in P} \Lambda(q) + \sum_{s_1 \neq s_2} \sum_{q \mid s_1 - s_2} \Lambda(q)$$

当

$$\sum_{q \mid s_1 - s_2} \Lambda(q) \leqslant \log(\mid s_1 - s_2 \mid) \leqslant \log 2X$$

时断定

$$|S|^2\sum_{q\in P}\frac{\Lambda(q)}{u(q)}\leqslant|S|\sum_{q\in P}\Lambda(q)+(|S|^2-|S|)\log 2X$$

由此立即推出结果.

我们现在准备证明 $\log a$ 与 $\log b$ 线性相关,把 a 与 b 换为 a^2 与 b^2,可设 $a>2$,设 a 与 b 是 $\mathbf{Q}$－线性无关的,考虑大整数. 令

$$S_x=\{1,2,\cdots,x\}\cap\{a^ib^j\mid i,j\in\mathbf{N}\}$$

另一方面,由假设 $a^ib^j=a^{i'}b^{j'}$ 迫使 $i=i',j=j'$,以致 $|S_x|$ 是对偶 (i,j) 的个数,其中 $i,j\geqslant 0$, $i\log a+j\log b\leqslant\log x$. 因此有只依赖于 a 与 b 的绝对常数 $c>0$,使得对所有充分大的 x, $|S_x|>c(\log x)^2$.

另一方面,我们将利用 Gallagher 筛法来证明,对某绝对常数 c' 与所有充分大的 x, $|S_x|\leqslant c'\log x$. 这与第 1 节建立的结果矛盾,将结束定理 1 的证明,对每一正整数 y,令 P_y 是素数幂 q 集合,q 至少整除数 $a-1,a^2-1,\cdots,a^y-1$ 之一. 如果 $q\in P_y$,令 $u(q)$ 是 a 的阶$(\bmod\ q)$. 因为由假设 b 是 a 的幂$(\bmod\ q)$,所以得出,对所有 $q\in P_y$, $\{s(\bmod\ q)\mid s\in S_x\}$ 以 $u(q)$ 为上界. 也注意,对所有 $q\in P_y$, $u(q)\leqslant y$,证明的主要方法要点是以下命题 6:

命题 6　有只依赖于 a 的常数 $c_1,c_2>0$,使得对所有 $y\geqslant 1$,有

$$c_1y^2\leqslant\sum_{q\in P_y}\Lambda(q)\leqslant c_2y^2$$

这个命题的证明将占用本文的剩余部分,是完全技术性的,设这个结果成立,来看我们可以怎样完成定理 1 的证明,对某适当常数 c, $y=[c\log x]$,使

$$\sum_{q\in P_y}\frac{\Lambda(q)}{u(q)}>2\log(2x)$$

这是可能的,因为上述命题与以下事实:对所有 $q\in P_y$, $u(q)\leqslant y$,再利用 Gallagher 筛法与上述命题,我们推导出绝对常数 c' 存在,对此 c',对所有充分大的 x,有 $|S_x|<c'\log x$.

还要证明命题,上界是十分容易的,因为

$$\sum_{q\in P_y}\Lambda(q)\leqslant\sum_{j=1}^{y}\sum_{d\mid a^j-1}\Lambda(d)=\sum_{j=1}^{y}\log(a^j-1)<y^2\log a$$

下界比较巧妙,需要分圆多项式理论中的一些标准结果,令 Φ_n 是第 n 个分圆多项式,回忆 $\phi_n(X)$ 是 $\varphi(n)$ 次首多项式,它的根是 n 次单位原根,特别地,对所有 $a\geqslant 2$,有 $\Phi_n(a)=|\Phi_n(a)|\geqslant(a-1)^{\varphi(d)}$. Φ_n 的基本性质是,对所有素数 p 与所有 $a>1$,如果 $p\mid\Phi_n(a)$,那么 $p\mid n$ 或 a 的阶$(\bmod\ p)$ 是 n. 立即由此得出,如果 q 是素数幂,$q\mid\Phi_n(a)$,那么 $\gcd(q,n)\neq 1$ 或 $u(q)=n$. 因此

$$\sum_{q\in P_y}\Lambda(q)\geqslant\sum_{d=1}^{y}\Big(\sum_{q\mid\Phi_d(a)}\Lambda(q)-\sum_{q\mid d}\Lambda(q)\Big)=\sum_{d=1}^{y}(\log\Phi_d(a)-\log d)$$

把以上讨论与$\sum_{d=1}^{y}\log d<y\log y$联合,得出

$$\sum_{q\in P_y}\Lambda(q)>\log(a-1)\sum_{d=1}^{y}\varphi(d)-y\log y$$

利用以下经典结果,我们结束命题的证明:

命题7 对$x\to\infty$,有

$$\sum_{k=1}^{x}\varphi(k)=\frac{3}{\pi^2}x^2+O(x\log x)$$

证 为读者方便起见,我们给出证明概要. 对$k=1,\cdots,x$,把关系式$\frac{\varphi(k)}{k}=\sum_{d\mid k}\frac{\mu(k)}{k}$相加(其中$\mu$是Möbius函数),给出关系式

$$\sum_{k=1}^{x}\frac{\varphi(k)}{k}=\sum_{d=1}^{x}\mu(d)\cdot\frac{\left[\frac{x}{d}\right]\left(1+\left[\frac{x}{d}\right]\right)}{2}=\frac{x^2}{2}\sum_{d=1}^{x}\frac{\mu(d)}{d^2}+O(x\log x)$$

利用事实$\sum_{d\geqslant 1}\frac{\mu(d)}{d^2}=\frac{6}{\pi^2}$,我们断定与估计

$$\left|\sum_{d=1}^{x}\frac{\mu(d)}{d^2}-\sum_{d\geqslant 1}\frac{\mu(d)}{d^2}\right|<\sum_{d>x}\frac{1}{d^2}=O\left(\frac{1}{x}\right)$$

关系式

$$\sum_{d\geqslant 1}\frac{\mu(d)}{d^2}=\frac{6}{\pi^2}$$

是由联合Euler经典公式

$$\sum_{d\geqslant 1}\frac{1}{d^2}=\frac{\pi^2}{6}$$

与等式

$$\sum_{d\mid n}\mu(d)=0,n>1$$

推出的,这些等式给出

$$\sum_{d=1}^{\infty}\frac{\mu(d)}{d^2}\sum_{n\geqslant 1}\frac{1}{n^2}=\sum_{m\geqslant 1}\sum_{d\mid m}\frac{\mu(d)}{m^2}=1$$

参考资料

[1] T. Andreescu, G. Dospinescu, *Straight from the Book*, XYZ Press, 2012.

[2] N. C. Ankeny, C. A. Rogers, *A conjecture of Chowla*, The Annals of Mathematics, Second Series, Vol. 53, No. 3(May, 1951), 541 - 550.

[3] A. C. Cojocaru, M. R. Murty, *An introduction to sieve methods and their applications*, London Mathematical Society Student Texts 66, Cambridge University Press 2005.

[4] H. Flanders, *Generalization of a Theorem of Ankeny and Rogers*, The Annals of Mathematics, Second Series, Vol. 57, No. 2(Mar. 1953), 392 - 400.

[5] E. Bombieri, *Le grand crible dans la theorie analytique des nombres*, Asterisque 18, Soc. Math. France, 1974.

[6] H. Halberstam, H. E. Richert, *Sieve Methods*, Acadmemic Press,1974.

[7] H. Iwaniec, E. Kowalski, *Analytic Number Theory*, American Mathematical Society, 2004.

[8] H. L. Montgomery, *The analytic principle of the large sieve*, Bull. Amer. Math. Soc., 84(1978),547 - 567.

美国 Titu Andreescu 与 Gabriel Dospinescu

3.8 如何看 Minkowski 定理

在本文中,我们将讨论关于 Minkowski 格点定理的一些思考方法.

Minkowski 格点定理在本质上是指出,n 维 Euclidean 空间 $\mathbf{R}^n$ 中有界中心对称的凸集总是包含 $\mathbf{Z}^n$ 的非平凡格点,只要它们的体积充分大,Hermann Minkowski 于 1889 年证明了这个简单的自然的结果,它成为所谓的数的几何学基础,数的几何学联系很多重要的数学领域,例如代数数论、调和分析与复杂性理论,Minkowski 定理也出现在离散数学与奥林匹克数学中,可以证明是讨论 Diophantin 方程与密度结果的十分重要方法,关于这类型的一批应用,我们参考了[1]. 在本文中不完全讲应用,但只提出看待 Minkowski 定理的一些不同方法,借助于它的主要分支的一些阐明.

我们从 Minkowski 定理更正确的形式开始.

定理 1 令 $K\subset\mathbf{R}^n$ 是有界中心对称的凸集合,如果 K 的体积又满足 $\mathrm{vol}\,K>2n$,那么 K 至少包含 $\mathbf{Z}^n$ 的 1 个非平凡格点.

我们首先稍许阐明,所有这些术语表示什么意思,努力使定理的陈述更加明白. $\mathbf{R}^n$ 的子集 k 是有界的,如果它被包含在充分大半径的球中,而且,这样的集合 K 称为凸集,如果对 K 中任何两点 x,y,线段$\{tx+(1-t)y,0\leqslant t\leqslant 1\}$也在 K 中,K 称为中心对称的,如果对空间 $\mathbf{R}^n$ 规定的原点在 K 中,并且为使 x 在 K 中,当且仅当 $-x$ 在 K 中.

现在也注意到,2^n 界是严格的,实际上选择立方体 $Q=(-1,1)^n\subset\mathbf{R}^n$,这确实有体积 2^n,它是有界的,凸的与中心对称的,但它不包含 $\mathbf{Z}^n$ 的任一其他格点,除原点外,关于这个反例的特点是什么? 好,它不包含它的边界! 以下结果告诉我们,这实际上是将它与所有的“好”集合区别开来的东西。

定理 1′ 令 $K \supset \mathbf{R}^n$ 是有界中心对称的凸集合,它还是紧集(于是包含它的边界). 如果 K 的体积满足vol $K \geqslant 2^n$,那么 K 至少包含 $\mathbf{Z}^n$ 的 1 个非平凡格点.

幸好定理 1′只是定理 1 的简单推论与初等的紧性论证,实际上,设 K 的体积满足 vol $K = 2^n$(因为否则,定理 1′由定理 1 推出,甚至没有 K 的紧性性质). 对每个 $\varepsilon > 0$,令 K_ε 扩大为 $K(1+\varepsilon)$. 注意,集合 K_ε 满足假设 vol $K > 2^n$,于是由定理 1,K_ε 包含 $\mathbf{Z}^n$ 的非零格点,但 K_1 是有界的,于是对每个 $\varepsilon \leqslant 1$,这个非零格点只有有限多个可能性. 因此可求出一个趋于 0 的 ε 数列,使这个格点是相同的. 集合 K_ε 的凸性与事实集合包含 0 蕴含集合是集套,因此对所有 $\varepsilon > 0$,这个格点在 K_ε 中. 因为 K 是紧集,所以有

$$K = \bigcap_{\varepsilon > 0} K_\varepsilon$$

因此这个格点在 K 中.

从而在本文中我们只集中研究定理 1,讨论有界中心对称的凸集 K,不一定是紧集. 另外,我们补充说,定理 1 实际上可以用更一般的术语陈述,例如 $\mathbf{Z}^n$ 换为 $\mathbf{R}^n$ 内任一格点 L,其中体积条件改变为 $K > 2^n \det L$,其中 $\det L$ 表示格点基本平行六面体体积,事实上,这是 Minkowski 真正证明过的与当今文献中通用的 Minkowski 定理陈述形式. 但是为了说明它,我们更喜欢用较简单(看得见)的 $\mathbf{Z}_n$ 格点进行研究,于是利用以上引用的陈述. 相应地,每当我们把点称为格点时,指点为整数格点. ①

思考 Minkowski 定理的第 1 个方法,即使对有分析倾向的人,总会对 2 维情形作图,看 Euclidean 平面的任一性质是否给出在 K 内有 1 个非零格点存在,实际上是这样处理的!

定理的第 1 个证明 想法是再看立方体 $Q = [-1,1]^n$(这次它的精确形式). 注意,这个立方体的中心在原点,用偶数个坐标向量把立体转换为剖分 $\mathbf{R}^n$,更形式地,我们可以这样说

$$\mathbf{R}^n = \bigcup_{u \in 2\mathbf{Z}^n} (Q + u)$$

为方便起见,以 Q_u 表示 $Q + u$. 注意,K 是有界的,于是 K 只与这些 Q_u 的一个有限集合相交 ,称它为 Q,现在从 Q 看集合 Q_u 与它们变回 Q. 这些转移在 Q 内产生了 K 的各部分的丛集. 但是已知 vol $K > 2^n$,而 vol $Q = 2^n$,因此 2 个转移的 Q_u 至少有 1 个重叠,从这个重叠中选出某点 x,于是对 K 中一些不同点 y, z 与 $2\mathbf{Z}_n$ 中一些不同向量 v, w,这个点 x 可记为 $x = v + y = w + z$. 特别地,我们得出点$\frac{y-z}{2} = \frac{w-v}{2}$在 $\mathbf{Z}^n$ 中,但是 $y \in K$, $-z \in K$(因为 z 在 K

① 事实上,一般格点 L 的陈述只要求用自然线性变换把格点映射到 $\mathbf{Z}^n$,这个变换取(假定的)n 个线性无关向量,把格点 L 规定为 $\mathbf{R}^n$ 的标准基本向量 $\boldsymbol{e}_i = (0,\cdots,1,\cdots,0)$. 这立即把一切化为定理 1. 但是我们将给出的一些证明,要求格外小心研究这个线性映射,因此我们选择较简单的陈述方式,以便避免所有这些技术细节.

中,K 是中心对称的);于是 K 的凸性得出,$\frac{y-z}{2}$ 也是 K,这表示 $\frac{y-z}{2}$ 是 K 中非零格点,这证明了 Minkowski 定理.

这第 1 个证明也许最为众所周知,因为它在出现在几乎所有教科书中,它包含一些数的几何学,这个证明最常归因于 H. E. Blichfeld 或 Minkowski 本人.

第 2 个(不完全)证明原来是更有启发性的证明,其中明显地利用完全不同方法,包含 Fourier 分析,但是,这将导致很简短的证明,只利用简单的积分技巧.

定理 1 的第 2 个证明　这里关键是首先注意,K 内格点数由

$$|K\cap \mathbf{Z}^n| = \sum_{u\in \mathbf{Z}^n}\chi_K(u)$$

的基数给出,其中 χ_K 表示 K 的特征函数①,于是我们要做的事是设法应用——

Poisson 求和公式②　令 f 与它的 Fourier 变换 $\hat{f}$ 是 $\mathbf{R}^n$ 上的连续函数,此函数有适当减少,或换言之,对一些正常数 A,B 与一些充分小的 $\varepsilon>0$,满足

$$|f(x)|\leqslant\frac{A}{1+|x|^{n+\varepsilon}} \text{与} |\hat{f}|\leqslant\frac{B}{1+|x|^{n+\varepsilon}}$$

于是

$$\sum_{u\in \mathbf{Z}^n}f(x+u) = \sum_{u\in \mathbf{Z}^n}\hat{f}(u)\mathrm{e}^{2\pi \mathrm{i}xu}$$

特别地,如果取 $x=0$,那么这给出

$$\sum_{u\in \mathbf{Z}^n}f(u) = \sum_{u\in \mathbf{Z}^n}\hat{f}(u)$$

已经看见与原来恒等式右边相似,我们很想记

$$|K\cap \mathbf{Z}^n| = \sum_{u\in \mathbf{Z}^n}\chi_K(u) = \sum_{u\in \mathbf{Z}^n}\hat{\chi}_K(u)$$

但是不容许这样做,因为特征函数 χ_k 绝不是连续函数,只是适当减少的连续函数. 但是如果能求出适当减少的连续函数 $f:\mathbf{R}^n\to\mathbf{R}$ 满足 $\chi_k\geqslant f$,那么这个问题总是确定的!于是我们总会写下

$$|K\cap \mathbf{Z}^n| = \sum_{u\in \mathbf{Z}^n}\chi_K(u)\geqslant \sum_{u\in \mathbf{Z}^n}f(u) = \sum_{u\in \mathbf{Z}^n}\hat{f}(u)$$

此外,如果能编造这一个好函数 f 具有补充性质:它的 Fourier 变换 $\hat{f}$ 取正实值,那么得

$$|K\cap \mathbf{Z}^n|\geqslant\hat{f}(0) = \int_{\mathbf{R}^n}f(x)\,\mathrm{d}x$$

---

① 一般说来,某较大集合 X 的子集 S 的特征函数定义为函数 $\chi_K:X\to\{0,1\}$,以致当 $x\in S$ 时 $\chi_K(x)=1$,当其他情形时 $\chi_K=0$.

② 这还发生于容许有大量不同阐述的定理中,这种阐述依赖于我们要利用的一般性水平,关于这方面的各种讨论,我们参考[2]与[3].

这会给我们好的下界(假设f是十分简单的).

现在人们想起了卷积!实际上,已知 $\mathbf{R}^n$ 上 2 个可积有界的复值函数 F 与 G,从基本的 Fourier 分析事实知道,它们的卷积

$$(F*G)(x)=\int_{\mathbf{R}^n}F(y)G(x-y)\mathrm{d}y=\int_{\mathbf{R}^n}F(x-y)G(y)\mathrm{d}y$$

是连续的. 为了证明,我们参考[2].

因此,像$f=F*G$这样的函数是我们寻求的函数,例如,对函数

$$f=\left(\frac{1}{\mathrm{vol}\,\frac{K}{2}}\right)\chi_{\frac{K}{2}}*\chi_{\frac{K}{2}}$$

也立即得出,对所有 $x\in K$,

$$f(x)=\left(\frac{1}{\mathrm{vol}\,\frac{K}{2}}\right)\chi_{\frac{K}{2}}*\chi_{\frac{K}{2}}(x)=\frac{1}{\mathrm{vol}\,\frac{K}{2}}\int_{\mathbf{R}^n}\chi_{\frac{K}{2}}(y)\chi_{\frac{K}{2}}(x-y)\mathrm{d}y$$

$$\leqslant\frac{1}{\mathrm{vol}\,\frac{K}{2}}\int_{\mathbf{R}^n}\chi_{\frac{K}{2}}(y)\mathrm{d}y\leqslant\frac{1}{\mathrm{vol}\,\frac{K}{2}}\cdot\mathrm{vol}\,\frac{K}{2}=\chi_K(x)$$

而对 $x\notin K$,有

$$f(x)=\frac{1}{\mathrm{vol}\,\frac{K}{2}}\int_{\mathbf{R}^n}\chi_{\frac{K}{2}}(y)\chi_{\frac{K}{2}}(x-y)\mathrm{d}y=0$$

(因为由凸性,只要 x 不在 K 中,则 y 与 $x-y$ 绝不能在$\frac{K}{2}$中). 于是有$\chi_K\geqslant f$,此外

$$\widehat{f}=\frac{1}{\mathrm{vol}\,\frac{K}{2}}(\widehat{\chi_{\frac{K}{2}}*\chi_{\frac{K}{2}}})=\frac{1}{\mathrm{vol}\,\frac{K}{2}}(\widehat{\chi_{\frac{K}{2}}}\overline{\widehat{\chi_{\frac{K}{2}}}})=\frac{1}{\mathrm{vol}\,\frac{K}{2}}|\widehat{\chi_{\frac{K}{2}}}|^2>0$$

于是f几乎是我们想要的一切:它是f,满足 $\mathrm{chi}_k\geqslant f$,$\widehat{f}$取正实值,不幸它不适当减少(即使它相当接近),于是在方法上,不能应用 Poisson 求和公式于它. 但注意,如果想利用它,那么总会做到. 实际上,记

$$|K\cap\mathbf{Z}^n|\geqslant\widehat{f}(0)=\frac{1}{\mathrm{vol}\,\frac{K}{2}}|\widehat{\chi_{\frac{K}{2}}}(0)|^2=\frac{1}{\mathrm{vol}\,\frac{K}{2}}\left|\int_{\mathbf{R}^n}\chi_{\frac{K}{2}}(x)\mathrm{d}x\right|^2$$

$$=\mathrm{vol}\,\frac{K}{2}=\frac{\mathrm{vol}\,K}{2^n}>1$$

给出 K 至少包含 1 个非平凡格点.

如果对 K 的边界有一些补充假设,那么这个问题将会解决,例如,如果对 ∂k 在每个点上有非零 Gauss 曲率,那么[3,pp. 336] 的推论 3. 3 告诉我们

$$\widehat{\chi_{\frac{K}{2}}}(x) = O(|x|^{-\frac{n+1}{2}}), |x| \to \infty$$

于是

$$\widehat{f}(x) = \frac{1}{\mathrm{vol}\,\frac{K}{2}} |\widehat{\chi_{\frac{K}{2}}}|^2 = O(|x|^{-n-1}), |x| \to \infty$$

因此我们有适当减少,但是不需要把问题复杂化,怎样得到看来像f但有适当减少的函数呢?在[3]中,这用引入所有的“冲击函数”(或“恒等式的近似式”)中而做到,ϕ为非负,光滑与支撑在单位球上的函数,满足

$$\int \phi(x)\,\mathrm{d}x = 1$$

然后取卷积$f = \chi_{\frac{K}{2}} * \phi$(模再作某种换算),这把一切确定了,因为现在卷积表示紧支集的光滑函数,所以实际上可把Poisson求和公式应用于它,虽然这个想法很自然,但使计算复杂化,因为它不能给出上述好的右边$\frac{\mathrm{vol}\,K}{2^n}$,要对左边使用一些其他技巧,才能得出我们想要的结果. 我们这里不进一步研究它. 关于计算细节,我们参考[3],其中作者们在较高凸物体上讨论了格点数的估计.

我们将选出这个分析方法的想法,给它以各种变化形式,不包含Poisson求和公式.

定理1的第3个证明 考虑下式定义的函数$\Psi:\mathbf{R}^n \to \mathbf{R}$:

$$\Psi(x) = \sum_{u \in \mathbf{Z}^n} \chi_{\frac{K}{2}}(x+u)$$

从形式上看,这类似于上述证明的第1步,因为$\Phi(x)$只是交集$|K \cap (x+\mathbf{Z}^n)|$的基数.

现在不设法把Poisson求和公式应用于$\Psi(x)$的这个表达式,而在闭立方体$[0,1]^n \subset \mathbf{Z}^n$上求它的积分,我们显然可以做这个运算,因为$\Psi(x)$是有界的(因$K$是有界的)与可积的(因为它是可积函数之和),于是可以记

$$\begin{aligned}\int_{[0,1]^n} \psi(x)\,\mathrm{d}x &= \int_{[0,1]^n} \Big(\sum_{u \in \mathbf{Z}^n} \chi_{\frac{K}{2}}(x+u)\Big)\mathrm{d}x \\ &= \sum_{u \in \mathbf{Z}^n} \Big(\int_{[0,1]^n} \chi_{\frac{K}{2}}(x+u)\,\mathrm{d}x\Big) \text{由改变求和顺序} \\ &= \sum_{u \in \mathbf{Z}^n} \Big(\int_{u+[0,1]^n} \chi_{\frac{K}{2}}(x)\,\mathrm{d}x\Big) \text{由变量代换} \\ &= \int_{\mathbf{R}^n} \chi_{\frac{K}{2}}(x)\,\mathrm{d}x \text{ 因为 } \mathbf{R}^n = \bigcup_{u \in \mathbf{Z}^n} (u+[0,1])^n) \\ &= \mathrm{vol}\,\frac{K}{2} = \frac{\mathrm{vol}\,K}{2^n} > 1\end{aligned}$$

可见一定有点$x \in [0,1]^n$使$\Psi(x) \geqslant 2$. 实际上,如果情况不是如此,那么因为$\Psi(x)$是取整值的,所以有$\Psi(x) \leqslant 1$,于是得

$$1 \geqslant \int_{[0,1]^n} \Psi(x)\,\mathrm{d}x > 1$$

这显然不可能. 因此一定至少有两点 $u_1, u_2 \in \mathbf{Z}^n$ 使 $x+u_1, x+u_2$ 二者都在$\frac{K}{2}$中. 称这两点为$\frac{y}{2},\frac{z}{2}$,其中 $y \neq z$,二者都在 K 中. 于是点 $u_1 - u_2 = \frac{y-z}{2}$ 在 K 中(由中心对称性与凸性);但它也在 $\mathbf{Z}^n$ 中,因为 u_1 与 u_2 二者都在 $\mathbf{Z}^n$ 中;因此得出,$\frac{y-z}{2}$ 是 K 中非零格点,这再次证明了 Minkowski 定理.

注意以下事实,这第 3 个证明是上述证明在平移立方体与集合 K 相交时发生情形的形式化. 此外,以上计算实际上是伪装的 Poisson 求和公式的证明.

还有第 4 个看 Minkowski 定理的方法. 最后,这个结果是关于它包含在集合 K 内的格点的陈述,从而它与以下著名结果有些联系:

Gauss 圆问题 设 $\mathbf{R}^2$ 中圆的圆心在原点,有半径 $r>0$,问此圆中有多少个格点?

半径为 r 的圆面积为 πr^2,因为在 $\mathbf{R}^2$ 中面积为 1 的正方形包含 1 个整数点,所以本题的期望答案大约是 πr^2,事实上,它应该稍微比这个值大一点,因为在封闭空间中,圆比正方形更有效. 因此在事实上,对某误差项 $E(r)$,它的期望值应该是

$$N(r) = \pi r^2 + E(r)$$

求这个误差项的上界实际上是这个问题变成的. Gauss 自己用很简单的论证证明了 $E(r) \leqslant 2\sqrt{2}\pi r$,这可以在[4]中找到,而猜想 $E(r) = O(r^{\frac{1}{2}+\varepsilon})$. 这至今未解决,已知最好的界限是 $E(r) = O(r^{\frac{2}{3}})$. 关于这个事实的证明,我们将参与[3](这沿着 Minkowski 定理第 2 个证明的思路进行).

无论如何,我们这里为我们的目的需要的结果是,如果 $M(r)$ 表示有界中心对称凸集 k 的$\frac{1}{r}$格点(即点 $x \in K$)数,即点 $x \in K$,使 $rx \in \mathbf{Z}^n$,那么

$$\lim_{r\to\infty} \frac{M(r)}{r^n} = \mathrm{vol}\, K$$

在 Gauss 圆问题估计值后,这是很自然的(这推广到更高维). 证明这一点的另一方法是借助以下关于 Jordan 可测集合的更一般引理(用以下事实证实:所有有界凸集是 Jordan 可测集,见[5]).

引理 令 $K \subset \mathbf{R}^n$ 是有界的 Jordan 可测集,则利用以上记号,有

$$\lim_{r\to\infty} \frac{M(r)}{r^n} = \mathrm{vol}\, K$$

证明的概要 用适当的比例,可设 $K \subset (-1,1)^n$,则注意到,对任何正整数 r,分数$\frac{M(r)}{r^n}$恰是特征函数χ_K的 Riemann 和,此函数对应于$[-1,1]^n$划分成边长$\frac{1}{r}$的子正方形,

因此当 $r \to \infty$ 时,这些和收敛于$\int \chi_K = \text{vol } K$,立即由 Jordan 可测性定义推出.

定理 1 的第 4 个证明 现在以$\frac{K}{2}$代替 K 进行计算,于是以 $M(r)$ 表示$\frac{K}{2}$的$\frac{1}{r}$ - 格点数. 显然,$\frac{K}{2}$是有界与凸的集合,从而它是 Jordan 可测集. 因此

$$\lim_{r \to \infty} \frac{M(r)}{r^n} = \text{vol } \frac{K}{2} = \frac{\text{vol } K}{2^n} > 1$$

这表示有某 r_0 使得对每个 $r > r_0$,有

$$\frac{M(r)}{r^n} > 1,\text{即 } M(r) > r^n = |(\mathbf{Z}/r\mathbf{Z})^n|$$

因此对这些大的 r,由鸽笼原理,存在$\frac{K}{2}$的 2 个不同$\frac{1}{r}$ - 格点 x, y,以致 rx 与 ry 对模 r 有相同坐标. 这表示 $x - y = \frac{rx - ry}{r}$ 在 $\mathbf{Z}^n$ 中. 但是 x, y 在$\frac{K}{2}$中,于是 $x - y$ 也在 K 中(由中心对称与凸性). 因此在 K 中得出非零格点 $x - y$,于是证明了 Minkowski 定理.

参考资料

[1] T. Andreescu, G. Dospinescu, *Problems from the Book*, XYZ Press, 200x.

[2] E. M. Stein, R. Shakarchi, *Fourier Analysis: An Introduction*, Princeton University Press, 2003.

[3] E. M. Stein, R. Shakarchi, *Functional Analysis: Introduction to Further Topics in Analysis*, Princeton University Press, 2011.

[4] D. Hilbert, S. Cohn-Vossen, *Geometry and the Imagination*, New York, Chelsea, 1999,33 - 35.

[5] A. Frohlich, M. J. Taylor, *Algebraic Number Theory*, Cambridge Unviersity Press, 1991.

美国 Cosmin Pohoata

3.9 有限域的 Kakeya 猜想

在本文中,我们在原来实际情形背景上引入著名 Kakeya 猜想,并讨论它的有限域类似猜想的证明.

历史从 1917 年开始,那时希望考虑军官在战斗中运动的数学形式化,Sochi Kakeya

提出以下问题:

为了使 1 支单位长与零厚度的针连续旋转 360°,在平面上要求的最小面积是多少?

显然,半径为$\frac{1}{2}$的圆是你能作旋转的集合,于是这个最小面积将小于此圆面积,即小于$\frac{\pi}{4}$,在同一篇论文中,他指出,也研究内接于半径为$\frac{1}{4}$的圆的三角内摆线. 这对证明是微不足道的,但我们能看见这一点,例如,注意到内摆线在任一点上的切线与内摆线相交于两点,它们相距单位距离,内摆线的面积是

$$2\pi\left(\frac{1}{4}\right)^2=\frac{\pi}{8}<\frac{\pi}{4}$$

暂时这猜想能达到最小面积,但是奇怪的是,原来存在具有任意小面积的集合满足 Kakeya 条件. Besicovitch 于 1928 年在[3]中证明了这一点,其中还给出具有 Lebegue 测度 0 的所谓 Kakeya 集合第 1 个显式结构,另外一些结构可以在[19]中找到.

后来猜想 $\mathbf{R}^n$ 中 Kakeya 集合 K($\mathbf{R}^n$ 中紧集合,包含在各个方向上的一线段,或更形式地说,是集合,以致对所有 $x\in S^{n-1}$,存在 $y=f(x)\in K$,使 $\{y+tx\mid t\in[0,1]\}\subset K$)有 Hausdorff 维数 n(我们这里不研究关于 Hausdorff 维数这一事实,但关于定义,性质与一些计算,参考[13,pp. 323 - 380]与[16]. 注意,如果 $K'\subset\mathbf{R}^2$ 是 Kakeya 集合,那么 $K:=K'\times[0,1]^{n-2}$是 $\mathbf{Z}^n$ 中的 Kakeya 集合,此外,如果 K'有测度 0,那么 K 也有测度 0,于是甚至在 R^n 中考虑时,Kakeya 集合可以有任意小测度,给出了 Besicovitch 的结果,于是自然要问,在不同 Euclidean 维数的小 Kakeya 集合之间有无差别,实际上这样的差别被认为是存在的. 它们可以有零测度,但是它们有 Hausdorff 维数等于它们所在空间的 Euclidean 维数,我们把这个断言再次写下以便参考.

猜想 1 (Kakeya 猜想)如果 $K\subset\mathbf{R}^n$ 是 Kakeya 集合,那么它的 Hausdorff 维数是 n.

对 $n=1$,这显然成立. 对 $n=2$,Davies 在[5]中用相对短的证明证实这一点. 我们上面已提出,这个证明在[13]中也可用. 但是对 $n\geqslant 3$,这个断言很难研究,它在文献中产生几乎一世纪后至今未能解决. 在 1995 年,Thomas Wolff 在[17]中利用纯几何方法,证明了第 1 个改进的部分结果,证明 R^n 中 Kakeya 集合的 Hausdorff 维数一定至少是$\frac{1}{2}(n+2)$. 对 $n=3$ 与 $n=4$,这几乎表示至今最好的已知结果①,对较大的 n,下界被 Bourgain 在 2000 年改进到$\frac{13}{25}n+\frac{12}{15}$,他利用了加法组合方法,后来在 2002 年下界被 Katz 与 Tao 改进到

① 实际上,更精确地说,有 Tao 用 Wolff 关联几何方法得出一些更新的改进,把对 $n=4$ 的界限推广到了 $3+\frac{1}{16}$,但有许多方法涉及那个附加的$\frac{1}{16}$.

$(2-\sqrt{2})(n-4)+4$,他们改进了 Bourgain 方法. 为了说明这个思考方法,我们参考了[9],已知 Kakeya 猜想与如数论、组合学、分析学与偏微分方程等数学领域有许多联系,人们不是努力考虑这个问题的不同类似猜想,而是希望得到关于这个神秘 Hausdorff 维数的一些间接信息,对 Kakeya 集合很难确定这个维数. 关于这种联系的更广泛研究的是 Wolff[19]与 Tao[14].

在本文中,我们只集中研究 Wolff 1999 年在[18]中提出的 1 个特殊类似猜想:Kakeya 问题的有限域等价形式. 方法是很简单与极方便的,因为它避免使用所有专业结果,包括 Hausdorff 维数. 我们将在具有 q 个元素的有限域 $\mathbf{F}$ 上研究. $\mathbf{F}^n$ 中的 Kakeya 集合是集合 $K\subset\mathbf{F}^n$,包含在所有方向上的一直线,即对所有非零方向 $v\in\mathbf{F}^n$,有 $a\in\mathbf{F}^n$,使得对所有 $t\in\mathbf{F}$,$a+tu\in K$. 于是这样的集合无论怎样小,总是 n 维的吗? 或者更正确的表述是,有正常数 C_n(依赖于 n),以致如果 $k\subset\mathbf{F}^n$ 是 Kakeya 集合,那么 $|K|\geqslant C_nq^n$ 吗?①

模数有较少专业性质,在回答这个问题的进展至今与原来 Euclidean Kakeya 猜想的进展在本质上相同,当时关于 Hausdorff 维数的所有下界影响到有限域情形,但在 2009 年 Zeev Dvir 最后解决了有限域类似猜想,他利用了代数极值集合学中的所谓多项式方法,证明是惊人地简短的,真正漂亮的,因此我们计划在下面十分详细地包括它的内容.

猜想 2(有限域的 Kakeya 猜想)　令 $K\subset\mathbf{F}^n$ 是 Kakeya 集合,则 K 至少有基数 C_nq^n.

这个证明实质上是在 Dvir 原来论文[8]以后,有一些较少的技术简化,这些简化出现在今后的文献中(本质上应归于 Alon 与 Tao).

猜想 2 的证明　方法非常简单. 首先注意,如果 $\mathbf{F}$ 是任一域,$K\subset\mathbf{F}^n$ 是任一"小"集合,那么存在多项式 $P\in\mathbf{F}\{x_1,\cdots,x_n\}-\{0\}$,它有"小"的总次数,对 K 中所有元素,$P=0$. 以后唯一的目标是看到,如果 K 是 Kakeya 集合,这个多项式 P 在 K 的所有元素上等于 0,那么 P 事实上一定是零多项式,联合这 2 个事实就证明了 Kakeya 集合不能是"小"集合.

我们把位于证明核心中的 2 个初步结果孤立起来. 第 1 个结果是上述第 1 步的形式化.

引理 3　令 F 是任一域(不一定是有限域),如果 $S\subset\mathbf{F}^n$ 是有限集合,d 是整数,使 $|S|<\binom{n+d}{n}$,那么在 $\mathbf{F}[X_1,\cdots,X_n]-\{0\}$ 中有一个非零多项式,使它的次数至多是 d,且在 S 的所有元素上,此多项式等于 0.

注意:这个引理的 $n=1$ 情形只是说,对任何子集 $S\subset\mathbf{F}$,在 $\mathbf{F}[x]-\{0\}$ 中有至多 $|S|$ 次的多项式,在 S 的所有元素上等于 0,即

① 这里把 n 看作固定的,域的大小 $q\to\infty$.

$$\prod_{s \in S}(X-s)$$

这个引理蕴含,如果 n 是固定的,那么对任一 $S \subset \mathbf{F}^n$,有至多 $O_n(|S|^{\frac{1}{n}})$ 次的非平凡多项式在 S 的所有元素上等于0,或用代数几何学语言说,任何集合 $S \subset F^n$ 包含在代数簇中,此簇是 $O_n(|S|^{S\frac{1}{n}})$ 次多项式零集合.

引理3 的证明 令 V 表示 $\mathbf{F}[X_1,\cdots,X_n]$ 中至多具有 d 次的所有有多项式的 F-向量空间,注意 V 的基由 $X_1,\cdots,X_n$ 中至多 d 次的所有单项式集合组成. 这些单项式在具有指数$(d_1,\cdots,d_n)$ n 元组集合的双射中,其中每个 d_i 为非负整数,$d_1+\cdots+d_n<d$,我们从初等组合学知道,这些 n 元组的个数是$\binom{n+d}{n}$. 于是得

$$\dim V=\binom{n+d}{n}$$

现在考虑线性映射 $T:V \rightarrow \mathbf{F}^{|S|}$,定义为

$$T(P)=(P(s))_{s \in S}$$

由假设有 $\mathbf{F}^{|S|}=|S|<\binom{n+d}{n}=\dim V$,从而由线性代数得出 T 的核是非平凡的,即有某多项式 $P \in V-\{0\}$ 在 S 的所有元素上等于0,因此证明这个断言.

第2个结果是很通用的 Schwartz-Zippel 引理,来自概率多项式恒等检验.

引理4 (Schwartz-Zippel 引理)令 $P \in \mathbf{F}[x_1,\cdots,x_n]-\{0\}$ 是 d 次多项式,S 是 $\mathbf{F}$ 的有限子集,$r_1,\cdots,r_n$ 从 S 中随机选出,则

$$Pr[P(r_1,\cdots,r_n)=0] \leqslant \frac{d}{|S|}$$

在单个变量情形中,这由以下事实直接推出:d 次多项式可以有不多于 d 个根,于是在逻辑上似乎认为,类似的陈述对多个变量多项式成立(也给出引理3 存在). 事实上情况是这样的.

引理4 的证明 对 n 用归纳法证明,当 $n=1$ 时如同前述,P 至多可以有 d 个根,这给出了基础情形,今设引理对具有 $n-1$ 个变量的所有多项式成立. 于是可以考虑 P 是 x_1 的多项式,记它为

$$P(x_1,\cdots,x_n)=\sum_{i=0}^{d} x_1^i P_i(x_2,\cdots,x_n)$$

因为 P 不恒等于0,所以有某个 i 使 P_i 不恒等于0,取这样的最大整数 i,则 $\deg P_i \leqslant d-i$,因为 $x_1^i P_i$ 的次数至多为 d. 于是可以对 P_i 用归纳假设,即对于在 S 中随机选出的 $r_1,\cdots,r_n$,有

$$Pr[P_i(r_2,,\cdots,r_n)=0] \leqslant \frac{d-i}{|S|}$$

如果 $P_i(r_2,\cdots,r_n)\neq 0$,那么 $P(r_1,r_2,\cdots,r_n)$ 有 i 次,作为 x_1 的多项式,因此

$$Pr[P(r_1,\cdots,r_n)\mid P_i(r_2,\cdots,r_n)\neq 0]\leqslant\frac{i}{|S|}$$

这诱导我们用 A 表示事件 $P(r_1,\cdots,r_n)=0$,用 B 表示事件 $P_i(r_2,\cdots,r_n)=0$,用 A^C 与 B^C 分别表示 A 与 B 的补事件;利用这些记号由上述得出

$$\begin{aligned}Pr[P(r_1,\cdots,r_n)=0]&\leqslant Pr[A]\\&=Pr[A\cap B]+Pr[A\cap B^C]\\&=Pr[B]Pr[A\mid B]+Pr[B^C]Pr[A\mid B^C]\\&\leqslant Pr[B]+Pr[A\mid B^C]\\&=\frac{d-i}{|S|}+\frac{i}{|S|}\\&=\frac{d}{|S|}\end{aligned}$$

这就完成了 Schwartz - Zippel 引理的证明.

注意:如果 $\mathbf{F}$ 是有限的,$S=\mathbf{F}$,那么上面讲过,$\mathbf{F}[X_1,\cdots,X_n]$ 中任何 d 次非平凡多项式 P 至多有 dq^{n-1} 个根. 这种特殊情形对我们的研究目的是足够的.

我们现在准备回来证明有限域的 Kakeya 猜想,我们将证明,如果 $K\subset\mathbf{F}^n$ 是 Kakeya 集合,那么 K 至少有基数 $\frac{1}{n!}q^n$. 用反证法证明这一点. 设 $|K|<\frac{1}{n!}q^n$,则注意,实际上有

$$|K|<\frac{q^n}{n!}<\frac{q(q+1)\cdots(q+n-1)}{n!}=\binom{n+q-1}{n}$$

于是由引理 3,在 $\mathbf{F}[X_1,\cdots,X_n]$ 中存在某非平凡多项式,它的次数 d 满足 $1\leqslant d\leqslant q-1$,且在 K 的所有元素上,P 等于 0. 记

$$P=\sum_{i=0}^{d}P_i$$

其中 P_i 是 P 的第 i 个齐次分量. ①

令 $u\in\mathbf{F}^n-\{0\}$ 是任一方向. 因为 K 是 Kakeya 集合,所以存在 $a\in\mathbf{F}^n$,使得对所有 $t\in K$,$a+tv\in K$. 但是 P 在 K 的所有元素上等于 0,于是特别地得出,对所有 $t\in\mathbf{F}$,$P(a+tv)=0$. 这表示 1 个变量的多项式

$$Q(T):=P(a+Tv)=P(a_1+Tv_1,\cdots,a_n+Tv_n)\in\mathbf{F}[T]$$

它有次数 $d\leqslant q-1$,在 $\mathbf{F}$ 的所有元素上等于 0,从而得出 Q 是零多项式(由代数基本定理或引理 4 的情形 $n=1$). 尤其是,这表示 Q 的 T^d - 系数恰好一定是 $P_d(v)=0$. 因此得出,

① 多个变量多项式的第 i 个分量只是所有 i 次单项式之和.

对所有非零方向 $v\in\mathbf{F}^n$, $P_d(v)=0$. 另外 $d\geqslant1$, 因为 P_d 是 P 是第 d 个齐次分量, 所以也有 $P_d(0)=0$, 于是事实上可以说, 在 $\mathbf{F}^n$ 的所有元素上 $P_d=0$. 但是我们知道 P_d 的次数 $d\leqslant q-1$, 因此由引理 4 推出, P_d 是零多项式(因为否则, Schwarz - Zippel 引理告诉我们, P_d 至多有 $dq^{n-1}<q^n=|\mathbf{F}^n|$ 个根). 这与关于 P 的原来假设矛盾(假设 P 为非平凡的, 有次数 d). 因此完成了证明.

注意, 我们实际上证明了, $\mathbf{F}^n$ 中所有 Kakeya 集合 K 满足

$$|K|\geqslant\binom{n+q-1}{n}=\frac{1}{n!}q^n+O_n(q^{n-1})$$

对较低维数, 上式是完全严格不等式. 这实际上成立, Mockenhaupt 与 Tao 的例子证明了, 在 $\mathbf{F}^2$ 中实际上存在基数为

$$\frac{|\mathbf{F}|(|\mathbf{F}|+1)}{2}+\frac{1}{2}|\mathbf{F}|+O(1)$$

的 Kakeya 集合, 见[11], 对较高维数, 情况确实不是这样, 但是, Dvir 等人在原来论文发表后在[6]中, 把常数 $\frac{1}{n!}$ 改进为 $\frac{1}{2^n}$, 更确切地, 他们证明了以下较强的断言成立.

定理 5 对所有 Kakeya 集合 $K\subset\mathbf{F}^n$, 有 $|K|\geqslant\frac{1}{2^n}q^n$.

他的想法在本质上类似于我们上述方法, 唯一的差别是, 作者们利用了具有高重数零点的稍微复杂的多项式论证(于是 2 个引理被换为稍微定性的形式). 关于细节, 我们参考[6]. 正如 Tao 也在[15]中所写, 确实不幸的是, 多项式方法极端依赖于有限域背景的代数本质, 似乎不直接扩充到 Euclidean 情形, 但是另一方面, 这个结果对 Euclidean Kakeya 猜想提供了有效的间接支持, 因为特别地, 它确实不考虑 Euclidean 猜想的任何代数反例, 因为这个猜想的代数例子非常适合有限域背景. (Euclidean 平面上零测度 Kakeya 集合的例子没有有限域类似猜想, 但它们本质上为非代数的, 尤其是, 利用了 Euclidean 背景上有效的多重尺度.)

我们继续叙述已知的最小 Kakeya 集合 $K\subset\mathbf{F}^n$, 它有大小

$$|K|\leqslant\frac{q^n}{2^{n-1}}+O(q^{n-1})$$

当 $q\to\infty$ 时, 上式趋于定理 5 下界 2 的因子内的值, 这个结构应归于 Dvir[6](对 $\mathbf{F}$ 有奇特征数的情形)与 Saraf, Sudan[12](对 $\mathbf{F}$ 有偶特征数的情形), 作为上述 $n=2$ 的 Mockenhaupt - Tao 结构的推广产生.

奇特征数, 考虑 $K_n=\{(\alpha_1,\cdots,\alpha_{n-1},\beta)\in\mathbf{F}^n\mid\alpha_i,\beta\in\mathbf{F}$, 对 $\mathbf{F}$ 中所有 i, $a_i+\beta^2$ 的平方数$\}$, 令 $K=K_n\cup(\mathbf{F}^{n-1}\times\{0\})$, 其中 $\mathbf{F}^{n-1}\times\{0\}$ 表示集合 $\{(a,0)\mid a\in\mathbf{F}^{n-1}\}$. 我们要求 K 是适当大小的 Kakeya 集合.

实际上,考虑方向 $v=(v_1,\cdots,v_n)$. 如果 $v=0$,那么对 $a=(0,\cdots,0)$,有 $a+tv\in\mathbf{F}^{n-1}\times\{0\}\subset K$. 如果 $v_n\neq0$. 那么令

$$a=\left(\left(\frac{v_1}{2v_n}\right)^2,\cdots,\left(\frac{v_{n-1}}{2v_n}\right)^2,0\right)$$

点 $a+tv$ 有坐标$(\alpha_1,\cdots,\alpha_{n-1},\beta)$,其中 $\alpha_i=\left(\frac{v_i}{2v_n}\right)^2+tv_i,\beta=tu_n$. 我们有

$$\alpha_i+\beta^2=\left(\frac{v_1}{2v_n}+tv_n\right)^2$$

对所有 i,上式是平方数,于是 $a+tv\in K_n\subset K$,这证明了 K 确实是 Kakeya 集合.

最后检验,K 的大小正如以上要求的. 首先注意 K_n 的大小恰好是

$$|K_n|=q\left(\frac{q+1}{2}\right)^{n-1}=\frac{q^n}{2^{n-1}}+O(q^{n-1})$$

(选 q 为 β,选$\frac{q+1}{2}$为每个 $a_i+\beta^2$)①因此正如要求的 K 的大小至多是

$$|K|=|K_n|+q^{n-1}=\frac{q^n}{2^{n-1}}+O(q^{n-1})$$

偶特征数. 令

$$K=\{(\alpha_1,\cdots,\alpha_{n-1},\beta)\in\mathbf{F}^n\,|\,\alpha_i,\beta\in\mathbf{F},\exists r_i\in\mathbf{F}\text{ 使 }\alpha_i=r_i^2+r_i\beta\}$$

(注意,这里 k - 开始就包括"附加"在上述结构中的集合 $\mathbf{F}^{n-1}\times\{0\}$,因为特征数是偶数时,$\mathbf{F}$ 的所有元素都是 $\mathbf{F}$ 中的平方数.

所以关于这个基本代数事实,我们参考[2].

考虑方向 $v=(v_1,\cdots,v_n)$. 如果 $v_n=0$,那么再取 $a=(0,\cdots,0)$,注意,对 $\beta=0,\gamma_i=\sqrt{tv_i}=(tv_i)^{\frac{q}{2}}$,有

$$a+tv=(tv_1,\cdots,tv_{n-1},0)=(\gamma_1^2+\beta\gamma_1,\cdots,\gamma_{\gamma n-1}^2+\beta_{n-1},\beta)$$

我们断定,在这种情形下,对所有 $t\in\mathbf{F},a+tb\in K$.

如果 $v_n\neq0$,那么令

$$a=\left(\left(\frac{v_1}{v_n}\right)^2,\cdots,\left(\frac{v_{n-1}}{v_n}\right)^2,0\right)$$

点 $a+tv$ 有坐标$(\alpha_1,\cdots,\alpha_{n-1},\beta)$,其中 $\alpha_i=\left(\frac{v_i}{v_n}\right)^2+tv_i,\beta=tv_n$,对 $\gamma_i=\frac{v_i}{v_n}$,得出

$$\gamma_i^2+\gamma_i\beta=\left(\frac{v_i}{v_n}\right)^2+tv_i=\alpha_i$$

---

① 这是利用以下事实的情形:我们用奇特征数作研究. 从初等代数学回忆,在任何奇数阶域中,恰有一半元素是平方数,为了完备起见,我们参考[2,Exercise M4,pp. 476]进行证明.

因此 $a+tv\in K$,这证明了 K 是 Kakeya 集合.

我们再检验 K 的大小正如要求的那样. 形如 $(\alpha_1,\cdots,\alpha_{n-1},0)\in K$ 的点数恰是 q^{n-1}. 现在对固定的 $\beta\neq 0$,求 K 中 n 元组 $(\alpha_1,\cdots,\alpha_{n-1},\beta)$ 的个数,首先要求集合 $\{\gamma^2+\beta\gamma\mid\gamma\in\mathbf{F}\}$ 的大小恰是 $\frac{q}{2}$. 情况是这样的,因为对所有 $\gamma\in\mathbf{F}$,且对 $\tau=\gamma_\beta\neq\gamma$,有

$$\gamma^2+\beta\gamma=\tau^2+\beta\tau^2$$

于是映射 $\gamma\to\gamma^2+\beta\gamma$ 是在它的像上的 2 对 1 映射,因此对 $\beta\neq 0$,k 中形如 $(\alpha_1,\cdots,\alpha_{n-1},\beta)$ 的点数恰是 $\left(\frac{q}{2}\right)^{n-1}$,我们断定 K 有基数

$$|K|=(q-1)\left(\frac{q}{2}\right)^{q-1}+q^{n-1}=\frac{q^n}{2^{n-1}}+O(q^{n-1})$$

我们以关于完成猜想 2 的证法的简单评述来结束这个历史. 注意,还有其他方法来断定 P_d 是零多项式,例如我们可以用以下其他引理,此引理通常应归于 Alon 与 Tarsi(也在[10,pp. 176]中作为推论 1.6 提出).

引理 6 令 $\mathbf{F}$ 是域,$P\in\mathbf{F}[X_1,\cdots,X_n]$ 是非平凡多项式,设 $S_1,\cdots,S_n$ 是 $\mathbf{F}$ 的所有子集,满足 $|S_i|>\deg_{X_i}(P)$,其中后者表示出现在 P 在任一单项式 P 中的 X_i 最高幂,则 P 不能在 $S_1\times\cdots\times S_k$ 的所有元素上等于 0.

事实上,这个引理 6 恰好表示所谓的多项式方法来自代数极值组合学,原来,Alon - Tarsi 引理在较弱假设下成立.

引理 6′(组合零点定理) 令 $\mathbf{F}$ 是域,$S_1,\cdots,S_n\subset\mathbf{F}$,$P\in\mathbf{F}[X_1,\cdots,X_n]$ 是多项式,设存在整数 $t_1,\cdots,t_n\geqslant 0$,使 P 中 $X_1^{t_1},\cdots,X_n^{t_n}$ 的系数不为 0,P 有次数 $\sum_{i=1}^{n}t_i$,且对每个 i,$|S_i|>t_i$,则 P 在 $S_1\times\cdots\times S_n$ 的一切元素上不能等于 0.

这是 Alon 组合零点定理的内容,它由 Noga Alon 在 1999 年文献[1]中引入,它多多少少是方法的中心部分,在 Dvir 证明有限域的 Kakeya 猜想前 10 年,Alon 利用这个简单的方法①从极值组合学证明了一系列重要结果. 但是 Dvir 首先利用零点定理(读作:Schwartz - Zippel 引理)来证明 1 个结果,它本质上与关联/代数几何学有关,他的惊人想法立即解答了有类似特点的另一个重要的未解问题. 1 个这样的例子是著名的联合猜想,Guth 与 Katz 在 2010 年用实际上相同方法解决这个猜想(模数有一些附加的专业性).

猜想 3(联合猜想) 令 L 是 $\mathbf{R}^3$ 中的直线集合,关于排列 L 的联合定义为点 $p\in\mathbf{R}^3$,

---

① 证明极类似于 Schwartz - Zippel 引理的证明,不对 n 作归纳法,现在方法是对和 $t_1+\cdots+t_n$ 作归纳法,于是只要选出来 $a\in S_1$,把 P 记作 $P=(X_1-a)Q+R$,其中 $Q\in\mathbf{F}[X_1,\cdots,X_n]$,$R\in\mathbf{F}[X_2,\cdots,X_n]$,注意,可用 Q 的归纳假设. 关于更多细节,我们参考[1].

使通过 p 至少有 3 条不共面直线,则对某正常数 C,由 L 确定的联合数至多是 $C|L|^{\frac{3}{2}}$.

关于多项式类似地应用于关联几何学有趣结果的出色综述,我们参考[7].

参考资料

[1] N. Alon, *Combinatorial Nullstellensatz*, Combinatorics, Probability and Computing, 8 (1999),7 −29.

[2] M. Artin, *Algebra*, 2nd Edition, Prentice Hall, 2011.

[3] A. S. Besicovitch, *The Kakeya Problem*, The American Mathematical Monthly, Vol. 70, No. 7(Aug. −Sep. ,1963),697 −706.

[4] B. Chazelle, H. Edelsbrunner, L. J. Guibas, R. Pollack, R. Seidel, M. Sharir, J. Snoeyink, *Counting and cutting cycles of lines and rods in space*, Proceedings of the 31st Annual Symposium on Foundations of Computer Science, SFCS'90, pp. 242 −251, vol. 1, Washington, DC, USA, 1990, IEEE Computer Society.

[5] R. O. Davies, *Some remarks on the Kakeya problem*, Mathematical Proceedings of the Cambridge Philosophical Society, 69(03), 1971,417 −421.

[6] Z. Dvir, S. Kopparty, S. Saraf, M. Sudan, *Extensions to the method of multiplicities, with applications to Kakeya sets and mergers*, In Proceedings of the 50th Annual IEEE Symposium on Foundations of Computer Science(FOCS), 181 −190, IEEE Computer Society, Washington, DC, USA, 2009.

[7] Z. Dvir, *Incidence Theorems and Their Applications*, Foundations and Trends in Theoretical Computer Science, 6(4), 2012,257 −393.

[8] Z. Dvir, *On the size of Kakeya sets in finite fields*, J. AMS,2008.

[9] N. Katz, T. Tao, *New bounds for Kakeya problems*, J. Anal. Math,87,231 −263.

[10] S. Lang, Algebra, Springer −Verlag, New York, 2002, pp. 176.

[11] G. Mockenhaupt, T. Tao, *Restriction and Kakeya phenomena for finite fields*, Duke Math. J. , 121(2004),no. 1,35 −74.

[12] S. Saraf, M. Sudan, *Improved lower bound on the size of Kakeya sets over finite fields*, Analysis and PDE,1(3), 2008,375 −379.

[13] E. M. Stein, R. Shakarchi, *Real Analysis: Measure Theory, Integration, and Hilbert Spaces*, Princeton University Press,2005.

[14] T. Tao, *From rotating needles to stability of waves: emerging connections between combinatorics, analysis, and PDE*, Notices Amer. Math. Soc. , 48(3),2001,294 −303.

[15] T. Tao, *Dvirs proof of the finite field Kakeya conjecture*, blog entry.

[16] T. Tao, 245C, Notes 5: Hausdorff dimension, blog entry.

[17] T. Wolff, *An improved bound for Kakeya type maximal functions*, Rev. Mat. Iberoamericana, 11,1995,651 – 674.

[18] T. Wolff, *On some variants of the Kakeya problem*, Pacific Journal of Mathematics, 190,111 – 154.

[19] T. Wolff, *Recent work connected with the Kakeya problem*, in Prospects in Mathematics: Invited Talks on the Occasion of the 250th Anniversary of Princeton University March 17 – 21,1996 Princeton University, Hugo Rossi, ed., American Mathematical Society, Providence, RI, 1998, pp. 129 – 162.

美国 Cosmin Pohoata

3.10 怎样做足球

——多面体与平面图形的 Euler 关系式

引言

德国国家足球队于 1982 年参加了世界杯决赛,但他们被意大利队 1:3 打败了. 1 年后,联邦德国数学家在国家数学奥林匹克中提出了以下问题:

足球表面被黑五边形与白六边形覆盖了,在所有五边形的边上只有六边形,但在所有六边形的边上轮流地有五边形与六边形. 根据这个信息,求足球的五边形数与六边形数!

现在具有立体几何学一些经验的足球选手都知道,足球模型是截 20 面体,它是 Archimedean立体①,更确切地说,我们取截 20 面体,即具有 20 个三角形面与 12 个顶点的 Plato 立体(图 1),每个顶点与 1 个平面相切,于是得出 12 个五边形(图 2). 面的剩余部分是六边形(图 3). 因此答案是:12 个五边形与 20 个六边形.

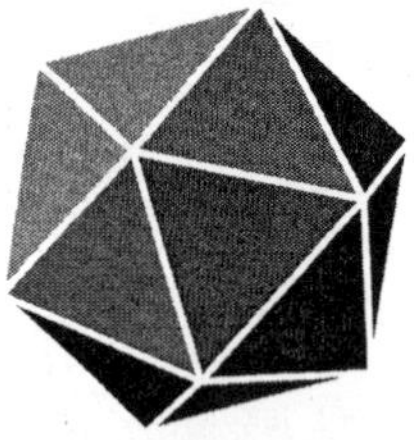

图 1

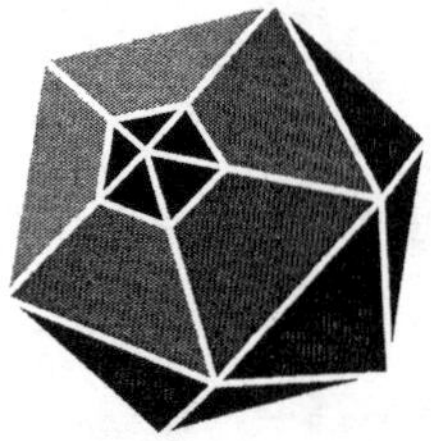

图 2

图 3

① 凸多面体由相交于相同顶点的 2 种或更多种正多边形组成,它们不同于 Plato 立体,Plato 立体由相交于相同顶点的一种正多边形组成.

让我们尝试另一种方法,它更适合于不是立体几何的内行人.

我们将利用一个著名公式,它在代数学上把凸多面体的顶点数、棱数与面数联系起来. 这个公式是瑞士数学家 Leonhard Euler 发现的,但是似乎在 120 年前,René Descartes 就知道它.

在 1750 年 11 月 14 日,Euler 在给他的朋友,数论专家 Christian Goldbach(1690—1764)的信中写道:"据我所知,至今还没有任何人知道立体几何学的这些一般性质."[2]

令 V,E,F 表示凸多面体的顶点数、棱数、面数,则以下等式成立:

Euler 关系式

$$V-E+F=2$$

我们现在回到足球,证明足球表面被 12 个五边形与 20 个六边形覆盖.

我们的第 1 个证明根据 R. Descartes 定义的概念:多面体顶点的角亏. 这定义为 360°与此顶点上平面角和之差,在直观上,角亏测量了怎样的"点"是相应顶点. 例如在我们的情形下,在任一顶点上,角亏是 12°(图 4).

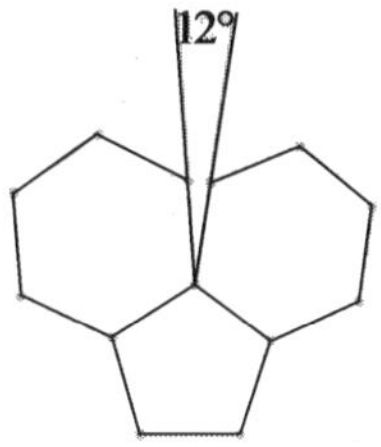

图 4

Descartes 得到了以下不平常的结果:

定理 1　闭凸体所有顶点的角亏等于 720°.

证　令 F_k 是具有 k 条棱的面数,于是有

$$F=F_3+F_4+F_5+\cdots$$

(显然只有有限个 F_k 不为 0). 也以面来计算棱,得

$$2E=3F_3+4F_4+5F_5+\cdots$$

因为 n 边形内角和等于 $180°(n-2)$,所以所有面的内角和(等价地,所有顶点上平面角和)等于

$$S=180°(3F_3+4F_4+\cdots-2(F_3+F_4+\cdots))=180°(2E-2F)$$

因此所有角亏之和是

$$360°V-S=260°V-180°(2E-2F)=360°(V-E+F)=720°$$

正是要求的结果.

现在容易解答我们的问题,因为每个顶点有 12°角亏,所以导出顶点数是 720/12 =

60,五边形与每个顶点关联,但是每个五边形算了5次,因此五边形数是60/5=12. 类似地有120/6=20(个)六边形,看1个高尔夫球,可以看出大量六边形波纹,常常有五边形波纹(图5). 如果计算后者总数,那么求出,再一次有12个五边形面,这不是偶然的.

图5

第2个证明指出,这是一件偶然发生的事,更确切地说,我们来证明以下命题.

定理2 如果多面体所有的面是五边形或六边形,所有顶点的次数①是3,那么多面体恰有12个五边形面.

证 令 P 与 H 分别表示五边形面数与六边形面数,则有

$$F=P+H$$

以面计算棱

$$2E=5P+6H$$

因为每个顶点有次数3,所以以顶点计算棱,得

$$2E=3V$$

从而

$$V=\frac{2}{3}E$$

把这代入 Euler 关系式,给出

$$\frac{2}{3}E-E+F=2$$

或

$$3F-E=6$$

由此得

$$6F-2E=12$$

但是

$$6F-2E=6(P+H)-(5P+6H)=P$$

因此 $P=12$,正是要求的结果.

① 顶点的次数是属于此顶点的棱数.

平面图

我们从研究以下问题开始.

在圆上有 $n \geqslant 2$ 个点,其中每对点用 1 条弦联结起来,使其中没有 3 条弦通过圆中同一点,求这些弦把圆内部分成的区域数.

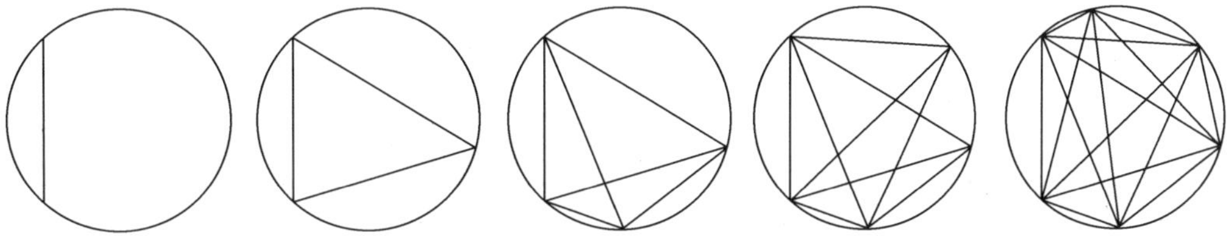

$n=2,\ r=2$　　$n=3,\ r=4$　　$n=4,\ r=8$　　$n=5,\ r=16$　　$n=6,\ r=?$

图 6

如果研究图 6,那么可能性是,尝试它们有答案 $r=2^{n-1}$,因为这对 $n=2,3,4,5$ 成立,但是如果对 $n=6$ 情形计算区域数,那么也许意外地观察到只有 31 个区域,不是 32 个区域,正如上述结果提出的.

那么在一般情形下有多少区域呢? 为了回答这个问题,我们需要 1 个等式,又命名为 Euler 关系式,它与平面图有关,而不与多面体有关.

图 G 是 1 对集合(V,E),其中 V 是非空集合,它的元素称为顶点,E 是 V 的元素是无序的,称为边,在直观上,把顶点表示为平面上的点,把边表示为联结这些点中某点对所成的线段或弧. 在本文中我们只涉及有限的简单图,即这种图的顶点数是有限的,并且每条边至多联结 1 对不同顶点.

以 $d(v)$ 表示顶点 v 的次数,是属于 v 的边数,简单的二重计算证明了以下结果.

Handshaking 引理　在任何图中

$$\sum_{v\in V} d(v) = 2|E|$$

其中$|E|$是图的边数.

如果在不同顶点 $v_1,v_2,\cdots,v_k$ 的序列中,对所有的 i,v_i 与 v_{i+1}用边联结成边(这 2 个顶点称为相邻顶点),那么这个序列称为路,如果 $v_1,v_2,\cdots,v_k$ 是一条路,而且 v_k 与 v_1 也是相邻顶点,那么这个序列称为图的 1 个圈.

图是连通的,如果任何 2 个顶点是某路的端点,相同的 1 个图可以在平面上用不同的图形表示. 例如图 7 中的 2 个图形表示相同的图 $G(V,E)$.

这里有

$$V=\{1,2,3,4,5,6,7,8\}$$

与

$E = \{\{1,5\},\{1,7\},\{2,6\},\{2,8\},\{3,4\},\{3,7\},\{4,8\},\{5,6\}\}$

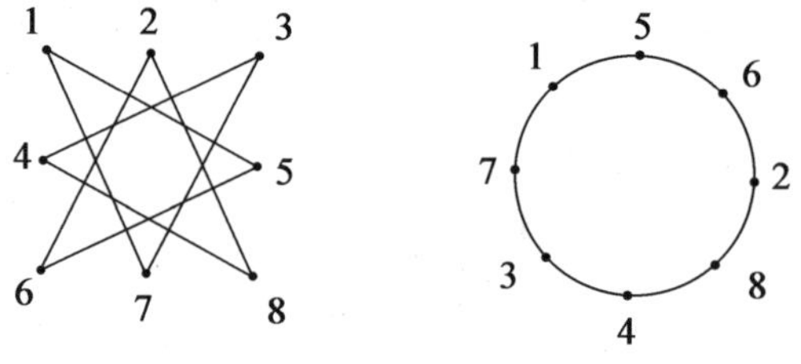

图 7

图 G 是平面图,如果在平面上存在 G 的图形,使任何 2 条边相交于 G 的 1 个顶点上. 平面图分平面所成的区域(以边为界)称为面,其中 1 个面是"无限的"外部区域.

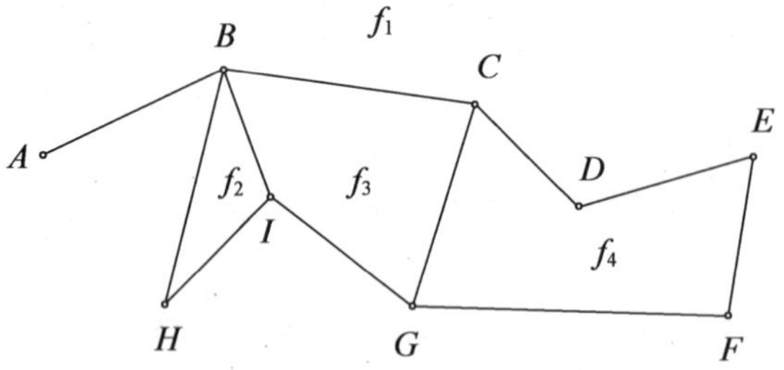

图 8

图 8 中的图是 1 个平面图,它有 9 个顶点,11 条边,4 个面(面 f_1 是外部区域,它以边 $AB,BC,CD,DE,EF,FG,GI,IH,HB$ 为界,而 f_2 是三角形面,它以边 BI,IH,HB 为界,等等).

对平面图,我们可以把面的次数定义为此面边界周围中与各边相遇的次数. 研究图 9,有 3 个区域:f(无限的外部区域),f',f''.

易见 $d(f)=7$,$d(f')=4$. 请读者检验 $d(f'')=5$. 可以看出图 9 中的图有 $|E|=8$,$7+4+5=2\cdot 8$.

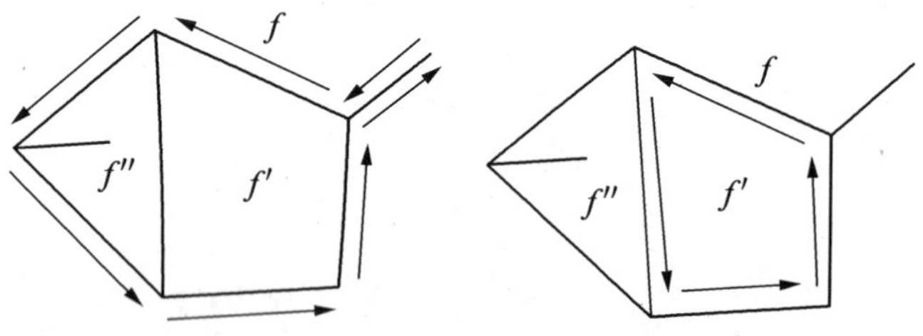

(a)$d(f)=7$　　(b)$d(f')=4$

图 9

如果以 F 表示平面图 G 的面集合,那么容易验证非常类似于 Handshaking 引理的等式.

定理 3　在任何平面图 G 中

$$\sum_{f \in F} d(f) = 2|E|$$

现在回到凸多面体,注意,可以把多面体的顶点与边看成和平面图一样,称为多面体图,这些图的一个重要性质是它们是可平面的. 取任何 1 个凸多面体,选 1 个面作为底面,充分大地伸展这个底面,从顶部看多面体在包含底面的平面上投影,我们可以得到连通平面图(对立方体,见图 10),这些平面表示的区域直接对应于多面体的各个面,其中 1 个区域是图的"无限"外部区域.

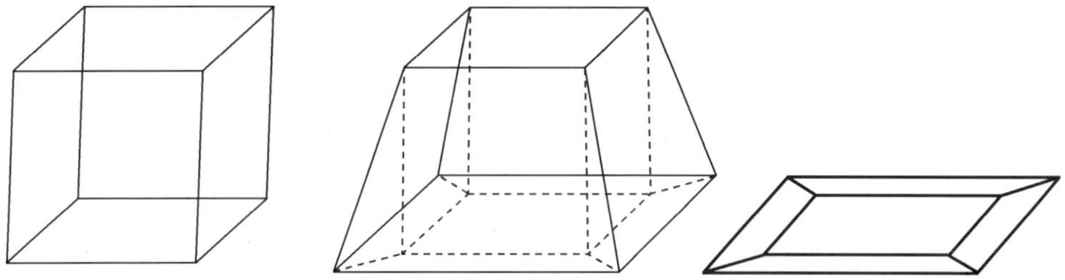

图 10

获得对应于已知凸多面体平面图的另一个方法,是利用多面体在 1 个平面上的透视投影法,此平面具有在多面体一个面的中心旁选出的透视中心(图 11).

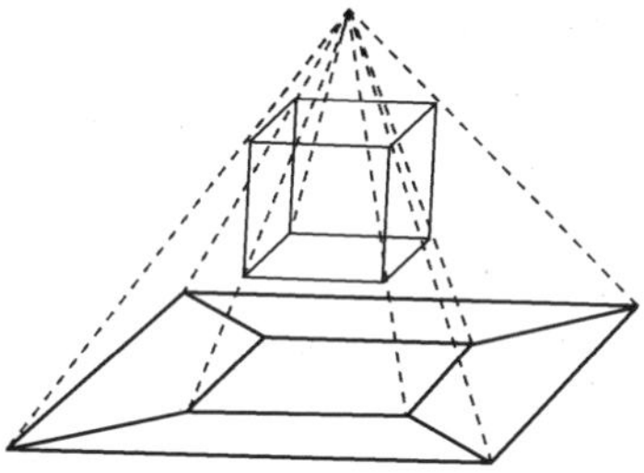

图 11

有趣的问题是任一平面图是否是多面体图,当然答案是否定的,易见多面体图不能有次数小于 3 的顶点.

Steinitz 定理(1922)是由凸多面体的边与顶点组成的平面图的特性描述:它们恰是 3 - 连通[①]平面图,也就是说,所有凸多面体构成 3 - 连通平面图,所有 3 - 连通平面图可以表示为凸多面体图.

Euler 关系式对平面图也成立. 如果 G 是具有 v 个顶点,e 条边,f 个面的连通平面图,那么

$$v - e + f = 2$$

① 图是 K - 连通的,如果除去任何 $k-1$ 个顶点 1 就得出连通图.

(不要忘记,1 个面是无限外部区域). 我们在下节中提出证明.

我们回到本节开始时提出的问题,令 R_n 是需要的区域数,如果在圆上(与 n 个圆弓形区域一起)除去 n 条弧,那么得出凸 n 边形,与它的对角线和它们的交点一起,确定了简单的连通平面图(图 12).

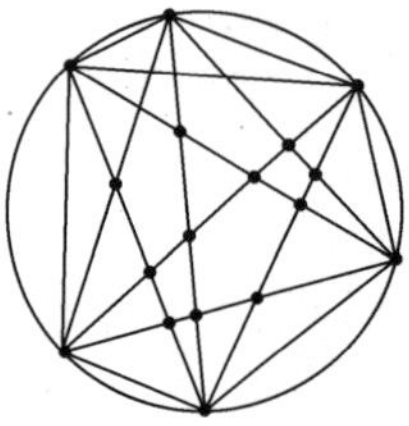

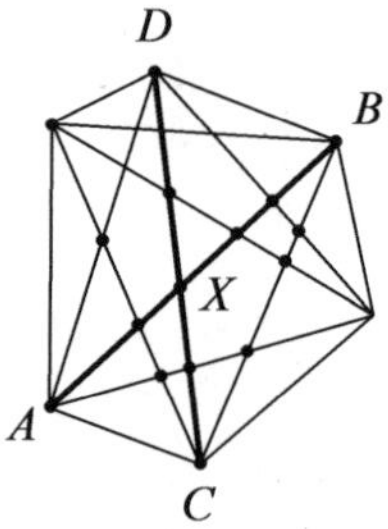

(a) (b)

图 12

令 v,e,f 是此图的顶点数、边数、面数,我们有

$$R_n = f + n - 1$$

因为除去 n 个弓形区域,但在计算时除去图的外部区域.

Euler 关系式给出

$$v - e + f = 2$$

于是用 n 确定 v 与 e.

我们有 $v = n + i$,其中 i 是 n 边形内部的顶点数,不难看出

$$i = \binom{n}{4}$$

因为所有内部交点由 n 边形 4 个不同顶点的集合确定(图 12 中点 X 由集合 $\{A,B,C,D\}$)完全确定).

现在计算边数,$n-1$ 条边与原来 n 个点的每一点关联,4 条边与所有内点关联(因为没有 3 条对角线通过同一点),所有的边算过 2 次,因此

$$e = \frac{1}{2}\left(n(n-1) + 4\binom{n}{4}\right)$$

我们得出

$$f = \frac{1}{2}n(n-1) + \binom{n}{4} - n + 2$$

于是

$$R_n = \frac{1}{2}n(n-1) + \binom{n}{4} - n + 2 + n - 1$$

$$=\frac{1}{2}n(n-1)+\binom{n}{4}+1$$

$$=1+\binom{n}{2}+\binom{n}{4}$$

例如

$$R_6=1+\binom{6}{2}+\binom{6}{4}=1+15+15=31$$

在[4]中可以找到不同的清晰的解法，它们说明我们为什么用二项式系数写下最后结果.

波兰数学家 Kazimierz Kuratowski 在 1930 年得到了已知图是否是平面图这个问题的答案.

Kuratowski 定理指出，为使有限图是平面图，当且仅当它不包含 K_5（在 5 个顶点上的完全图）或 $K_{3,3}$（在 6 个顶点上的完全二部图，其中 3 个顶点与其他 3 个顶点的每一点连接）的细分①子图，见图 13.

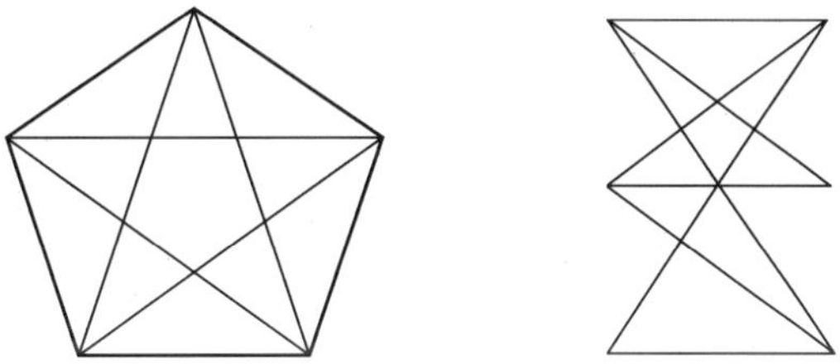

K_5
(a)

$K_{3,3}$
(b)

图 13

Euler 关系式的证明　无圈的连通图称为树形图，我们需要树的边数的结果.

定理 4　具有 $n\geqslant 2$ 个顶点的树有 $n-1$ 条边.

证　对 n 用归纳法，基础情形是显然的，设结论对至多有 n 个顶点的所有树成立，考虑具有 $n+1$ 个顶点与 e 条边的树，我们将证明 $e=n$.

我们断言，存在 1 个次数为 1 的顶点（实际上至少有 2 个这样的顶点），实际上，考虑 1 条有最大长度的路 $v_1,v_2,\cdots,v_{k-1},v_k$，如果 $\deg(v_k)>1$，那么 v_k 被具有某顶点 v（不同于 v_{k-1}）的边联结.

如果 $v=v_i$，其中 $1\leqslant i\leqslant k-2$，那么树包含圈 $v_i,v_{i+1},\cdots,v_k,v_i$，这是矛盾（图 14(b)）.

如果 v 与 $v_1,v_2,\cdots,v_{k-1}$ 不同，那么 $v_1,v_2,\cdots,v_{k-1},v_k,v$ 是比原路长的路. 于是与它的

① 图 G 的细分是由 G 中边的细分产生的图 G.

最大性矛盾(图 14(c)).

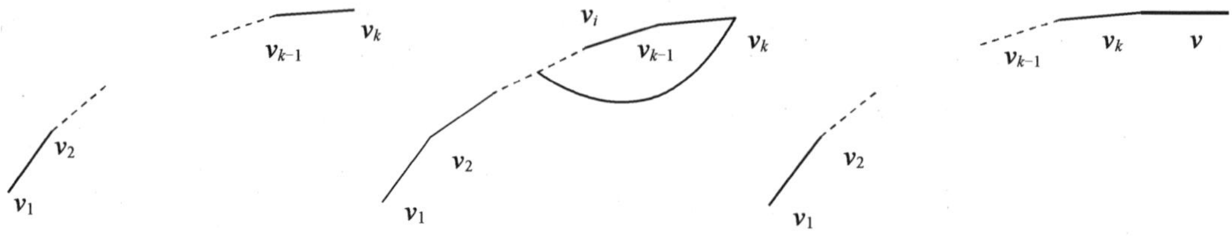

(a) (b) (c)

图 14

我们推导出,次数为 1 的顶点存在. 删去这个顶点和与它关联的边,剩下的图仍然是连通的,没有成圈,因此它是具有 n 个顶点与 $e-1$ 条边的树,由归纳假设推出 $e-1=n-1$,因此 $e=n$,正是要求的结果.

现在我们可以证明平面图的 Euler 关系式.

定理 5 令 G 是连通平面图,具有 v 个顶点,e 条边,f 个面,则以下等式成立

$$v-e+f=2$$

证 对边数 e 用归纳法,如果 $e=0$,那么图只由 1 个顶点与只有 1 个面(外部区域)组成,从而应该检验员 $1+1=2$.

设这个结果对具有小于 e 边的所有连通平面图成立,设 G 有 e 条边. 我们分析两种情形.

如果 G 不包含圈,那么它是树,在这种情形下,按照定理 3,$e=v-1$,我们要证明的等式是

$$v-(v-1)+1=2$$

显然成立.

如果 G 包含圈,那么从此圈除去 1 条边将剩下 1 个连通图,有相同的顶点数,但有较少的边与面(因为从此圈中除去 1 条边,把 2 个面组合成 1 个面,见图 15).

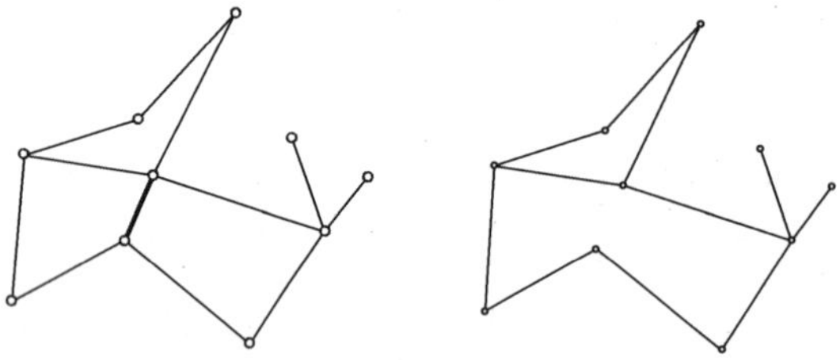

(a)$v=10,\ e=12,\ f=4$　(b)$v=10,\ e=11,\ f=3$

图 15

现在从归纳假设推出结论.

直接推论

定理 6　在至少有 3 个顶点的任何连通平面图中

$$e \leqslant 3v - 6$$

证　如果图的 1 个面以少于 3 条边为界，那么它由 3 个顶点与 2 条边组成，在这种情形下这个不等式是满足的，否则，每个面至少以 3 条边为界，以面数计算边数给出 $2e \geqslant 3f$. 因此

$$2 = v - e + f \leqslant v - e + \frac{2}{3}e = \frac{1}{3}(3v - e)$$

推出结论.

推论 6.1　K_5 不是平面图.

用反证法，设 K_5 是平面图，因为 K_5 有 5 个顶点与 $\binom{5}{2} = 10$ 条边，所以以上不等式变为

$$10 \leqslant 3 \cdot 5 - 6 = 9$$

显然不成立.

按语　如果 K_5 是平面图，那么由 Euler 关系式，求出它应该有 7 个面，每个面的次数至少是 3(没有圈，也没有被多于 1 条边联结的顶点)，利用定理 3 得出 $2|E| \geqslant 3|F|$，即 $20 \geqslant 21$，矛盾.

推论 6.2　在任何连通平面图中，至少 1 个顶点的次数至多是 5.

实际上，如果所有顶点的次数至少是 6，那么以顶点数计算边数，得 $2e \geqslant 6v$，即

$$e \geqslant 3v$$

于是与定理 6 矛盾，图 8 表明这个界限不能改进，图 16 中的平面图(它是 20 面体的平面图)的所有顶点的次数为 5.

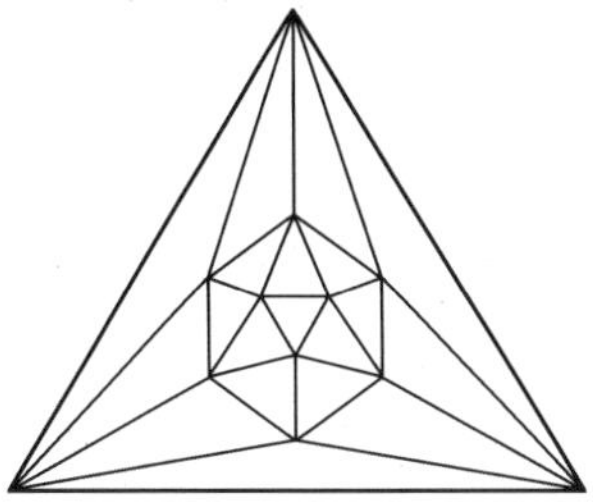

图 16

定理 7　在没有三角形面的连通平面图中

$$e \leqslant 2v - 4$$

证　证明类似于定理 6. 因为没有三角形面，所以每个面至少以 4 条边为界，于是以

面数计算边数,给出 $2e\geqslant 4f$,代入 Euler 关系式,得出结果.

推论 7 图 $K_{3,3}$ 不是平面图.

设相反;因为 $K_{3,3}$ 是二部图,所以它的圈有偶数长度,从而没有三角形面,在这种情形下,$v=6$,$e=9$,因此定理 6 给出 $9\leqslant 8$,矛盾.

按语 另一个证明(又用反证法)利用定理 3 与事实:对图的任何一个面 f,$d(f)\geqslant 4$.

我们把证明以下两个结果的任务留给读者.

定理 8 若在连通平面图中,最短圈的长为 g[①],则有

$$l\leqslant \frac{g}{g-2}(v-2)$$

推论 8 证明:图 17 中的图(称为 Petersen 图)不是平面图.

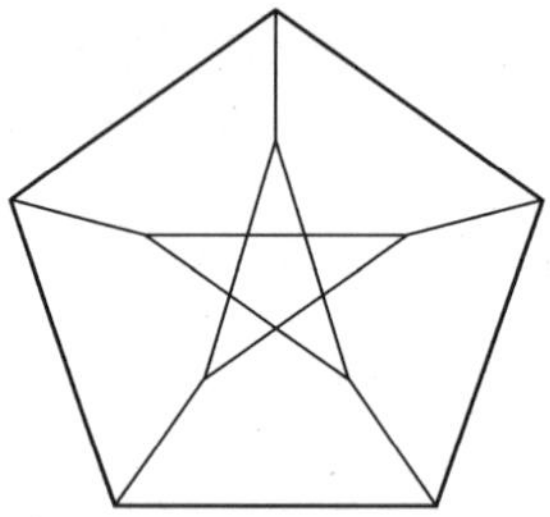

图 17

问题

问题 1 除已知多面体 1 个顶点旁的面角之外,这个多面体所有顶点旁边所有面角之和是 5 160°,求这个多面体所有面角之和.

美国为 1983 年第 24 届国际奥林匹克提供

解 令 S 是多面体所有面角之和,n 是顶点数,从定理 1 有

$$n\cdot 360^\circ - S = 720^\circ$$

从而

$$S = 360^\circ(n-2)$$

令 x 是被除外顶点旁的面角之和,则

$$x = S - 5\ 160^\circ = 360^\circ(n-2) - 5\ 160^\circ$$

因为显然有 $0 < x < 360^\circ$,所以导出

$$16+\frac{1}{3} < n < 17+\frac{1}{3}$$

因此 $n=17$,最后 $S=360^\circ\cdot 15=5\ 400^\circ$.

---

① 通常称为图的围长.

问题 2　设凸多面体的所有面都是等边三角形,证明这个多面体至多有 30 条边.

德国为第 27 届国际奥林匹克提供

证　利用标准记号,有 $2e=3f, v-e+f=2$,从而

$$e=3v-6$$

关键注意到每个顶点的次数至多是 5,因为所有的面都是等边三角形,在任一顶点旁的面角和小于 360°(想起角亏!),因此

$$2e\leqslant 5v$$

我们导出

$$e>3\cdot\frac{2e}{5}-6$$

等价于

$$e\leqslant 30$$

在 20 面体情形下等式成立.

问题 3　在平面上已知 6 个点,每点用 1 条弧联结到 4 个其他的点,使弧不相交,证明合成映射的区域都是三角形.

证　考虑由图形确定的平面图,因为每个顶点的次数是 4,有 6 个顶点,平面图显然是连通的(如果 2 个顶点不相邻,那么所有 4 个其他顶点与以上 2 个顶点相邻). 边数等于$\frac{1}{2}\cdot 6\cdot 4=12$,从而 Euler 关系式给出

$$6-12+f=2$$

即 $f=8$.

现在注意,每个面的次数至少是 3(即由于图没有圈,没有由同一对顶点联结成的不同边),以面数计算边数,导出 $2e\leqslant 3f$,但在我们的情形下 $2e=3f=24$,因此在上述不等式中一定有等式,这只有在每个面的次数恰是 3 时才发生. 对这样的平面图的图形见图 18.

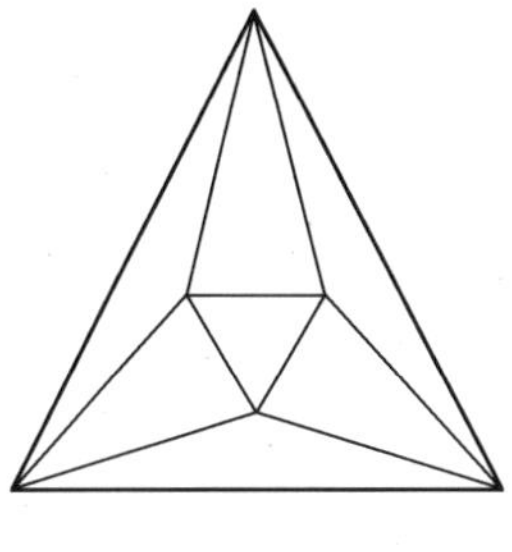

图 18

问题 4　在平面上已知 $n>2$ 个点,被线段联结起来,使任何 2 条线段的内部不相交. 设这些线段的最大可能条数是 n 的函数,求这个最大可能条数.

德国 1976 年数学奥林匹克

解　考虑平面图,它的顶点是 n 个已知点,它的边是线段,由于是平面图,所以有 $e\leqslant$

$3n-6$. 这个最大值可以达到(图 19).

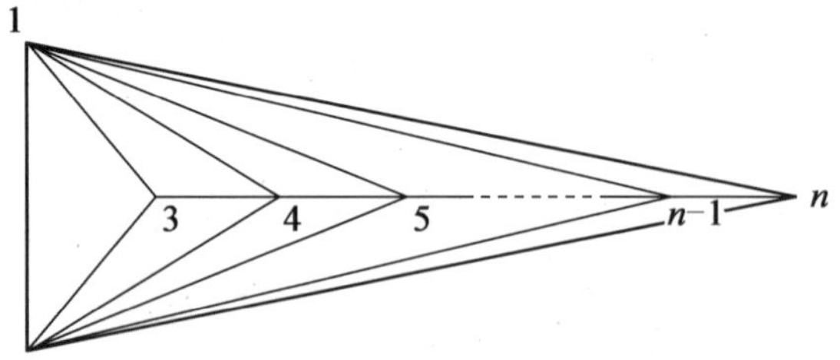

图 19

按语 实际上,问题要求具有 n 个顶点的平面图最大边数,后来被 Wagner(1936)与 Fáry(1948)证明了,所有平面图有用不相交边画出的平面直线.

问题 5 凸四边形被分为 n 个凸多边形区域,求图中最大边数.

解 令 $A_1A_2A_3A_4$ 是四边形,考虑剖分后得出的平面图,则对 $k=1,2,3,4$, $d(A_k)\geqslant 2$,对图的任一其他顶点 A, $d(A)\geqslant 3$,因为多边形区域是凸的,如果 v 是顶点数,那么导出

$$2e\geqslant 8+3(v-4)$$

平面图的面数是 $n+1$(不要忘记外部的面),从而 Euler 关系式给出

$$v-e+n=1$$

于是有 $v=1+e-n$. 不等式

$$2e\geqslant 8+3(1+e-n-4)$$

容易化简为

$$e\leqslant 3n+1$$

我们断言,这个最大值总可以达到,对 n 用归纳法,对 $n=1$,四边形本身是凸多边形,有 $3\cdot 1+1=4$(条)边.

设任何四边形可以分为 n 个凸多边形区域,有 $3n+1$ 条边,令 $A_1A_2A_3A_4$ 是凸四边形,在 2 条对边上选出点 M 与 N(图 20(a)),应用归纳假设于四边形 A_1A_2NM,得出具有 n 个凸多边形的剖分,有 $3n+1$ 条边,加上四边形 MNA_3A_4,得出把原四边形分成 $n+1$ 个多边形,有 $3n+1+3=3(n+1)+1$ 条边(此外,从证明可见,分成的所有多边形是四边形,对 $n=7$ 情形见图 20(b)).

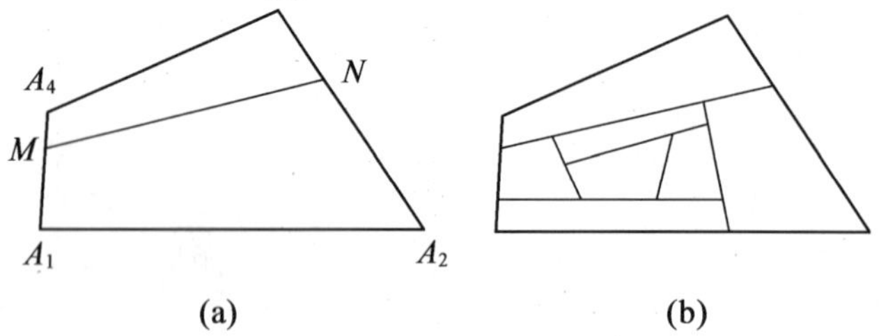

图 20

问题 6　在某国,11 个城市以高速公路或直达铁路相联系,证明:一定有 1 座桥使一条高速公路横穿另一条高速公路,或者一条直达铁路横穿另一条直达铁路.

圣彼得堡,1998

证　联系总数是$\binom{11}{2}=55$,由鸽笼原理导出,其中至少有 28 种联系是相同类型的. 设有 28 条铁路,如果没有桥是必要条件,那么由铁路确定的图是平面图,有 29 条边与 $v\leqslant 11$ 个顶点,由定理 6,有

$$28\leqslant 3v-6\leqslant 3\cdot 11-6=27$$

矛盾.

我们请读者努力解答以下问题.

问题 7　考虑 1 个多面体,它至少有 5 个面,使在每个顶点上恰好出 3 条边,2 人玩以下游戏,他们轮流在以前没人签名的 1 个面上签上他们的名字,成功地在共用 1 个公共顶点的 3 个面上签名者是获胜者,设游戏是最佳游戏,证明:第 1 个签名的人总是获胜者.

第 64 届普特南数学竞赛,2003,T. Andreescu 提供

问题 8　已知凸多面体没有 1 个顶点恰好是 3 条边的交点,证明:凸多面体至少有 8 个三角形面.

匈牙利 – 以色列数学竞赛,1996

问题 9　凸多面体没有四边形面或五边形面,证明:它的面中至少有 4 个面是三角形面.

问题 10　令 n 是正整数,凸多面体有 $10n$ 个面. 证明:n 个面有相同边数.

问题 11　多面体的某 n 个面被涂上黑色,使任何 2 个黑色面没有公共顶点,多面体其余的面被涂上白色.

证明　多面体 2 个白色面公共棱数至少是 $n-2$.

罗马尼亚国际数学奥林匹克选拔考试,2004

问题 12　考虑多面体,恰有 2 个顶点与奇数条边相邻接,这 2 个顶点在同一条棱上.

证明　对所有整数 $n\geqslant 3$,存在多面体的面,使棱数不被 n 整除.

罗马尼亚国际数学奥林匹克选拔考试,2005

参考资料

[1] Dieter Kotschick, *The Topology and Combinatorics of Soccer Balls*, American Scientist, vol. 94. 2006.

[2] David S. Richeson, *Euler's Gem*, Princeton University Press, 2008.

[3] N. Hartsfield, G. Ringel, *Pearls in Graph Theory*, Academic Press, 1994.

[4] Mark Noy, *A Short Solution of a Problem in Combinatorial Geometry*, Mathematics Magazine, Vol. 69, No. 1,1996,MAA.

[5] Razvan Gelca, Titu Andreescu, *Putnam and Beyond*, Springer,2007.

[6] Reinhard Diestel, *Graph Theory*, *Springer – Verlag*, New York 1997,2000.

[7] Daniel A. Marcus, *Graph Theory*, *A Problem Oriented Approach*, The Mathematical Association of America, 2008.

[8] Ioan Tomescu, *Problems in combinatorics and graph theory*, John Wiley & Sons, 1985.

[9] Kin Y. Li, *Euler's Planar Graph Formula*, Mathematical Excalibur, Vol. 16, No. 2.

罗马尼亚 Bogdan Enescu

3.11 谈论类似中线

我们将从头开始引入类似中线,并证明一整批表示它们特征的互相联系的结果.

类似中线是奥林匹克几何学中很重要的课题,因为它们有许多有趣的性质可以应用于问题中,但是首先,它们是什么?

定义 如图1,在△ABC 中,A – 中线在 A – 内角平分线中的反射线称为△ABC 的 A – 类似中线. 类似地可以定义三角形的 B – 类似中线与 C – 类似中线.

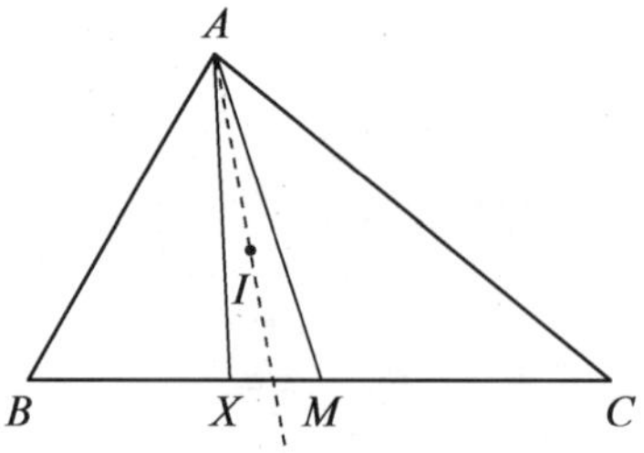

图1 The A – 类似中线 AX

我们经常作类似中线吗? 是的,不过当△ABC 是等腰三角形时,我们有一些神秘情形,于是如果 $AB = AC$,那么 A – 中线与 A – 内角平分线重合,因此 A – 类似中线与它们重合.

现在类似中线与 Ceva 定理的三角形式同时发生,因为我们只要消去正弦,这个共同发生的点称为类似中线点或△ABC 的 Lemoine 点,通常以 K 表示.

事实上,我们有更一般的结果.

定理 – 1 令 P 是△ABC 平面上的点,则直线 AP,BP,CP 在△ABC 内角平分线中的反射线共点. 这个共点称为点 P 关于△ABC 的等角共轭点.

我们这里不更多详述这个更一般概念;只证明 1 个很简单性质,它将导出类似中线的第 1 个表征.

定理 0　(Steiner 定理)如果 D 是 $\triangle ABC$ 边线 BC 上的点,如果直线 AD 在 $\angle A$ 的内角平分线中的反射线交直线 BC 于点 E(图 2),那么

$$\frac{BD}{CD}\cdot\frac{BE}{CE}=\frac{AB^2}{AC^2}$$

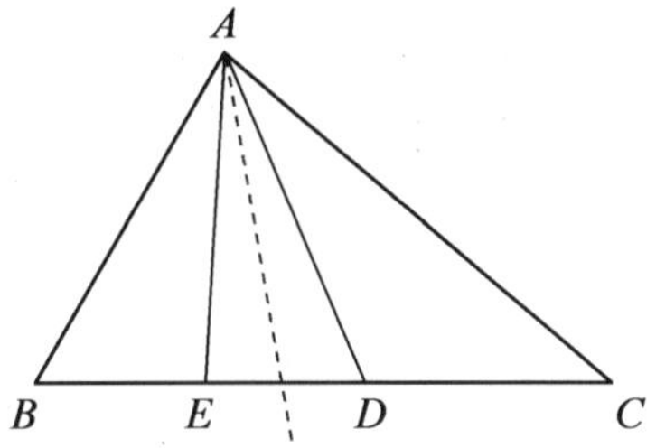

图 2　定理 0

证　由 Ratio 引理,记

$$\frac{DB}{DC}=\frac{AB}{AC}\cdot\frac{\sin\angle DAB}{\sin\angle DAC}\quad 与\quad \frac{EB}{EC}=\frac{AB}{AC}\cdot\frac{\sin\angle EAB}{\sin\angle EAC}$$

于是记住 $\angle DAB=\angle EAC$, $\angle DAC=\angle EAB$,以上两式相乘,得出

$$\frac{BD}{CD}\cdot\frac{BE}{CE}=\frac{AB^2}{AC^2}$$

正是要求的结果.

作为推论,于是得出以下结果.

表征 1　在 $\triangle ABC$ 中 X 在边 BC 上,我们有,为使

$$\frac{XB}{XC}=\frac{AB^2}{AC}$$

当且仅当 AX 是 $\triangle ABC$ 的 A－类似中心.

这也许是三角形 A－类似中线最重要的表征,我们以下将证明的所有结果,多多少少将回到这个表征.

表征 2　如图 3,在 $\triangle ABC$ 中,令 X 是边 BC 上的点,显然,对直线 AX 上任一点 P,有

$$\frac{\delta(P,AB)}{\delta(P,AC)}=\frac{\delta(X,AB)}{\delta(X,AC)}$$

换言之,从 P 到各边的距离之比与在 AX 上选出的点 P 无关. 现在断言如下:对 AX 上任一点,为使

$$\frac{\delta(P,AB)}{\delta(P,AC)}=\frac{\delta(X,AB)}{\delta(X,AC)}=\frac{AB}{AC}$$

当且仅当 AX 是 $\triangle ABC$ 的 A－类似中线.

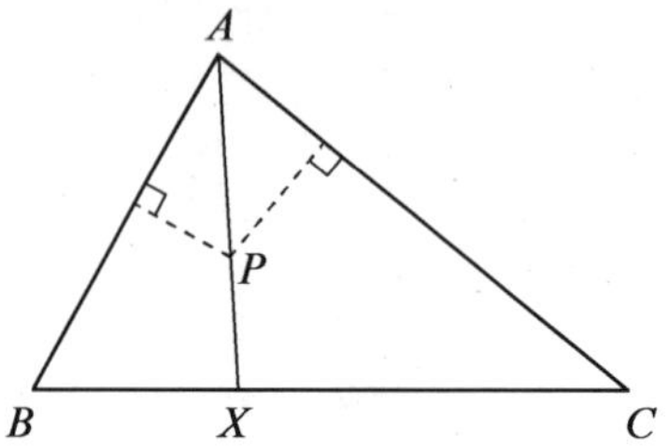

图 3 表征 2

证 由表征 1 知道,为使 AX 是 A - 类似中线,当且仅当

$$\frac{XB}{XC}=\frac{AB^2}{AC^2}$$

从而此时用 Ratio 引理,得出 AX 是 A - 类似中线,只有当

$$\frac{\sin\angle XAB}{\sin\angle XAC}=\frac{AB}{AC}$$

时才成立.

但是对 AX 上的任一点 P,有

$$\frac{\delta(P,AB)}{\delta(P,AC)}=\frac{\delta(X,AB)}{\delta(X,AC)}=\frac{\sin\angle XAB}{\sin\angle XAC}$$

因此立即得出结论,为使

$$\frac{\delta(P,AB)}{\delta(P,AC)}=\frac{\delta(X,AB)}{\delta(X,AC)}=\frac{AB}{AC}$$

当且仅当 AX 是 $\triangle ABC$ 的 A - 类似中线.

表征 3 在 $\triangle ABC$ 中,令 $ACUV$ 与 $ABST$ 是在 $\triangle ABC$ 边上向三角形外作出的正方形. 令 X 是 $\triangle ATV$ 的外心,则直线 AX 是 $\triangle ABC$ 的 A - 类似中心(图 4).

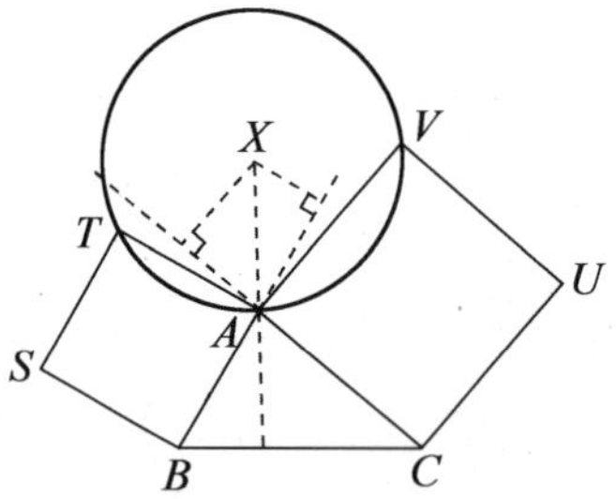

图 4 表征 3

证 点 X 是 $\triangle ATV$ 的外心,在线段 AV 与 AT 的平分线上,从而有

$$\delta(X,AB)=\frac{1}{2}AT \text{ 与 } \delta(X,AB)=\frac{1}{2}AV$$

于是得

$$\frac{\delta(X,AB)}{\delta(X,AC)}=\frac{AT}{AV}=\frac{AB}{AC}$$

因此由表征 2,得出 AX 是 $\triangle ABC$ 的 A-类似中线.

表征 4　(巴尔干数学奥林匹克 2009)令 MN 平行于 $\triangle ABC$ 的边 BC,M 在边 AB 上,N 在边 AC 上,直线 BN 与 CM 相交于点 P(图 5). $\triangle BMP$ 与 $\triangle CNP$ 的外接圆相交于 2 个不同点 P 与 Q,则直线 AQ 是 $\triangle ABC$ 的 A-类似中线.

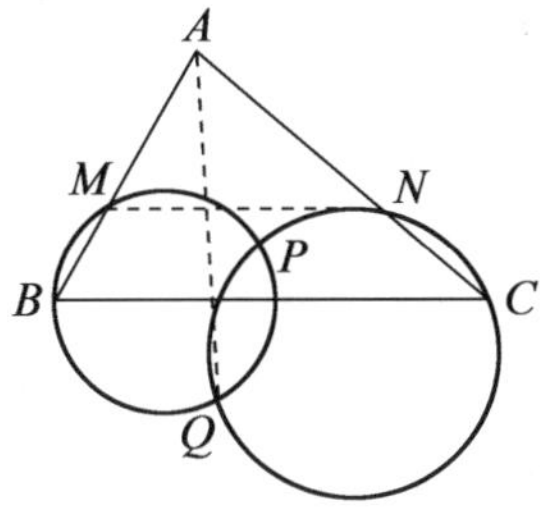

图 5　表征 4

证　注意 $\angle BQM=\angle BPM=\angle CPN=\angle CQN$, $\angle MBQ=\angle CPQ=\angle CNQ$, 于是 $\triangle BQM \backsim \triangle NQC$,那么得

$$\frac{\delta(Q,AB)}{\delta(Q,AC)}=\frac{\delta(Q,MB)}{\delta(Q,NC)}=\frac{BM}{CN}=\frac{AB}{AC}$$

因此由表征 2,AQ 是 $\triangle ABC$ 的 A-类似中线.

表征 5(Lemoine 垂足三角形定理)　$\triangle ABC$ 的类似中线点 K 只是 $\triangle ABC$ 平面上一点,是它的垂足三角形的重心(图 6).

证　对直接的蕴含命题,令 D,E,F 是 K 在边 BC,CA,AB 上的投影,取 X 为 DK 与 EF 的交点,我们很想证明 X 是 EF 的中点,因为此后只重复对 EY 与 FZ 的论证,并断定 K 是 $\triangle DEF$ 的重心.

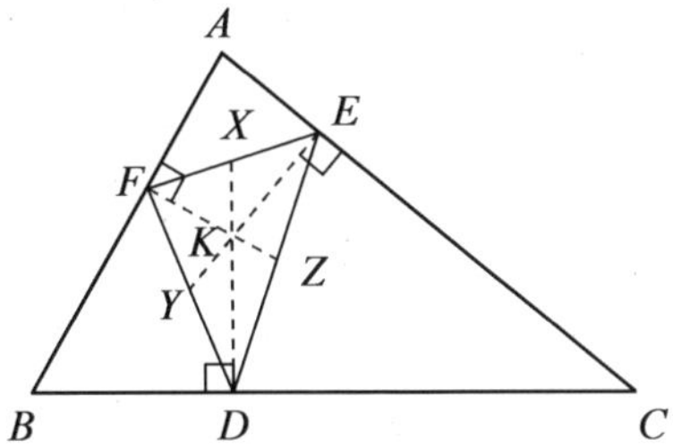

图 6　表征 5

由 Ratio 引理知道

$$\frac{XE}{XF}=\frac{KE}{KF}\cdot\frac{\sin\angle XKE}{\sin\angle XKF}$$

但是 K 显然在 A-类似中线上,于是由表征 2

$$\frac{KE}{KF}=\frac{\delta(K,AC)}{\delta(K,AB)}=\frac{AC}{AB}$$

此外$\angle XKE=\angle C$,$\angle XKF=\angle B$,因为四边形$KDCE$与$KFBD$是联圆四边形;于是断定

$$\frac{XE}{XF}=\frac{AC}{AB}\cdot\frac{\sin C}{\sin B}=\frac{AC}{AB}\cdot\frac{AB}{AC}=1$$

这证明了X是EF的中点,解决了直接命题.

至于逆命题,情形在本质上是类似的.现在已知K是有投影D,E,F的点,以致

$$1=\frac{XE}{XF}=\frac{KE}{KF}\cdot\frac{\sin\angle XKE}{\sin\angle XKF}$$

来自联圆四边形$KDCE$与$KFBD$的等式$\angle XKE=\angle C$,$\angle XKF=\angle B$与类似中线点K无关,于是立即得

$$\frac{KE}{KF}=\frac{AB}{AC}$$

从而由表征2,断定K必须在A-类似中线上,可以对顶点B与C类似地这样做;因此得出K是三角形的类似中线点.

这完成了证明.

表征6 令$\triangle ABC$的顶点B与C向外接圆作出的二切线相交于点X,则直线AX是$\triangle ABC$的A-类似中线.

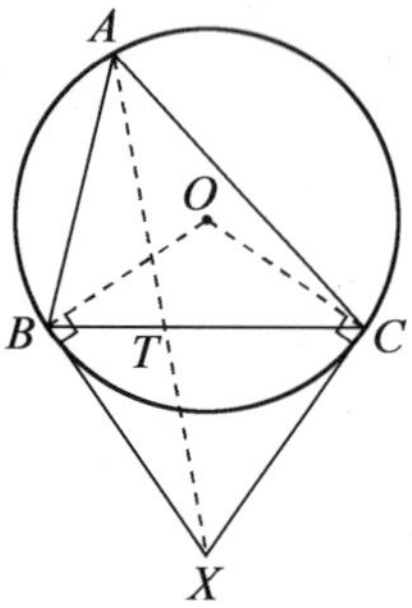

图7 表征6

证 令T是AX与边BC的交点,因为此点在线段BC内部,再注意,由表征1,所以只要证明

$$\frac{TB}{TC}=\frac{AB^2}{AC^2}$$

即可.

在这种情形下,直线AX表示A-类似中线,证毕.于是要证明

$$\frac{TB}{TC}=\frac{AB^2}{AC^2}$$

这是Ratio引理出现的地方.我们有

$$\frac{TB}{TC}=\frac{XB}{XC}\cdot\frac{\sin\angle TXB}{\sin\angle TXC}$$

但是 $XB=XC$,因为它们是从同一点向$\triangle ABC$外接圆作出的二切线. 因此

$$\frac{TB}{TC}=\frac{\sin\angle TXB}{\sin\angle TXC}$$

现在在$\triangle XAB$与$\triangle XAC$中应用2次正弦定理,得

$$\frac{AB}{\sin\angle TXB}=\frac{AX}{\sin\angle XBA}=\frac{AX}{\sin(\angle B+\angle XBC)}$$

与

$$\frac{AC}{\sin\angle TXC}=\frac{AX}{\sin\angle XCA}=\frac{AX}{\sin(\angle C+\angle XCB)}$$

但是$\angle XBC=\angle XCB=\angle A$,因为直线 XB 与 XC 是$\triangle ABC$的二切线,从而得

$$\frac{AB}{\sin\angle TXB}=\frac{AX}{\sin C}\quad 与\quad \frac{AC}{\sin\angle TXC}=\frac{AX}{\sin B}$$

因此把这2个关系式相除,断定

$$\frac{TB}{TC}=\frac{\sin\angle TXB}{\sin\angle TXC}=\frac{AB}{AC}\cdot\frac{\sin C}{\sin B}=\frac{AB^2}{AC^2}$$

其中最后等式成立,因为把正弦定理应用于$\triangle ABC$. 这完成了证明.

推论6′　如果 D,E,F 是$\triangle ABC$的内切圆与边 BC,CA,AB 的切点,那么直线 DA,EB, FC 是$\triangle DEF$的类似中线.

表征7　设 X 是$\triangle ABC$外接圆上的点,不同于顶点 A(图8),使

$$\frac{XB}{XC}=\frac{AB}{AC}$$

则直线 AX 是$\triangle ABC$的 A-类似中线.

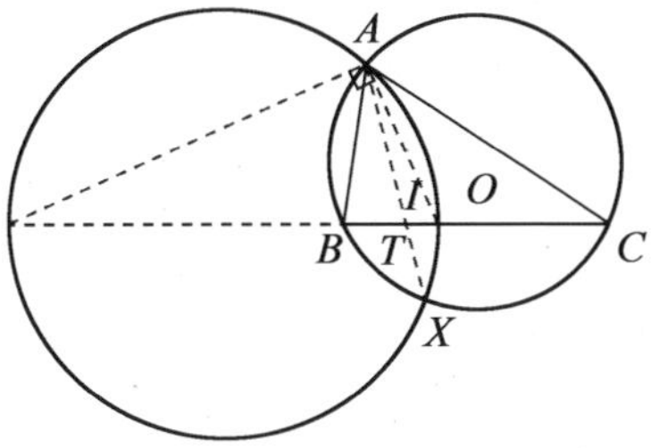

图8　表征7

注意　这只是表示 A-类似中线是$\triangle ABC$外接圆与A-Appolonius 圆的根轴,这导致一组包含 Appolonius 圆的有趣观察.

证　令 T 是 AX 与 BC 的交点,再希望证明

$$\frac{TB}{TC}=\frac{AB^2}{AC^2}$$

以便可以利用表征 1,好,Ratio 引理给出

$$\frac{TB}{TC}=\frac{XB}{XC}\cdot\frac{\sin\angle AXB}{\sin\angle AXC}=\frac{AB}{AC}\cdot\frac{\sin\angle AXB}{\sin\angle AXC}$$

但是$\angle AXB=\angle C,\angle AXC=\angle B$,因此得$\frac{TB}{TC}=\frac{AB^2}{AC^2}$,正是要求的结果.

表征 8 设线段 BC 以直线 AB 与 AC 为界限,则 A - 类似中线是 BC 的反向平行线段中点的轨迹(图 9).

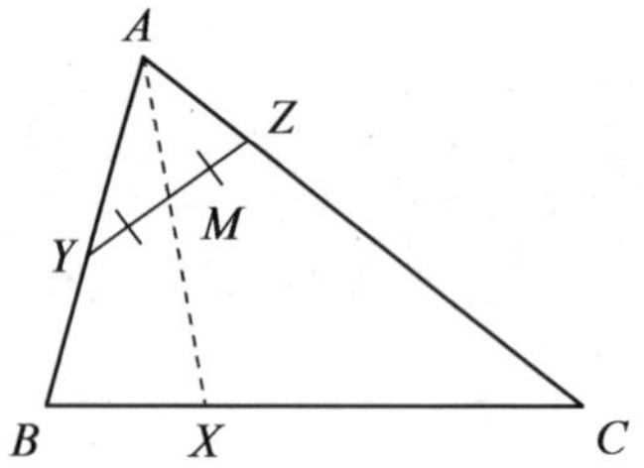

图 9 表征 8

证 因为$\triangle AZY\backsim\triangle ABC$,所以相似性一定对 BC 的中点 N 取 M. 但这时得出$\angle BAM=\angle YAM=\angle CAN$. 因此 AM 是 AN 通过$\angle A$ 的角平分线的反射线.

这也允许有我们将利用的有趣逆命题. 更确切地说,如果以直线 AB 与 AC 为界限的某线段被 A - 类似中线平分,那么它必须有直线 BC 的反向平行线.

现在这些很有趣的应用应归于 Lemoine.

定理 9(第一 Lemoine 圆) 令 K 是$\triangle ABC$ 的类似中线点,x,y,z 是分别通过点 K 作出的 BC,CA,AB 的反向平行线. 证明:在$\triangle ABC$ 的边上由 x,y,z 确定的 6 个点都在一圆上. 此圆称为$\triangle ABC$ 的第一 Lemoine 圆.

证 如图 10,令 X_b,X_c 分别为 x 与 CA,AB 的交点. 类似地,令 Y_c,Y_a 分别为 y 与 AB,BC 的交点,Z_a,Z_b 分别为 Z 与 BC,CA 的交点. 由表征 8,知道 $KX_b=KX_c,KY_c=KY_a,KZ_z=KZ_b$. 此外,因为 y,z 是反平行线,所以有$\angle KZ_aY_a=\angle KY_aZ_a=\angle A$. 于是$\triangle KY_aZ_a$ 为等腰三角形,即 $KY_a=KZ_a$,因此 $KY_a=KZ_a=KY_c=KZ_b$,此外可以对$\triangle KX_bZ_b$,$\triangle YK_cX_c$ 这样做,证明它们是等腰三角形,从而也有 $KX_b=KZ_b,KY_c=KX_c$. 因此我们断定

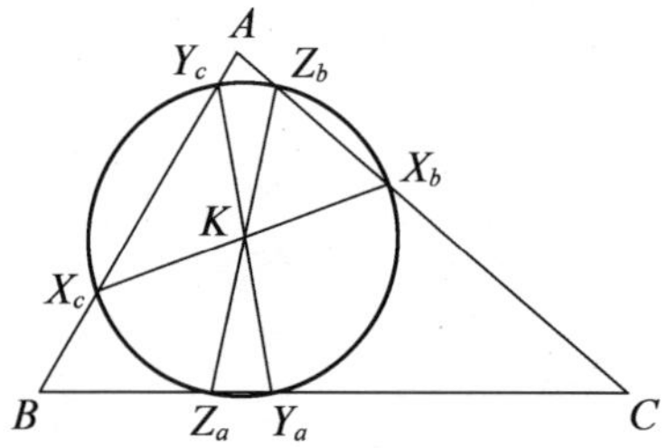

图 10 定理 9

$$KZ_a = KY_a = KX_b = KZ_b = KY_c = KX_c$$

于是得出所有 6 点 $X_b, X_c, Y_c, Y_a, Z_a, Z_b$ 在圆心为 K 的一圆上. 这完成了证明.

当然,给出这个名称后,你希望有第二 Lemonie 圆. 实际上,情况是这样的!

定理 10(第二 Lemonine 圆) 令 K 是 $\triangle ABC$ 的类似中线点,这时 x, y, z 分别为通过 K 作出的 BC, CA, AB 的平行线(图 11). 证明:在 $\triangle ABC$ 的边上以 x, y, z 确定的 6 点都在一圆上.

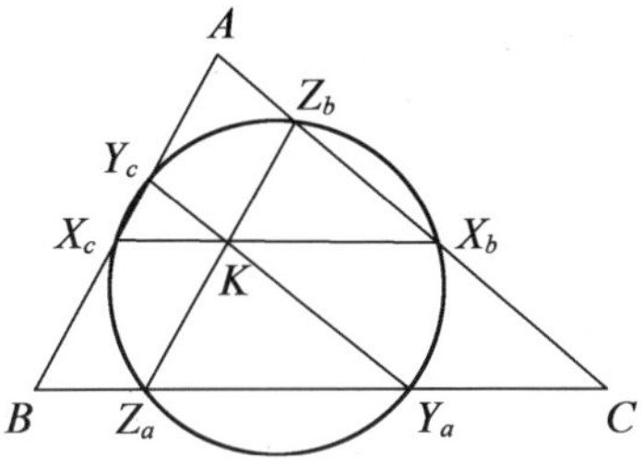

图 11　定理 10

证 令直线 x 交 AC 与 AB 于点 X_b 与 X_c, y 交 BC, BA 于点 Y_a, Y_c, z 交 CA, CB 于点 Z_b, Z_a. 首先注意 AY_cKZ_b 是平行四边形,于是直线 AK 平分线段 Y_cZ_b. 但是 AK 是 $\triangle ABC$ 的 A - 类似中线;从而按照我们对表征 8 的逆命题,支撑线段 Y_cZ_b 的直线必须是 BC 的反向平行线. 于是 $\angle AZ_bY_c = \angle B = \angle Y_cX_cX_b$;从而得出, Y_c, X_c, X_b, Z_b 都必须在一圆上,比方说在 $\odot \Gamma_1$ 上. 类似地,点 Y_c, X_c, Z_a, Y_a 必须在一圆 Γ_2 上,点 Z_a, Y_a, X_b, Z_b 必须在一圆 Γ_3 上,但这三圆必须相同,否则各对圆的根轴不共点(因为它们只是三角形的边线!),这不可能. 于是 $\odot \Gamma_1 = \odot \Gamma_2 = \odot \Gamma_3$,因此 6 点 $X_b, X_c, Y_c, Y_a, Z_a, Z_b$ 共圆.

这完成了证明!

定理 11 在 $\triangle ABC$ 中,令 M 是 BC 的中点, X 是 $\triangle ABC$ 的 A - 高的中点. 证明: $\triangle ABC$ 的类似中线点在直线 MX 上(图 12).

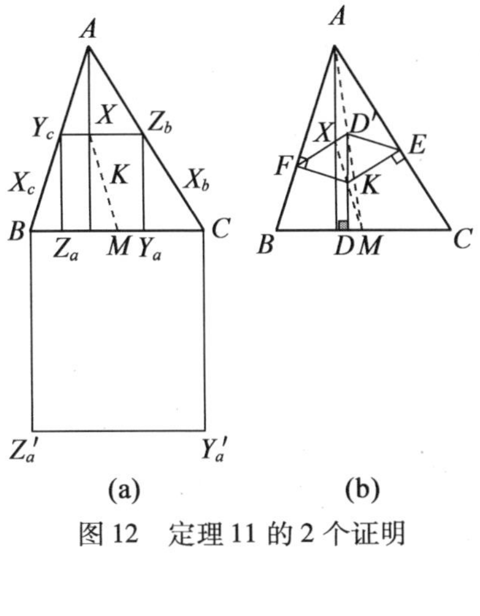

(a)　　(b)

图 12　定理 11 的 2 个证明

注意,这表示你可以作出的$\triangle ABC$的类似中线点,是由各条边中点与各条高中点确定的各条直线的交点.

证法1 内接于$\triangle ABC$且有一边在BC上的矩形中心轨迹恰好是直线MX! 为什么?好,首先它是直线,理由如下. 首先看这些矩形是怎样得出的. 取内接于$\triangle ABC$中的矩形$X_1X_2Y_1Z_1$,使X_1,X_2在BC上. 在顶点B与C上作BC的垂线,这些垂线与直线AX_1,AX_2相交于2个点X_1',X_2',则矩形$X_1X_2Y_1Z_1$是矩形$BCX_2'X_1'$在中心为A的位似变换下的像;于是因为矩形$BCX_2'X_1'$中心的轨迹是BC的中垂线(因此是直线),由此得出,矩形$X_1X_2Y_1Z_1$中心的轨迹也是直线(中垂线在一定旋转包含一定位似变换下的像!)鼓励读者补充细节. 现在显然,BC的中点与A-高线中点属于这条直线,因为它们是内接于$\triangle ABC$且一边在BC上的2个退化矩形的中心;因此轨迹恰好是直线MX. 现在为什么使K在直线MX上呢? 好,因为K是内接于$\triangle ABC$且一边在BC上的矩形中心! 实际上,从定理9的证明中想起$KZ_b=KY_c=KZ_a=KY_a$,因此$Z_aY_aZ_bY_c$是内接于$\triangle ABC$,Z_aY_a在BC上,且中心为K的矩形.

证法2 令D,E,F分别为类似中线点K在边BC,CA,AB上的投影. 令D'是D在K上的反射点,于是K是线段DD'的中点. 因为DD'平行于A-高线,所以证明K在直线MX上与证明D'在A-高线AM上是相同内容. 但是现在比较直接地看出这一点. 注意,因为K是$\triangle DEF$的垂心(表征5),四边形$KFED'$对角线互相平分,所以$KFED'$是平行四边形;于是$D'E/\!/KF,D'F/\!/KE$. 但是KF与KE分别垂直于AB与AC;从而$D'E/\!/AF,D'F/\!/AE$;从而D'是$\triangle AEF$的垂心;于是$AD'\perp EF$. 因此AD'必须是A-中线.

美国 Sammy Luo 与 Cosmin Pohoata

3.12 关于奇数分母的 Egyptian 分数

本文提出 Diophantine 方程的解法,其中n个不同正奇数倒数和等于1.

在 Titu Andreescu 与 Dorin Andrica 的书(见[1])中讲到我们将解答的问题,它是 Egyptian 分数问题的变形,只要求分解分母是奇整数.

问题 求所有整数$n>1$,使方程

$$\frac{1}{x_1}+\frac{1}{x_2}+\cdots\frac{1}{x_n}=1$$

有不同的正奇数解.

证 可设$x_1<x_2<\cdots<x_n$. 首先注意n是奇数,因为

$$x_1x_2\cdots x_n=x_2\cdots x_n+x_1x_2\cdots x_{n-1}$$

右边是n个奇数的和,而左边是奇数.

如果$1<n\leqslant 6$,那么x_1一定大于1,但对以下6个奇数有

$$\sum_{k=1}^{6}\frac{1}{2k+1}<1$$

因此在这种情形下无解.

如果 $n=7$,那么 x_7 一定是最大数. 选择 x_1 至 x_5 为大于 1 的最小可能奇整数,并且两两不同,给出以下估计值

$$\frac{1}{x_6}+\frac{1}{x_7}=1-\left(\frac{1}{3}+\frac{1}{5}+\frac{1}{7}+\frac{1}{9}+\frac{1}{11}\right)>\frac{2}{17}$$

由此得 $x_6<17$. 但对 $x_6=13$ 或 15 有

$$\frac{1}{x_7}=1-\left(\frac{1}{3}+\frac{1}{5}+\frac{1}{7}+\frac{1}{9}+\frac{1}{11}+\frac{1}{13}\right)=\frac{2\ 021}{45\ 045}$$

$$\frac{1}{x_7}=1-\left(\frac{1}{3}+\frac{1}{5}+\frac{1}{7}+\frac{1}{9}+\frac{1}{11}+\frac{1}{15}\right)=\frac{191}{3\ 465}$$

这两个等式是不可能的. 但是,如果 x_1 至 x_5 不是最小可能数,那么

$$\frac{1}{x_6}+\frac{1}{x_7}\geqslant 1-\left(\frac{1}{3}+\frac{1}{5}+\frac{1}{7}+\frac{1}{9}+\frac{1}{13}\right)>\frac{2}{15}$$

于是 $x_6<15$. 但 $x_5\geqslant 13$,于是 $x_5\geqslant x_6$,这不可能. 因此 $n=7$ 不是解.

现在对 n 用归纳法证明,如果 $n\geqslant 9$ 是奇数,那么可以求出方程的解,使 3 整除 x_n.

如果 $n=9$,考虑等式

$$\frac{1}{3}+\frac{1}{5}+\frac{1}{7}+\frac{1}{9}+\frac{1}{11}+\frac{1}{15}+\frac{1}{21}+\frac{1}{165}+\frac{1}{693}=1$$

注意 3 整除 693. 如果 $x_1,\cdots,x_n$ 是方程的解,其中 $3\mid x_n$,那么对 $i<n$,设 $y_i=x_i$ 与

$$y_n=\frac{5}{3}x_n,y_{n+1}=3x_n,y_{n+2}=15x_n$$

得出以下方程的解

$$\frac{1}{y_1}+\frac{1}{y_2}+\cdots+\frac{1}{y_{n+2}}=1$$

其中 $3\mid y_{n+2}$. 这断定了归纳步骤,证明了问题的解是大于或等于 9 的奇数.

我要感谢 Jaromír Šimša 博士指导我研究这个问题. 我也要感谢 Michal Rolínek 帮助我加工这篇论文.

参考资料

[1] T. Andreescu and D. Andrica, *An Introduction to Diophantine Equations*, GIL Publishing House, 2002.

捷克共和国 Tomáš Novotný

3.13 代数恒等式的组合证明

以下著名恒等式

$$1^3+2^3+\cdots+n^3=\frac{n^2(n+1)^2}{4}$$

对任何正整数 n 成立;它可以用另一个更著名恒等式写成

$$1^3+2^3+\cdots+n^3=(1+2+\cdots+n)^2 \tag{1}$$

(1)的标准证明是用归纳法,但可以应用一些其他方法(如压缩和方法等).在[1]中感兴趣的读者可以找到一些它的"无文字证明".我们将利用不同于[2]或[3]中所用方法的组合论证来证明(1):

[4]中问题48读作:

2个矩形被看作不同的,如果它们有不同尺寸或不同位置.在以下棋盘中可以作出包含整数个正方形的多少个不同矩形:

(a)8×8棋盘?

(b)$n\times n$ 棋盘?

在一般情形下,问题可以改述如下:已知正整数 n,求矩形数 N,使它的边平行于坐标轴,使它的顶点整数坐标在集合$\{0,1,2,\cdots,n\}$中.

关键的观察是这样的矩形由它在坐标轴上的投影唯一确定.

结果是,矩形数等于可以选出数对(a,b)的方法数,其中 $a,b\subseteq[0,n]$ 是具有整数端点的线段(图1)①.

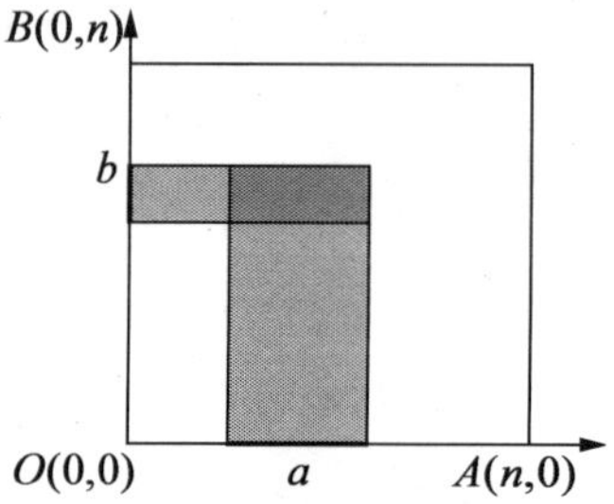

图1

在每条轴上,有长为1的 n 条这样的线段,长为2的 $n-1$ 条这样的线段,等等.一般地,对固定的 k,$1\leqslant k\leqslant n$,有长为 k 的 $n-k+1$ 条线段.

我们导出了线段数,从而矩形数等于

① 为保持记号简单,以 a 表示线段与它的长度.

$$N=(1+2+\cdots+n)^2 \tag{2}$$

另一种计数方法:线段由它的端点唯一确定,因此具有整数端点的线段 $a\subset[0,n]$ 条数等于从集合 $\{0,1,2,\cdots,n\}$ 中可以选出 2 个不同数的方法数,即 $\binom{n+1}{2}=\frac{n(n+1)}{2}$.

另一方面,对每个 $k\in\{1,2,\cdots,n\}$,让我们来求矩形数,使它的最小尺寸(长或宽)等于 k.

为了计算具有 $a<b$ 的矩形 $a\times b$ 的个数,我们在 Ox 轴上选出长为 k 的线段(可以用 $n-k+1$ 种方法做这个选择),然后在 Oy 上选出长为 $b>k$ 的线段. b 的长可以是 $k+1$, $k+2,\cdots,n$,因此可以用

$$(n-k)+(n-k-1)+\cdots+1=\frac{1}{2}(n-k)(n-k+1)$$

方法选出 b. 可见当 $a<b$ 时,矩形 $a\times b$ 的个数等于

$$\frac{1}{2}(n-k)(n-k+1)^2$$

显然与 $a>b$ 时矩形 $a\times b$ 的个数相同. 加上 $a=b=k$ 时的矩形数 $(n-k+1)^2$,得出矩形总数. 结果是

$$2\cdot\frac{1}{2}(n-k)(n-k+1)^2+(n-k+1)^2=(n-k+1)^3$$

以后加上 k,导出所求的数 N 等于

$$N=1^3+2^3+\cdots+n^3$$

关于式(2)与(3)给出要求的结果.

参考资料

[1] Roger B. Nelsen, *Proofs Without Words*, Mathematical Association of America, 1993.

[2] Arthur T. Benjamin, Michael E. Orrison, *Two Quick Combinatorial Proofs*, College Mathematics Journal, 33(2002), no. 5.

[3] Arthur T. Benjamin, Jennifer J. Quinn, *Proofs that Really Count*, Mathematical Association of America, 2003.

[4] A. M. Iaglom, I. M. Iaglom, *Challenging Mathematical Problems With Elementary Solutions*, Vol. 1, Dover Publications, 1987.

罗马尼亚　Bogdan Enescu, Buzău

3.14 用 Salmon 引理证明 Hartcourt 定理

我们根据 Salmon 定理与 Euler 垂足三角形定理,给出 Hartcourt 定理的直接证明.

本文的出发点应归于 Hartcout 的以下极好结果,我们从 Dergiades 与 Salazar 的论文[1]中找到这个结果.

定理 1(Hartcourt 定理) 在$\triangle ABC$中,令 l 是它的内切圆切线. 令 x,y,z 分别是从 A,B,C 到 l 的带号距离(图 1). 证明

$$ax+by+cz=2K$$

其中 K 表示$\triangle ABC$的面积.

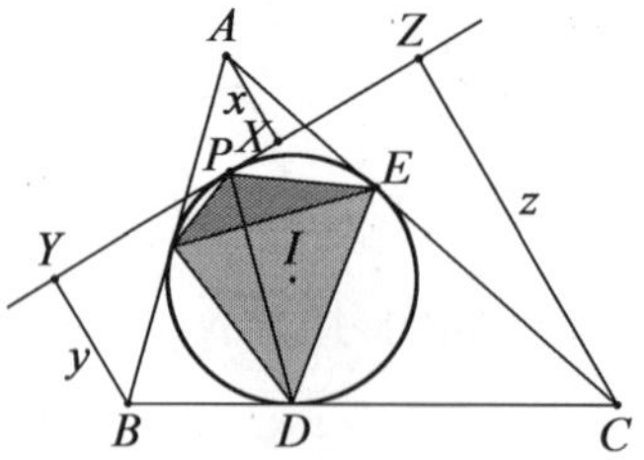

图 1

这里"带号"必须慎重对待. 例如,设 B 与 C 在 l 的同侧,则这些项出现 +,B 与 C 在 l 的不同侧时,这些项出现 -.

Dergiades 与 Salazar 在[1]中给出的证明确实不难,但它利用了齐次重心坐标;我们这里利用我们认为更自然的方法,利用应归于 Salmon 的简单引理(根据[2]).

引理 2(Salmon 定理) 令 Γ 是圆心为 O 的圆,P 与 Q 是它平面上两点. 令 p 与 q 表示 P 与 Q 关于$\odot\Gamma$的极线,则有

$$\frac{OP}{OQ}=\frac{\delta(P,q)}{\delta(Q,p)}$$

其中以 $\delta(X,l)$ 表示从 X 到直线 l 的距离.

引理 2 的证明 证明很容易. 只要注意 P 与 Q 在$\odot\Gamma$外的情形(其他情形都适合). 在这种情形下,极线 p 与 q 正是分别从 P 与 Q 作出的切线与$\odot\Gamma$的交点确定的直线. 令 P'与 Q'是 OP 与 OQ 和 p 与 q 的交点. 我们有

$$OP\cdot OP'=OQ\cdot OQ'=r^2$$

因此

$$\frac{OP}{OQ}=\frac{OQ'}{OP'}$$

于是留下要证明

$$\frac{OQ'}{OP'}=\frac{\delta(P,q)}{\delta(Q,p)}$$

但这是立即可得出的. 令从 P 与 Q 分别到直线 q 与 p 的正投影是 X 与 Y,则有 $OP\perp p$, $OQ\perp q$,于是四边形 $PXQ'O\backsim$四边形 $QYP'O$. 因此

$$\frac{OQ'}{OP'}=\frac{PX}{QY}$$

正是要求的结果.

在转到证明 Hartcourt 定理前,我们也要回忆 Euler 垂足三角形定理,我们将利用它.

引理 3(Euler 垂足三角形定理)　令 P 是$\triangle ABC$ 平面上的点. 如果$\triangle A_1B_1C_1$ 是 P 关于$\triangle ABC$ 的垂足三角形,那么

$$\frac{K_{A_1B_1C_1}}{K_{ABC}}=\frac{\| R^2-OP^2\|}{4R^2}$$

其中 K_{XYZ}表示$\triangle XYZ$ 的面积.

为完备起见,我们这里也包含了这个美妙结果的综合证明.

引理 3 的证明　我们需要 1 个预先结果,它将提供许多深入了解证明方法的知识.

断言　令 X,Y,Z 是直线 AP,BP,CP 与$\triangle ABC$ 外接圆的交点,不同于三角形顶点,则$\triangle A_1B_1C_1\backsim\triangle XYZ$.

实际上可以记

$$\begin{aligned}\angle B_1A_1C_1&=\angle PA_1B_1+\angle PA_1C_1\\&=\angle PCB_1+\angle PBC_1\\&=\angle YBA+\angle ZCA\\&=\angle YXA+\angle ZXA\\&=\angle YXZ\end{aligned}$$

类似地可以证明$\angle B_1C_1A_1=\angle YZX$,$\angle A_1B_1C_1=\angle XYZ$,因此断言实际上成立.

回到问题,利用著名公式

$$YZ\cdot ZX\cdot XY=4R_{XYZ}\cdot K_{XYZ}$$

开始计算比$\frac{K_{A_1B_1C_1}}{K_{ABC}}$,其中 R_{XYZ}表示$\triangle ABC$ 的对接圆半径. 从而记$\frac{K_{A_1B_1C_1}}{K_{ABC}}=\frac{B_1C_1}{BC}\cdot\frac{C_1A_1}{CA}\cdot\frac{A_1B_1}{AB}\cdot\frac{R}{R_{A_1B_1C_1}}$.

但是从断言知,$\triangle A_1B_1C_1$ 与圆 Ceva 线$\triangle XYZ$ 相似,此外 $R_{XYZ}=R$,于是

$$\frac{R}{R_{A_1B_1C_1}}=\frac{R_{XYZ}}{R_{A_1B_1C_1}}=\frac{YZ}{B_1C_1}$$

因此得

$$\frac{K_{A_1B_1C_1}}{K_{ABC}}=\frac{YZ}{BC}\cdot\frac{C_1A_1}{CA}\cdot\frac{A_1B_1}{AB}$$

另一方面,四边形 $BCYZ$ 是联圆四边形,于是 $\triangle PBC\backsim\triangle PZY$,于是

$$\frac{PB}{PZ}=\frac{PC}{PY}=\frac{BC}{YZ}$$

这样记住 $C_1A_1=PB\sin B$,$A_1B_1=PC\sin C$(在 $\triangle BA_1C_1$ 与 $\triangle CA_1B_1$ 中由正弦定理推出),我可以记

$$\begin{aligned}\frac{K_{A_1B_1C_1}}{K_{ABC}}&=\frac{YZ}{BC}\cdot\frac{C_1A_1}{CA}\cdot\frac{A_1B_1}{AB}\\&=\frac{PZ}{PB}\cdot\frac{PB\sin B}{CA}\cdot\frac{PC\sin C}{AB}\\&=\frac{PZ}{PB}\cdot\frac{PB}{2R}\cdot\frac{PC}{2R}\\&=\frac{PC\cdot PZ}{4R^2}\\&=\frac{\|R^2-OP^2\|}{4R^2}\end{aligned}$$

其中最后等式成立,因为 $PC\cdot PZ$ 恰好是 P 关于 $\triangle ABC$ 外接圆的幂. 这证明了引理 2.

最后我们现在准备证明定理 1.

定理 1 的证明 由 Salmon 定理分别应用于 l 与内接圆的切点(例如 P)及顶点 A,B,C,得出

$$\frac{IP}{IA}=\frac{\delta(P,EF)}{\delta(A,l)}\Rightarrow ax=\frac{a\cdot IC\cdot\delta(P,EF)}{r}$$

$$\frac{IP}{IB}=\frac{\delta(P,FD)}{\delta(B,l)}\Rightarrow by=\frac{b\cdot IB\cdot\delta(P,FD)}{r}$$

$$\frac{IP}{IC}=\frac{\delta(P,DE)}{\delta(C,l)}\Rightarrow cz=\frac{c\cdot IA\cdot\delta(P,DE)}{r}$$

现在不失一般性,设点 B 与 C 在 l 的同侧. 于是要证明

$$by+cz-ax=2S$$

利用以上公式,记

$$\begin{aligned}by+cz-ax&=\frac{b\cdot IB\cdot\delta(P,FD)}{r}+\frac{c\cdot IC\cdot\delta(P,DE)}{r}-\frac{a\cdot IA\cdot\delta(P,EF)}{r}\\&=\frac{1}{r}(2R\cdot IB\sin B\cdot\delta(P,FD)+2R\cdot IC\sin C\cdot\delta(P,DE)-2R\cdot IA\sin A\cdot\\&\quad\delta(P,EF))\\&=\frac{1}{r}(2R\cdot FD\cdot\delta(P,FD)+2R\cdot DE\cdot\delta(P,DE)-2R\cdot EF\cdot\delta(P,EF))\end{aligned}$$

$$=\frac{4R}{r}(K_{PFD}+K_{PDE}-K_{PEF})=\frac{4R}{r}K_{DEF}=\frac{4R}{r}\cdot\frac{r}{2R}\cdot S=2S$$

正是要求的结果. 最后的等式成立,是由 Euler 垂足三角形定理应用于$\triangle ABC$ 内心 I 推出的,这给出

$$\frac{K_{DEF}}{K_{ABC}}=\frac{r}{2R}$$

(这是经典事实 $OI^2=R^2-2Rr$ 的推论). 这完成了证明.

参考资料

[1] N. Dergiades and J. C. Salazar, *Harcourt's theorem*, Forum Geom., 3(2003), 117-124.

[2] C. V. Durell, *Modern Geometry: The Straight Line and Circle*, London, Macmillan, 1928, p. 95.

美国 Luis Gonzalez, Venezuela and Cosmin Pohoata

◎编辑手记

一位南美洲的作家在他的小说里面这样写道:什么叫老了? 老了就是你越来越清楚自己身体每一个器官在哪里.

一个资深的数学奥林匹克教练的特征也是如此. 他可能解题不太行了,但他会清楚地知道他面前的每一道题目的出处与背景.

引入本书版权的目的除了为中国广大奥数选手与教练增添可供练习的题源,体验全球数学工作者对初等数学的不同品位之外,更为重要的是为一些题目的出处进行正本清源. 由于国人原创力的严重不足. 许多舶来品被冒充成原创,在混淆我们的视听,使我们盲目乐观.

比如许多人都不知道英国诗人瓦特·兰德有这样的诗句:“我和谁都不争,和谁争我都不屑/我爱大自然,其次就是艺术/我双手烤着,生命之火取暖/火萎了,我也准备走了.”

这句诗的前两句许多时候都被安到了杨绛先生的头上. 虽然也有几分贴切,但毕竟不是原创,以讹传讹对文化的传承十分不利.

本书的题目有以下几个主要特点:

一是立地. 许多题目的解决只需要巧妙地应用初中数学的知识即可. 如下面的:

S247　证明:对于任意正整数 m 与 n,数

$$8m^6+27m^3n^3+27n^6$$

是合数.

(美国 Dallas 市 Texas 大学 Titu Andreescu 提供)

它只需联想到初中数学中的一个因式分解公式:

$$\begin{aligned}&a^3+b^3+c^3-3abc\\=&(a+b+c)(a^2+b^2+c^2-ab-bc-ca)\end{aligned}$$

即可.

二是顶天. 对本书中的某些问题的探讨. 一路下去可以追踪到比较高深的数学领域. 如下面的:

U227 求所有连续可微函数$f:\mathbf{R}\to\mathbf{R}$,使

$$f(a-b)+f(b-c)+f(c-a)=2f(a+b+c)$$

这时要求a,b,c是实数,使$ab+bc+ca=0$.

(法国 Ecole 综合工科大学 Gabriel Dospinescu 提供)

这个问题如果想彻底完美解决,要依赖于分析中的 Baire 范畴定理.

三是巧妙. 许多问题给出的解法出人意料,有他乡遇故知之感. 如下面的:

J274 令p是素数,k是非负整数,求以下方程的所有正整数解(x,y,z)

$$x^k(y-z)+y^k(z-x)+z^k(x-y)=p$$

(意大利 Milan 市 Alessandro Ventullo 提供)

本书中给出了两个解法. 其中一个出人意料地使用了 Pick 定理. 一般这个定理在出现格点时才会考虑.

另外一个例子是:

S281 令n是大于1的整数,对于$a\in\mathbf{C}/\mathbf{R}$与$|a|=1$,考虑方程

$$\sum_{k=0}^{n}\binom{n}{k}(a^k+1)x^k=0$$

证明:

(a)方程的所有根在直线d_a上.

(b)当且仅当$a+b=0$时直线$d_a\perp d_b$.

(罗马尼亚 Cluj-Napoca 市 Bodes Bolyai 大学 Dorin Andrica 提供)

这个问题本书给出的解答意外地用到了函数的 Möbius 变换. 用复分析的手段解决了.

四是推陈出新. 对于一些传统课题,历经几百年人们反复的挖掘应该没什么新东西了. 但本书还能给出眼前一亮的结论,如:

U261 令$T_n(x)$是第一种 Chebyshev 多项式,定义为

$$T_0(x)=1,T_1(x)=x,T_{n+1}=2xT_n(x)-T_{n-1}(x),n\geqslant 1$$

证明:对于所有$x\geqslant 1$与所有正整数n,

$$x\leqslant\sqrt{T_n(x)}\leqslant 1+n(x-1)$$

(美国 San Jose 市 Arkady Alt 提供)

关于 Chebyshev 多项式从提出到现在文献多如牛毛. 但此结果还是第一次见到,而且还不是特别难.

再举一个例子就是大家非常熟悉的 Fibonacci 数列. 关于这个专题光我们工作室就出版了若干本不同程度的读物,但还是有新结果出现,如:

J254 解以下方程

$$F_{a_1}+F_{a_2}+\cdots+F_{a_k}=F_{a_1+a_2+\cdots+a_k}$$

其中 F_i 是第 i 个 Fibonacci 数,a_i 是正整数.

(美国 Florida 州 Roberto Bosch 提供)

还有一个例子是:

O264 令 $p>3$ 是素数,证明:当且仅当

$$\frac{1}{2}+\frac{1}{3}\left(1+\frac{1}{2}\right)+\cdots+\frac{1}{\frac{p-1}{2}}\left(1+\frac{1}{2}+\cdots+\frac{1}{\frac{p-3}{2}}\right)$$

的分子是 p 的倍数时,$2^{p-1}\equiv 1(\bmod p^2)$.

(法国 Ecole 综合工科大学 Gabril Dospinescu 提供)

它的证明依赖于 Wolstenholme 定理.

五是综合. 本书中许多问题的解决需要的并不是单一的工具,而是若干经典方法的组合拳. 如下面的:

U273 令 Φ_n 是第 n 个分圆多项式,定义为

$$\Phi_n(X)=\prod_{1\leqslant m\leqslant n,\gcd(m,n)=1}\left(X-\mathrm{e}^{\frac{2\mathrm{i}\pi m}{n}}\right)$$

(a)令 k 与 n 是正整数,其中 k 是偶数,$n>1$,证明

$$\pi^{k\varphi(n)}\cdot\prod_p\Phi_n\left(\frac{1}{p^k}\right)\in\mathbf{Q}$$

其中对所有素数求积,φ 是 Euler φ 函数.

(b)证明

$$\prod_p\left(1-\frac{1}{p^2}+\frac{1}{p^6}-\frac{1}{p^8}+\frac{1}{p^{10}}-\frac{1}{p^{14}}+\frac{1}{p^{16}}\right)=\frac{192\ 090\ 682\ 746\ 473\ 135\ 625}{3\ 446\ 336\ 510\ 402\pi^{16}}$$

(瑞士 Herrliberg 市 Albert Stadler 提供)

这题目要想解决,对三个经典数论对象要有所了解. 它们分别是:Riemann 函数、Bernoulli 数、Möbius 反演公式.

六是向经典致敬. 如本书中有一段:

命题 2 对所有素数 p,可以求出整数 x,使 $x^8\equiv 16(\mathrm{mop}\ p)$.

换言之,16 是对所有素数模的 8 次幂,但它显然不是整数的 8 次幂.

证 注意,由 Sophie Germain 恒等式

$$\begin{aligned}x^8-16&=(x^4-4)(x^4+4)\\&=(x^2-2)(x^2+2)(x^2-2x+2)(x^2+2x+2)\end{aligned}$$

这可改写为

$$x^8-16=(x^2-2)(x^2+2)((x-1)^2+1)((x+1)^2+1)$$

但是我们需要证明,对所有素数 p,数 $-1,1,-2,2$ 之一是 mod p 的二次剩余,这可由事实

$(-1)(-2)2=2^2$ 是 mod p 的平方与由 Legendre 符号可乘性推出.

最后,利用 Chebotarev 密度定理,可以证明一个一般性定理.

Sophie Germain 作为在攻克 Fermat 大定理征途中的唯一女性,其事迹与贡献可圈可点,向其致敬是数学文化传播的一项重要内容.

本书作者世界知名,专攻奥数,从传统奥数强国罗马尼亚到当今奥数强国美国,一路开挂,如日中天,其天赋与勤奋并存,当然也有市场的选择. 笔者几年前曾读到过一段对话:

李怀宇:在中国的绘画传统里,有一个非常有意思的现象,齐白石画了无数的虾,徐悲鸿画了无数的马,黄胄画了无数的驴子,为什么会这样?

陈瑞献:这是一个供求律的问题,也是一个选择的问题. 画马画得炉火纯青像徐悲鸿,画驴子画得炉火纯青像黄胄,或者虾、螃蟹、花卉像齐白石这样,都很了不起.

对. 供求律的问题,有需求就有供给. 世界之大,奇人无数,读完本书定会有所收益.

刘培杰

2019. 1. 20

于哈工大

刘培杰数学工作室
已出版(即将出版)图书目录——初等数学

书　　名	出版时间	定　价	编号
新编中学数学解题方法全书(高中版)上卷(第 2 版)	2018—08	58.00	951
新编中学数学解题方法全书(高中版)中卷(第 2 版)	2018—08	68.00	952
新编中学数学解题方法全书(高中版)下卷(一)(第 2 版)	2018—08	58.00	953
新编中学数学解题方法全书(高中版)下卷(二)(第 2 版)	2018—08	58.00	954
新编中学数学解题方法全书(高中版)下卷(三)(第 2 版)	2018—08	68.00	955
新编中学数学解题方法全书(初中版)上卷	2008—01	28.00	29
新编中学数学解题方法全书(初中版)中卷	2010—07	38.00	75
新编中学数学解题方法全书(高考复习卷)	2010—01	48.00	67
新编中学数学解题方法全书(高考真题卷)	2010—01	38.00	62
新编中学数学解题方法全书(高考精华卷)	2011—03	68.00	118
新编平面解析几何解题方法全书(专题讲座卷)	2010—01	18.00	61
新编中学数学解题方法全书(自主招生卷)	2013—08	88.00	261

数学奥林匹克与数学文化(第一辑)	2006—05	48.00	4
数学奥林匹克与数学文化(第二辑)(竞赛卷)	2008—01	48.00	19
数学奥林匹克与数学文化(第二辑)(文化卷)	2008—07	58.00	36′
数学奥林匹克与数学文化(第三辑)(竞赛卷)	2010—01	48.00	59
数学奥林匹克与数学文化(第四辑)(竞赛卷)	2011—08	58.00	87
数学奥林匹克与数学文化(第五辑)	2015—06	98.00	370

世界著名平面几何经典著作钩沉——几何作图专题卷(共 3 卷)	2022—01	198.00	1460
世界著名平面几何经典著作钩沉(民国平面几何老课本)	2011—03	38.00	113
世界著名平面几何经典著作钩沉(建国初期平面三角老课本)	2015—08	38.00	507
世界著名解析几何经典著作钩沉——平面解析几何卷	2014—01	38.00	264
世界著名数论经典著作钩沉(算术卷)	2012—01	28.00	125
世界著名数学经典著作钩沉——立体几何卷	2011—02	28.00	88
世界著名三角学经典著作钩沉(平面三角卷Ⅰ)	2010—06	28.00	69
世界著名三角学经典著作钩沉(平面三角卷Ⅱ)	2011—01	38.00	78
世界著名初等数论经典著作钩沉(理论和实用算术卷)	2011—07	38.00	126
世界著名几何经典著作钩沉(解析几何卷)	2022—10	68.00	1564

发展你的空间想象力(第 3 版)	2021—01	98.00	1464
空间想象力进阶	2019—05	68.00	1062
走向国际数学奥林匹克的平面几何试题诠释. 第 1 卷	2019—07	88.00	1043
走向国际数学奥林匹克的平面几何试题诠释. 第 2 卷	2019—09	78.00	1044
走向国际数学奥林匹克的平面几何试题诠释. 第 3 卷	2019—03	78.00	1045
走向国际数学奥林匹克的平面几何试题诠释. 第 4 卷	2019—09	98.00	1046
平面几何证明方法全书	2007—08	35.00	1
平面几何证明方法全书习题解答(第 2 版)	2006—12	18.00	10
平面几何天天练上卷・基础篇(直线型)	2013—01	58.00	208
平面几何天天练中卷・基础篇(涉及圆)	2013—01	28.00	234
平面几何天天练下卷・提高篇	2013—01	58.00	237
平面几何专题研究	2013—07	98.00	258
平面几何解题之道. 第 1 卷	2022—05	38.00	1494
几何学习题集	2020—10	48.00	1217
通过解题学习代数几何	2021—04	88.00	1301
圆锥曲线的奥秘	2022—06	88.00	1541

刘培杰数学工作室
已出版(即将出版)图书目录——初等数学

书　　名	出版时间	定　价	编号
最新世界各国数学奥林匹克中的平面几何试题	2007-09	38.00	14
数学竞赛平面几何典型题及新颖解	2010-07	48.00	74
初等数学复习及研究(平面几何)	2008-09	68.00	38
初等数学复习及研究(立体几何)	2010-06	38.00	71
初等数学复习及研究(平面几何)习题解答	2009-01	58.00	42
几何学教程(平面几何卷)	2011-03	68.00	90
几何学教程(立体几何卷)	2011-07	68.00	130
几何变换与几何证题	2010-06	88.00	70
计算方法与几何证题	2011-06	28.00	129
立体几何技巧与方法(第2版)	2022-10	168.00	1572
几何瑰宝——平面几何500名题暨1500条定理(上、下)	2021-07	168.00	1358
三角形的解法与应用	2012-07	18.00	183
近代的三角形几何学	2012-07	48.00	184
一般折线几何学	2015-08	48.00	503
三角形的五心	2009-06	28.00	51
三角形的六心及其应用	2015-10	68.00	542
三角形趣谈	2012-08	28.00	212
解三角形	2014-01	28.00	265
探秘三角形:一次数学旅行	2021-10	68.00	1387
三角学专门教程	2014-09	28.00	387
图天下几何新题试卷.初中(第2版)	2017-11	58.00	855
圆锥曲线习题集(上册)	2013-06	68.00	255
圆锥曲线习题集(中册)	2015-01	78.00	434
圆锥曲线习题集(下册·第1卷)	2016-10	78.00	683
圆锥曲线习题集(下册·第2卷)	2018-01	98.00	853
圆锥曲线习题集(下册·第3卷)	2019-10	128.00	1113
圆锥曲线的思想方法	2021-08	48.00	1379
圆锥曲线的八个主要问题	2021-10	48.00	1415
论九点圆	2015-05	88.00	645
近代欧氏几何学	2012-03	48.00	162
罗巴切夫斯基几何学及几何基础概要	2012-07	28.00	188
罗巴切夫斯基几何学初步	2015-06	28.00	474
用三角、解析几何、复数、向量计算解数学竞赛几何题	2015-03	48.00	455
用解析法研究圆锥曲线的几何理论	2022-05	48.00	1495
美国中学几何教程	2015-04	88.00	458
三线坐标与三角形特征点	2015-04	98.00	460
坐标几何学基础.第1卷,笛卡儿坐标	2021-08	48.00	1398
坐标几何学基础.第2卷,三线坐标	2021-09	28.00	1399
平面解析几何方法与研究(第1卷)	2015-05	18.00	471
平面解析几何方法与研究(第2卷)	2015-06	18.00	472
平面解析几何方法与研究(第3卷)	2015-07	18.00	473
解析几何研究	2015-01	38.00	425
解析几何学教程.上	2016-01	38.00	574
解析几何学教程.下	2016-01	38.00	575
几何学基础	2016-01	58.00	581
初等几何研究	2015-02	58.00	444
十九和二十世纪欧氏几何学中的片段	2017-01	58.00	696
平面几何中考.高考.奥数一本通	2017-07	28.00	820
几何学简史	2017-08	28.00	833
四面体	2018-01	48.00	880
平面几何证明方法思路	2018-12	68.00	913
折纸中的几何练习	2022-09	48.00	1559
中学新几何学(英文)	2022-10	98.00	1562
线性代数与几何	2023-04	68.00	1633
四面体几何学引论	2023-06	68.00	1648

刘培杰数学工作室
已出版(即将出版)图书目录——初等数学

书　　名	出版时间	定　价	编号
平面几何图形特性新析.上篇	2019－01	68.00	911
平面几何图形特性新析.下篇	2018－06	88.00	912
平面几何范例多解探究.上篇	2018－04	48.00	910
平面几何范例多解探究.下篇	2018－12	68.00	914
从分析解题过程学解题:竞赛中的几何问题研究	2018－07	68.00	946
从分析解题过程学解题:竞赛中的向量几何与不等式研究(全2册)	2019－06	138.00	1090
从分析解题过程学解题:竞赛中的不等式问题	2021－01	48.00	1249
二维、三维欧氏几何的对偶原理	2018－12	38.00	990
星形大观及闭折线论	2019－03	68.00	1020
立体几何的问题和方法	2019－11	58.00	1127
三角代换论	2021－05	58.00	1313
俄罗斯平面几何问题集	2009－08	88.00	55
俄罗斯立体几何问题集	2014－03	58.00	283
俄罗斯几何大师——沙雷金论数学及其他	2014－01	48.00	271
来自俄罗斯的5000道几何习题及解答	2011－03	58.00	89
俄罗斯初等数学问题集	2012－05	38.00	177
俄罗斯函数问题集	2011－03	38.00	103
俄罗斯组合分析问题集	2011－01	48.00	79
俄罗斯初等数学万题选——三角卷	2012－11	38.00	222
俄罗斯初等数学万题选——代数卷	2013－08	68.00	225
俄罗斯初等数学万题选——几何卷	2014－01	68.00	226
俄罗斯《量子》杂志数学征解问题100题选	2018－08	48.00	969
俄罗斯《量子》杂志数学征解问题又100题选	2018－08	48.00	970
俄罗斯《量子》杂志数学征解问题	2020－05	48.00	1138
463个俄罗斯几何老问题	2012－01	28.00	152
《量子》数学短文精粹	2018－09	38.00	972
用三角、解析几何等计算解来自俄罗斯的几何题	2019－11	88.00	1119
基谢廖夫平面几何	2022－01	48.00	1461
基谢廖夫立体几何	2023－04	48.00	1599
数学:代数、数学分析和几何(10—11年级)	2021－01	48.00	1250
直观几何学:5—6年级	2022－04	58.00	1508
几何学:第2版.7—9年级	2023－08	68.00	1684
平面几何:9—11年级	2022－10	48.00	1571
立体几何.10—11年级	2022－01	58.00	1472
谈谈素数	2011－03	18.00	91
平方和	2011－03	18.00	92
整数论	2011－05	38.00	120
从整数谈起	2015－10	28.00	538
数与多项式	2016－01	38.00	558
谈谈不定方程	2011－05	28.00	119
质数漫谈	2022－07	68.00	1529
解析不等式新论	2009－06	68.00	48
建立不等式的方法	2011－03	98.00	104
数学奥林匹克不等式研究(第2版)	2020－07	68.00	1181
不等式研究(第三辑)	2023－08	198.00	1673
不等式的秘密(第一卷)(第2版)	2014－02	38.00	286
不等式的秘密(第二卷)	2014－01	38.00	268
初等不等式的证明方法	2010－06	38.00	123
初等不等式的证明方法(第二版)	2014－11	38.00	407
不等式・理论・方法(基础卷)	2015－07	38.00	496
不等式・理论・方法(经典不等式卷)	2015－07	38.00	497
不等式・理论・方法(特殊类型不等式卷)	2015－07	48.00	498
不等式探究	2016－03	38.00	582
不等式探秘	2017－01	88.00	689
四面体不等式	2017－01	68.00	715
数学奥林匹克中常见重要不等式	2017－09	38.00	845

刘培杰数学工作室
已出版(即将出版)图书目录——初等数学

书　　名	出版时间	定　价	编号
三正弦不等式	2018－09	98.00	974
函数方程与不等式:解法与稳定性结果	2019－04	68.00	1058
数学不等式.第1卷,对称多项式不等式	2022－05	78.00	1455
数学不等式.第2卷,对称有理不等式与对称无理不等式	2022－05	88.00	1456
数学不等式.第3卷,循环不等式与非循环不等式	2022－05	88.00	1457
数学不等式.第4卷,Jensen不等式的扩展与加细	2022－05	88.00	1458
数学不等式.第5卷,创建不等式与解不等式的其他方法	2022－05	88.00	1459
不定方程及其应用.上	2018－12	58.00	992
不定方程及其应用.中	2019－01	78.00	993
不定方程及其应用.下	2019－02	98.00	994
Nesbitt不等式加强式的研究	2022－06	128.00	1527
最值定理与分析不等式	2023－02	78.00	1567
一类积分不等式	2023－02	88.00	1579
邦费罗尼不等式及概率应用	2023－05	58.00	1637

同余理论	2012－05	38.00	163
[x]与{x}	2015－04	48.00	476
极值与最值.上卷	2015－06	28.00	486
极值与最值.中卷	2015－06	38.00	487
极值与最值.下卷	2015－06	28.00	488
整数的性质	2012－11	38.00	192
完全平方数及其应用	2015－08	78.00	506
多项式理论	2015－10	88.00	541
奇数、偶数、奇偶分析法	2018－01	98.00	876

历届美国中学生数学竞赛试题及解答(第一卷)1950－1954	2014－07	18.00	277
历届美国中学生数学竞赛试题及解答(第二卷)1955－1959	2014－04	18.00	278
历届美国中学生数学竞赛试题及解答(第三卷)1960－1964	2014－06	18.00	279
历届美国中学生数学竞赛试题及解答(第四卷)1965－1969	2014－04	28.00	280
历届美国中学生数学竞赛试题及解答(第五卷)1970－1972	2014－06	18.00	281
历届美国中学生数学竞赛试题及解答(第六卷)1973－1980	2017－07	18.00	768
历届美国中学生数学竞赛试题及解答(第七卷)1981－1986	2015－01	18.00	424
历届美国中学生数学竞赛试题及解答(第八卷)1987－1990	2017－05	18.00	769

历届中国数学奥林匹克试题集(第3版)	2021－10	58.00	1440
历届加拿大数学奥林匹克试题集	2012－08	38.00	215
历届美国数学奥林匹克试题集	2023－08	98.00	1681
历届波兰数学竞赛试题集.第1卷,1949～1963	2015－03	18.00	453
历届波兰数学竞赛试题集.第2卷,1964～1976	2015－03	18.00	454
历届巴尔干数学奥林匹克试题集	2015－05	38.00	466
保加利亚数学奥林匹克	2014－10	38.00	393
圣彼得堡数学奥林匹克试题集	2015－01	38.00	429
匈牙利奥林匹克数学竞赛题解.第1卷	2016－05	28.00	593
匈牙利奥林匹克数学竞赛题解.第2卷	2016－05	28.00	594
历届美国数学邀请赛试题集(第2版)	2017－10	78.00	851
普林斯顿大学数学竞赛	2016－06	38.00	669
亚太地区数学奥林匹克竞赛题	2015－07	18.00	492
日本历届(初级)广中杯数学竞赛试题及解答.第1卷(2000～2007)	2016－05	28.00	641
日本历届(初级)广中杯数学竞赛试题及解答.第2卷(2008～2015)	2016－05	38.00	642
越南数学奥林匹克题选:1962－2009	2021－07	48.00	1370
360个数学竞赛问题	2016－08	58.00	677
奥数最佳实战题.上卷	2017－06	38.00	760
奥数最佳实战题.下卷	2017－05	58.00	761
哈尔滨市早期中学数学竞赛试题汇编	2016－07	28.00	672
全国高中数学联赛试题及解答:1981—2019(第4版)	2020－07	138.00	1176
2022年全国高中数学联合竞赛模拟题集	2022－06	30.00	1521

刘培杰数学工作室
已出版(即将出版)图书目录——初等数学

书　　名	出版时间	定　价	编号
20 世纪 50 年代全国部分城市数学竞赛试题汇编	2017－07	28.00	797
国内外数学竞赛题及精解:2018～2019	2020－08	45.00	1192
国内外数学竞赛题及精解:2019～2020	2021－11	58.00	1439
许康华竞赛优学精选集.第一辑	2018－08	68.00	949
天问叶班数学问题征解 100 题.Ⅰ,2016－2018	2019－05	88.00	1075
天问叶班数学问题征解 100 题.Ⅱ,2017－2019	2020－07	98.00	1177
美国初中数学竞赛:AMC8 准备(共 6 卷)	2019－07	138.00	1089
美国高中数学竞赛:AMC10 准备(共 6 卷)	2019－08	158.00	1105
王连笑教你怎样学数学:高考选择题解题策略与客观题实用训练	2014－01	48.00	262
王连笑教你怎样学数学:高考数学高层次讲座	2015－02	48.00	432
高考数学的理论与实践	2009－08	38.00	53
高考数学核心题型解题方法与技巧	2010－01	28.00	86
高考思维新平台	2014－03	38.00	259
高考数学压轴题解题诀窍(上)(第 2 版)	2018－01	58.00	874
高考数学压轴题解题诀窍(下)(第 2 版)	2018－01	48.00	875
北京市五区文科数学三年高考模拟题详解:2013～2015	2015－08	48.00	500
北京市五区理科数学三年高考模拟题详解:2013～2015	2015－09	68.00	505
向量法巧解数学高考题	2009－08	28.00	54
高中数学课堂教学的实践与反思	2021－11	48.00	791
数学高考参考	2016－01	78.00	589
新课程标准高考数学解答题各种题型解法指导	2020－08	78.00	1196
全国及各省市高考数学试题审题要津与解法研究	2015－02	48.00	450
高中数学章节起始课的教学研究与案例设计	2019－05	28.00	1064
新课标高考数学——五年试题分章详解(2007～2011)(上、下)	2011－10	78.00	140,141
全国中考数学压轴题审题要津与解法研究	2013－04	78.00	248
新编全国及各省市中考数学压轴题审题要津与解法研究	2014－05	58.00	342
全国及各省市 5 年中考数学压轴题审题要津与解法研究(2015 版)	2015－04	58.00	462
中考数学专题总复习	2007－04	28.00	6
中考数学较难题常考题型解题方法与技巧	2016－09	48.00	681
中考数学难题常考题型解题方法与技巧	2016－09	48.00	682
中考数学中档题常考题型解题方法与技巧	2017－08	68.00	835
中考数学选择填空压轴好题妙解 365	2017－05	38.00	759
中考数学:三类重点考题的解法例析与习题	2020－04	48.00	1140
中小学数学的历史文化	2019－11	48.00	1124
初中平面几何百题多思创新解	2020－01	58.00	1125
初中数学中考备考	2020－01	58.00	1126
高考数学之九章演义	2019－08	68.00	1044
高考数学之难题谈笑间	2022－06	68.00	1519
化学可以这样学:高中化学知识方法智慧感悟疑难辨析	2019－07	58.00	1103
如何成为学习高手	2019－09	58.00	1107
高考数学:经典真题分类解析	2020－04	78.00	1134
高考数学解答题破解策略	2020－11	58.00	1221
从分析解题过程学解题:高考压轴题与竞赛题之关系探究	2020－08	88.00	1179
教学新思考:单元整体视角下的初中数学教学设计	2021－03	58.00	1278
思维再拓展:2020 年经典几何题的多解探究与思考	即将出版		1279
中考数学小压轴汇编初讲	2017－07	48.00	788
中考数学大压轴专题微言	2017－09	48.00	846
怎么解中考平面几何探索题	2019－06	48.00	1093
北京中考数学压轴题解题方法突破(第 8 版)	2022－11	78.00	1577
助你高考成功的数学解题智慧:知识是智慧的基础	2016－01	58.00	596
助你高考成功的数学解题智慧:错误是智慧的试金石	2016－04	58.00	643
助你高考成功的数学解题智慧:方法是智慧的推手	2016－04	68.00	657
高考数学奇思妙解	2016－04	38.00	610
高考数学解题策略	2016－05	48.00	670
数学解题泄天机(第 2 版)	2017－10	48.00	850

刘培杰数学工作室
已出版(即将出版)图书目录——初等数学

书名	出版时间	定价	编号
高中物理教学讲义	2018－01	48.00	871
高中物理教学讲义:全模块	2022－03	98.00	1492
高中物理答疑解惑 65 篇	2021－11	48.00	1462
中学物理基础问题解析	2020－08	48.00	1183
初中数学、高中数学脱节知识补缺教材	2017－06	48.00	766
高考数学客观题解题方法和技巧	2017－10	38.00	847
十年高考数学精品试题审题要津与解法研究	2021－10	98.00	1427
中国历届高考数学试题及解答.1949－1979	2018－01	38.00	877
历届中国高考数学试题及解答.第二卷,1980—1989	2018－10	28.00	975
历届中国高考数学试题及解答.第三卷,1990—1999	2018－10	48.00	976
跟我学解高中数学题	2018－07	58.00	926
中学数学研究的方法及案例	2018－05	58.00	869
高考数学抢分技能	2018－07	68.00	934
高一新生常用数学方法和重要数学思想提升教材	2018－06	38.00	921
高考数学全国卷六道解答题常考题型解题诀窍:理科(全 2 册)	2019－07	78.00	1101
高考数学全国卷 16 道选择、填空题常考题型解题诀窍.理科	2018－09	88.00	971
高考数学全国卷 16 道选择、填空题常考题型解题诀窍.文科	2020－01	88.00	1123
高中数学一题多解	2019－06	58.00	1087
历届中国高考数学试题及解答:1917－1999	2021－08	98.00	1371
2000～2003 年全国及各省市高考数学试题及解答	2022－05	88.00	1499
2004 年全国及各省市高考数学试题及解答	2023－08	78.00	1500
2005 年全国及各省市高考数学试题及解答	2023－08	78.00	1501
2006 年全国及各省市高考数学试题及解答	2023－08	88.00	1502
2007 年全国及各省市高考数学试题及解答	2023－08	98.00	1503
2008 年全国及各省市高考数学试题及解答	2023－08	88.00	1504
2009 年全国及各省市高考数学试题及解答	2023－08	88.00	1505
2010 年全国及各省市高考数学试题及解答	2023－08	98.00	1506
突破高原:高中数学解题思维探究	2021－08	48.00	1375
高考数学中的"取值范围"	2021－10	48.00	1429
新课程标准高中数学各种题型解法大全.必修一分册	2021－06	58.00	1315
新课程标准高中数学各种题型解法大全.必修二分册	2022－01	68.00	1471
高中数学各种题型解法大全.选择性必修一分册	2022－06	68.00	1525
高中数学各种题型解法大全.选择性必修二分册	2023－01	58.00	1600
高中数学各种题型解法大全.选择性必修三分册	2023－04	48.00	1643
历届全国初中数学竞赛经典试题详解	2023－04	88.00	1624
孟祥礼高考数学精刷精解	2023－06	98.00	1663

新编 640 个世界著名数学智力趣题	2014－01	88.00	242
500 个最新世界著名数学智力趣题	2008－06	48.00	3
400 个最新世界著名数学最值问题	2008－09	48.00	36
500 个世界著名数学征解问题	2009－06	48.00	52
400 个中国最佳初等数学征解老问题	2010－01	48.00	60
500 个俄罗斯数学经典老题	2011－01	28.00	81
1000 个国外中学物理好题	2012－04	48.00	174
300 个日本高考数学题	2012－05	38.00	142
700 个早期日本高考数学试题	2017－02	88.00	752
500 个前苏联早期高考数学试题及解答	2012－05	28.00	185
546 个早期俄罗斯大学生数学竞赛题	2014－03	38.00	285
548 个来自美苏的数学好问题	2014－11	28.00	396
20 所苏联著名大学早期入学试题	2015－02	18.00	452
161 道德国工科大学生必做的微分方程习题	2015－05	28.00	469
500 个德国工科大学生必做的高数习题	2015－06	28.00	478
360 个数学竞赛问题	2016－08	58.00	677
200 个趣味数学故事	2018－02	48.00	857
470 个数学奥林匹克中的最值问题	2018－10	88.00	985
德国讲义日本考题.微积分卷	2015－04	48.00	456
德国讲义日本考题.微分方程卷	2015－04	38.00	457
二十世纪中叶中、英、美、日、法、俄高考数学试题精选	2017－06	38.00	783

刘培杰数学工作室
已出版(即将出版)图书目录——初等数学

书　　名	出版时间	定　价	编号
中国初等数学研究　2009 卷(第 1 辑)	2009—05	20.00	45
中国初等数学研究　2010 卷(第 2 辑)	2010—05	30.00	68
中国初等数学研究　2011 卷(第 3 辑)	2011—07	60.00	127
中国初等数学研究　2012 卷(第 4 辑)	2012—07	48.00	190
中国初等数学研究　2014 卷(第 5 辑)	2014—02	48.00	288
中国初等数学研究　2015 卷(第 6 辑)	2015—06	68.00	493
中国初等数学研究　2016 卷(第 7 辑)	2016—04	68.00	609
中国初等数学研究　2017 卷(第 8 辑)	2017—01	98.00	712

初等数学研究在中国.第 1 辑	2019—03	158.00	1024
初等数学研究在中国.第 2 辑	2019—10	158.00	1116
初等数学研究在中国.第 3 辑	2021—05	158.00	1306
初等数学研究在中国.第 4 辑	2022—06	158.00	1520
初等数学研究在中国.第 5 辑	2023—07	158.00	1635

几何变换(Ⅰ)	2014—07	28.00	353
几何变换(Ⅱ)	2015—06	28.00	354
几何变换(Ⅲ)	2015—01	38.00	355
几何变换(Ⅳ)	2015—12	38.00	356

初等数论难题集(第一卷)	2009—05	68.00	44
初等数论难题集(第二卷)(上、下)	2011—02	128.00	82,83
数论概貌	2011—03	18.00	93
代数数论(第二版)	2013—08	58.00	94
代数多项式	2014—06	38.00	289
初等数论的知识与问题	2011—02	28.00	95
超越数论基础	2011—03	28.00	96
数论初等教程	2011—03	28.00	97
数论基础	2011—03	18.00	98
数论基础与维诺格拉多夫	2014—03	18.00	292
解析数论基础	2012—08	28.00	216
解析数论基础(第二版)	2014—01	48.00	287
解析数论问题集(第二版)(原版引进)	2014—05	88.00	343
解析数论问题集(第二版)(中译本)	2016—04	88.00	607
解析数论基础(潘承洞,潘承彪著)	2016—07	98.00	673
解析数论导引	2016—07	58.00	674
数论入门	2011—03	38.00	99
代数数论入门	2015—03	38.00	448
数论开篇	2012—07	28.00	194
解析数论引论	2011—03	48.00	100
Barban Davenport Halberstam 均值和	2009—01	40.00	33
基础数论	2011—03	28.00	101
初等数论 100 例	2011—05	18.00	122
初等数论经典例题	2012—07	18.00	204
最新世界各国数学奥林匹克中的初等数论试题(上、下)	2012—01	138.00	144,145
初等数论(Ⅰ)	2012—01	18.00	156
初等数论(Ⅱ)	2012—01	18.00	157
初等数论(Ⅲ)	2012—01	28.00	158

刘培杰数学工作室
已出版(即将出版)图书目录——初等数学

书　　名	出版时间	定　价	编号
平面几何与数论中未解决的新老问题	2013—01	68.00	229
代数数论简史	2014—11	28.00	408
代数数论	2015—09	88.00	532
代数、数论及分析习题集	2016—11	98.00	695
数论导引提要及习题解答	2016—01	48.00	559
素数定理的初等证明. 第 2 版	2016—09	48.00	686
数论中的模函数与狄利克雷级数(第二版)	2017—11	78.00	837
数论:数学导引	2018—01	68.00	849
范氏大代数	2019—02	98.00	1016
解析数学讲义. 第一卷,导来式及微分、积分、级数	2019—04	88.00	1021
解析数学讲义. 第二卷,关于几何的应用	2019—04	68.00	1022
解析数学讲义. 第三卷,解析函数论	2019—04	78.00	1023
分析·组合·数论纵横谈	2019—04	58.00	1039
Hall 代数:民国时期的中学数学课本:英文	2019—08	88.00	1106
基谢廖夫初等代数	2022—07	38.00	1531

数学精神巡礼	2019—01	58.00	731
数学眼光透视(第 2 版)	2017—06	78.00	732
数学思想领悟(第 2 版)	2018—01	68.00	733
数学方法溯源(第 2 版)	2018—08	68.00	734
数学解题引论	2017—05	58.00	735
数学史话览胜(第 2 版)	2017—01	48.00	736
数学应用展观(第 2 版)	2017—08	68.00	737
数学建模尝试	2018—04	48.00	738
数学竞赛采风	2018—01	68.00	739
数学测评探营	2019—05	58.00	740
数学技能操握	2018—03	48.00	741
数学欣赏拾趣	2018—02	48.00	742

从毕达哥拉斯到怀尔斯	2007—10	48.00	9
从迪利克雷到维斯卡尔迪	2008—01	48.00	21
从哥德巴赫到陈景润	2008—05	98.00	35
从庞加莱到佩雷尔曼	2011—08	138.00	136

博弈论精粹	2008—03	58.00	30
博弈论精粹. 第二版(精装)	2015—01	88.00	461
数学 我爱你	2008—01	28.00	20
精神的圣徒　别样的人生——60 位中国数学家成长的历程	2008—09	48.00	39
数学史概论	2009—06	78.00	50
数学史概论(精装)	2013—03	158.00	272
数学史选讲	2016—01	48.00	544
斐波那契数列	2010—02	28.00	65
数学拼盘和斐波那契魔方	2010—07	38.00	72
斐波那契数列欣赏(第 2 版)	2018—08	58.00	948
Fibonacci 数列中的明珠	2018—06	58.00	928
数学的创造	2011—02	48.00	85
数学美与创造力	2016—01	48.00	595
数海拾贝	2016—01	48.00	590
数学中的美(第 2 版)	2019—04	68.00	1057
数论中的美学	2014—12	38.00	351

刘培杰数学工作室
已出版(即将出版)图书目录——初等数学

书　　名	出版时间	定　价	编号
数学王者　科学巨人——高斯	2015—01	28.00	428
振兴祖国数学的圆梦之旅:中国初等数学研究史话	2015—06	98.00	490
二十世纪中国数学史料研究	2015—10	48.00	536
数字谜、数阵图与棋盘覆盖	2016—01	58.00	298
数学概念的进化:一个初步的研究	2023—07	68.00	1683
数学发现的艺术:数学探索中的合情推理	2016—07	58.00	671
活跃在数学中的参数	2016—07	48.00	675
数海趣史	2021—05	98.00	1314
玩转幻中之幻	2023—08	88.00	1682
数学艺术品	2023—09	98.00	1685
数学博弈与游戏	2023—10	68.00	1692
数学解题——靠数学思想给力(上)	2011—07	38.00	131
数学解题——靠数学思想给力(中)	2011—07	48.00	132
数学解题——靠数学思想给力(下)	2011—07	38.00	133
我怎样解题	2013—01	48.00	227
数学解题中的物理方法	2011—06	28.00	114
数学解题的特殊方法	2011—06	48.00	115
中学数学计算技巧(第2版)	2020—10	48.00	1220
中学数学证明方法	2012—01	58.00	117
数学趣题巧解	2012—03	28.00	128
高中数学教学通鉴	2015—05	58.00	479
和高中生漫谈:数学与哲学的故事	2014—08	28.00	369
算术问题集	2017—03	38.00	789
张教授讲数学	2018—07	38.00	933
陈永明实话实说数学教学	2020—04	68.00	1132
中学数学学科知识与教学能力	2020—06	58.00	1155
怎样把课讲好:大罕数学教学随笔	2022—03	58.00	1484
中国高考评价体系下高考数学探秘	2022—03	48.00	1487
自主招生考试中的参数方程问题	2015—01	28.00	435
自主招生考试中的极坐标问题	2015—04	28.00	463
近年全国重点大学自主招生数学试题全解及研究.华约卷	2015—02	38.00	441
近年全国重点大学自主招生数学试题全解及研究.北约卷	2016—05	38.00	619
自主招生数学解证宝典	2015—09	48.00	535
中国科学技术大学创新班数学真题解析	2022—03	48.00	1488
中国科学技术大学创新班物理真题解析	2022—03	58.00	1489
格点和面积	2012—07	18.00	191
射影几何趣谈	2012—04	28.00	175
斯潘纳尔引理——从一道加拿大数学奥林匹克试题谈起	2014—01	28.00	228
李普希兹条件——从几道近年高考数学试题谈起	2012—10	18.00	221
拉格朗日中值定理——从一道北京高考试题的解法谈起	2015—10	18.00	197
闵科夫斯基定理——从一道清华大学自主招生试题谈起	2014—01	28.00	198
哈尔测度——从一道冬令营试题的背景谈起	2012—08	28.00	202
切比雪夫逼近问题——从一道中国台北数学奥林匹克试题谈起	2013—04	38.00	238
伯恩斯坦多项式与贝齐尔曲面——从一道全国高中数学联赛试题谈起	2013—03	38.00	236
卡塔兰猜想——从一道普特南竞赛试题谈起	2013—06	18.00	256
麦卡锡函数和阿克曼函数——从一道前南斯拉夫数学奥林匹克试题谈起	2012—08	18.00	201
贝蒂定理与拉姆贝克莫斯尔定理——从一个拣石子游戏谈起	2012—08	18.00	217
皮亚诺曲线和豪斯道夫分球定理——从无限集谈起	2012—08	18.00	211
平面凸图形与凸多面体	2012—10	28.00	218
斯坦因豪斯问题——从一道二十五省市自治区中学数学竞赛试题谈起	2012—07	18.00	196

刘培杰数学工作室
已出版(即将出版)图书目录——初等数学

书　　名	出版时间	定　价	编号
纽结理论中的亚历山大多项式与琼斯多项式——从一道北京市高一数学竞赛试题谈起	2012—07	28.00	195
原则与策略——从波利亚"解题表"谈起	2013—04	38.00	244
转化与化归——从三大尺规作图不能问题谈起	2012—08	28.00	214
代数几何中的贝祖定理(第一版)——从一道 IMO 试题的解法谈起	2013—08	18.00	193
成功连贯理论与约当块理论——从一道比利时数学竞赛试题谈起	2012—04	18.00	180
素数判定与大数分解	2014—08	18.00	199
置换多项式及其应用	2012—10	18.00	220
椭圆函数与模函数——从一道美国加州大学洛杉矶分校(UCLA)博士资格考题谈起	2012—10	28.00	219
差分方程的拉格朗日方法——从一道 2011 年全国高考理科试题的解法谈起	2012—08	28.00	200
力学在几何中的一些应用	2013—01	38.00	240
从根式解到伽罗华理论	2020—01	48.00	1121
康托洛维奇不等式——从一道全国高中联赛试题谈起	2013—03	28.00	337
西格尔引理——从一道第 18 届 IMO 试题的解法谈起	即将出版		
罗斯定理——从一道前苏联数学竞赛试题谈起	即将出版		
拉克斯定理和阿廷定理——从一道 IMO 试题的解法谈起	2014—01	58.00	246
毕卡大定理——从一道美国大学数学竞赛试题谈起	2014—07	18.00	350
贝齐尔曲线——从一道全国高中联赛试题谈起	即将出版		
拉格朗日乘子定理——从一道 2005 年全国高中联赛试题的高等数学解法谈起	2015—05	28.00	480
雅可比定理——从一道日本数学奥林匹克试题谈起	2013—04	48.00	249
李天岩—约克定理——从一道波兰数学竞赛试题谈起	2014—06	28.00	349
受控理论与初等不等式:从一道 IMO 试题的解法谈起	2023—03	48.00	1601
布劳维不动点定理——从一道前苏联数学奥林匹克试题谈起	2014—01	38.00	273
伯恩赛德定理——从一道英国数学奥林匹克试题谈起	即将出版		
布查特—莫斯特定理——从一道上海市初中竞赛试题谈起	即将出版		
数论中的同余数问题——从一道普特南竞赛试题谈起	即将出版		
范·德蒙行列式——从一道美国数学奥林匹克试题谈起	即将出版		
中国剩余定理:总数法构建中国历史年表	2015—01	28.00	430
牛顿程序与方程求根——从一道全国高考试题解法谈起	即将出版		
库默尔定理——从一道 IMO 预选试题谈起	即将出版		
卢丁定理——从一道冬令营试题的解法谈起	即将出版		
沃斯滕霍姆定理——从一道 IMO 预选试题谈起	即将出版		
卡尔松不等式——从一道莫斯科数学奥林匹克试题谈起	即将出版		
信息论中的香农熵——从一道近年高考压轴题谈起	即将出版		
约当不等式——从一道希望杯竞赛试题谈起	即将出版		
拉比诺维奇定理	即将出版		
刘维尔定理——从一道《美国数学月刊》征解问题的解法谈起	即将出版		
卡塔兰恒等式与级数求和——从一道 IMO 试题的解法谈起	即将出版		
勒让德猜想与素数分布——从一道爱尔兰竞赛试题谈起	即将出版		
天平称重与信息论——从一道基辅市数学奥林匹克试题谈起	即将出版		
哈密尔顿—凯莱定理:从一道高中数学联赛试题的解法谈起	2014—09	18.00	376
艾思特曼定理——从一道 CMO 试题的解法谈起	即将出版		

刘培杰数学工作室
已出版(即将出版)图书目录——初等数学

书　　名	出版时间	定　价	编号
阿贝尔恒等式与经典不等式及应用	2018－06	98.00	923
迪利克雷除数问题	2018－07	48.00	930
幻方、幻立方与拉丁方	2019－08	48.00	1092
帕斯卡三角形	2014－03	18.00	294
蒲丰投针问题——从 2009 年清华大学的一道自主招生试题谈起	2014－01	38.00	295
斯图姆定理——从一道"华约"自主招生试题的解法谈起	2014－01	18.00	296
许瓦兹引理——从一道加利福尼亚大学伯克利分校数学系博士生试题谈起	2014－08	18.00	297
拉姆塞定理——从王诗宬院士的一个问题谈起	2016－04	48.00	299
坐标法	2013－12	28.00	332
数论三角形	2014－04	38.00	341
毕克定理	2014－07	18.00	352
数林掠影	2014－09	48.00	389
我们周围的概率	2014－10	38.00	390
凸函数最值定理:从一道华约自主招生题的解法谈起	2014－10	28.00	391
易学与数学奥林匹克	2014－10	38.00	392
生物数学趣谈	2015－01	18.00	409
反演	2015－01	28.00	420
因式分解与圆锥曲线	2015－01	18.00	426
轨迹	2015－01	28.00	427
面积原理:从常庚哲命的一道 CMO 试题的积分解法谈起	2015－01	48.00	431
形形色色的不动点定理:从一道 28 届 IMO 试题谈起	2015－01	38.00	439
柯西函数方程:从一道上海交大自主招生的试题谈起	2015－02	28.00	440
三角恒等式	2015－02	28.00	442
无理性判定:从一道 2014 年"北约"自主招生试题谈起	2015－01	38.00	443
数学归纳法	2015－03	18.00	451
极端原理与解题	2015－04	28.00	464
法雷级数	2014－08	18.00	367
摆线族	2015－01	38.00	438
函数方程及其解法	2015－05	38.00	470
含参数的方程和不等式	2012－09	28.00	213
希尔伯特第十问题	2016－01	38.00	543
无穷小量的求和	2016－01	28.00	545
切比雪夫多项式:从一道清华大学金秋营试题谈起	2016－01	38.00	583
泽肯多夫定理	2016－03	38.00	599
代数等式证题法	2016－01	28.00	600
三角等式证题法	2016－01	28.00	601
吴大任教授藏书中的一个因式分解公式:从一道美国数学邀请赛试题的解法谈起	2016－06	28.00	656
易卦——类万物的数学模型	2017－08	68.00	838
"不可思议"的数与数系可持续发展	2018－01	38.00	878
最短线	2018－01	38.00	879
数学在天文、地理、光学、机械力学中的一些应用	2023－03	88.00	1576
从阿基米德三角形谈起	2023－01	28.00	1578

幻方和魔方(第一卷)	2012－05	68.00	173
尘封的经典——初等数学经典文献选读(第一卷)	2012－07	48.00	205
尘封的经典——初等数学经典文献选读(第二卷)	2012－07	38.00	206

初级方程式论	2011－03	28.00	106
初等数学研究(Ⅰ)	2008－09	68.00	37
初等数学研究(Ⅱ)(上、下)	2009－05	118.00	46,47
初等数学专题研究	2022－10	68.00	1568

刘培杰数学工作室
已出版(即将出版)图书目录——初等数学

书　　名	出版时间	定　价	编号
趣味初等方程妙题集锦	2014—09	48.00	388
趣味初等数论选美与欣赏	2015—02	48.00	445
耕读笔记(上卷):一位农民数学爱好者的初数探索	2015—04	28.00	459
耕读笔记(中卷):一位农民数学爱好者的初数探索	2015—05	28.00	483
耕读笔记(下卷):一位农民数学爱好者的初数探索	2015—05	28.00	484
几何不等式研究与欣赏.上卷	2016—01	88.00	547
几何不等式研究与欣赏.下卷	2016—01	48.00	552
初等数列研究与欣赏·上	2016—01	48.00	570
初等数列研究与欣赏·下	2016—01	48.00	571
趣味初等函数研究与欣赏.上	2016—09	48.00	684
趣味初等函数研究与欣赏.下	2018—09	48.00	685
三角不等式研究与欣赏	2020—10	68.00	1197
新编平面解析几何解题方法研究与欣赏	2021—10	78.00	1426
火柴游戏(第2版)	2022—05	38.00	1493
智力解谜.第1卷	2017—07	38.00	613
智力解谜.第2卷	2017—07	38.00	614
故事智力	2016—07	48.00	615
名人们喜欢的智力问题	2020—01	48.00	616
数学大师的发现、创造与失误	2018—01	48.00	617
异曲同工	2018—09	48.00	618
数学的味道(第2版)	2023—10	68.00	1686
数学千字文	2018—10	68.00	977
数贝偶拾——高考数学题研究	2014—04	28.00	274
数贝偶拾——初等数学研究	2014—04	38.00	275
数贝偶拾——奥数题研究	2014—04	48.00	276
钱昌本教你快乐学数学(上)	2011—12	48.00	155
钱昌本教你快乐学数学(下)	2012—03	58.00	171
集合、函数与方程	2014—01	28.00	300
数列与不等式	2014—01	38.00	301
三角与平面向量	2014—01	28.00	302
平面解析几何	2014—01	38.00	303
立体几何与组合	2014—01	28.00	304
极限与导数、数学归纳法	2014—01	38.00	305
趣味数学	2014—03	28.00	306
教材教法	2014—04	68.00	307
自主招生	2014—05	58.00	308
高考压轴题(上)	2015—01	48.00	309
高考压轴题(下)	2014—10	68.00	310
从费马到怀尔斯——费马大定理的历史	2013—10	198.00	Ⅰ
从庞加莱到佩雷尔曼——庞加莱猜想的历史	2013—10	298.00	Ⅱ
从切比雪夫到爱尔特希(上)——素数定理的初等证明	2013—07	48.00	Ⅲ
从切比雪夫到爱尔特希(下)——素数定理100年	2012—12	98.00	Ⅲ
从高斯到盖尔方特——二次域的高斯猜想	2013—10	198.00	Ⅳ
从库默尔到朗兰兹——朗兰兹猜想的历史	2014—01	98.00	Ⅴ
从比勃巴赫到德布朗斯——比勃巴赫猜想的历史	2014—02	298.00	Ⅵ
从麦比乌斯到陈省身——麦比乌斯变换与麦比乌斯带	2014—02	298.00	Ⅶ
从布尔到豪斯道夫——布尔方程与格论漫谈	2013—10	198.00	Ⅷ
从开普勒到阿诺德——三体问题的历史	2014—05	298.00	Ⅸ
从华林到华罗庚——华林问题的历史	2013—10	298.00	Ⅹ

刘培杰数学工作室
已出版(即将出版)图书目录——初等数学

书　　名	出版时间	定　价	编号
美国高中数学竞赛五十讲. 第 1 卷(英文)	2014—08	28.00	357
美国高中数学竞赛五十讲. 第 2 卷(英文)	2014—08	28.00	358
美国高中数学竞赛五十讲. 第 3 卷(英文)	2014—09	28.00	359
美国高中数学竞赛五十讲. 第 4 卷(英文)	2014—09	28.00	360
美国高中数学竞赛五十讲. 第 5 卷(英文)	2014—10	28.00	361
美国高中数学竞赛五十讲. 第 6 卷(英文)	2014—11	28.00	362
美国高中数学竞赛五十讲. 第 7 卷(英文)	2014—12	28.00	363
美国高中数学竞赛五十讲. 第 8 卷(英文)	2015—01	28.00	364
美国高中数学竞赛五十讲. 第 9 卷(英文)	2015—01	28.00	365
美国高中数学竞赛五十讲. 第 10 卷(英文)	2015—02	38.00	366

三角函数(第 2 版)	2017—04	38.00	626
不等式	2014—01	38.00	312
数列	2014—01	38.00	313
方程(第 2 版)	2017—04	38.00	624
排列和组合	2014—01	28.00	315
极限与导数(第 2 版)	2016—04	38.00	635
向量(第 2 版)	2018—08	58.00	627
复数及其应用	2014—08	28.00	318
函数	2014—01	38.00	319
集合	2020—01	48.00	320
直线与平面	2014—01	28.00	321
立体几何(第 2 版)	2016—04	38.00	629
解三角形	即将出版		323
直线与圆(第 2 版)	2016—11	38.00	631
圆锥曲线(第 2 版)	2016—09	48.00	632
解题通法(一)	2014—07	38.00	326
解题通法(二)	2014—07	38.00	327
解题通法(三)	2014—05	38.00	328
概率与统计	2014—01	28.00	329
信息迁移与算法	即将出版		330

IMO 50 年. 第 1 卷(1959—1963)	2014—11	28.00	377
IMO 50 年. 第 2 卷(1964—1968)	2014—11	28.00	378
IMO 50 年. 第 3 卷(1969—1973)	2014—09	28.00	379
IMO 50 年. 第 4 卷(1974—1978)	2016—04	38.00	380
IMO 50 年. 第 5 卷(1979—1984)	2015—04	38.00	381
IMO 50 年. 第 6 卷(1985—1989)	2015—04	58.00	382
IMO 50 年. 第 7 卷(1990—1994)	2016—01	48.00	383
IMO 50 年. 第 8 卷(1995—1999)	2016—06	38.00	384
IMO 50 年. 第 9 卷(2000—2004)	2015—04	58.00	385
IMO 50 年. 第 10 卷(2005—2009)	2016—01	48.00	386
IMO 50 年. 第 11 卷(2010—2015)	2017—03	48.00	646

刘培杰数学工作室
已出版(即将出版)图书目录——初等数学

书　　名	出版时间	定　价	编号
数学反思(2006—2007)	2020—09	88.00	915
数学反思(2008—2009)	2019—01	68.00	917
数学反思(2010—2011)	2018—05	58.00	916
数学反思(2012—2013)	2019—01	58.00	918
数学反思(2014—2015)	2019—03	78.00	919
数学反思(2016—2017)	2021—03	58.00	1286
数学反思(2018—2019)	2023—01	88.00	1593
历届美国大学生数学竞赛试题集.第一卷(1938—1949)	2015—01	28.00	397
历届美国大学生数学竞赛试题集.第二卷(1950—1959)	2015—01	28.00	398
历届美国大学生数学竞赛试题集.第三卷(1960—1969)	2015—01	28.00	399
历届美国大学生数学竞赛试题集.第四卷(1970—1979)	2015—01	18.00	400
历届美国大学生数学竞赛试题集.第五卷(1980—1989)	2015—01	28.00	401
历届美国大学生数学竞赛试题集.第六卷(1990—1999)	2015—01	28.00	402
历届美国大学生数学竞赛试题集.第七卷(2000—2009)	2015—08	18.00	403
历届美国大学生数学竞赛试题集.第八卷(2010—2012)	2015—01	18.00	404
新课标高考数学创新题解题诀窍:总论	2014—09	28.00	372
新课标高考数学创新题解题诀窍:必修 1～5 分册	2014—08	38.00	373
新课标高考数学创新题解题诀窍:选修 2—1,2—2,1—1,1—2分册	2014—09	38.00	374
新课标高考数学创新题解题诀窍:选修 2—3,4—4,4—5 分册	2014—09	18.00	375
全国重点大学自主招生英文数学试题全攻略:词汇卷	2015—07	48.00	410
全国重点大学自主招生英文数学试题全攻略:概念卷	2015—01	28.00	411
全国重点大学自主招生英文数学试题全攻略:文章选读卷(上)	2016—09	38.00	412
全国重点大学自主招生英文数学试题全攻略:文章选读卷(下)	2017—01	58.00	413
全国重点大学自主招生英文数学试题全攻略:试题卷	2015—07	38.00	414
全国重点大学自主招生英文数学试题全攻略:名著欣赏卷	2017—03	48.00	415
劳埃德数学趣题大全.题目卷.1:英文	2016—01	18.00	516
劳埃德数学趣题大全.题目卷.2:英文	2016—01	18.00	517
劳埃德数学趣题大全.题目卷.3:英文	2016—01	18.00	518
劳埃德数学趣题大全.题目卷.4:英文	2016—01	18.00	519
劳埃德数学趣题大全.题目卷.5:英文	2016—01	18.00	520
劳埃德数学趣题大全.答案卷:英文	2016—01	18.00	521
李成章教练奥数笔记.第 1 卷	2016—01	48.00	522
李成章教练奥数笔记.第 2 卷	2016—01	48.00	523
李成章教练奥数笔记.第 3 卷	2016—01	38.00	524
李成章教练奥数笔记.第 4 卷	2016—01	38.00	525
李成章教练奥数笔记.第 5 卷	2016—01	38.00	526
李成章教练奥数笔记.第 6 卷	2016—01	38.00	527
李成章教练奥数笔记.第 7 卷	2016—01	38.00	528
李成章教练奥数笔记.第 8 卷	2016—01	48.00	529
李成章教练奥数笔记.第 9 卷	2016—01	28.00	530

刘培杰数学工作室
已出版(即将出版)图书目录——初等数学

书　　名	出版时间	定　价	编号
第19~23届"希望杯"全国数学邀请赛试题审题要津详细评注(初一版)	2014—03	28.00	333
第19~23届"希望杯"全国数学邀请赛试题审题要津详细评注(初二、初三版)	2014—03	38.00	334
第19~23届"希望杯"全国数学邀请赛试题审题要津详细评注(高一版)	2014—03	28.00	335
第19~23届"希望杯"全国数学邀请赛试题审题要津详细评注(高二版)	2014—03	38.00	336
第19~25届"希望杯"全国数学邀请赛试题审题要津详细评注(初一版)	2015—01	38.00	416
第19~25届"希望杯"全国数学邀请赛试题审题要津详细评注(初二、初三版)	2015—01	58.00	417
第19~25届"希望杯"全国数学邀请赛试题审题要津详细评注(高一版)	2015—01	48.00	418
第19~25届"希望杯"全国数学邀请赛试题审题要津详细评注(高二版)	2015—01	48.00	419
物理奥林匹克竞赛大题典——力学卷	2014—11	48.00	405
物理奥林匹克竞赛大题典——热学卷	2014—04	28.00	339
物理奥林匹克竞赛大题典——电磁学卷	2015—07	48.00	406
物理奥林匹克竞赛大题典——光学与近代物理卷	2014—06	28.00	345
历届中国东南地区数学奥林匹克试题集(2004~2012)	2014—06	18.00	346
历届中国西部地区数学奥林匹克试题集(2001~2012)	2014—07	18.00	347
历届中国女子数学奥林匹克试题集(2002~2012)	2014—08	18.00	348
数学奥林匹克在中国	2014—06	98.00	344
数学奥林匹克问题集	2014—01	38.00	267
数学奥林匹克不等式散论	2010—06	38.00	124
数学奥林匹克不等式欣赏	2011—09	38.00	138
数学奥林匹克超级题库(初中卷上)	2010—01	58.00	66
数学奥林匹克不等式证明方法和技巧(上、下)	2011—08	158.00	134,135
他们学什么:原民主德国中学数学课本	2016—09	38.00	658
他们学什么:英国中学数学课本	2016—09	38.00	659
他们学什么:法国中学数学课本.1	2016—09	38.00	660
他们学什么:法国中学数学课本.2	2016—09	28.00	661
他们学什么:法国中学数学课本.3	2016—09	38.00	662
他们学什么:苏联中学数学课本	2016—09	28.00	679
高中数学题典——集合与简易逻辑·函数	2016—07	48.00	647
高中数学题典——导数	2016—07	48.00	648
高中数学题典——三角函数·平面向量	2016—07	48.00	649
高中数学题典——数列	2016—07	58.00	650
高中数学题典——不等式·推理与证明	2016—07	38.00	651
高中数学题典——立体几何	2016—07	48.00	652
高中数学题典——平面解析几何	2016—07	78.00	653
高中数学题典——计数原理·统计·概率·复数	2016—07	48.00	654
高中数学题典——算法·平面几何·初等数论·组合数学·其他	2016—07	68.00	655

刘培杰数学工作室
已出版(即将出版)图书目录——初等数学

书　名	出版时间	定　价	编号
台湾地区奥林匹克数学竞赛试题.小学一年级	2017－03	38.00	722
台湾地区奥林匹克数学竞赛试题.小学二年级	2017－03	38.00	723
台湾地区奥林匹克数学竞赛试题.小学三年级	2017－03	38.00	724
台湾地区奥林匹克数学竞赛试题.小学四年级	2017－03	38.00	725
台湾地区奥林匹克数学竞赛试题.小学五年级	2017－03	38.00	726
台湾地区奥林匹克数学竞赛试题.小学六年级	2017－03	38.00	727
台湾地区奥林匹克数学竞赛试题.初中一年级	2017－03	38.00	728
台湾地区奥林匹克数学竞赛试题.初中二年级	2017－03	38.00	729
台湾地区奥林匹克数学竞赛试题.初中三年级	2017－03	28.00	730
不等式证题法	2017－04	28.00	747
平面几何培优教程	2019－08	88.00	748
奥数鼎级培优教程.高一分册	2018－09	88.00	749
奥数鼎级培优教程.高二分册.上	2018－04	68.00	750
奥数鼎级培优教程.高二分册.下	2018－04	68.00	751
高中数学竞赛冲刺宝典	2019－04	68.00	883
初中尖子生数学超级题典.实数	2017－07	58.00	792
初中尖子生数学超级题典.式、方程与不等式	2017－08	58.00	793
初中尖子生数学超级题典.圆、面积	2017－08	38.00	794
初中尖子生数学超级题典.函数、逻辑推理	2017－08	48.00	795
初中尖子生数学超级题典.角、线段、三角形与多边形	2017－07	58.00	796
数学王子——高斯	2018－01	48.00	858
坎坷奇星——阿贝尔	2018－01	48.00	859
闪烁奇星——伽罗瓦	2018－01	58.00	860
无穷统帅——康托尔	2018－01	48.00	861
科学公主——柯瓦列夫斯卡娅	2018－01	48.00	862
抽象代数之母——埃米·诺特	2018－01	48.00	863
电脑先驱——图灵	2018－01	58.00	864
昔日神童——维纳	2018－01	48.00	865
数坛怪侠——爱尔特希	2018－01	68.00	866
传奇数学家徐利治	2019－09	88.00	1110
当代世界中的数学.数学思想与数学基础	2019－01	38.00	892
当代世界中的数学.数学问题	2019－01	38.00	893
当代世界中的数学.应用数学与数学应用	2019－01	38.00	894
当代世界中的数学.数学王国的新疆域(一)	2019－01	38.00	895
当代世界中的数学.数学王国的新疆域(二)	2019－01	38.00	896
当代世界中的数学.数林撷英(一)	2019－01	38.00	897
当代世界中的数学.数林撷英(二)	2019－01	48.00	898
当代世界中的数学.数学之路	2019－01	38.00	899

刘培杰数学工作室
已出版(即将出版)图书目录——初等数学

书　　名	出版时间	定　价	编号
105 个代数问题:来自 AwesomeMath 夏季课程	2019—02	58.00	956
106 个几何问题:来自 AwesomeMath 夏季课程	2020—07	58.00	957
107 个几何问题:来自 AwesomeMath 全年课程	2020—07	58.00	958
108 个代数问题:来自 AwesomeMath 全年课程	2019—01	68.00	959
109 个不等式:来自 AwesomeMath 夏季课程	2019—04	58.00	960
国际数学奥林匹克中的 110 个几何问题	即将出版		961
111 个代数和数论问题	2019—05	58.00	962
112 个组合问题:来自 AwesomeMath 夏季课程	2019—05	58.00	963
113 个几何不等式:来自 AwesomeMath 夏季课程	2020—08	58.00	964
114 个指数和对数问题:来自 AwesomeMath 夏季课程	2019—09	48.00	965
115 个三角问题:来自 AwesomeMath 夏季课程	2019—09	58.00	966
116 个代数不等式:来自 AwesomeMath 全年课程	2019—04	58.00	967
117 个多项式问题:来自 AwesomeMath 夏季课程	2021—09	58.00	1409
118 个数学竞赛不等式	2022—08	78.00	1526

紫色彗星国际数学竞赛试题	2019—02	58.00	999
数学竞赛中的数学:为数学爱好者、父母、教师和教练准备的丰富资源.第一部	2020—04	58.00	1141
数学竞赛中的数学:为数学爱好者、父母、教师和教练准备的丰富资源.第二部	2020—07	48.00	1142
和与积	2020—10	38.00	1219
数论:概念和问题	2020—12	68.00	1257
初等数学问题研究	2021—03	48.00	1270
数学奥林匹克中的欧几里得几何	2021—10	68.00	1413
数学奥林匹克题解新编	2022—01	58.00	1430
图论入门	2022—09	58.00	1554
新的、更新的、最新的不等式	2023—07	58.00	1650

澳大利亚中学数学竞赛试题及解答(初级卷)1978～1984	2019—02	28.00	1002
澳大利亚中学数学竞赛试题及解答(初级卷)1985～1991	2019—02	28.00	1003
澳大利亚中学数学竞赛试题及解答(初级卷)1992～1998	2019—02	28.00	1004
澳大利亚中学数学竞赛试题及解答(初级卷)1999～2005	2019—02	28.00	1005
澳大利亚中学数学竞赛试题及解答(中级卷)1978～1984	2019—03	28.00	1006
澳大利亚中学数学竞赛试题及解答(中级卷)1985～1991	2019—03	28.00	1007
澳大利亚中学数学竞赛试题及解答(中级卷)1992～1998	2019—03	28.00	1008
澳大利亚中学数学竞赛试题及解答(中级卷)1999～2005	2019—03	28.00	1009
澳大利亚中学数学竞赛试题及解答(高级卷)1978～1984	2019—05	28.00	1010
澳大利亚中学数学竞赛试题及解答(高级卷)1985～1991	2019—05	28.00	1011
澳大利亚中学数学竞赛试题及解答(高级卷)1992～1998	2019—05	28.00	1012
澳大利亚中学数学竞赛试题及解答(高级卷)1999～2005	2019—05	28.00	1013

天才中小学生智力测验题.第一卷	2019—03	38.00	1026
天才中小学生智力测验题.第二卷	2019—03	38.00	1027
天才中小学生智力测验题.第三卷	2019—03	38.00	1028
天才中小学生智力测验题.第四卷	2019—03	38.00	1029
天才中小学生智力测验题.第五卷	2019—03	38.00	1030
天才中小学生智力测验题.第六卷	2019—03	38.00	1031
天才中小学生智力测验题.第七卷	2019—03	38.00	1032
天才中小学生智力测验题.第八卷	2019—03	38.00	1033
天才中小学生智力测验题.第九卷	2019—03	38.00	1034
天才中小学生智力测验题.第十卷	2019—03	38.00	1035
天才中小学生智力测验题.第十一卷	2019—03	38.00	1036
天才中小学生智力测验题.第十二卷	2019—03	38.00	1037
天才中小学生智力测验题.第十三卷	2019—03	38.00	1038

刘培杰数学工作室
已出版(即将出版)图书目录——初等数学

书名	出版时间	定价	编号
重点大学自主招生数学备考全书:函数	2020—05	48.00	1047
重点大学自主招生数学备考全书:导数	2020—08	48.00	1048
重点大学自主招生数学备考全书:数列与不等式	2019—10	78.00	1049
重点大学自主招生数学备考全书:三角函数与平面向量	2020—08	68.00	1050
重点大学自主招生数学备考全书:平面解析几何	2020—07	58.00	1051
重点大学自主招生数学备考全书:立体几何与平面几何	2019—08	48.00	1052
重点大学自主招生数学备考全书:排列组合·概率统计·复数	2019—09	48.00	1053
重点大学自主招生数学备考全书:初等数论与组合数学	2019—08	48.00	1054
重点大学自主招生数学备考全书:重点大学自主招生真题.上	2019—04	68.00	1055
重点大学自主招生数学备考全书:重点大学自主招生真题.下	2019—04	58.00	1056

高中数学竞赛培训教程:平面几何问题的求解方法与策略.上	2018—05	68.00	906
高中数学竞赛培训教程:平面几何问题的求解方法与策略.下	2018—06	78.00	907
高中数学竞赛培训教程:整除与同余以及不定方程	2018—01	88.00	908
高中数学竞赛培训教程:组合计数与组合极值	2018—04	48.00	909
高中数学竞赛培训教程:初等代数	2019—04	78.00	1042
高中数学讲座:数学竞赛基础教程(第一册)	2019—06	48.00	1094
高中数学讲座:数学竞赛基础教程(第二册)	即将出版		1095
高中数学讲座:数学竞赛基础教程(第三册)	即将出版		1096
高中数学讲座:数学竞赛基础教程(第四册)	即将出版		1097

新编中学数学解题方法 1000 招丛书.实数(初中版)	2022—05	58.00	1291
新编中学数学解题方法 1000 招丛书.式(初中版)	2022—05	48.00	1292
新编中学数学解题方法 1000 招丛书.方程与不等式(初中版)	2021—04	58.00	1293
新编中学数学解题方法 1000 招丛书.函数(初中版)	2022—05	38.00	1294
新编中学数学解题方法 1000 招丛书.角(初中版)	2022—05	48.00	1295
新编中学数学解题方法 1000 招丛书.线段(初中版)	2022—05	48.00	1296
新编中学数学解题方法 1000 招丛书.三角形与多边形(初中版)	2021—04	48.00	1297
新编中学数学解题方法 1000 招丛书.圆(初中版)	2022—05	48.00	1298
新编中学数学解题方法 1000 招丛书.面积(初中版)	2021—07	28.00	1299
新编中学数学解题方法 1000 招丛书.逻辑推理(初中版)	2022—06	48.00	1300

高中数学题典精编.第一辑.函数	2022—01	58.00	1444
高中数学题典精编.第一辑.导数	2022—01	68.00	1445
高中数学题典精编.第一辑.三角函数·平面向量	2022—01	68.00	1446
高中数学题典精编.第一辑.数列	2022—01	58.00	1447
高中数学题典精编.第一辑.不等式·推理与证明	2022—01	58.00	1448
高中数学题典精编.第一辑.立体几何	2022—01	58.00	1449
高中数学题典精编.第一辑.平面解析几何	2022—01	68.00	1450
高中数学题典精编.第一辑.统计·概率·平面几何	2022—01	58.00	1451
高中数学题典精编.第一辑.初等数论·组合数学·数学文化·解题方法	2022—01	58.00	1452

历届全国初中数学竞赛试题分类解析.初等代数	2022—09	98.00	1555
历届全国初中数学竞赛试题分类解析.初等数论	2022—09	48.00	1556
历届全国初中数学竞赛试题分类解析.平面几何	2022—09	38.00	1557
历届全国初中数学竞赛试题分类解析.组合	2022—09	38.00	1558

刘培杰数学工作室
已出版(即将出版)图书目录——初等数学

书　　名	出版时间	定　价	编号
从三道高三数学模拟题的背景谈起:兼谈傅里叶三角级数	2023-03	48.00	1651
从一道日本东京大学的入学试题谈起:兼谈 π 的方方面面	即将出版		1652
从两道 2021 年福建高三数学测试题谈起:兼谈球面几何学与球面三角学	即将出版		1653
从一道湖南高考数学试题谈起:兼谈有界变差数列	即将出版		1654
从一道高校自主招生试题谈起:兼谈詹森函数方程	即将出版		1655
从一道上海高考数学试题谈起:兼谈有界变差函数	即将出版		1656
从一道北京大学金秋营数学试题的解法谈起:兼谈伽罗瓦理论	即将出版		1657
从一道北京高考数学试题的解法谈起:兼谈毕克定理	即将出版		1658
从一道北京大学金秋营数学试题的解法谈起:兼谈帕塞瓦尔恒等式	即将出版		1659
从一道高三数学模拟测试题的背景谈起:兼谈等周问题与等周不等式	即将出版		1660
从一道 2020 年全国高考数学试题的解法谈起:兼谈斐波那契数列和纳卡穆拉定理及奥斯图达定理	即将出版		1661
从一道高考数学附加题谈起:兼谈广义斐波那契数列	即将出版		1662

代数学教程.第一卷,集合论	2023-08	58.00	1664
代数学教程.第二卷,集合论	2023-08	68.00	1665
代数学教程.第三卷,集合论	2023-08	58.00	1666
代数学教程.第四卷,集合论	2023-08	48.00	1667
代数学教程.第五卷,集合论	2023-08	58.00	1668

联系地址:哈尔滨市南岗区复华四道街 10 号　哈尔滨工业大学出版社刘培杰数学工作室
网　　址:http://lpj.hit.edu.cn/
邮　　编:150006
联系电话:0451-86281378　　13904613167
E-mail:lpj1378@163.com